U0905107

汉译世界学术名著丛书

地理学中的解释

〔英〕大卫·哈维 著

高泳源 刘立华 蔡运龙 译

高泳源 校

2017年·北京

David Harvey
EXPLANATION IN GEOGRAPHY
Edward Arnold Ltd. ,London,1971
（根据伦敦爱德华·阿诺德出版社 1971 年版译出）

汉译世界学术名著丛书
（120年纪念版·珍藏本）
出版说明

2017年2月11日，商务印书馆迎来120岁的生日。120年前，商务印书馆前贤怀揣文化救国的理想，抱持"昌明教育，开启民智"的使命，立足本土，放眼寰宇，以出版为津梁，沟通中西，为中国、为世界提供最富智慧的思想文化成果。无论世事白云苍狗，潮流左右激荡，甚至战火硝烟弥漫，始终践行学术报国之志，无改初心。

逐译世界各国学术名著，即其一端。早在20世纪初年便出版《原富》《天演论》等影响至今的代表性著作，1950年代后更致力于外国哲学和社会科学经典的译介，及至1980年代，辑为"汉译世界学术名著丛书"，汇涓为流，蔚为大观。丛书自1981年开始出版，历时三十余年，迄今已推出七百种，是我国现代出版史上规模最大、最为重要的学术翻译工程。

丛书所选之书，立场观点不囿于一派，学科领域不限于一门，皆为文明开启以来，各时代、各国家、各民族的思想与文化精粹，代表着人类已经到达过的精神境界。丛书系统译介世界学术经典，引领时代思想，为本土原创学术的发展提供丰富的文化滋养，为推动中国现代学术和现代化进程做出了突出的贡献。

为纪念商务印书馆成立120周年，我们整体推出“汉译世界学术名著丛书”120年纪念版的珍藏本，寄望既利于文化积累，又便于研读查考，同时向长期支持丛书出版的译者、编者和读者致以敬意。

两甲子后的今天，商务印书馆又站在了一个新的历史时间节点上。我们不仅要铭记先辈的身影和足迹，更须让我们的步伐充满新的时代精神。这是商务人代代相传的事业，更是与国家和民族的命运始终紧密相连的事业。我们责无旁贷，必须做好我们这代人的传承与创造，让我们的努力和成果不仅凝聚成民族文化的记忆，还能成为后来人可以接续的事业。唯此，才能不负前贤，无愧来者。

商务印书馆编辑部

2017年10月

译者前言

（一）

本书作者哈维为英国人，1935 年生，1957 年毕业于剑桥大学，1960 年以《关于 1800—1900 年肯特郡的农业和乡村变迁》的论文取得博士学位。后赴瑞典乌普萨拉大学继续进修，历时约一年，回国后执教于布里斯托尔大学地理系，这是当时英国主张革新地理学的一个中心。哈维开了一门新课，讲授地理学方法论，复于 1965—1966 年间在美国的宾夕法尼亚州立大学主讲这门课。通过这几年的教学实践，并先后发表了八篇论述地理学方法论和理论问题的论文，由轮廓性的概念上升到完整的理论体系，终于完成了这本《地理学中的解释》。他于 1969 年赴美，任霍普金斯大学教授至 80 年代末，近年返回英国任教。哈维著作不少，迄 1982 年，他已发表专著三部和论文五十多篇。

《地理学中的解释》出版于 1969 年，有它一定的历史背景。

哈特向在德国区域学派的基础上，于 1939 年提出地理学的任务就在于辨明地球表面的区域差异，这一学说对当时英美地理界影响极大，蔚为一大主流，然而此后停滞不前。迄五六十年代之交，风云突变，空间组织论者一跃而上，强调运用数量分析方法。这一新技术针对着地理学的传统弱点，起到了纠偏补缺的作用。

但他们像西谚所说的那样:"在把盆中污水泼出去的时候,也把婴儿倒掉了。"对于地理学中传统的合理部分弃而不顾,片面地以运用数量分析为时尚,以致一时思想混乱,新老两代之间发生了冲突。哈维敏锐地觉察到了这一点,认为方法的革新必然地会导致学术思想随之更新;新方法虽然是一锋锐的利器,但必须对它有正确的理解和合理的运用,否则,误用、滥用只会形成混乱,引起不良后果。他将纠正这种偏差的任务担当起来,要将数量分析方法和地理学中传统的合理部分结合起来,因此萌发了写这本书的动机。

哈维既然要作方法论的探讨,自然要从科学哲学方面寻找他所需要的理论武器,逻辑实证主义满足了他的要求。逻辑实证主义亦称逻辑经验主义,早在本世纪的二十年代至三十年代之初,奥地利维也纳大学的一辈哲学家就积极倡导这种学说,在学术论坛上异常活跃,以此被称为维也纳学派。迨纳粹当政以后,其成员即陆续西渡赴美,重整旗鼓,至五六十年代又蔚然兴盛。本书广征博引的倡导科学语言分析的 R. 卡纳普和主张用历史方法补充逻辑方法的 C. G. 亨普尔等人,即属此派重要人物。此外,为克服逻辑实证主义的某些错误和局限,复于各派兼收并蓄,在否证论方面,有提倡批判精神的 K. 玻珀;在科学历史主义方面,有强调解释的最后界限的 S. 图尔明和提出科学革命结构的 T. S. 库恩等。所以本书在科学哲学上的视野是较为宽广的。

(二)

在本书作者看来,地理哲学家和方法论者的区别在于,前者关心的是主观的、推论的问题,而后者则着重于客观的、解释的逻辑。

作者选择了后一条道路，其目的在于“我们将如何运用方法论来促进地理哲学的更见简明扼要”。

本书结构，用作者自己的话来说：“在于发展方法论的坚硬内核——将解释作为一种形式程序来分析——和涉及哲学、思考、影像以及其他类似等等的一般的外围层。”按照这一说法，全书可平分为两大部分：第一部分包括十一章（第二章—第十二章），主要论述科学的解释、理论、假说、定律和模型；第二部分也包括十一章（第十三章—第二十三章），阐述人工模型语言以及地理学中描述和解释模型的运用。第一章扼要叙述了地理哲学和方法论的关系，可作导言读；最后一章则是全书的总结。如果说，第三编是第一部分的核心，以前两编不过是它的铺垫，入门的向导；那么，最后的第六编可以说是后一部分的主脊，也是全书的压阵之作。

纵观全书，既有概括性的论述，又有具体方法的探讨。先从哲学、逻辑学和方法论的角度上阐述理论、假说及定理的作用和意义，然后转入它们在地理学中的应用，结构比较紧凑，有一定的说服力。在阐述论证中，作者将各种流派的主要学术观点一一铺陈于读者面前，然后指点评论，给人以很大的启发。

贯穿本书始终的一个思想是构筑地理学理论，倡导地理学的抽象命题。这个思想切中了地理学发展的要害：正如本书第六章中指出，地理学历史悠久，但没有用更多力量去探索理论——演绎法，至今仍是“长于事实而短于理论”，这不仅使大多数地理学思考和活动只简单地归属于资料的搜集、整理和分类，而且也限制了我们整理和分类的能力。因此本书通篇倡导理论，探讨构筑理论的策略，在论及方法时一再强调要以明晰的理论为基础，并以对理论的再次强调来结束全书："广泛而富想象地构筑理论，必然是今后十年中我们的首要目标。正视这个任务需要勇气和独创性，但这并没有超出当代地理学家的才能和智慧。"

贯穿本书的另一条主线是逻辑的、连贯的科学方法。哈维总结地理学数量化方法，并没有限于孤立地分析各种数学技巧，而是把它放在哲学和方法论背景上给予评价。他在序言中指出："数量化最重要的作用是强迫我们逻辑地和前后一贯地去思维"，所以问题的核心在于"地理学中的科学方法"。他既抨击怀疑派"被革出教门"的担心，也反对盲从派玩技巧赶时髦的倾向。在论及地理学中运用数学（第十三章）、几何学（第十四章）、概率论（第十五章）、数量化观测（第十七章）、数量分类方法（第十八章）、抽样方法（第十九章）和系统分析（第二十三章）等等时，总是强调地理学自身要有精确的概念和命题，要有明晰的理论；地理学必须在语义上形式化、严密化，才能运用应用数学的语义系统和纯数学的句法系统，从而"利用演绎逻辑的力量作严密且前后连贯的普遍陈述"；"使用科学模型的合理性最终必须以它的作用和有效性来判断"。

本书的另一个主导思想是力图打破地理学与科学哲学和整个科学发展的隔膜。"数量革命"时期的地理学家们频繁地从相邻学科如物理学、经济学、社会学、心理学和数学中引入概念、模型、方法和理论，本书对此作了周详的考察，同时把科学哲学的思想引入地理学方法论的思考中。作者指出：地理学科学方法论的建立，必须考虑与科学哲学的关系、与地理学实践的关系和与其他学科解释形式的关系（第六章）；从相邻学科中引入派生概念并非轻而易举，如果行之不当，还会使地理学家落入根据对其他学科一知半解的肤浅解释来赶"知识时髦"的陷阱。借用派生概念应当促进相邻学科的理论发展(如天文学之于物理学),"或许地理学'孤立主义'的最大缺陷,在于未能向其他学科提出挑战性的问题"(第九章)。本书以科学哲学为基础,并在科学整体发展的背景上讨论地理学方法论,于建立地理学科学理论和方法无疑是有益的。

本书既然以论述方法论为目的,当然会使没有涉猎过科学哲学的读者感到沉闷,有时可能会感到不易透彻理解、把握整体,但只需耐心读下去,就会有所受益。如第九章第二节,对于地理学中运用最广的五种解释形式,要言不烦,就总结得很好,使人易于领悟。又如第十四章,从哲学、几何学的不同角度来讨论空间,就为读者开拓了视野。有些精辟的立论散见于全书之中,富有启迪意义:如本书第十七章中指出,量和质并不是对立的,定量是定性的一种高级形式,见解新颖;如地理学的分支学科越来越繁多,且彼此之间的分离也愈见明显;在区域地理的研究和写作之中,科学与艺术的分界线究竟应当如何划分?这些经常困惑着我们的问题书中都有一定论述,虽然有的并没有提出明确的答案。总之,本书所论都是地理学中的重大问题,通过从方法论上探讨,会有益于我们提高鉴别、分析的能力。

(三)

本书在国外出版后,立即在地理学界引起了强烈的反响,一些有影响的地理学家纷纷著文,给予本书高度评价。认为:"这是第一本关于'新地理学'哲学的重要著作,是一本受到广泛喝彩的书"(约翰斯顿,1979);是"对地理学中实证主义方法论第一次作出的充分说明和论证”(约翰斯顿,1983);是“自哈特向的经典著作《地理学的性质》发表以来,关于这个主题的最权威、最富教益的说明”(肯尼迪,1970);“是地理学中若干年以来最重要的著作,……不愧为这一领域向理性化发展的里程碑,……不仅对富于思索的地理学者,而且对任何社会科学和历史科学中关心理论建设的学者,都是一部必读书”(泽林斯基,1971)。更有甚者,称之为“新(理论)地理学的圣经”(皮特,1977)。苏联在1974年出版了本书的俄译本,苏联地理学家们对这本书也给予很高评价,认为它“在地理学理论基础的诸多方面比阿努钦的《地理学理论问题》要高出一筹”(萨乌什金,1975)。对这些评价和本书的论述,相信我国读者有能力加以分析鉴别。

地理学科学化的一个重要标志是理论地理学的产生和发展。其重要著作按时间先后屈指可数的有B. A. 阿努钦的《地理学理论问题》(1960)、W. 邦奇的《理论地理学》(1962)和P. 哈格特的《人文地理学中的区位分析》(1965)三书。而哈维的《地理学中的解释》没有把理论地理学局限于具体理论、方法或学科性质,而是从方法论的角度开拓地理学理论,开创理论地理学研究的新局面。为此,英国皇家地理学会于1972年以“吉尔纪念奖”(Gill Memorial Award)授予哈维,表彰他“对理论地理学的诸多贡献”。哈维在1982年还得到美国地理学家联合会授予的荣誉奖,嘉奖他“在发展人文地理学分析方法和行为研究的哲学基础方面,以及在基于经典政治经济学原理对城市地理现象提供新的解释方面所作的杰出贡献”。

本书对西方地理学发展的影响至今仍然很明显。尽管七八十年代科学哲学界已普遍认识到逻辑实证主义的不足，科学哲学已有新的发展；西方地理学在关注福利、贫困、社会公正、决策等问题时，也看到了价值观念和人的主观性等因素的作用，从而引入了现象学、理念论、存在主义等哲学思想及其方法论，但有关论著在地理学理论上的影响，远不能与本书同日而语，而在指导西方地理学研究方面，当今的主流仍是哈维在本书中所总结并发展了的那些方法论。至今本书仍是西方地理学科学方法论方面的权威教本。

（四）

本书初版至今已有二十年，科学在发展，人们的认识也在发展。今天，我们在把它推荐给我国学术界时，也应当指出它的缺陷和不足。

本书最大的缺点是：虽然哈维已洞察到数量运动割断了地理学的历史发展，但他仍然大大地忽略了地理学中长期使用的合理的传统方法。例如，对于区划方法，本书仅在第153页上引述别人的论点，认为区划无非是分类的特殊方式，因此就略而不顾。事实上区划与分类固然有联系，但二者并不等同，而是有更多的区别，作为方法论专著而如此忽略地理学中这一重要研究方法是很不应该的。又如，本世纪之初，戴维斯就提出“解释性描述”，后来在工作中一直被奉为圭臬，影响深远，但本书虽然论及认识性描述，对这一准则却未加剖析，认为它与解释没有本质上的不同，也就一笔掠过；比较方法可以说是地理学的看家本领，而本书虽然提到了，但未作详细论述，这些都不能不令人失望。

在哲学和方法论的关系上，哈维的观点是比较含混的。就全书看来，他似乎主张二者相互联系，不能分离。但本书开头却又声称方法论和哲学可以分离，在方法论上采取某种立场并不一定要在哲学上采取一致的立场。关于地理学的性质，他开头引用的是哈特向的区域分异，后来（在第九章）他又悄悄地放弃了，而偏重于空间组织。这些相互矛盾的观点，不会不在某种程度上损害本书的立论基础。

哈维在本书中的方法论立场，基本上是逻辑实证主义的，这使他对历史、社会因素在科学认识中的作用评价不足。此类因素在地理学中的作用远胜于其他自然科学，本书既为地理学方法论专著，却未予充分重视，不能不说是又一不足之处。此外，这一方法论立场，使本书在充分认识到从演绎到理论的方法的意义时，对从观察到归纳、到理论的方法却不够重视；在偏重逻辑思辨的同时，对现实世界固有的客观规律、对理论如何在解决实际问题中开拓前进、对理论在社会实践中的作用、对检验真理的实践标准都有意无意地忽略了，这些都损害了本书的完整性。

哈维在本书初版后，也逐渐认识到地理学实证主义基础的局限，放弃了逻辑实证主义立场，并将其主要关注从科学方法论思辨转向实际社会问题的研究。他在 1973 年出版了第二本书——《社会公正与城市》（*Social Justice and the City*），是一束研究巴尔的摩城市问题的论文。1982 年又出版了第三本书——《资本的限制》（*The Limits to Capital*），考察了马克思的经济学理论和研究方法，并应用于发达资本主义国家的城市化研究中。他在 1984 年还发表了一篇名为《论地理学的历史和现状：历史唯物主义宣言》

(*On the History and Present Condition of Geography*: *An Historical Materialist Manifesto*)的文章。哈维这种方法论立场和研究主题的转变,反映了当代西方地理哲学已从数量革命时期的实证主义一统天下向多元化发展。

*　　　　*　　　　*

译者三人是这样分工的:序言,第一、二两编的六章由高泳源翻译;第三、四两编的九章为刘立华翻译;五、六两编的八章和末尾一章由蔡运龙翻译(署名按各人所译章节顺序排列)。三人先在彼此之间相互校阅了部分译稿,最后全书经高泳源统校。小部分插图由叶池清绘。

译者水平有限,译文中缺点、错误难免,望读者不吝指正。

高泳源　刘立华　蔡运龙

1991年3月

目　　录

第三编 地理学解释中理论、定律和模型的作用

第四编　地理学解释的模型语言

第五编　地理学中的描述模型

第六编　地理学中的解释模型

序　言

让我从解释这本论述地理学中的解释的书是如何产生的作为开头。往往有这种情形，为写作一本书而私下辩护和把它出版而公开辩护，多少有点不同。我写作这本书主要是教育自己。我想把它出版，因为我的确感到有许多地理学家，无论是年轻的和老的，与我开始写作以前处于相似的无知状态。假如他们读了这本书，能于我从写作中所获得的理解和洞察有所得的话，即便是一小部分，他们亦将获益。让我解释一下在我落笔以前，我所存在的自己的无知的性质。

以华盛顿大学为革新中心的所谓"计量革命"缓慢地渗透进地理社团中去，在六十年代早期，在一批先锋人士中，以计算相关系数、进行"t"检验等等为时髦。不愿落在后面，我自然而然地沉溺于这个风尚之中，但我只落得积满了一抽斗未发表的和不可能发表的论文，我感到狼狈。我必须向几位有见识（也许他们有偏见）的编辑致谢，他们拒绝发表这些论文，无疑是保护我的学术声誉不致受未成熟的损害！我更感狼狈的是，发现我常常不能阐明自己分析的结果。最初我归咎于我没有统率统计学和数学的才能（从学校和大学中一种强烈的"文科"背景所产生的可悲状态）。缺乏一种适当训练，无疑说明了我著作中的许多技术的缺点（最显著的印刷出来的例子是一个回归方程计算完全错误——我不懂得倘若 X 被回归到 r,得出的结果不同于从 r 回归到 X)。但我愈钻研我的技术(它看来永无止境),使我愈感到包含着更多的重要事物。所以我决定以某些时间致力于计量革命和它的含意的系统研究。我有幸得到允许在布里斯托尔大学向大学生讲授地理学方法论的课程,我并愿意感谢连续几班的大学生在五六年中间忍耐地听我暗中瞎摸,试图理出比较复杂的概念问题和方法论问题。我必须同样感谢在宾夕法尼亚州的一个毕业生研究班,在 1965—1966 年学期宽恕了我。从这一研究中产生了一个中心的对我说来是至关紧要的结论。计量革命含有一种哲学革命的意思。如果我不调整我的哲学的话,则计量化的方法将真正地把我引进死胡同。我没有掌握新的方法论的失败,完全是试图将新酒注入旧瓶的结果。我强迫将我的哲学态度转向一种不相容的方法论。我必须决定究竟是放弃我的哲学态度(从我在剑桥 6 年只能称之为"传统的"地理学的灌输中所稳步累积起来的),还是放弃计量化。我极为仔细地考虑了这个问题,并惊奇地发觉当冒险走上计量化道路上的时候,我能够保留我所看重的大部分哲学见地。那些我必须放弃的我的地理哲学各方面,站在其他立场上,我就能轻而易举地摆脱。那种事物确实是独特的或是人类行为是不能量测的等等假定(常常是隐蔽的和含糊的),当受到严格的思考之后,就转变成抑制并毫无意义。我也发觉我常常错误地阐述许多假定,它们必定奠定于统计方法之上,一旦去掉了错误阐述,则我的地理哲学和新的方法论之间的冲突也就烟消云散。当我设法把传统的地理学思想的积极方面和计量化所蕴含的哲学汇合在一起时,我惊奇地观察到地理学的全部哲学变得多么生气勃勃和至关重要。它开辟了一个全新的思想世界，在其中我们可以理论地和分析地思考而无所畏惧，在其中我们可用同样的语句谈论个体和群体，在其中我们可从同样的角度来概括类型和详论各种区位。关于传统地理学的目的和任务（的确它们要受到嘉奖和鼓励），在我看来似乎没有错，但是作为一个学术事业，它要想办法处理，否则就有这样许多清规戒律为自己画地为牢，以致无法实现为自己设置的目的和任务。特别是，就总的说来，地理学家们不善于利用科学方法的神奇力量。这就是科学方法的哲学，它蕴含在计量化之中。

有些人对“科学方法”这一术语可能畏缩不前，所以我得声明，我以一种极为宽广的意义来阐明它，即为了合理的论证而树立并加以遵守的适宜的智力标准。现在这点很明显，我们能遵守这些标准而无需沉溺于计量化之中。高明的地理学家始终遵守着它们。但奇怪的是计量化向我指明了我自己的标准是多么马虎——因此有那些不可能发表的论文。我以为计量化最重要的效果是强迫我们逻辑地和前后一贯地去思维，然而在以前，我们不是那样做的。这个结论引导我去改变我的方法的重点。虽然这并不是偶然的，计量化正在迫使我们去提高论证的标准，但如果我们愿意的话，我们可以提高标准而无需再提计量化。所以计量化的问题本身逐渐显现于背景之中。我对逻辑论证和推论中的标准和规范的一般性问题愈来愈感兴趣，这些问题为地理学家在研究过程中应当接受的。这些标准和科学作为整体不能相分离。总之，我对地理学中的科学方法（不管什么想法）的作用感兴趣。现在有许多人在科学的道路上已训练有素，以致看来在它的方法上无需再受正规的教导。向这辈人施教，似乎是他们对正规化是怎么一回事早已直

觉地懂得。但有许多地理学家需要正规施教，因为他们像我一样没有上升到科学的道路上。即便是已相当直觉地掌握科学方法的地理学家，也不能不注意它的形式分析。一种直觉的掌握来自知觉对象和实例的传授。这样一类掌握常足以驾驭例行工作（大部分科学是例行的）。但它常常不能抓住新问题，因为这些问题是没有前例的。在这点上，常常必须懂得科学方法作为整体的哲学支撑。

科学方法提供我们锋利的工具。但任何工匠将会告诉你滥用锋利的工具时，它能够造成很大的危害。最锋利的工具是数学和统计学所提供的。前者向我们提供了用公式表示论点的严密而又简单的方法，而后者向我们提供了数据分析和以有关数据来检验假说的工具。我相信在地理学中，这些工具常被滥用或误解。我断然控诉有关这方面的罪过。如果我们在研究中控制地利用这些锋利的工具，我们必须理解运用它们哲学的和方法论的假说。自然，通过科学方法的分析，这些假说明确地建立起来。但是我们必须保证所接受的有关科学的特殊工具的假说，并不与为了合理论证和推论所树立的标准而使用得更为宽广的假说发生冲突。所以在计量技术和平常的合理论证及推论碰在一起的点上，合适的方法就显得加倍重要。因此计量化的重要就在于此。所以我们必须将假说顾及地理研究中的所有层次。我从探讨理解科学的某些有效工具的性质开始，而以理解过程的完整性结束，这些过程导致地理理解的获得和总其成。

所以本书讲的是获得地理理解和知识的各种方法与合理论证及推论的种种标准，为了保证过程是合乎道理的，它们是必不可少

的。对于判断一个论证是否有力，使用的技术是否得当，或者解释是否合理的指标，我想作些系统的讲述。我并不以为我详细讲述的这些指标是正确无误的。无知是相对的。和我五年以前的情况相比，现在我感觉更为精通和聪明，但是我仍须学习，相对说来，我感觉到比以前更为无知。的确，自 1968 年 6 月结束这个手稿以来，我已改变了几处观点，并能识别在分析中的错误和不足。所以这是一个极为临时的报告——一个人在特定时刻的观点。我不指望它成为某些新的正统观念的基础。就一个人的意志说来，我肯定不会用这些名词来保卫它。我的目的是开放竞技的场所，而不是关闭它，使之脱离将来的发展。

在构筑这一临时报告之中，我得到许多帮助。我以赖弗休尔姆奖学金在乌普萨拉大学度过 1960—1961 年，并要感谢在我完成博士学位以后给我一年的经济资助，使我得以思考各类事情，而在以前是没有时间的。当我停留于乌普萨拉期间，我和根纳·奥尔森结成了永久的友谊，并在早期我们互相支援。在 1964 年夏，我得到国家科学基金会的帮助，出席了西北大学的空间统计学会议，我并必须承认这一经历是一次外伤。在那次会议上，米克乐·达赛对我的思想给予巨大的刺激，此后他以未发表的材料供给我，感谢他允许我从中摘引。沃尔多·托布勒同样送我未发表的材料，也感谢他允许我从中援引。我也必须感谢布里斯托尔大学的同事们，特别是阿仑·弗雷和巴利·加纳，为我提供了一种在思考和工作上都轻松愉快而又具有刺激的气氛。当我在宾州的那年，彼得·古尔德也给我充分思考的环境。各种各样的人对手稿和蕴藏其间的思想进行了挑疵索疤。阿仑·弗雷、阿特·格蒂斯、莱斯·金、阿仑·斯科特、罗吉·唐斯、博勃·科尔努特、鲁德·怀特、基思·巴塞特、康拉德·斯特拉克以及其他人提了建议，其中有一些我已采纳。不提英国地理学界的“可怕的孪生子”迪克·乔利和彼得·哈格特，感谢就难以完全。前者恰在我于1960年离开剑桥之前，向我介绍了统计方法，自此以后，继续给我最激励地投射思想。彼得·哈格特对我十分和善，特别是他成为布里斯托尔的教授以后，成为对我忠告和鼓励的永无休止的源泉。我受他们二人的大恩，我并且相信英国地理学界亦归功于他们。

我也需要感谢各色各样的人，在撰写这本书的期间，他们帮助我，使我不致分心。马尔西亚、迈尔斯·戴维斯、约翰·科尔特腊恩、迪翁·华维克、比阿特雷斯、肖斯塔科维奇、泰特斯、菲尼亚斯·布勒斯特和杰克，在事情看来阴暗不如意时，他们帮助我维持内心的平衡。我也感谢马尔西亚帮助编制索引。向每一个愉快的同事们，我致以衷心的感谢。

大卫·哈维

于克里夫顿，布里斯托尔

1969年3月

第一编

哲学、方法论与解释

第一章　地理学的哲学和方法论

考虑下列陈述：

地理学着重描述和解释地球表面的地区差异。

像这样一个陈述，可以被某些人认为是地理学领域的一个适当定义。其他人可表示异议，并建议几个另外的定义。我的本意并不是来为这个陈述辩护。我所期望的仅是分析它的形式。对这个陈述稍加检查，就能发现它可以剖为两半。前面的一半是关于我们应当如何来进行研究现象，特别是涉及了描述和解释两道工序。陈述的后面一半是关于我们应当研究的是什么，它确定了描述和解释这两道工序应当用于什么对象和事件的范围。对本书说来，这种差别是根本的，它是如此重要，所以我们以详尽地考察它作为开始。为了方便起见，我们将陈述的后半部指为地理研究的目标或实质性对象，前半部指为研究的方法。

选择以“地球表面的地区差异”为地理研究的任务是一个可争议的问题。询问我们如何来驳斥它，是饶有兴味的。例如，我们不能表示它在逻辑上是无力的，在逻辑上不前后一贯，或在逻辑上是不可想象的。以这种方式论，可能涉及几个重复的任务，但我们在这儿所讲的特殊任务并不包含任何内在的矛盾。我们可能辩称它不值得作为一个任务，因为它过于空泛，对我们没有多大用处，或是它不符合大多数地理学家在从事某些实质性研究时所树立的任务。我们可以辩论，认为任务在逻辑上规定了研究的一种程序，这在最近的将来不太可能实现，因此任务是不健全的。但不论我们可能作出什么样合乎逻辑的辩论，这一点是清楚的，即我们可以辩论到终了的唯一根据，任务是信念的根据。作为个体来说，我们具有价值。这些价值的确和我们生息和工作其间的社会分不开，再从较狭范围来说，它们不太可能与我们所接触和互相影响的其他地理学家独立开来。引导我们到所领受任务的这些价值是值得的。根据我们自己的价值，我们可就“地球表面的地区差异”作为研究的一项有价值的任务进行辩论。我们甚至可以充分参照社会价值，并证明这个特殊任务和当前我们自己的社会中存在着的流行价值是不相称的。例如，对一个悉心研究规划问题的社会地理学家来说，比起“地球表面的地区差异”来，还是以“人类活动的空间组织”作为地理研究的任务合适。

由于各有自己的价值观念，因此不同的地理学家和地理学家集团就有相当不同的任务。假设我们希望转变一个人的地理任务观使之同我们自己一样，我们唯有通过转变他的信念才能达到。例如我们可诉诸他的社会良心，指出加尔各答街头的饥荒和悲惨境况，以此来设法转变他，使他认识到地理学在减轻饥荒和悲惨境况方面是有所作为的。或是我们可以利用他的爱美情绪，使他踯躅于罗马废墟之间，从而使他转变到这一立足点上，为景观随时间而变迁的“感觉”所包围。但是我们不能以逻辑上的争论来摧毁他的信念，我们只能以这类争论来支持自己的信念。

我们研究的任务建立于其上的信念，形成我们的哲学，形成我们个人的生命观和生活观。所以，通常将地理学工作中这些信念的表示指定为地理学的哲学。这类哲学有许多种。每种为我们提供了一种地理学性质的鲜明观点。这类哲学国与国不同,随集团而不同,亦因时而异。有人认为这些形形色色的哲学是人身上隐藏的、渗透的某些态度的模糊表达,它们形成了地理学的本质。真实的地理著作就这样被认为是基本的地理学的某种朦胧表示,这和柏拉图认为知觉经验是外界"本质"的某种朦胧表示有点属于同一方式。讨论地理学形形色色的哲学,或是探讨它们如何才能得到综合,这些不是我的目的。我们现在目的的要点是说明这些哲学是仰赖于信念,并且说明虽然我们可以分析它们来确定一致性和连贯性,然而离开了它们的基础,我们便不能分析。

我们已经表明了地理学这类哲学的主观基础,就应当考虑利用这类哲学。除非有某种任务,否则所有的分析是空泛的,这是明摆着的事实。任务不可能简单地说明,它可能心会而不能言传,它甚至可能是非常模糊的。但如果连研究什么的概念也没有,就将没有地理学或任何某种知识,只有为数学体系和逻辑建筑起来的运算所提供的空洞的分析性理解。所以,没有某种任务,我们就不能行进,而限定一项任务,虽是临时的,却等于为地理学本身假定了一个某种哲学地位。所以有关哲学的信念或地理学的性质,对于从事实质性的地理工作是有决定性意义的。本章开头陈述的后半部分为我们提供了一组任务、一组信念,我们可以用它作为研究的基础。我们或者接受它,或者另外去找在某些方面我们认为更为合适的任务。

陈述的前半部分提到了描述和解释。当我们用描述这一名词时,我们常用来指某种认识性描述。我们并不以信手写来的描述事件为满足。我们设法使描述显得首尾一贯，使之合理和符合实际，我们以一种特殊的方式来驾驭描述的词句，使我们理解的一种状态得以再现。要在我们所谓的认识性描述和解释之间加以区别，现在证明是困难的。实际上，近代分析认为，认识性描述和解释仅是程度上的差别，而不是本质的不同。后者更明显地着重于相互联系的分析，而前者倾向于表示这类联系的必需而已。无论我们是否接受描述与解释在本质上是类似的，关系不大，因为此后的考虑，对于它们是分是合都同样适用。为着方便起见，所以将在解释的宽泛标题之下，把它们总括在一起。

这就有兴味地提出询问，既然我们注重的是任务，如何为一项特殊的解释辩护？关于解释，我们有逻辑根据为之辩护，这是清楚的。我们能断言在逻辑上不健全，断言不能从前提中推导出逻辑性结论，或是在论证上逻辑有些前后不一致而使解释没有意义。所以，解释为一项至关重要的逻辑程序，并能经受深刻的逻辑分析。关于解释确有几个问题不能离开哲学信念而独立解决——证实和确认是首要的例子。尽管如此，我们在考虑它的哲学支持感到烦恼之前，还是可理直气壮地坚持认为一个解释在逻辑上应当是健全的。加深我们对健全解释的逻辑的理解，现在已成为逻辑学家和哲学家(特别是逻辑实证论者和科学哲学家)所关心的问题。虽然他们确实没有专心致志于此，但从近五十年来他们所做的大部分工作看来，他们企图树立准则，根据它们，我们可以判断一个特殊的解释论证究竟是否健全。在提出解释的时候，我们必须考虑到这类准则，并力求证明至少我们提出的解释是和它们一致的。

在我看来，地理学方法论者的任务是考虑把这类准则应用于地理现象的解释。所以方法论者关心的是“证明的逻辑”，而不是我们对地理学性质的信念的哲学支持。所以哲学家和方法论者的任务很不相同。前者关心的是理论思索和价值判断，以及什么值得和什么不值得的内心质疑。后者主要关心解释的逻辑，和保证我们的论证是严格的，推论是合理的，以及我们的方法内在联系是前后一贯的。

对本书来说，哲学家和方法论者活动的区别是绝对重要的。总之，本书着重的是方法论，而不是哲学。所以，基本内容是完善准则，使它和地理学中的解释一起发展，并分析各种不同的方法，以此来保证健全和前后一贯的解释。自然，强调方法论一半是出于个人偏好，但一半也是一种反作用，反对在地理论文中流行讨论哲学问题而对方法论问题很少一顾，或者最好的情况也是将哲学和方法论混杂起来，以致很难辨别孰为何者。我的感觉，涉及地理学思想基础的文献有百分之八十左右是理论性的，并且在风格上是哲学的。自然，这点本身没有错。但从许多例子看来，好像思考的能力总为特殊的方法论观点所约束，这些观点经过分析，证明是不必要的，或者简直就不健全。毫无疑问，现在方法论和哲学互相作用。它们彼此不能分离。但总的说来，我们误解了相互作用的性质，因为我们没有理解它们之间的差别。

这种差别最好考虑后面各章各处所提到的一种差别来说明。这种差别存在于为某种分析方式假定一个哲学地位和一个方法论地位之间。方法论者可以采用某种分析方式，因为它方便和有效，因为他需要工作起来有效。例如，他可以采用一个确定性的或一个随机性的模型来检验某几组现象之间的相互作用。反之，哲学家可采用一种分析方式，因为他相信这是用来检验一组特殊的相互作用的唯一合适方式。例如，由于相信自由意志论，他可以避开确定性的模型和确定性的因果语言，而坚信在自由意志论的基本前提之下，唯一合适的语言是一种带有不确定性的基本语言（例如概率理论）。必须指出，采用一种方法论立场并不是必须采用一种相应的哲学观点。例如，拉普拉斯相信现象的世界是一个确定了的世界，所以他是一个哲学的决定论者。然而他能发展概率的运算作为一种方便的方法，强调由于我们自己的无知和无能，为了使对某种类型的现象分析行得通，我们需要这样一种近似方法。因为我们用了一种概率的模型，我们就无需采用一种哲学的不确定性观点。在这方面，方法论和哲学二者的立场彼此是极为不同的。在地理文献中，这一差别常不被理解。例如时常认为一种特殊方法的利用，如因果分析，就必须是一种特殊的哲学观点，例如哲学的决定论。所以我们不能认为从一种方法论立场来支持一种哲学观点。在其他方向上，这个关系反而接近一点。除非我们能够发现不采用这种立场的巧妙托辞，才能假定一种哲学立场就必须是某种方法论立场。除非他们像拉普拉斯那样承认其他某一分析方式是一种便利的接近，哲学的决定论者总是绝对地倾向于利用分析的决定方式。所以，在这里，即使保持严格的哲学立场，仍可能采用一种灵活的方法论。

方法论和哲学之间的差别对我们十分有用。例如，它允许我们在重大的研究中采取各种不同的战略而无需把我们自己束缚于某种相异的哲学，它允许我们保持一种特殊的哲学而无需拘泥于我们的研究方法。方法论和哲学的明确分离为我们提供了一个十分灵活的战略来解决实质性问题。它意味着每种方法在为我所用上是开放的，只要这种利用在各种情况下是合理的，我们就可证明这一点。因此，说明一个特殊的分析方式如何以及在什么情况下是适合的，详细说明运用一种特殊的技术所需的种种假定，阐明分析必须遵循的形式（如果分析本身是严格的和逻辑上合理的话），等等，都是方法论分析的重大任务之一。所有这些都能独立于哲学来完成。

不过，我们已经讲过，我们应当清楚地认识到哲学和方法论容易发生相互作用之点。我们已经提出没有某种任务的地理学是无益的。我们将在下面各章中看到大多数方法脱离了任务和目的以后就不能作出评价。我们也将看到构筑理论——其本身在解释的全部程序中是一个关键要素——高度依赖于纯理论的任务，而地理学家已为他们自己规定了这些任务。有些哲学家，如极为多种多样的逻辑实证主义者，他们认为一切知识和理解能够离开哲学的前提而发展。这样一种观点现在已得不到普遍支持，因为这样一种极端形式的逻辑实证主义已证明是无益的。方法论没有了哲学就毫无意义。我们对于地理学最根本的观点是方法论与哲学二者必须兼顾。这样一种雄心勃勃的综合不在这儿尝试，因为我们希望在完成这个功绩之前，单独对方法论的问题必须有更为充分的理解。虽然，本书的重点主要在于方法论的问题，但我们有理由在几个地方要讨论到涉及地理学性质的重要哲学问题。然而主要目的是将分别出本质是逻辑的分析方面和视哲学前提而定的方面。我深信唯有分离开这些不同方面，我们才能建立起健全的方法论和健全的地理哲学。

第二章 解释的意义

将方法论问题和哲学问题分离开来，就为进入解释中所涉及的许多问题提供了一条方便之路。例如布雷思韦特(1960)和拉德纳(1966)二人在他们分析解释的形式和性质时，就大量利用了这种区分。他们所以这样做，是因为可使讨论集中于解释的形式更为限制的(和更易处理的)问题上，而无需设想关于经验的性质(即感知的性质)的哲学地位，亦即伯特兰·罗素(1914)所称的我们对于外部世界的知识。当然，后者的问题一直是历代哲学思考的主题。以它们现代的方式说，常被称之为关于人类交流的性质、语言的性质、对术语确定意义的过程、感应的心理学和生理学等等的问题。作为一个分析家，布雷思韦特(1960,21)对此曾简单地述及：

> 科学体系内部结构的逻辑条理问题，和形式逻辑及形式数学的真理在这类体系内所起作用的逻辑条理问题，以及涉及合理性基础的归纳逻辑问题或认识论问题，或者只能接受已经建立的完善的科学体系。

在关于解释性质的分析性强的工作中，重点要置于它的内部结构和它的内在统一上。这个方法提出了某些问题，这个方法也是本书方法的基本脉络。第一，它倾向于忽视把解释当作一种活动，当作一种过程，当做可交流理解的一种有组织的尝试。它确实忽视了动机的全部问题，而我们是怀着动机来寻找可接受的解释的。这个问题被这些学者，如库恩(1962)、丘奇曼(1961)和卡普兰(1964)等人直接解决，他们喜欢从一种行为的观点而不是一种形式的观点来触及解释的问题。第二，它忽视了对经验本身所作的说明。因此，经验被视为关于实体的某种成套的陈述，而实体常被认为或被接受为是“事实的”，在意义上仍未予以定义。解释被认为是各种事实说明之间的联系，或为事实说明与更为普遍的“理论”说明之间的形式联系，而“理论”说明可用来支持事实说明。从持有解释的形式结构观点的分析家看来，以这种方式来处理经验是方便的；但对关心解释经验的问题的地理学家来说，其他地理学家可以接受的一种方式对他并非总是有帮助的。

所以，在地理学中谈论解释，不可避免要对这些问题作些讨论。我们究竟是地理学家，基本上关心的是阐明实质性的地理问题，而不是像许多科学哲学家们所关心的是阐明解释的方式。在某一或其他阶段，解释形式必须涉及经验。要谈论这种介于方法论和哲学之间的交接问题，如果不写长篇论文来讨论经验本身的意义或是作出重大的预先假定，是困难的。无疑，关于讨论“地理经验”最深入的论文之一是洛温撒尔(1961)提供的。在这篇论文中，他探讨了存在经验之间或对我们生活的世界所感知的情况之间的关系，我们有能力作出关于经验的首尾一贯的陈述，我们有交流那种经验的能力，并探讨了在所提供的概念和原理上建立起一种共同的地理认识论的“地理想象力”作用。洛温撒尔的讨论主要着重在哲学方面，而不是在方法论上(正是在这个意义上，我们使用这些术语)，但它极为有力地说明了我们试图在解决实质性的地理问题时哲学意义的重要性。因此，在本章中，我们将注意到

解释性质的各个方面，并为了以后各章讨论到解释更为形式化的某些方面，试图在这个过程中奠定某些广泛的一般基础。

I. 解释的意义

关于解释的意义，已有大量的讨论和争议。在本书的第二编中，将要探索在自然科学、社会科学、历史学和地理学中存在的关于解释的重大论争。现在，为了我们直接的目的，对解释一词做一个极广泛的说明将是适宜的。这将被看做像对一个"为什么"或"怎样"的问题的任何满意或合理的答复一样。这种观点需要一些澄清。特别是这些问题如何会产生，我们如何进而建立答案，如何判断所给的答案是否合理和满意，对这些提出质疑是有用的。

A. 需要一个解释

图尔明(1960A,86)认为，对于解释的愿望来源于对某些经验产生一种诧异的反应。这种诧异，他认为是在一种已定情况之下的预料和我们对它的实际经验之间的冲突所产生的。现在，我们暂时忽略经验问题，而只集中于冲突的概念和它愿望得到解释的联系上。图尔明举的例子是一个简单的例子。一根手杖，每个人认为它是直的，当它浸入水中的时候，看来像弯的了。有些人对这个经验的反应可能说："那又怎么样呢?"，另一些人可能认为这很"有趣"，另一些人认为有点奇怪并感到诧异。最后一种反应是引起问题。图尔明以下列的方式来说明这类问题：

> 使你对情况感到惊惶失措的事物是：原来并不含糊的和

并无异议的我们感觉到的证据，变成了含糊不清的和冲突的。有三类显著的冲突：

(i) 发生在同一观察者在不同时间对于同一性质的报告之间——起初他说这是直的，现在他说，这是弯的。

(ii) 发生在不同观察者在同一时间内关于同一性质的报告之间——有些人说它向左弯，另一些人说它向右弯，另一些人又说它比以前短。

(iii) 发生在同一时间内对于同一性质的不同感觉的证据之间——瞧着它，你可说它是弯的，但触摸它，你说它是直的。

由于这些冲突，你会问真实的情况是什么？它是真弯还是不弯？如果是弯的，向左弯还是向右弯？如果不弯，为何看起来仿佛是这样。在提出这些问题时，你开始需要有对现象的一个解释。

一个解释因而可以认为是使一种并不预期的结果成为意料中的结果，而并不预期的结果是冲突和诧异的根源。我们可用斯内尔定律来解释手杖浸在水里的现象，从而证明在这类情况之下常会发生这样一类现象。然而在提出一种解释的过程之中，我们可能会发现其他的诧异和冲突需要解释，而一种问题-答案相互作用的过程会最后导致产生条理化了的知识整体，我们能够凭借它对各式各样现象作出满意的解释。

当然，这样来描绘解释的过程自然是极为简单的。但它确实指出了在寻求解释上的一个基本的心理动机，即减少冲突，或如心理学家所说的减少紧张。对地理学家来说，这种说明是意味深长的。早期的旅行家发现预料和经验之间的冲突十分离奇。例如哈克路特和塞缪尔·珀切斯的记事充满着许多使人感到惊叹的事迹，许多事又使人产生疑问，需要解释。这些问题不能置之不问，随之找到的生活方式和环境的差别的解释，可以认为是地理学史。直到现在，这种过程还在继续着。考虑一下在一张对数-对数纸上绘出城市的规模相对于等级的分布图，发现它们的分布极接近于一条直线。对此我们如何反应？我们知道没有一个政府发布过法令，规定每个城镇住多少人。我们知道没有对迁移或人口增长有意识地加以人为控制，使城市大小符合齐普夫的等级-规模定律。像这样一类现象肯定与我们所预期的大部分情况发生冲突。所以我们寻求对它的某种适当和满意的解释。我们设法证明等级-规模规律是和我们的意料相符合的，而不是和它们相冲突。

手杖在水中的例子，马可·波罗在北京的经验，门哥·派克在非洲的经验，布里安·贝里对等级-规模定律的困惑，所有这些都有某些一致的地方。其共同特征是一种诧异的反应。如果假定对我们所有的每项经验，我们都自动地做出诧异的反应，那就变得愚蠢了。对其中大部分，我们撇开它们，认为不相干而剔除它们，或是干脆地认为它们可笑或是可憎，由它们去。所以，对于使我们感到诧异的经验和剔除它们的各种经验，有某种程度的预先选择。总之，我们对各种经验进行筛选，仅对某些少数因这些或那些理由而使我们感到诧异的加以探讨。在组织起来的各学科中，已为我们做了一部分预先选择。所以一代地理学家倾向于为下一代建立起已准备好的问题。例如地理学家的部分训练，在于训练他如何提出问题；至于提供给他一套预期结果，用来判断是不是一个特殊的经验，这种训练是令人诧异的。门哥·派克如果遇上了等级-规模定律，可能只是耸耸肩膀，并说“那又怎么样?”或是认为它是一个有趣的现象，但并没有真正引起他的兴趣。所以我们所问的问题，一部分是以我们所受的训练为条件的，我们寻求的解释同样是有条件的。虽然这个传统有时被打碎。特定一代的地理学家也许认为过去所发生的提问和回答的对话会引入死胡同。这归因于在某个时候所有学科易陷于下述情况：它们醉心于用具体的经验而得不到真实解释的问题；或是干脆设立了不真实的问题，并用纯机械论来提供貌似满意然而同样是不真实的答案。在其他情况下，看起来好像一门学科已经理出一种特定的思想脉络，需要将活动的位置转移到某一其他的平面上去。在一门学科的历史的这些点上，我们恰好发现托马斯·库恩(1962)所称的科学革命，即从一个范式转移到另一个范式的例子(在后面我们将考虑这一概念)。

然而，考虑在这一见解下的地理学史并不是我的任务。不过，我们需要牢牢记住冲突的概念、诧异的概念、提问的概念，和寻求某些答案的概念，要求个人的某种预先选择，这种预先选择或是过滤能力极大地以他的训练条件为转移，所以，在任何时候，各个地理学家都可能涉及将几种看来不期望有的结果转化成预期的结果。对他来说，要关心所有的问题和争执之点这是不可能的，即使其中某些问题受到他的注意，而潜在的冲突和问题看来似乎是无穷的。

B. 建造一个解释

解释的目的可以认为是使一个意外的结果成为意料的结果，

使一奇特的事件成为自然的或正常的事。我们做这件事时一般有三种方法。有些人会证明它们是互相排斥的；有些人证明它们是互为补充的；有人认为，归根结底它们确实等于同一件事。我们将简要地考察它们的特点。

(i) 建造解释最为重要的方法大概是一般所说的演绎-预测法。它为布雷思韦特(1960)、内格尔(1961)等学者发展完善，尤其是亨普尔(1965)，他致力于将古典物理学中的一种方法推广到所有研究中的解释领域。在以后各章中，我们将详细地考虑这种解释的模型。现在则指出它的主要特点就足够了。我们的目的在于建立陈述或"定律"，并在经验上表示这些定律支配各种类型事物的行为。然后假定定律为普遍真实的陈述(即它可独立应用于空间或时间)。在一种解释中定律所起的作用如下：定律包括的一套初始条件首先被陈述，然后表明这些和定律联系的条件必须在待解释的事物中得出结果。可以在此指出，在这种例子中，预测和解释是对称的，在它们之间没有本质的差别。这种观点的解释所提出的基本问题，当然就为假定的普遍真实陈述提供了适当的支持。

(ii) 汉森(1965)、图尔明(1960B)、威兹德姆(1952)、班布鲁(1964)和赖尔(1949)等一群学者发展了另一种观点。这种观点可以称之为"关系的"观点(沃克曼 1964)。按照这种关系观点，解释被认为是将需要作出解释的事件与我们已经经验过的其他事件联系起来的问题。而对经验过的事情，无论是通过熟悉它还是分析它，我们都不再觉得诧异。例如，行星的行为可以与从树上掉下苹果来的常见行动联系起来。因此，解释的本质在于为事件之间提供连结的一种网络。按照这种观点,定律不必一定是普遍真理的陈述,仅仅是将从特殊情况所导出的信息应用于其他情况所发生的一种便利方法(沃克曼,1964;班布鲁,1964)。所以,解释的演绎方式是参照一般来寻找解释特殊,可以认为是关系的解释的一种特殊方式。但在方法上,关系的解释比演绎解释本身更为宽广一些。

(iii) 沃克曼(1964)建议一种更为不同的解释形式,它便于将类推法称为解释,或有时称为模型解释。但是由于围绕着"模型"这个名词所产生的混乱,这里我们避免采用它。沃克曼开始注意到,利用事件正在发展的某种"图像",一种意外出现的事件可以变成不太意外,这样,不熟悉的事件可以变成或是看来更为熟悉的事件。所以解释包含有某些没有观察到但可由类推法得到的事物的描述。这种描述提供了适当的预测,并在不会导致矛盾这个意义上,证明它是真实的。在这些情况之下,我们可以用类推法来使难以理解或感到奇怪的事物变成我们理应熟悉的事物。因而我们可以用弹子球来表示原子,用实体模型来表示复杂的化学结构,用这种方式来满足我们对于一个解释的需要。

这三种解释的方式没有囊括所有解释的方式,它们在许多方面不是互相排斥的。的确,在亨普尔(1965)的著作中关于演绎的解释,许多原理宽泛无边,使演绎的解释和关系的解释极为接近,它们的差别只是程度上的,而不是种类上的。这都是可以争论的。同样,在类推法(或通过模型)解释和参照抽象的理论概念来进行解释,两者之间也难以辨别。所以我们不为赞同任何一种解释结构而强烈辩护,而在规定的情况之下,一般接受它们都是为了建立一个解释的有效方法。在以后各章中,我们将较多地使用演绎方式,主要是因为它的简明性。

C. 判断一个解释是否满意和合理的指标

我们可以建立一个“上帝决定一切事物”这类的通则，并因此作出结论说等级-规模定律是上帝意志的一种体现。对于这样一个解释，有些人会感到满意而毫不惊讶，或许只有对上帝改变了“他行动的奇迹”的神秘方式才感到惊奇。其他人则不相信上帝或宗教信仰的任何教义对于事件提供合理解释的过程有任何关系。建立指标来判断一个特定解释是否合理和满意是高度主观的，不能否认这一事实。科学本身就是通过为科学家树立常规——行为的规则来解决这一问题的，如果他想以合理的方式进行解释，他必须符合于这些规则。科学方法不过就是这些规则的明确发展而已。为了建立这类规则和常规惯例，一批实践的科学家发展了一种规范用来判断一个特定的解释是否合理。例如现代统计决策理论就提供了一整套的客观决策规律，倘若适当运用，就能保证不同的科学家对于所给定的假设或一套数据，会得出同样的决策。

但是科学所发展的常规惯例和规则随时随地变更。一个学派的地理学家，可以对另一派提供的解释认为是不能接受和不合理的。一个回归分析(r＝0.9)可以满足某些人，但其他一些人认为完全不合适。在剑桥大学可以接受的规则，在布里斯托尔大学可能是不可接受的；在伯克利大学可以接受，在西北大学可能不被接受。科学上的常规惯例亦随时间而有重大变化。十九世纪末叶对某一问题的答案认为合适并能接受(比如拉策尔和森普尔)，但到了二十世纪中叶则不被认为是一种满意的答案。在特定的传统和常规惯例的范围之内，客观地判断一个特定的解释是否满意和合理是可能的。问题在于我们必须在各种常规惯例之间进行选择，而这种选择是主观的。这就等于选择了库恩为了应用和指导科学所称呼的“范式”这个术语。对于科学的范式这一概念，有必要作详细的研讨。

D. 论范式和世界图像

T. 库恩(1962,X)对“范式”这个术语的说明是：

> 普遍公认的科学成就，它在于一个时期以内为全体应用者提供模型问题和解答。

范式这个概念对我们是有用的，因为它表明了解释作为一种过程和活动的相当重要的东西。特别是它将解释的两方面合而为一，因为解释不能把对研究者行为的理解分割开来，也即是他所研究的问题和他建立的指标用来判断一个已知的解释究竟是不是合理和满意。库恩(1962,37)以这样方式来说明这一点：

> 一个科学团体用范式获得的事情之一，便是使选择的问题树立一个指标，当范式被认可之时，就可假定已获得解决。这些问题，大部分只是社团认为是科学的或鼓励其成员研究的一些问题。其他的问题(包括许多以前认为是标准的问题)或被否定是形而上学的，或是其他学科的问题，或者有时认为太成问题而不值得浪费时间的。对于这点，一个范式甚至能使一个社团与公认重大但不可简化的疑难形式问题隔离开来，因为它们不能用范式所提供的概念和一些手段来说明。这些问题能成为一种骚动，……成为被近代社会科学的某一

学科辉煌说明的一课。为什么普通科学发展得如此迅速的理由之一，就是它的实践者集中于这些问题上，只是他们本身缺乏才能，不足以解决这些问题。

照库恩看来，大部分的科学活动是在一组普遍接受（但常常不是指定的）的规则与通常的范围内探索解决的办法。这种活动名为“疑点解决”，是库恩所称的“常规科学”的特征。这种活动偶然被一项“科学革命”打断。这种革命被认为是对一种危机的反应，它是由于不能参照通用的范式来解决的问题愈积愈多才发生的。面对着在结果和意料之间的持久而严重的反常现象，科学家寻求一种新的解释。首先是思索推测，方法论的问题经过彻底的辩论、动用哲学、考虑到新奇的实验，直到出现某种新的范式，它以能解决以前存在的种种异常为特征。但如库恩（1962，77）指出的：

决定否决一个范式常常是同时决定接受另一个，导致作出决定的判断，包括着对两种范式的性质和两者之间相互比较。

以一个范式来代替另一个范式，这不是参照逻辑和经验所能完全解决的一件事。这是判断的事，一种主观选择的行为，一种信心的行为，它们确能以逻辑和经验的充实证据为后援。

从两点来看，库恩的分析是饶有兴味的。第一点，它提供了一种概念的骨架来研究科学探索的历史，地理学史完全可以这样的方式来处理。这种历史有助于我们了解为什么我们现在倾向于摒弃如拉采尔和格里菲斯·泰勒所提出的许多难以处理的问题。看来我们的概念器官，我们的现行范式，不能推广应用于考虑这些问题。格里菲斯·泰勒一直探索的政治霸权的地理焦点的转移，并投影到未来的问题，似乎是一个形而上学、而不是能给予合理回答的问题。第二点，库恩的陈述使我们洞察入微，深入到科学家的行为，深入到作为一种活动的科学中。它帮助我们了解范式冲突的性质，和我们所面临的是寻求解决疑难的一种方式的问题。现在有些人在地理学中见到的定性—定量两分法，它可以很好地代表范式中的一种冲突——与是否用了 X 方测试或计算了一条与回归线完全无关的一种冲突，但它是两种不同观点之间一种冲突的征兆。这两种观点涉及什么是容易处理的和有兴味的地理问题，以及什么是满意而又合理的答案。所以乔利和哈格特认为，所谓的计量运动，不过是许多地理学家寻求一些新的范式的征兆——一种必须得到承认的寻求的过程，本书的意图就是来促进这个过程。在寻求某一新的范式中，我们需要摒弃一些传统的和有兴味的问题，主要因为我们没有必需的工具来掌握它们，记住这一点或许是有用的。一个范式可以提供一种非常有效的方式来解决问题，但是一般说来，它为了集中精力而以牺牲广泛的覆盖面为代价。

为了使一个范式顺利转变为另一范式，科学家也转变着他本身的行为。在一个时期没有出现的问题，现在出现了，因为他的预料已经改变。过去看来无关的经验，现在看来令人惊奇并需要解释。这种在预料方面的一般转变包括科学家对他周围世界感知的改变。它包括库恩称之为科学家的“世界观”的改变。他因此改变对经验的反应，他的经验的概念化也发生改变。这种转移，博尔丁(1956)称之为研究者关于经验世界的图像，亦是科学界的行为的一个方面，它对科学家从事科学研究的努力有着深远的含义。

所以，必须再次强调科学的客观性，以及判断什么是有关的问题和什么是可接受的答案，只能在通用的图像的关联之内，在通用的规则和常规惯例的关联之内来理解，换言之，也就是在种种不同而又时常冲突的范式的关联之内来理解，而这些范式本身反映了并由不同的行为、不同的价值系统和各种哲学所形成。

II. 经验、语言和解释

一个特定的范式包括世界的一个特定图像和知觉经验的一种特定阐述。我们已经看到这是一个复杂的哲学问题，多少年来成为思辨的形而上学争论的主题。我不想卷入感知和语言的哲学问题讨论之中，但在以后将会明白，对关心实质性问题的地理学家说来，要想避免这类复杂问题是不可能的。为了考虑这些不能事先假定但与感知哲学或语言哲学密切相关的问题，提出一个简单的概念框架是有用的，既然本书主要讨论合理的解释（按广义来阐明的科学解释），我们就在此提出关于解释的特殊风格的概要。

考斯（1965，69）写道：

> 从感知（它被认为对实体的面进行一种粗糙的磨光，这是由于我们感觉器官的粗糙）开始，科学就进行到概念图式的建造，它的序列反映着感知的序列，并且将这些图式与专门化语言联系起来以便作出预测。

我们因此可以想到从知觉感应（知觉表象）经过智力建造和图像（概念）到语言表示（术语）的一组联系。“知觉对象”、“概念”和“术语”三者不能认为是真正等型的。它们具有在某种程度上独立存在的特点。这种独立性是难以承认的，它本身是哲学上争论的主要领域。例如卡西列尔(1957,112)说：

即使一个人早就懂得生活于图像中，他本身早就为自己所制造的语言、神话和艺术的图像世界完全包裹，在他获得图像的特定意识以前，他必须通过一段长长的发展过程，这是很清楚的。起先，他对纯粹的图像阶段和原因阶段无从区别，经过再三反复，他把符号归结为不是一种表示功能，而是一种确定的原因的功能；不是意义的，而是功效的性质。

从知觉表象到词语的转变，这就需要我们以某种方式理解它们之间的关系，因为只有通过这种理解，我们才能讨论人的本身和他想知道的实体之间的关系。卡西列尔(1957,282)认为：

只要人一旦不再生活于实体中，停止和它发生关系，并要求实体的知识时，他就进入对它是一种新的和根本不同的关系之中。

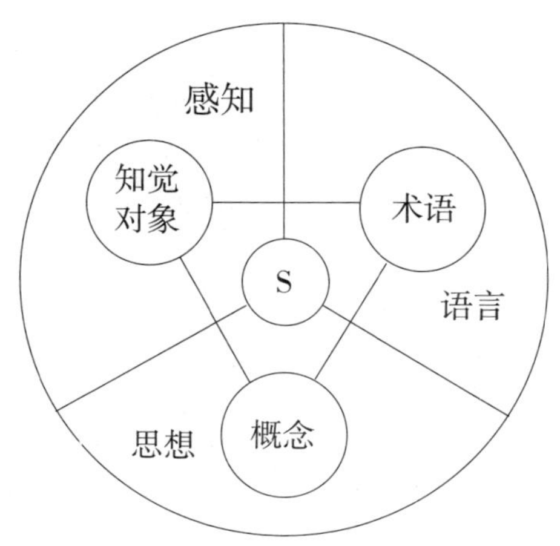

图 2.1　知觉对象、概念和术语之间关系的图解（据考斯，1965）

在知觉对象、概念和术语之间的关系，已由考斯图解所表示(1965,见图 2.1)。我们可以用一个圆的三部分来表示感知、思想和语言的三个领域。在中心的一个小圆(S)代表考斯所称的“经验的主观极”，它表示据有可以量测感知、思想和语言三者的有利地位。在大圆之外是看不见、听不到和想不到的每一事物——“换句话说，大半不知道那儿有什么”。在大圆的每一部分之内，我们可以辨别出一个同术语有关的知觉对象的区域，一个同术语有关的概念区域，等等。但是还有概念思想的大片区域，它们不能以术语来表示；以及还有许多与知觉对象无关的术语区域等等。

任何特殊的语言只善于表达为数有限的概念和知觉对象，这很像不同的语言只表达明显不同组的概念和知觉对象一样。这种情况在图 2.2 表示出来。所以不同的语言在传送信息的容量上是各异的。因此，英语有时被认为是经验主义的语言，法语是修辞的语言。确实，不同的语言表达不同的概念和反映不同感知的经验。值得庆幸的是，自然语言的大量杂乱无章的模棱两可，在它们运用和表达形形色色思想和经验的能力上，具有一种极强的适应性。但这种范围的广大不应使我们无视这一事实，即在实际的思想和经验之中，它仍然只是一个有限的子集。

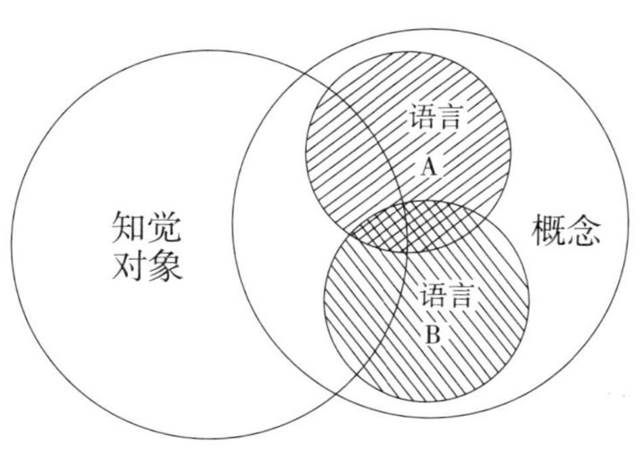

图 2.2　表示两种很不相同的语言在感知经验和概念发展的同一范围内如何得以发展的情况，多数语言只有一个小的重叠区域，因此只有少数术语能从一种语言翻译为其他语言(据伦内伯格，1962，107)

在某种程度上也有一种反馈效应；“学习一种特别语言，可以诱发在感知中表现自己的某种东西加以划分或‘肢解’的一种特定方式”(考斯，1965，33)。在一种语言的语义结构和我们的感知能力之间的关系，已成为一个争论不休的题目(塞加尔等，1966)，看来这可能是自然语言系统在某种程度上(尚未确定)监察着感觉-感知的传递，并影响到我们知觉的能力——或许，总之，英语不能达到感情充沛的高度，因为它们是经验主义的语言！如果感知不为语言的连贯所影响，交流我们从感知所摄取的思想的能力，便取决于某些公共语言的组成和认可。科学本身具有许多专门化了的语言——人工语言，例如数学在这方面便有许多实例。这些特殊语言便是博尔丁(1956，15)所称的科学的亚文化的特征。所以考虑这些专门的人工语言某些一般特征是有用处的。

任何被说明的符号系统都可以认为是一种语言。如英语、法语和日语等自然语言包含着为数众多的抽象术语，这些术语把经验概括，并归入各个等级和类型，它们表示了思想的抽象概念。人工语言促进了这种抽象过程，并试图对语言本身的使用方式施加一种严格的控制。卡西列尔(1957，333)说："为了成为一种纯粹的关系和顺序符号，符号将它本身从事物的范围内撕裂开来"。如果这种符号要履行一种科学任务，它就必须采取一种固定的并确定的形式，而不为说明或作用的含糊性所影响。所以，它必须"远比在语言范围内的情况更为有力地自身脱离直觉的存在"。结果便形成一种符号和关系的抽象系统，它们没有经验的内容或实质性的意义。这样，人工语言就"意味着一种畸形的贫乏"。而像这样一种语言"缺乏的是与生活的密切联系和个性的丰满，这是由它通用的范围和有效性造成的。在这种通用性上，民族的以及个性的差别被泯灭了"。

这类人工语言的特殊力量在于它们所用的符号毫不含混，并为语言本身的作用所精确定义。因此人工语言内部一致，毫不含混，虽然我们在本书第四编中，将看到对这些人工语言的经验说

明远不是不含糊的或精确的。正是凭借这些人工语言系统,才使科学具有很大的客观性和普遍性。数学通常被认为是科学的语言。在地理学中,我们经常利用更为专门的人工符号系统——地图,来尽可能不含糊地传达和交流信息。这并不是说地图或数学在阐明上毫不含糊。它们(至少应当)是在内部毫不含糊。但这种人工语言系统在科学的亚文化上的力量,是用一种代价来获得的:

> 代价是对探究领域的一种严格限制,并是一种以自己的方式在感知信息上与原始人一样冷酷的价值系统。凡不符合于亚文化的信息都被斥之为错觉。(博尔丁,1956,71)

所以,一个科学家所接受的范式的部分和片段,是为各种经验所限制的一种特殊语言,它可参照这种经验,它可在那个领域之内充分有力并毫不含糊地使用。

在知觉表象、概念和术语之间的关系是复杂的。解释常被认为是可向旁人交流的,所以我们想到它通过语言的媒介而起作用。但是至少在经验科学中,我们正式试图解释的东西,是事物和通过我们感知所记录下来的经验。因此在探讨解释的特征时,提醒我们自己在将知觉对象和概念转化成语言本身时,我们已滤走了大量的信息,这在有时是有好处的。在讨论解释的方法论问题时,我们事先假定已经完成了转换成语言的一种适宜方法。但在事先假定时,我们事先假定了一种哲学性质的大部分。因而,方法论的力量很像人工语言系统的力量。产生一个解释所应遵循的程序是可以从严开始的。应用这些程序于实际的本质问题时,例如地理学中,需要我们注意知觉对象-概念-术语关系的复杂性。

III. 解释作为一种活动

这一章已讨论了把解释作为一种活动的问题。这种活动为现实的人所沉湎其间，他拥有价值系统，当对于需要解释的问题作出选择和决策的时候，当判断这些解释的价值的时候，他不会回避去参照那种价值系统。在以后各章中，我们将对解释的问题采取一种更为形式化的方法，并试图讨论解释的逻辑形式，而不是本章中提出的行为问题。解释的行为分析——如布雷思韦特、亨普尔、内格尔和其他许多人所提供的——能使我们深入到十分复杂的方法论问题中去。但在这些形式的程序应用于实质性地理问题时，如果不借助解释活动的更为广泛的一种阐明，则某些出现的问题将得不到解决。所以，在以下各章中，我们有时也参照解释的行为方面。因而，本书的结构着重于方法论的坚实内核的发展——作为一种形式程序的解释的分析，和一个涉及哲学、思辨、感知、图像以及诸如此类的更为一般的外围地带。在本章中，我们已研讨了这个外围地带的极为一般的特征中的几个问题。其表达方法在许多方面不惬人意，但在进入分析的方法论的坚实内核时，至少能使我们把握住一些东西。

第 二 编

方法论背景与地理学中的解释

第三章　地理学与科学
——方法论背景

地理学与其他学科之间的关系从来不易说清楚。地理学家们常常形成大相径庭的归属。有些人认为他们自己身处自然科学传统之中，有些人将他们更多地包括于社会科学之中，而其他一些人则和人文学科特别是其中的历史学联系起来。在这方面，不同国家发展着相当不同的传统。法国有与历史学保持密切联系的传统，英国则与地质学保持联系，等等。在众多的各国地理学派之内，又有着重大的区别。所以，在美国地理学中，伯克利学派在卡尔·苏尔(1963)的熏沐之下，留意于人类学；计量学者留意于行为科学或数学，而地貌学家在他们寻求解释的过程之中，很自然地以地质学和物理学为支持。有时，地理学家似乎反对**任何**归属，而完全在他们自己的学科范围内寻求安身。在其他一些时候，他们采取一种异乎寻常广泛的观点，甚至认为他们自己是在空间名义之下所有系统知识的综合者。

不论是哪种观点，总之，地理学家为相邻学科所发展的方法论看法所影响。有时这种影响十分明确，另外一些时候则似乎已听到了当代盛行的**时代精神**的模糊反响，且为在学术上比较孤立地工作的地理学家所响应。所以，任何方法论著作都应当考虑到这些影响，并试图衡量它们的冲击和意义。

一般说，我们可辨别出影响的三种来源。其一在自然科学之内，在那里物理学已为科学的解释锻造了一种强有力的范式。另一种则来自社会科学，虽然来自这种源泉的信息还不太清楚。最后，历史学已为地理思维提供一种重大的影响。

如果假定这群主题的每一个都和相应的方法论完全一致，这就错了。在许多学科中确有实质上的不一致。所以有点不幸的是，当哲学家和逻辑学家讨论科学的解释时，他们倾向于讨论物理学中的解释而几乎排斥一切。这主要是由于应用物理学家如海森堡、波恩、弗朗克和布里奇曼等人通过他们关于解释特定问题的著作影响到了哲学家。但是许多自然科学家拒绝这种来自物理学的科学的解释的看法。例如斯马特(1959)声称不能希望生物学为这种方式的解释所约束，主要是因为它和生物学家所关心的论题不相称。他指出伍杰(1937)试图为生物学研究提供一种公理基础是一种错误引导。地质学家也同样表示异议。辛普森(1963,46)认为科学哲学家集中致力于物理学，“以致就整体说来，产生一种歪曲的，有时是十分荒谬的科学哲学思想”，因此强烈抗议这种方式。所以他认为地质学和物理学决然不同，而试图和他所称之为一般的历史科学相联姻。辛普森说“历史事件是独特的，而且往往是严重的，因此不能体现以反复重演的关系来确定的定律”。如果我们接受了这种观点，就认为地质学的方法论和历史学共同的地方多于和物理学共同的地方。但是这个观点受到了挑战。沃森(1966)向辛普森的观点作了猛烈批驳，反对他所说的“含糊不清的混乱”，而辛普森利用这点来谋求证明“作为一种科学的地质学至少有部分

与'非历史的'科学像化学在逻辑上原则不同"。照沃森看来，辛普森只成功地证明了"基本上由于如地质学在方法论技术和形式结果的实验状况常常不同于（并弱于）如化学的这些方面"。这一论断证明对于历史学和各种社会科学以及地理学来说是共同的。

然而这个关头，作者还无意进入实质性的争论中去。主要之点在于没有为普遍所接受的跨所有自然科学的解释的构造形式。在社会科学中，有更为严重和分歧更广泛的各种意见。有人采用内省来寻找对人类行为的一种基本的理解。社会学家和历史学家常用有时称之为领会或悟性的方法来寻找解释（更确切地说是理解）。即使如古典经济学和弗洛伊德心理学也依赖他们理论的直观合理性而不依赖实验的验证。相反，有那些人如行为心理学家和计量经济学家，他们用观测和量度来进行工作，他们依赖直接实验的证据来证实假说。在他们的方法论思维上，后者与物理学家共同之处可能远多于和历史学家共同之处。

在举了各学科之内的这些对比以后，要对地理学思想的方法论背景作一全面的讨论已不可能了。但在相应的方法论的争论上，却有很多共同的题目。如斯马特（1959）关于生物学的争论，辛普森（1963）关于地质学的争论，与历史学家否认在历史学中有规律可循的见解有一种十分相似的口气。独特的想法对于历史学、地质学、地理学、社会学以及其他学科等等来说是共同的。这些论证需要以某种方式加以研讨。所以我们首先研讨可以称之为科学解释的标准模型。这是哲学家和逻辑学家从研究自然科学——特别是物理学中的解释所推得的方法论系统。我们将撇开自然科学中的异常观点，但要讨论将这一标准模型应用于社会科学和历史学中的解释所涉及的许多问题，因为正是在这种地方，论争尤为激烈，而且问题说得最为清楚。笔者希望通过这些方法，使所有科学中的方法论论争的中心问题变得更为清楚。当然凭借这种背景，地理学家已作出和发展了他们的方法论观点。但变得清楚的是，在地理学的方法论论争中，很少有不为其他学科所充分包括的问题。所以，我们能够期望从看一看其他学科的方法论论争之中获取教益。因为这些争论在其他学科中常比我们自己的学科来得更尖锐和更清楚。

第四章　科学的解释
——自然科学的模型

我们可称之为科学的解释的“标准”模型一般起源于自然科学特别是物理学中解释的一种分析。这种标准模型具有许多重要特征以及许多重要限制，这些限制与它所能提出的问题和提供答案的能力有关。尽管有这些限制，一般认为这种标准模型（或与它十分近似的），是“为了发现关于世界的实验性的真实陈述而提供的迄今唯一装备”（考斯，1965，68）。解释的标准模型在它运用的范围内，对于它所解决的疑难以及它解决疑难的效率特别有效（T.库恩，1962，165）。如果假定，我们对真实世界的认识完全在于我们对事件提供科学解释的能力，那就错了，但科学仍然为我们提供了最为一致、有条理的、为经验所证实的成堆信息，理解就建于其上。所以，评价科学尽量用它来积累成堆信息的手段就显得重要。

让我们从考虑科学研究的一般目标和目的开始是有益的。按照内格尔（1961，15）的意见，这个目标是：

> 为着个别事件，为着重复出现的过程，或是为着一成不变的如统计的规则而提供系统的和可信赖的解释。

布雷思韦特（1960，1）对科学解释的目标也作了类似的陈述：

> 它是建立包括经验性事件的行为或科学探索中所涉及的

种种对象的一般规律，因此，能使我们对分隔的已知事件的知识得以联系沟通，并对尚未知道的事件作出可靠的预测。

科学方法实际由在探索这样一个目标中的一套规定好的行为规则所组成。逻辑学家和科学哲学家试图阐明这些规则，但已证明难以将科学方法作出详尽的模型。这部分地由于要考虑三个不同方面。第一个涉及所谓“发现的来龙去脉”。这看来似乎是为科学家的直觉所统治的一个主要活动领域，但最近已有人试图说明，某些粗略的探索步骤在提出假说和新思想方面看来有效。第二个方面涉及科学家为他的结论谋求必要的支持的过程中，必须运用各种不同步骤的方式。第三个方面是他陈述这些结论的方式，而这方式使许多结论联系在一起形成一个首尾一贯有机结合的知识整体。

把科学思想的三个方面混淆起来并难以区别它们是十分危险的。如果一个科学家为了支持一个结论所引用的程序和导致他得到那个结论的程序是相同的，那将是荒谬的。吉尔柏特·赖尔(1949,275)对把科学研究的规律灌注于科学家的心灵的“不真实的色彩”，作了有趣的漫画化：

在早饭之前，他做了多少个认识的动作，究竟是什么使他乐此不疲？他们厌倦么？他对从前提到结论的历程感到乐趣么？他谨慎从事还是漫不经心？吃早饭的钟声响了，有没有使他在前提和结论之间停顿片刻？

在科学家的心灵中所进行的实际过程，是心理学家所研究的课题。但科学本身，主要是以语言而不是以思想来讨论的。所以我们首先用语言的程序来讨论科学方法，我们用这些程序来陈述理论并支持它们。在最近 30 年来，分析哲学和语言学关系密切，它大大地加深了我们对科学方法所用的语言形式的理解。

我们可以认为科学对于客观世界的陈述是按始终如一的等级而成序列的。最低级的陈述，我们可称之为事实的陈述；中级的陈述，我们称之为概念或经验的定律；最高级的陈述，我们称之为普遍的或理论的定律。像这样一种包含一切解释体系的成就，在于把极为概括性的陈述与概括性较低的陈述，最后到官能-感应数据都联系起来（内格尔，1961，第 3 章；布雷思韦特，1960，9—21）。在物理学理论中发展起来的陈述的等级种类，现在表示如图 4.1，它摘自凯梅尼（1959，168）。

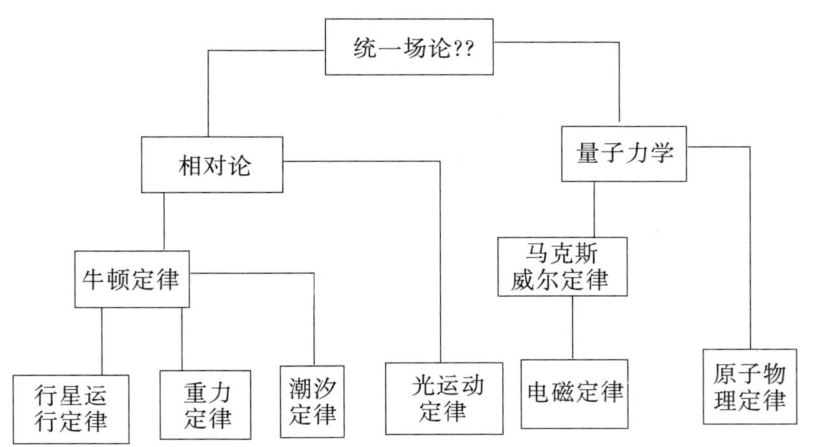

图 4.1　简化的科学定律等级结构（摘自凯梅尼，1959，168）

I. 通往科学解释之路

虽然科学解释主要是凯斯特勒（1964）所说的“创造活动”的成

果，它本身就难以甚至不可能解释，我们可以从多种方法中论断，接受某些结论并予以科学定律的地位。以什么来构成一个合适的程序的主题是有争议的，并且当科学的解释变得更加精确，并在反对虚伪的推理中使它本身更加完善时，经历了很大的修正。一般说来，建立科学定律有两条供选择的路线可以遵循。第一条路线为归纳法——由许多特殊的例证进入普遍的陈述的程序；第二条为演绎法——从某一居先的普遍性前提而进到关于特殊事件的陈述。然而这里采用这些专业名词——“归纳法”和“演绎法”将会引起混淆，因为在讨论科学陈述的逻辑方式时，也引用它们。所以在以下探讨通往科学的解释之路时，我们将弃而不用。

A.　路线 1

在形成科学的理解上，官能-感知数据为我们提供最低层次的信息。当这种信息转变为某种语言时，会形成一堆次序凌乱的、我们有时称之为“事实的”陈述。利用文字和符号来做描述，可使一部分有次序。然后，经过下定义、度量和分类等步骤，我们可以将部分有次序的事实进行归类，这就使资料获得某种程度上看来似乎合理的程序。在科学发展的早期阶段，这类资料的排列和分类成为科学的主要活动，这样发展起来的分类可以有一种微弱的解释作用。所以布雷思韦特(1960，1)说：

> 如果科学处于发展的早期阶段，……定律可能仅为概念，包括将事物分成不同类别在内，……把鲸列入哺乳动物一类，就是宣称所有的幼鲸吃它们母亲的奶这一概念，这个陈述是普遍法则，虽然其范围有限。

深入研究现象的门纲与组群之间的相互作用，可以揭示许多规律性。存在于两类事件之间的一种有规律的结合，可以认为是一个经验性定律。这样建立的许多经验性定律，整个汇集起来可以构成用来进行解释的知识的整体。不过沿着这一路线建立起的经验性定律的地位具有某些争议。应当指出，就沿着这条路线的每一步骤来说，包含着归纳性推理。因此单单采用这条路线所建立的定律，有时被称为**归纳定律**（见图 4.2）。有人主张**归纳定律**不能给予科学定律的地位。这一问题将在下文讨论（见 123—130 页），但现在我们只需指出建立科学定律的重要指标之一：如果一个陈述作为科学定律是否够格，在于这个陈述与各种陈述的周围结构之间的关系，而后者则组成一种密切结合、首尾一贯的理论。因此，如果研究的程序以建立归纳定律而告终，那么，作为真正的科学定律来讲，这类定律充其量不过刚刚够格而已。不过将研究在这一点上结束是不常见的。利用已发现的经验性规律，我们可以试图把它们中的若干结合成为某种统一的理论结构。这一程序包括将经验性陈述转变为公理，并可以试图通过发展在预测时被观察到的各种经验性规律上获得成功的理论定律，将统率各类事物的众多定律联系起来。在此过程中可以预测出新的经验规律，且这些规律可以作为提出的理论系统的有效性的进一步证据而受到检验。

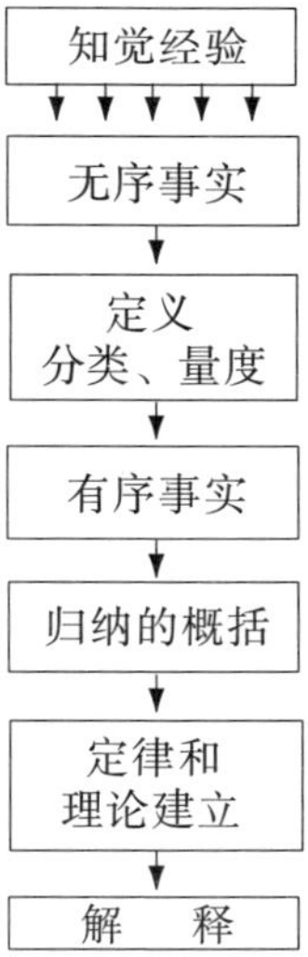

知觉经验
↓
无序事实
↓
定义
分类、量度
↓
有序事实
↓
归纳的概括
↓
定律和
理论建立
↓
解　释

图 4.2　通往科学解释的“培根式”路线（路线 1）

这条通往科学解释（见图4.2）之路，和弗兰西斯·培根所提出的"一个科学家怎样进行工作"的古典形象相符合。它没有描述出科学家实际上怎样进行工作,但它描述了一个科学家可能描述他的行为的方法之一,以便得到其他科学家的赞同。但这个特殊结构的缺点,在于整理和组织资料过程中的假定不知怎么会与最终建立的理论无关。丘奇曼(1961,71)在对这种科学方法的流行观点所作评论中论断:"在方法论上,事实、度量和理论是同一的"。将一种预定的分类系统应用于一组数据,犹如假定一种先验的理论,可以认为是一项类似的活动。

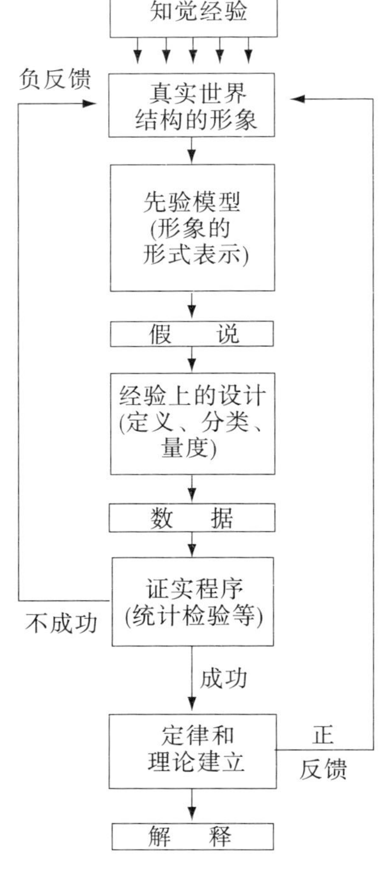

图 4.3　通往科学解释的一条可供选择的路线(路线 2)

B.　路线 2

沿着第二条路线(见图 4.3),我们可以证明科学结论明确地认识了许多科学知识的先验性质。它牢牢地建立于我们设法了解的事实性质的直觉思考之上。最简单地说,它包括事实是如何构成的某种直观的"描画"。对这类先验描画,我们以后将作为一种先验模型予以识别。借助这类描画,我们可以假定一种理论。这种理论应当具有保证一致性的逻辑结构和一组陈述,后者将包蕴在理论中的描象观念同官能-感知数据联系起来。理论将使我们演绎出许多组假说，当给出一个经验性说明时，假说可以对照官能-感知数据来检验。以这种方式来检验的假说愈多，则对提供的理论的有效性，我们会感到愈有信心。当然，这些检验的结果是正的。在使一个理论周密或设法检验它的过程中，我们可求助于另一种模型——一种**后验模型**——它以另一种方式来表示包蕴在理论中的观念——比如用数学符号的方式。在某些情况之下，建立模型相当于提出一个经验的设计程序，这个程序的首要作用是建立规则，以便我们可以定义、分类和度量与检验理论密切相关的变量。通过利用这些经验性设计，我们可以积聚证据，用来证实蕴藏在理论中的假说。但我们永远不能证明在绝对意义上的一条个别的假说。我们所能做的是建立理论上一定程度的信心。在一种理论中所包含的陈述能赢得很大支持的，我们可称之为科学定律。因此，假说和科学定律之间的差别，可以认为是肯定程度或信心程度的高低而已。

我们可以把科学知识视作一种有控制的推测。这种控制实际等于保证这些陈述在逻辑上的一致，并且坚持至少某些陈述可以成功地与官能-感知数据联系起来。第二条通往科学解释之路所包含的程序是极为复杂的。所以在以后的章节中，我们将详细地考虑理论、定律和模型的性质，并考查其中某些程序，一个科学家运用程序是为了保证他的理论的效用和确实性。因此，本节所述不过为以后所讲的作一浮光掠影的概述而已。

在此可提到一个重大问题。前已述及，科学方法论中的逻辑推论有两种类型——演绎法和归纳法。这两类方法都是重要的，但视情况不同而各有作用。所以我们将讨论它们的性质和作用。

II. 推理的演绎方式和归纳方式

科学所提出的公理、定律和解释需要某种逻辑上完善的推论方法，才能见效。所以论述科学方法的大多数作者，都认为合适的逻辑是演绎法的逻辑。因此“认为科学解释必须采取逻辑的演绎形式的观点已被人们广泛接受”（内格尔 1961，29）。布雷思韦特（1960，12）亦将科学知识的系统组织称为假说-演绎系统：

> 一个科学系统由一组假说所组成，它们形成一种演绎的系统；就是说，它以这样一种方式排列，即以某些假说为前提，所有其他的假说在逻辑上追随其后。一个演绎系统的命题可以认为是按层次的次序排列，处于最高层次的是那些在系统中作为前提的假说，那些在最低层次的则是系统的结论，位于中间层次的，一方面作为从较高层次的假说演绎出的结论，另一方面作为向较低层次的假说演绎的前提。

作为一种推理方式来说，演绎法的优点是倘若其前提为真，那么结论必然为真。所以，我们倘对于一组前提有一定程度的信心，则对逻辑地演绎所得的任何结果具有同样水平的信心。这个性质使演绎法到处都可应用，所以，理论总是被称为按演绎系统所作的陈述。其次，将这类理论在任何可能的地方应用于事物的实际解释，常被视为逻辑的演绎法。所以亨普尔（1965）认为试图成为科学解释的所有解释，应按下述方式来进行：

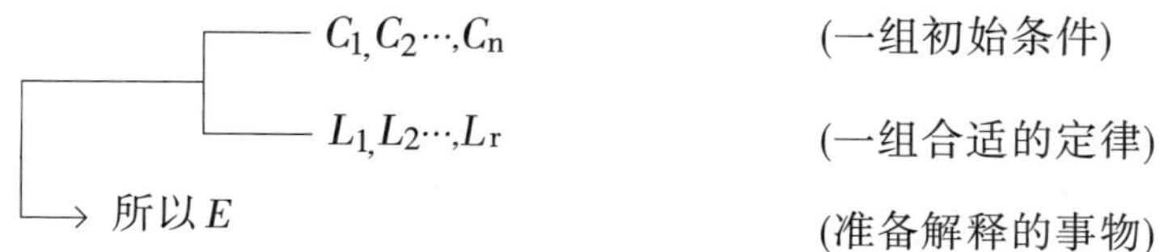

这种解释的方式，亨普尔称之为演绎-法则，它包括着一组初始条件和一组定律，当二者合在一起时，说明事物 E 必定发生。照这种解释的方式，预测和解释是对称的，演绎法保证了结论的逻辑确切性。

解释的演绎系统的难点，是演绎法本身不能证明我们以前所不知道的东西。所以，班布鲁(1964)指出，“没有这样的命题，结局的理由便是演绎的理由”。演绎法对初始前提的真实或确实性并不关心。我们对初始陈述的信赖程度，或如亨普尔的解释模型中的 L 陈述，只能由归纳法来确立。正如卡纳普(1950，2)所说的：

> 就最广泛的意义——涉及任何一个假说，不一定非要普遍形式——来说，归纳法的问题与假说同用来肯定它的某些证据之间的逻辑关系，在根本上是相同的。

应用亨普尔提出的解释的基本模型，可能有类似弊病。所以亨普尔提出一种包蕴有归纳的系统化的模型，这种模型包括在一个演绎系统之内而使用或然论陈述，我们在此将非常简短地探讨它的性质。当我们提到科学方法作为需要演绎的推理时，就必须排除理论的证实问题，也要排除或然论陈述。对这两个领域，我们坚定地站在归纳法方面。

多年以来归纳法有一个棘手的问题。这种逻辑推理方式的致命弱点是可能从准确的命题引出错误的结论。休谟指出，不能因

为我们做了一个实验一千次得到相同的结果，我们由此有把握地推断出在同一条件进行的下次实验必将产生同一结果。所以，一切归纳的推理对于前提的信念扩展为对结论的信念，没有逻辑上的保证。逻辑学家们和哲学家们不能发现（或是同意）这类逻辑的保证，已使许多人对于表达科学知识上对它完全摒弃不用。波珀（1965，29）反对使用它，完全出于它“华而不实，以致必定导致逻辑上的不一致”。赖欣巴哈（1949）曾尝试为归纳法提供某些逻辑基础，同样遇到强烈的批评。（例如卡茨 1962）拥护归纳法的许多人设法在实用主义的立场上来捍卫它。布雷思韦特（1960，264）因为“从它所产生的假说能演绎出可以检验并且真实的许多结果”而捍卫它。从发现理论的角度来说，归纳法无疑起着一种主导作用。但波珀声称，与解释的任何其他方式对立的科学解释，其特殊标志在于确实性。这种确实性将许多陈述联系在一起组成理论，这种确实性能应用这类陈述来解释特殊的事物。从坚持这种确实性的任何后退，便是科学的后退。按照他的观点，形成理论的心理过程显然与科学方法无关。显而易见，“归纳法的问题”，在今日较之二百年前依然没有接近解决。

但必须强调指出，在方法论上排斥归纳法，只限于将科学知识公式化的某一方面。科学试图将它的命题在推理的演绎框架内组织起来。在一门科学的早期发展阶段，这个目标可能是不现实的，主要是因为我们所知不多，或是我们的想象力尚不足以达此。在这类状态之下，归纳法证明是重要的。必须认为科学理论的演绎方式是科学知识的最后成果，而不是在研究起步时将所有的科学思想注入其中的模子。即使假定演绎的理论结构已臻完善，但归纳法对于理论结构的连接和验证的某些阶段，仍发挥一种重要作用。看来归纳法在两个特殊方面仍保留它的重要性。

A. 证实问题

证实或是确立一种理论必须依靠归纳的推理。我们可将这个问题的思想粗分为三个学派。

(a) 有几位科学哲学家注意到没有理论能经受一切可能关联的检验，所以试图提出评价一个理论的指标，即在证据对照之下，理论是真实的概率究竟有多少。这些学者如内格尔(1939)、卡纳普(1950)和亨普尔(1965)等已对这个问题作了详细探讨。这些学者的目的在于提供一种归纳的逻辑系统，使科学家在争雄显长的各种理论和可选择的解释的系统之间，尽可能作出客观的选择。亨普尔(1965，4)说：

> 当科学研究进行之际，对于在检验一个假说中所得到的试验数据，予以肯定或否定的判断，往往是毫不犹豫地与得到广泛的一致意见而作出的，难以说这些判断建筑于一种明确的理论之上，即这种理论提供了肯定或否定的一般指标。

规定这类“肯定的逻辑”面对着两个问题。第一个是对于给定的假设如何来确定有关的检验，第二个是制定归纳的法则，有了这些法则，我们才能估定假说所具有的真实性程度。两个问题均已被证明难以处理，看来在近期的将来，要为肯定假说获得公认的归纳的逻辑系统，肯定没有什么希望。但在解决这个明显难以处理的问题上所取得的进展，已产生出某些重要的见识。

把科学家当作一个决策者并不难，事实上，如丘奇曼(1961)所指出的那样，科学家的行为能用决策理论来分析。第一个要点是如不了解他的价值系统、他的目标、他的任务，我们就不能了解任何特定的科学家的决策。一个科学家优先选择这个理论而不是另一个，可能试图以他所持的价值系统来使他达到最佳选择。目标和任务为主观所决定。但在这类目标互相关联的范围内，讨论最佳程序是可能的。所以不能离开他本人的价值系统来理解科学家。究竟一种归纳的逻辑能否从这种情况中提取出来，还有待分晓（见丘奇曼，1961，第十四章；亨普尔，1965，73—96；卡纳普，1950）。但这点是清楚的，按照近代的观点，假说的证实与统计的决策理论关系极为密切。统计的决策理论和它的哲学根据，我们将在第15章中作详尽的讨论。

(b) 波珀（1965）想以证伪来代替证实的概念。按照他的观点，假定一个理论是真实的，就得先证明它是虚假的。这个观点的困难之处已为特·库恩（1962，145—6）所指出：

> 如果任何或每一失败都足以否认理论，则所有理论在任何情况之下都应被否定。另一方面，若只有严重的失败才合于否决理论，那么，波珀学派就需要"概率"或是"证伪的程度"的某些指标。

(c) 库恩本人提出一种较丘奇曼更行为化的证实观点。他认为对某一假说或理论的接受或否决，是一个信仰问题而非逻辑问题。证实和肯定的程序是科学团体作为一个有权威的范式部分而接受的规则的一部分。在"正常的"科学活动期间，科学家只解决在这些规则的关联范围内，假定可以解答的那些问题。出现的异常成为产生新范式的酵素。但在范式之内，对于肯定的规则，即使它们没有给予严格的逻辑证实，也都有坚实的基础。因而科学家们能把波义耳定律当作一条证明了的定律来接受，虽然只经过25次观察，但因为它的观察方法与科学实验的范式相符合。某些启发性规则支配归纳法的运用，而这些规则的建立是与科学家全体的价值系统一致的。照库恩看来，试图为这类规则谋求逻辑验证是毫无希望的。

要在证实的各种观点中作出选择是困难的。可选择的是：接受一种规定的归纳程序，则便有无穷的验证；或者采纳作为一群（利用某一范式）或个别科学家活动的行为观点，他们都尽量把自己的决策和特定任务联系起来。这些观点不一定是互相排斥的。把“科学家作为决策者”的观点因袭了某种功利的看法，决策是不能在道义的或伦理的真空之内作出的。不过这并不一定意味着科学家“作出他的决定除获得纯知识外，便不再有任何其他的理由”（丘奇曼，1961，340）。但这就产生了极为重要的需要明确的问题，即当一个科学家优先接受这个理论而不是另一理论，或对一特定的理论当作已被证明而接受时，他试图尽力重视的是什么（亨普尔，1965，73—79）？这里没有篇幅来对一个科学家作出决策的行为要素进行详尽讨论，但它对于决定我们对科学知识性质的观点仍然是一项重要因素。特别是它拆穿了那些声称积累知识的全部目的在于利用科学模型的人的谎言；这点在解决将科学模型应用于社会和历史的情况中所面临的某些难点有重大意义。

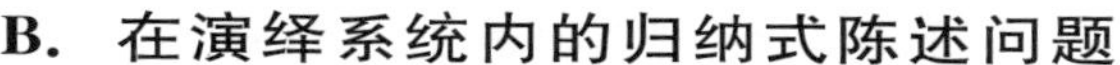

B. 在演绎系统内的归纳式陈述问题

证实问题对于科学思想的性质和理解具有极为普遍的意义。

一个限制更严格而难以对付的问题，是以演绎的论证为主中所包含的归纳式陈述。这就使人误解演绎法和归纳法为互不相容的推理方式。虽然一般都认为科学知识应当按假说-演绎的系统组织起来，并且认为包蕴在那一系统之内的定律，根据演绎的解释程序可以最好地应用，在这些演绎的框架之内有许多机会来采用归纳的步骤。最重要的情况是那些概率陈述，不是求助于假说-演绎的系统就是求助于解释本身。但也有另外一些情况，其中初始的假说或是初始的条件只为结论提供了部分的支持。

(a) 概率陈述的运用——归纳的系统化　亨普尔(1965)注意到了用来指无限大总体的概率规律来解释无论是个别事件还是数目有限的事件所遇到的逻辑难题。假定待解释的事件为“乔迁移”。我们试图按下列方式来解释：

初始条件 1	乔居住在 A 镇，月收入 50 元。
初始条件 2	住在 B 镇的约伯兄弟，可月得 100 元。
初始条件 3	A 镇与 B 镇之间的距离为 50 英里。
定律陈述	一个人迁移的概率和他因移动所赚的额外收入成正比，而和他所移动的距离成反比。
结果	乔迁移。

初始条件和定律陈述(在一特定情况下它可能更为专门)为乔必定移往 B 镇的结论提供某一支持。但这支持只是部分的。亨普尔称这类论证为归纳的系统化。论证的构造基本上是演绎的，但其中包含的各要素并不需要支持结论，所以前提中的信念也不需要暗示结论中的信念。在一个解释的过程之中运用概率陈述，常常包含着归纳的系统化。同样地，在假设-归纳系统中，概率陈述可

能也暗示着系统中的较低层次假说不必要从初始的假说演绎而来。但倘若低层次的假说是指无限的总体，那么，概率陈述能够从其他的概率陈述演绎出来。所以，整个概率理论本身可以作为演绎系统的公式化（见第十五章）。但概率陈述在将解释形式应用于事件中往往蕴涵着困难，且在试图将科学理解统一于陈述的假说-演绎的系统中，有时也出现困难。

（b）不完全的理论系统　应用演绎的推理，需要初始条件或初始前提的完全无缺。照这种解释观点本身看来，一切有关的初始条件必须弄清楚，以使应用定律陈述保证必需的结论。倘若一切有关的初始条件不能规定，那么，解释是不完整的，已知初始条件和已知定律中的信念就不能转变为结论。同样，在组织假说-演绎的系统时，对某些初始前提不一定明了。正如我们将在后面看到（下文第118—122页）的，许多理论陈述是不完善的，所以在结构上是半演绎的，而不是真正的演绎。在大部分学科中，理论陈述都属于这类方式，完全是因为我们的所知有限，不足以使理论完整地公式化。在一个学科发展史的初始阶段，大多数假说-演绎系统都采用归纳方法。所以凯恩斯（1962，241）注意到：

> 当我们积累的知识渊博时，……论证中的纯归纳部分可以无足轻重；但当实际的知识欠缺时，那就必须大大借助纯归纳法。在一门先进的科学中，这是一种最后的手段——方法中最不令人满意的。但是有时它必定是我们首先的凭藉，即当知识萌发和在重大探索中无线索可寻时，我们必须依赖这种方法。

但在这儿，我们回到了归纳法在“发现的来龙去脉”中的重要作用。我们可从这一概述中得出结论:科学家利用假说-演绎系统来把知识组织起来,并设法通过演绎的解释方法来应用那些知识。但是却有许多情况不能应用这种论证的理想的演绎方法。有些情况是由于缺乏信息、理解不完全,或是需要运用概率陈述而产生的。其中最重要的例子是在证实和验证科学理论方面。在所有这些情况中,以归纳的推理最为重要。这就不能不使科学设法陈述和应用的科学知识的确实性受到损害。看来,在证实理论方面,某些行为的要素必须包括在内。

由于包围在科学研究讨论周围的"纯客观性"气氛,和许多人对科学理解所采取的"神牛"①姿态,这就需要指出科学研究中所遇到的许多逻辑难点;特别要指出的是,没有正在引进的行为强制,便作不出科学的决策。科学所发展的标准模型,在组织和促进我们了解周围世界的知识上一直是极为有效的。但是否还有其他的解释系统,它对于科学模型提供了一个现实的抉择;或是将科学模型应用于社会的和历史的情况,是否存在着不可逾越的障碍,这些仍有待分晓。

① 意为不能批评和冒犯。——译者

第五章　社会科学和历史学中的解释问题

自然科学中的解释和社会科学与历史学中的解释之间的关系，常成为一个争论的主题。J. S. 米尔（穆勒）在十九世纪中叶提出了一个观点，即一切解释具有同样的逻辑形式。他以为“在用以解释自然变迁的原理和用以解释社会变迁的原理之间不存在根本的逻辑差别”（引自温奇，1958，71）。

自上世纪以来，米尔的观点一直被攻击，有的则起而捍卫，有的则以更周密的方式来重新加以陈述。在社会科学的某几个领域，如实验心理学和计量经济学，米尔的命题显然已被接受；而在其他的领域，如政治学，接受这个命题的就不太普遍。历史学家和哲学家也就这个问题进行辩论，但直至最近，很少有人接受它。

关于这场争论的最为特殊之处，也许在于它经常将一些不相干的问题混淆起来，再由于它没能将各种不同的观点和与“科学解释”相连的各种活动区别开来，而把整个事物糅合一起。社会科学家和历史学家决心反对这种“科学的”解释的观念，时常指出，在现存自然科学形形色色的观点之中，有恰恰与之相同的一种。常被否认的模型方式是牛顿物理学——社会物理学和机械论的解释，或为达尔文的生物学——进化的解释。有一种类似的趋势，主张在社会科学中构成解释的一种统一观点——这种统一观点并不存在，且不必一定要存在（卡普兰，1964，4—5）。虽然，个别的学科可以自主运用解释的形式，但在社会科学和历史学中已发展了的某种规范和惯例却左右着解释的形式。过去的这些惯例使许多人认为：在自然科学中所发展的科学解释，一般与社会状况研究者所遇到的解释问题很少关系，甚至无关。

在自然科学与社会科学、历史学之间，关于解释形式差异的意义，需要作某些澄清。采用科学哲学家讨论解释的语言而发展的概念是有帮助的。卡纳普（1958，78—9）把任何语言系统分作三个方面：

> 一种显然是指口语的研究——不论是否包括其他的因素——列入符号使用的领域。如果这种研究忽视了讲话者，而集中于语言的表达和它们的所指，就属于语义学的领域。最后，无论是对于讲话者或是表达的所指概不考虑，而是严格留意于表达和它们的方式（表达是由记号按确定的程序而构成的方法），则被说成是一种形式的或句法的研究，而将它归入（逻辑的）句法领域。

那些希望揭示自然科学的解释必需不同于社会科学的解释的人们，一定要证明解释的语言必需是有差别的。其次，他们必须揭示在语言的一方面或多方面——符号使用、语义学的或句法学的——亦必定不同。我们可生硬地翻译这些语言学的术语，并且指出，对一个科学家按照他的环境状况（实用的理由）、解释的概念内容（语义学的理由），和它的逻辑结构（提出来的句法学）之间所必须采用的各种技术，可加以区别。米尔的观点并不一定暗示技术必须是相同的，或者解释的概念内容应当是类似的。但它的确认为不论所讲的是自然现象或社会现象，各学科可采用同样的证明逻辑，同样的句法(卡普兰，1964)。把这些分隔的问题混淆起来，就成为许多方法论争论的根源。这里主要的问题与解释的逻辑结构有关，但是为了将解释的这一方面清楚地隔离开来，首先将讨论技术和概念内容二者的相似性。

I. 研究的技术

一般说来，任何学科都将发展一套适合解决本学科所探讨的许多问题的技术。在某种情况下，研究的问题可以参照研究所用的特殊技术来确定。因此，技术与研究的问题二者之间的相互作用极为复杂。但可以说，自然科学与社会科学在于技术的根本不同：

> 并不是意识到了有关社会科学性质的任何重要意义。甚至连这点还不十分清楚，即社会科学所用的技术和非社会科学所用的技术，二者之间的差别更甚于非社会科学本身之内各学科所用的技术的差别。(拉德纳，1966，5)

这种论证是重要的，因为它坚持在能够采用实验技术的科学和不可能采用这类技术的科学之间，其差别常常界线分明。实验方法在建立自然科学的定律和理论方面所起的作用，比在社会科学中确实大得多。但在自然科学内，有些研究领域并不采用实验技术。在这类情况之下，可以采用“替代的”实验技术——如模拟，而且这类技术亦能在社会科学和历史学中应用。但应用实验技术的实际障碍的确引起了涉及验证社会科学和历史学的理论的某些难题。这个问题将在以后讨论。总的说来，自然科学与社会科学和历史学的解释的区别，根本上是所用的技术不同，可略而不谈。

II. 解释的概念内容

由于解释的概念内容根本不同而产生的方法论的区别，是更为严重的问题。它之所以见得严重，部分由于某些社会科学家和历史学家认为，对物理学定律所包含的概念，稍经修改就可应用于研究人类行为在感情上强烈反对。特别是历史学家和社会科学家对于使用"机械的"解释与人类事务联系起来，产生强烈的愤慨。这类解释方式——如博尔丁(1956)所称的钟表装置的理论，在十九世纪中叶为人们充分理解。这是孔德和J. S. 米尔等实证哲学家提出的命题，即现象的世界为一个确定了的世界，并认为在研究人类事务中，最需要的是充分的坚持和洞察力，以揭示控制人类行为的机械定律。把解释降低为机械定律的变种，激起了一阵强烈的反响。如迪尔萃、韦伯和帕列托等历史学家和社会学家，他们反对孔德、斯宾塞、米尔和马克思等人的实证哲学，而弗洛伊德则开始揭露不能轻易纳入机械论解释框架的心理过程的证据(休吉斯，1959)。在二十世纪初关于机械论解释的争论，它与地理学中的决定论-可能论者之争一起，创造了一笔意义重大的知识遗产。

现有证据指出，机械论解释，不论包含在牛顿物理学中的和不太合适地包含在斯宾塞的社会学中的，只能应用于有限的范围。在十九世纪中叶，物理学中虽然已发展了统计的解释，但直到海森

堡阐明量子物理学的“不确定性原则”之后，偶然变量才成为物理学中的中心概念。物理学中推翻牛顿的机械宇宙概念，只不过是一个特殊学科在它的成长和发展过程中所采用的各种概念的根本转变的一个例子而已。同样地，各个学科所使用的概念千差万别。以系统论的方法来研究生物学的问题正日益愈甚，在社会科学中，系统分析已成为一个有力的工具。阿克曼(1963)建议地理学家也应转而采用系统论框架来有条理地陈述问题。在提出的解释中，概念框架可能有各种不同类型，因此可以诘问，事先假定仅有一种概念来主宰各种科学究竟是否合理。机械论的、发生学的和系统论的解释是可供选择的概念框架的例子。

不同的学科要采用不同的概念框架。对某些学科，机械论解释似乎是合适的，对于其他的学科，更为复杂的随机形式看来更适合。因为很清楚，学科内部正如学科之间一样有许多变异，那就不可能区别出自然科学和社会科学之间已采用的概念。要求在自然科学与社会科学和历史学之间根据其重大的概念差异而产生方法论的区别是站不住脚的。

无论是根据技术或概念的发展，区分是不可能的，这个普遍结论并不包括否认将技术和概念从一个学科转移到另一学科的困难。化学的实验技术显然不可能转移到研究复杂机理的行为科学。当把所发展的关于物质的各种概念转移到关于人类行为时，情况就不那样清楚了。社会物理学的发展——特别是人文地理学中的引力模型——正是这种情况。这类概念和原则的转移虽能激励和激动人心，但也包藏着危险。它包括着以类推来进行论证，或是用类比的模型以助解释一臂之力。这一程序将在下文详细讨论

（第十一章），但提供的方法如果运用得当，且于所研究的现象各方面有明彻的理解，所用的模型也是适合的，那么方法看来就是恰当的。可以主张，运用物理学中粗放而不着边际的类比于社会科学，或以进化论生物学应用于社会学（如斯宾塞的社会学），危害如此之深，以致用类比进行论证的各种方式都应当放弃。这种在自然科学与社会科学之间假说的方法论差别，必须部分归咎于有地位的社会科学家（如马克斯·韦伯）想用类比来避开不合逻辑的论证。根据逻辑的基本差别来看，方法论的分离主义究竟有无确实的正当理由，还有待分晓。

III. 解释的逻辑结构

在社会科学与历史学中，对于解释的逻辑形式（句法学）稍加考查，就可发现很多复杂的问题。在历史学的思想家中，可以发现这种论证的极端形式，由于这一原因，把注意力集中于这一学科中所进行的论证最为方便。论证集中于德雷（1957）所说的“覆盖定律命题”。

德雷，连同最为注重实际的历史学家一起，承认历史学家的使命是为历史事件提供可靠支持的解释。有些历史学家认为他们所关心的是合理的描述而不是解释，但从现代的角度看来，这个观点难以维持。但真正的争论是围绕着在历史学家工作的范畴内，对解释和可靠的支持等术语给予很不同的解说而发展的。后者变成基本上是一项技术符号使用问题，虽然它带有重要的形而上学外部标志。前者主要是句法问题，所以要在此详细讨论。

波珀(1965)和亨普尔(1965)就为赞同历史学中什么可被当作解释的“覆盖定律”模型进行了热烈辩论。亨普尔说：

> 解释某一特定种类 E 的一个事件在一定地点和时间发生，包括着……表明 E 的原因或决定性因素。现在断言一组事件——即种类 $C_1, C_2\cdots, C_n$——已引起了需要解释的事件，即等于说：按照一定的定律，所提到的一组事件有规律地伴随着种类 E 的一个事件。

所以，照亨普尔看来，一切历史解释具有已经鉴别的基本形式：

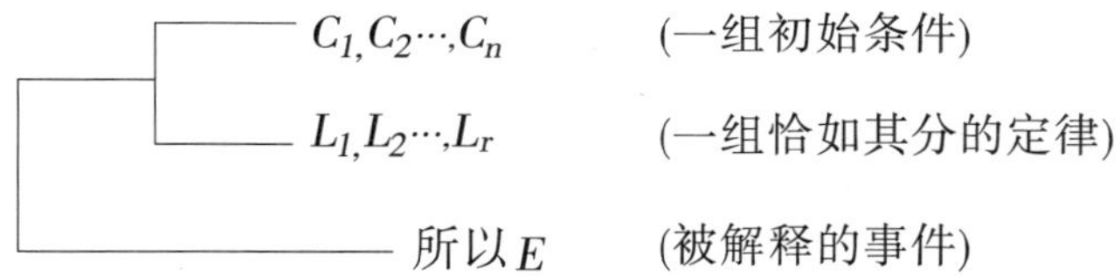

所以在自然科学和历史学的解释之间，并不存在逻辑上的差异。利用可能性陈述的可供选择的形式(归纳的系统化)，亦可采用，而且亨普尔认为，这种形式在历史学中可能特别重要，因为其中的相互作用是复杂的，而且非经验所能控制。

波珀和亨普尔二人都认为历史学家在提出解释上**必须**采用这种严格的形式。大部分历史学家并没有明确地去选用这种形式，这个事实与论证无关。历史学家暗示这种论证的形式不过是不严格而已，(照亨普尔的观点)他们以这种形式来提供解释，意味着历史学家提供的是亨普尔所说的**解释**素描，而不是严格的解释。不过历史的解释和自然科学中所提出的陈述在句法学上是一样的。

围绕波珀-亨普尔观点所展开的争论是大量和复杂的(例如多

纳甘，1964；德雷，1964；曼德尔鲍姆，1961）。夹杂在这个辩论中的一个重大问题是关系到历史学家所持的覆盖定律的性质。许多人已声称这个定律所陈述的与自然科学所发展的陈述根本不同，而且它们表现出很不相同的职能。总的来说，历史学家对于建立普遍性定律并不关心。人们常说历史学家关心的是解释独特事件。这个独特性命题已得到历史学家的广泛支持。例如奥克肖特（1933，154）的观点是："把瞬息间的历史事实看做是普遍定律的事例，则历史将被取消"。德雷（1957，45）把这个论证描述如下：

> 历史学之所以不同，在于它对实际发生的一切具体细节设法加以描写和解释。所以它按照先验的观点，即定律既然统率事物的类别，而历史事件是独特的，那么对历史学家来说，不可能用覆盖定律来解释他的主题。如果他要了解全部情况，就必须有专门洞察特殊联系的能力。

在历史学中宣布"方法论的独立"发生于十九世纪晚期。温德尔班、迪尔萃、里凯尔特和其他历史学家设法在他们认为易于接受独特方法（探索特殊的联系）的课题，与着重建立法则和在性质上是研究普遍规律的主题之间加以区别。在他们看来，对独特事件的基本关注，就是把历史学和其他许多种科学分离开来，以及认为解释形式本身是根本不同的充分证明。许多不同学科不得不拥护由此引起的关于已提出的二分法的争论。这或许给史料学的德国学派增添了一份力量，使独特方法的观点不但今天在历史研究中仍居主导地位，并且跨及社会科学和自然科学的其他领域。所以社会科学家同样被迫接受独特性的命题。近代社会学之父之一的马克斯·韦伯写道：

> 在精密的自然科学中，定律是重要和有价值的，在度量上，那些科学放诸四海而皆准。由于历史现象的知识在于具体性，所以最为普遍的定律，因为它们最为空洞无物，也是价值最低的。一个专门术语的确实性（或范围）愈广泛，则引导我们偏离现实的丰富多彩就愈远，既然为了尽可能多地包括现象的共同要素，那就必须尽可能抽象，这就空洞无物。在文化科学中，普遍性或一般性的知识本身就从来没有价值。

辛普森（1963）已经类似地描述了许多地质学家符合独特性命题的方法论态度（见第三章）。在地理学中，这个论证不是没有力量的，因此，像赫特纳那样的德国地理学家声称地理学是一个独特的而不是研究普遍性的科学，这是不足为奇的。从哈特向的著作受德国的方法论思想影响之深来看，独特性命题仍为地理学中争议的主题也不使人惊讶了。

科林伍德（1946）和奥克肖特（1933）等作家对历史学中居统治地位的独特方法作了有力的表达，但在最近受到了挑战。某些历史学家从未接受它，并且总是有那些人（如斯宾格勒和汤因比）在他们试图所写的“伟大历史”中找出普遍性来，但后来这种挑战有了逻辑根据，如亨普尔和波珀所提出的论据，或者出于实用的考虑（巴勒克拉夫，1955；安德尔，1960）。作为它的主要目标之一，这个挑战已经得到澄清，使历史学家得以认为事件是独特的。

乔因特和雷思切尔（1961）两人详尽地研究了独特性命题，对大量的论证作了总结。他们的结论是这个命题如不经过认真修改，无论是诉诸逻辑或是诉诸历史学家的实践，都不能维持下去。他们论断：

（1）所有的事件也许都可认为是独特的，所以在自然科学、社会科学和历史学的情况中，逻辑上并无差别。

（2）事件“只有在思想上”才被列为非独特的，这是因为我们挑选它们出来作为一种类型或门类的例子而已。

（3）毫无疑问，对充分履行历史学家的任务来说，利用类目、门类和概括是主要的。的确，“汇合在一起，它们就组成历史的框架和结构，揭示出详情的背景”。

历史学家能对独特事件引起兴趣的唯一的意义是取决于方法和目的的定义：

> 实际上，历史学家颠倒了我们在科学中所发现的事实与理论之间的方法-目的关系，这是很清楚的。由于历史学家对普遍性感兴趣，所以他关心它们，但他这样做，并不是由于普遍性组成了他的学科的目的和任务，而是因为帮助他说明了他所处理的特定事实。（乔因特和雷思切尔，1961，153）

所以历史学家是一般定律的应用者而不是生产者。只有从这个意义上来说，才有可能坚持说历史学家是关心独特事件的。虽然历史学家可以将主要兴趣集中于特殊事件的独特性，但他如不利用普遍性原理，或许还有定律，就显然不能完成这个任务。这个结论是否足以表示历史学在方法论上和物理学是不同的，仍可怀疑。总之，自然科学家常常关心的是显而易见的独特事件（如生命起源和宇宙起源，都是突出的例子）。科学知识的应用常被导向于显明的独特事例（在某种意义上说，工程中的每座坝或桥梁是“独特的”）。方法-目的的区别终致变得稍稍模糊了，虽然这点毫不怀疑，即历史学家的活动与工程师的活动大不相同。总之，班布鲁

(1964,100)的评论值得注意：

> 所有的推理,包括各种数学的、科学的和道义的推理,最后都归结到特殊的事例,所以,定律、规则和定理是将特殊事例与其他特殊事例联系起来的方法。

这是解释的一种极为讲究“关系的”观点,看来这种比较宽广的方法,对于已知确有实际困难的历史学和社会科学似乎更为合适;在这些范畴内应用比较狭义的演绎模型时,就面临这些实际困难。

如果历史学家仅将为社会科学所发展的定律应用于特殊事例上去,则他的作用有点像自然科学中的工程师。波珀(1952)清楚地认识到大部分历史学家很不称职。特别是常被历史学家援引的定律种类,看来是关于人类行为的无足轻重的法则——太无足轻重了,波珀(1952;1957)主张向社会学者和心理学者提出任何严肃的问题。在波珀-亨普尔命题中,含糊不清的观点是:和自然科学甚至和社会科学相比,历史学中的解释是种本身明显的注释(Selfevident Commentary)。解释不能在深度上得到发展,部分是由于不能利用演绎逻辑的力量来做前后一贯和有力的一般陈述。亨普尔(1965,236)直率地承认:“在具有充分的精确性,同时与一切有效的有关经验证据一致的情况下”,使这类法则或定律公式化上,历史学家遇到大量困难。在这样的状况之下,历史学家被迫提供的是“解释的素描”而不是羽毛丰满的解释,也就不足为奇了。

在各学科发展的早期阶段,这类因陋就简的解释形式是常见的。由于解释的不完善、部分地形式化,和几乎没有验证,在一个学科的初创阶段,可以想见,理论几乎就是一切。反对发展理论似是

自趋末路。因此，安德尔（1960，40—41）评论道：

> 虽然独特方法的原则被设想使历史学摆脱自然科学而建立独立地位，实际上恰恰使前者回到了后者的一种较早阶段。描述的历史史料学并不是一种具有独立方法的新科学，恰恰是自然科学的一种陈旧形式。

这类主张受到了挑战。争论的部分涉及历史学家据以提出解释的“覆盖定律”的性质。在自然科学中，定律被认为是放之四海而皆准的陈述，显然，历史的法则并非随时随地都有确实根据的，它们不是普遍性的或是不受限制的陈述（乔因特和雷思切尔，1961，157）。所以历史学家所指的法则仅仅是法则而已，根据科学解释的原则，不能称为定律。这是一个重大问题，我们将在后面作一些详细讨论（下文123—130页）。对这种论点有两种答复是值得指出的。第一，历史学家所用的法则可以认为是第一阶段经验性法则，在后来的时日里，它可以包含在具有普遍真实性的更为成熟的定律之中。第二，对自然科学与社会科学的许多其他领域来说，局限化的法则是一共同问题，有迹象表明，由科学哲学家所发展的普遍性概念，对大部分目的来说过于严格，所以需作某些修订。

即使根据这两种答复，覆盖定律命题的反对者也有抱怨的某些根据，因为都像科学的解释在向历史学施加压力似的。按照德雷（1964，7）的意见，提出的一些调整，带有：

> 权宜的标志而不是原则。一种理论首先在于使先验解释的主要意义缜密，而不是尝试去发现学科的从事者所说的解释究竟是什么，当它遇到解释的困难而放宽它的必要条件时，说明这个理论的确基础薄弱。

德雷(1957,39)还辩称:历史学中覆盖定律的陈述在历史学中起着与自然科学中的定律陈述一种不同的作用。这些陈述仅仅建立:

> 历史学家的推论原则,就是他所说的,根据一组规定的因素,就可以合理地预测出这个种类的一个结果。历史学家的推论可以就符合这个原则。但说他的解释限定一条相应的经验定律,却完全是另一回事。

所以,德雷认为历史学家基本上关心的是为一个特殊的历史事件提供一个合理的解释,这就包括根据一个或一组特殊的决策来建立什么才是合理的。解释并不需要诉诸任何一组定律,但需要证明一个或一群特定的人有一个合理的理由在特定时间以特定的方式行动。一旦发现了这些合理的理由,历史学家便完成了他的任务。其次,按照工作的逻辑,历史学家运用事件的"常识"解释便很足够了。照德雷的意见,这类常识解释是完全适当的,虽然没有理由否认在历史学中发展任何重要定律的可能性,但还是没有必要来祈求这类定律的存在来提供历史事件完全充分的解释。德雷的观点激起了亨普尔(1965,469—87)的强烈反驳,可是在这一点上争论变得特别复杂。

通过历史哲学的争论与冲突的纠缠之网,可以隐约地抓住一些结论。这些结论可以推广到与历史学有紧密关系和注意独特方法的那些学科:

(i) 独特性命题如不经过实质性修订,便不能维持下去。

(ii) 不使用概括、等级类别、概念和原理,便没有解释或合理的描写。

超出这两点，就找不到任何普遍一致之处，因此对于争论的领域，只能就其荦荦大者，总结出几点：

(iii) 历史学家深信不疑地所运用的法则，在提供解释上作为定律是否够格，决定于它在历史解释中所起作用的观点和确定一个特殊陈述能否当作一条定律所定的标准。

(iv) 虽然毫无疑问：历史学中的解释可以符合于从自然科学中推导出来的规范，然而这样一个程序是否能以任何方式为复杂的历史事件提供解释减少困难，是有相当大的争议的。

IV. 证实——为社会科学和历史学的陈述提供可靠的支持

就迄今为止的考察来说，寻找社会科学和历史学的独立的方法论，主要立足于先验的论证，即把它视为理解社会事件和历史事件的科学解释模型的适宜性。然而在验证关联到人类活动的一般陈述时，还有诉诸实际问题的其他论证。这里看来主要是实用主义问题受到沉重的哲学反击。辩论主要围绕着两个问题进行：

(i) 人们能够客观地研究社会现象吗？

(ii) 如果不能，则社会科学和历史学的陈述能找到什么样的正当理由？

有许多作者坚持认为，社会科学和历史学不能像自然科学那样采用相同的客观的技术。所以马克斯·韦伯(1949,80)写道：

> 文化事件的"客观的"分析……是毫无意义的。像有些人常常主张的那样它并不是毫无意义，是因为例如文化的或心

理的事件“客观地”较少为定律所控制。它所以毫无意义，是出于其他一些理由。第一，因为社会定律的知识并不是社会本体的知识，而是为我们的心智所使用以获得这一结果的不同帮助而已；第二，因为在某一个别具体情况下，对于我们来说，要以本体的具体群集所具有的意义为基础，否则文化事件的知识就是不可思议的。

韦伯认为社会现象的所有研究有赖于研究者和被研究者的价值-方向(value - orientation)。一种活动的意义或旨趣不能脱离文化背景来确定。这就意味着任何假说的证实，不能如自然科学所以为的那样，是客观的和脱离研究者的价值系统。温奇(1958)沿着这些思路提出了一种深奥的论证。他认为任何社会行为皆由规则所控制。这些规则和我们用来描写它们的概念是不可分的。在发展概念和发展控制社会行为的规则之间，有强烈的相互作用。有了这种难以捉摸的相互作用，这就不可能发展用来描写社会行为的任何在伦理上属于中性的语言。而且，一个研究者如果他本人不学习这些控制行为的规则，而能理解它们是不可能的。一旦懂得了这些规则，则研究者的价值系统就改变了。所以，对社会科学与历史学的理解并不依赖于科学研究，而是依赖于理解控制这些事件的规则和概念，来弄清楚社会事件的意义。因此，对温奇来说，客观性是不可能的，且将科学方法应用于社会事件是毫无意义的。

韦伯-温奇的命题否认了社会科学和历史学能够达到足够程度的客观性，使假说得以单独验证。这自然就限制了理论在通常的科学意义上的发展，并限制了能作为社会现象研究的问题的种

类。

这个观点也提出了发现确切陈述的某种可抉择的方式问题。按照韦伯和温奇看来，社会科学中的解释，包括着通过组成事件的个体或一些个体的移情作用来理解一桩特殊的事件。给自己穿上另一个人的鞋——这一动作有时称之为悟性——为我们提供了唯一一种对人类行为的可能理解。在社会科学和历史学中，这个观点是共同的。科林伍德(1946,283)写道：

> 对科学来说，发现事件是由于接受了它。进一步探索它的原因，是由归入它所在的门类并决定那个门类和其他门类之间的关系所引导的。对历史学来说，要发现的对象不仅是事件，而是所表达的思想。发现那种思想也是去理解它。

在这种解释的观点和独特性命题之间所产生的密切关系，形成那些主张社会探究和历史探究在方法论上显然有别的人的主要支柱。德雷的“列出情况的逻辑以作出合理的解释”观点，与它具有类似的格调。

这一观点把解释限制于包含在给定行动内的意图、理由、动机和计划的陈述，这样一种限制，也限制了社会科学家和历史学家能够探讨的问题种类。处于这一分析层次，撇开了悟性就难以(特别是历史情况)审视任何其他形式的确证，如果悟性成为一种专有的而又无所不包的确证方式，就难以超越意图、计划、动机和理由的陈述而审视解释。这个有缺陷的圈子是难以打破的。但据像布朗(1963)和拉德纳(1966)等学者所指出的，出路仍是有的。这些出路值得探讨。

毫无疑问，社会科学和历史学所面对的是极为实际的问题，与人类行为的变化多端以及观察过程中观察者的掺和卷入都有联系。这也是真实的，即在某种意义上，社会事件可参照动机、意图以及同类的东西来解释。值得指出，J. S. 米尔认为“心智定律”本身就是高层次的原因法则，可用来以合理的、客观的方式来解释事件。温奇(1958,83)建议：这样一种方法必须以规律为条件，因为：

> 弄明白动机是什么属于弄明白一个人生活其间的社会规范；它又属于弄明白作为社会存在的生活过程。

布朗(1963,98)认为这点像本身那样显然是真实的：

> 声称社会科学家严重地有赖于符合规矩的行为，这是老调重弹。参照符合于规矩的行为，不足以成为那种理由的一个解释，但……一个社会科学家几乎不需要明显地去参照一种惯例来作为解释一个特殊行为或一类行为的手段。……同样，研究者只用意图-解释手段不能解决他所遇到的问题，所以他不能满足于参照规范上。在每种情况中，都迫使他追问“这个意图为什么……”或“这个规律为什么……？”一连串的答案，立即足以使解释的力量既不参照目的，又不参照规律。

按照布朗的观点，用意图、动机和类似的东西来做解释必然有一定的范围，但是这些项目是作为事实陈述而进入解释的。它们成为初始条件而进入解释，社会科学的作用就在于试图发展合适的法则和概念的框架，它同初始条件结合在一起，就能提供有深度的解释。无疑，温奇反对这一观点，他指出我们用来系统阐述概念和法则的语言，影响被规矩所约束的社会行为，同时也受后者的影响。

拉德纳(1966,78—80)通过把两种意义分隔来解决这个问题，从中我们能将含意或意义附着到一个事件或概念上。在第一种意义中，如完全抽象的微积分，是从它在微积分所发展的一组命题中的位置和所起作用而推导出意义的一个术语，例如国际象棋，我们可以用说明游戏的范围和移动每个子的规则来规定武士或车指的是什么。所以有可能参照它在句法上的作用来探究一个术语的意义。在第二种意义中，关于术语包含的意义和重要性有一价值判断，因为我们根据经验正在给它一个解释——就是从语义上来评价术语。后一类的评价无疑和文化密切有关，但正如布朗和其他许多学者（如丘奇曼，1961；费希本，1964）已经指出的，评价本身是能被分析的。就句法作用来说，对一个术语确定其客观的、不含糊其辞的意义是可能的，但为这一术语提供语义的阐明中，就包含着一种主观的判断。所以温奇认为不可能设计出一种中性语言来讨论社会问题。这个观点之适用于自然科学，正如它适用于历史学和社会科学一样。按照库恩（1962，125—6）指出的：至今还没有设计出伦理上中性的"纯"观察的语言用来讨论经验的问题，而且"哲学研究对提供（甚至一点暗示）一种随心所欲的语言都没有"。所以，承认温奇的观点不等于承认在自然科学和社会科学之间有一种基本的方法论差异。对自然科学中的验证问题，库恩（1962）和丘奇曼（1961）所抱的行为态度和温奇写下下面一段文字时的观点，似乎没有根本不同：

> 为了明了一个单独的科学研究者的活动，我们必须考虑到两层关系：第一，和他所研究的现象之间的关系，第二，和他的科学家同行之间的关系。这二者在声称他"正在探索规律性"或"正在发现一致性"的意义上是重要的；不过论述科学

“方法论”的作者，过于集中注意于第一点而忽视了第二点的重要性。

任何科学社团都发展了一种语言，用它来在社团之内交流思想。他们所研究的意义——不论是自然现象或社会现象——部分是由那种语言来规定的。验证的程序也是在那种语言的关联域中发展起来的，并和它的形式分不开。所以只在某些认可的语言或范式的关联域内，讲客观性才有意义（见上文第 28—31 页）。最后，客观性是一个相对标准而不是一个绝对准绳，这种情况对于自然科学和社会科学都是根本真实的。

温奇希望我们接受的标准是：一项特殊陈述的真相能被确定，并且只要观察者对这种情况有经验，陈述的意义确实能被理解。对于这一点，拉德纳（1966，83）认为是一种“再现的谬论”的微妙形式。所以：

> 宣称适合于社会科学的唯一理解，才是构成所研究的事务的状态或情况的再现，与宣称适合于龙卷风研究的唯一理解，才是从对龙卷风的直接经验获得的，二者在逻辑上是相同的。

拉德纳接着指出直接经验对于理解社会情况并非无关，但它远不是社会科学家所能采用的唯一方法模式，或为社会范围中科学解释的代替品。他下结论说：

> 无论韦伯的论证，或者……温奇的论证都是不明确的，这就不得不得出这样的结论，不是认为社会科学肯定不能达到其他科学的方法论的客观性，就是认为社会科学必须采用一种根本不同的方法论。

所以，使用*悟性*对于形成假说来说可以是基本的，因为它能引导我们激发想像力去创造假说（阿贝尔，1948），但它对我们积累知识并没有帮助，因为它等于使用已为个人经验所确认的知识。它也不能“作为一种验证的方法来使用，一项联系的可能性只能由客观的、经验的和统计的试验手段来决定”。

恐怕永远不能断然证明历史学和社会科学*应当*或*不应当*采用在科学解释基本模型中所树立的解释标准。如果我们愿意采用科学模型，我们可以毫无疑问地这样做。反对采用它的根据是缺乏客观性，这对于自然科学、社会科学和历史学都是相同的。

V. 社会科学和历史学中的解释——一个结论

本章以探讨米尔所说的一切解释具有相同逻辑结构的争论作为开始，以这一要求可能永远不会被充分证明或驳倒的结论作为结束。宣称所有解释*必然*是相对的观点，正如宣称它们是不同的说法一样，同样不能被证明。在这种情况之下，对于阻止使用科学模型来讨论和分析人类事务，毫无壁垒可设。

使用科学模型的合理性，最后必须以它的用途和有效性来判断。正如考斯（见上文第 41—43 页）所主张的那样，倘若科学模型为我们合理地理解经验现象提供了唯一的装备，那么主要根据实用主义的立场来否定模型的应用，就是愚蠢的。当然，在社会科学范围内，确定模型的有效性是十分困难的。在人类范围内，早期应用科学方法并没有丰硕结果，这可认为是合理的客观事实。现在有可能参考计量经济学、社会学、决策理论、运筹学、质量管理、实验心理学等等的广泛研究，在判断什么是科学研究的基础上，大部分标准已臻于合理的状态。但大多数学科，在整个科学所树立的方法论规范，与或者由于驾驭所研究的现象的困难，或者由于理论发展缓慢，而为某一学科的个别研究者在面临研究的特殊问题之间，被迫寻求某种折中办法。内格尔(1961,503)指出说：

> 没有一种方法论的难点经常宣称，面临探求社会现象的系统解释，对社会科学来说是独特的，或是本来就不能超越的。另一方面，如果只表示它们是必然能解决的，问题仍然并没有得到解决的。目前社会调查的现状，清楚地表示了某些困难……确实严重。

社会科学家在面对这些困难时，不是拒绝科学解释的模型形式，就是在应用它们时粗心大意，这是不足为奇的。在使用指标以决定陈述是否正当时，每一学科倾向于只顾本位(卡普兰,1964)。泽特贝格(1965,151)对于社会学的状况有一段有趣的评论：

> 我们的指标应当僵硬到什么程度？科学典范规定了的标准简直是凤毛麟角，如果碰见，也是具体的研究方案。指责任何研究报告，最有把握的办法是将它与科学典范加以比较。评价一份研究报告的最好方法，是将它与其他的研究报告，与在我们的领域中最负盛誉的报告加以比较。浏览一下社会学研究中最著名的代表作，不出所料，我们发现其标准因地而异，因时而异，因题目而异。

在不同的学科之内和之间，也有可接受的各种指标。建立一种科学解释的模型形式的观点，并不在于为攻击创造性的和有成果的研究提供武器，它的作用类似一项根本任务，一项终极目的，为此，我们追求有力的、首尾一贯的和合理的描述和解释。时时使我们记起这个规范的性质是有益的。提醒我们自己，科学研究首先是一种创造性的展开想像力的努力，这也是有益的。没有代用品可以代替良好的判断、满意的理解和在评价自然科学、社会科学和历史学的命题上的创造性洞察力。人类活动的研究者所面临的，看来是在试图解开对于人类事务范围内采用科学解释的规范模型上所面对的戈地安结①和像过去一样只信赖直觉及判断之间作出真正的选择。显然，这种理想是由控制所支持的创造性想像力，这里的控制是指科学方法所给予我们的合理性和对实际所作出的前后一贯的陈述。像这样一种理想真的确实如此不可到达吗？

① 戈地安结(Gordian knot)，指希腊神话中难解的结，按神谕，能解开此结者，即可为亚细亚国王。——译者

第六章　地理学中的解释
——几个一般性问题

前两章的讨论集中于科学方法的性质以及将这种方法推广到社会科学和历史学的困难。讨论的是科学哲学家的观点和各学科的方法论家的观点。这些观点之间的关系，以及某些学科的研究者所采取的经验研究的行为，只附带述及。在探究地理学中的解释时，这种关系变得极为重要。地理学的方法论探讨本身不应被认为是一种目的。说得更恰当一点，它涉及阐明经验研究的行为。

但有时认为，哲学家和逻辑学家的工作与经验工作的行为关系不大。有时主张：大部分的科学哲学过于规范而没有用处；它所树立的标准，对大多数学科的实用目的来说过于严格（如丘奇曼1961，341—3；威尔逊，1955）。前章末尾处所引的泽特贝格的评论，就是对在社会科学中严格运用科学方法所表示的一种态度。但科学哲学已发生了变化。将科学方法扩展到社会科学和历史科学的应用问题（例如，在某种深度上为卡普兰，1963；内格尔，1961；亨普尔，1965 等人探索过）和日益认识到科学决策的行为方面（为丘奇曼，1961；和库恩，1962 所鉴定），已激发了科学哲学家采取继续革命的态度。物理学中的解释不再是他们唯一所关注的课题。所以探讨一下科学哲学家所作的对地理学家处理经验性工作有用的一般陈述的范围，仍是有关系的。

一个专门学科的方法论不是由科学哲学家来决定的。它一部分由该学科的实践人员以“拇指定律”的方式来发展，另一部分则由方法论者试图将该学科的步骤程式化来发展。实践人员和方法论者二者都可以在某种程度上为科学哲学所影响。但是地理学方法论者所作的陈述可以与科学哲学家所作的不一致，或与大多数地理研究的实际工作不一致。所以本节的目的在于尝试鉴定在何处存在着这类矛盾，试图解决地理学中某种方法论的争论，最后试图提供一种适合于地理研究解释框架的广泛的一般陈述。在这点上，必须考虑到若干重要的一般问题。

(i) 在地理学中发展起来的方法论争论与关于一般知识的方法论争论之间是种什么样的关系？换句话说，地理学方法论者的观点符合于科学哲学家的达到什么样的程度？如果有分歧，则对这些分歧有何合理的基础？

(ii) 在地理学方法论者所作的陈述和地理学家从他们经验性工作中所揭示出来的实践之间是种什么样的关系？

(iii) 在实践的地理学家所接受的解释形式和其他学科的实践者所接受的解释形式之间是种什么样的关系？

大部分注意力将给予第一个问题，主要因为这些关系比较易于决定。这里对(ii)和(iii)问题将作某些评论，但(iii)问题将在以后的章节中(见后文第131—158页)作较详细的考察。

I. 科学哲学、地理学方法论和地理学中的解释——几个基本关系

一门学科的方法论不是孤立地为该学科的实践者所决定的。科学哲学家时常被卷进与某些学科的实践者就他们所追求解释的性质和形式而展开的争论之中。某些学科已注意到避免这类直接争论，以致在那些学科的方法论者和科学哲学家之间因此形成一个缺口。如果对缺口最为显著的学科授奖的话，则地理学将名列前茅。对大部分地理学家来说都没有就解释形式进行争论，只对目的作了争论。在考虑到解释形式时，却对一般解释的大量文献往往参考不足。

例如哈特向的两本研究著作，很少提到近代分析哲学的著作，即使是有关于解释形式而不是目的的那些章节也是这样。《地理学的性质》一书(1939，8，374—8)所列的参考书达十个项目，但其中只有两项在方法上可认为是“分析的”书籍，而《透视》(即《地理学性质的透视》一书的简称——译者)对这一类型的著作则没有提及。自然，这不是哈特向所讲的检验当代哲学概念和地理解释的意图。的确，他不是直接关心“解释”，而是关心地理学的“性质、范围和目的”。哈特向(1959，7)认为这点“主要是一个经验研究的问题”。虽然在《性质》一书中有许多地方不得不论及解释，仅仅出于一组特殊目的，才有时需要一个特殊的解释框架(见下文85—86页)。哈特向从千差万别的方法中提炼出地理学本质的企图导致了困难。举例来说，它忽视了实践的地理学家从哲学著作中所接

受的强烈刺激，和没有考虑到目的和解释的样式二者随时间而变迁的方式。探讨在特定社会内特定时间所流行的哲学思潮和地理学中经验工作的趋向之间的关系，显然是重要的。

地理学思想史学家提供了几个（然而很不够）例子。其中最好的一个是勒克曼的著作中所讲的法国数学和哲学著作对维达尔·德·拉·布拉什思想的影响。这一研究，着重阐明地理思想演变中成形时期的法国方法论思想的性质。以同样的方式来探究哈特向的方法论地位是一件有兴味的事。哈特向借重赫特纳的著作，而赫特纳明显地为德国历史史料学派所影响。因而，在哈特向特地提到的少数外界影响之中，迪尔萃和里凯尔特可能是最为重要的。集中于独特性命题和独特方法的德国历史史料学的观点，我们已经考察过了（上文第63—69页）。历史学家和科学哲学家所提出的评论，对这些观点已提出了强有力的挑战，然而赫特纳-哈特向的地理学观点详细说明了这些观点，而没有反驳这种挑战。我们可以发现，像这样一心追求孤立地来理解地理学，系处于详细说明观点然而是无合理基础的不光彩地位，这些观点一般已为其他所有学科以及科学哲学所不信任。所以哈特向的方法论的哲学支持，看来与十九世纪下半叶的历史哲学而不是与二十世纪中叶的科学哲学关系密切。自然，独特性命题和独特方法，可能会被给予现代的防卫。但这样的防卫需要避开近代科学哲学对独特性命题的挑战。地理学方法论确实不能孤立地来进行，虽然看来已有许多人一试锋芒。

说明地理学方法论的独立努力已激起一阵反对。阿克曼（1963，431—2）写道：

> 我们对一种职业特性的追求导致形成一种心智独立，最后变成某种程度的孤立，现在一群崛起的年青一代的地理学家已在反对它……。在想方设法使我们的独立宣言能生存下去时，我们忽视了支持整个科学的前沿在前进这一观点。我们的所作所为，好像除了科学方法一般性的最广泛的概括以外，其他任何东西一概不信。实际上，我们忽视了不断评价在时代之中最为深沉的变革潮流。我们忽视了一个公理：整个科学的进程或多或少地决定了它的各部分进展。

我们还将发现，除某些人以外，地理学家对于查普曼（1966，133）所称的作为当今社会科学和自然科学特征的“思想的酵素”，极为隔膜。按照查普曼的意见，诱惑仍然“沉浸于舒适的惰性之中来保持原状”。

人们没有从正门来承认时代精神潮流，以致绕道从后门爬进来。因而气候学家在基本的方法论方面，从紧密相连的学科如大气物理学和物理学大量吸取。生物地理学从土壤科学家、生物学家、化学家等等著作中大量吸取。历史地理学家注意于历史学，经济地理学家则可留意经济学等等。因此，当每一个分支学科成熟以及专业分支数目增加时，方法论分离主义就在地理学中成长起来。至于在历史地理学家和气候学家的实际方法论探讨上，看来几乎无共同之处。里格利（1965，17）最近写道：

> 近年来，地理著作和研究工作缺乏为普遍所同意的、统率全局的主题，虽然技术多种多样。这一点，在它被认识到的地方，已被公认为一件坏事。一种统一的幻想是一件惬意的事情，但是或许会问这是否必要，如有时所设想的那样。没有这

点，则常有偏离兴趣、集中形成一个主题的危险。反过来说，有了这点，也有来自僵硬性和为正统派所约束的危险。

毫不足奇，不满足于特别考虑地理学方法论和一般的科学认识论之间关系的方法论论争，已导致多元的方法论框架的发展，各地理专业者就在其中以相对孤立的姿态追逐他们自己的兴趣。在这样一种状况之下，单靠研究地理学家的工作以确立地理解释的性质，就特别困难。指望从这一类研究之中出现地理学方法论的某种统一的观点，看来也是不现实的。一种特殊的观点可假定为先验的，但它不作进一步论证，就认为地貌学家一定必然来关注独特的情况，或是历史地理学家一定必然来关注于控制空间演化的一般定律的研究，这是毫无意义的。现在，多元方法论的框架，在地理学中有点并不自然地共存着，参考最近几种专题论文集就可以鉴别。观点出入很大是明显的，如在《美国的地理学——回顾与瞻望》（詹姆斯与琼斯，1954）一书，但更为显著的观点差异反映于最近的报告《地理科学》（国家科学院）之中。在这个出版物中，相当详尽地考察了地理研究的四个领域。对自然地理学、文化地理学、政治地理学和区位理论之间的差异，就所研究的问题种类和设想到的解释框架来说，是异常显著的。在英国，《地理教学的前沿》（乔利和哈格特，1965A）和《地理学的模型》（乔利和哈格特，1967）也展示了各位作者对方法论态度的明显差异（前者较后者来得更甚）。

从上面简短的讨论中暴露出一个扰乱人心的结论：即地理工作者所作出的方法论假定和地理方法论者的观点关系不大，正像后者对于经验知识的性质的大量研究一样。这些大量研究是由卡纳普、布雷思韦特、亨普尔、内格尔、波珀、赖欣巴哈以及别的许多学者引导的。当然有重要的例外情况。但是适合于我们自己的方法论的例外是太少了。

II. 地理学方法论的某些争论

英美大部分的地理学思想文献，关注于定义地理学的目的、范围和性质，这或许具有重要意义。因此大多数的争论集中于哲学问题而不是方法论问题上。但由于地理学家对地理学的目的采取了一种特殊的姿态，他们有时被迫对解释形式采取某种态度。在某些情况下，这是由地理学目的的特殊观点和解释的特殊样式之间的一种大部分为虚假的联系所导致的。在其他情况下，特殊的目的确实暗示着寓有解释意义，但其关系是错综复杂的。就大多数学科来说，一门学科所研究的问题和解释形式之间的相互作用是极为重要的。至于地理学，这个富有成果的相互作用，已降低成为十分贫瘠的一种方式的依赖。特别是以**先验**的或形而上学的立场来研究问题的这种趋势变得严重，没有去检验所包含的解释形式已经导致了一大堆并不必需的且常是懵懵然的辩论。例如，倘一特殊类型的问题需要一种解释形式，而它常被认为是缺乏力量——这里一个突出的例子是要以“意图”才能作答的一类问题（见上文第 73—74 页）——这就可以推断，我们不是询问了错误的问题，就是至少以错误的方式来问这问题。这只是等于说，我们常常先假定了答案的解释形式，然后提出问题。在这些状况之下，有可能根据两点来回避问题。第一，目的可能与近代地理学的需求或

一般来说与近代社会无关。第二，所必需的解释框架在研究那种问题上看来极为薄弱。所以，我们的任务，部分是形而上学的，因为有必要来鉴定与社会需求有关的问题；部分是逻辑的，因为有必要以这样一种方式来提出问题，才能获得强有力的而非欠缺的答案。在地理学中，这两种任务常被混淆起来。我们将考虑用一些论争来阐明这个问题。既然常被忽略的是解释形式，我们将从解释形式的观点而不是从目的的观点来研究它们。

确是奇怪，大多数地理学家认为他们的学科是某种科学，但又声辩地理学家提出的问题不能严格运用科学方法来回答。哈特向(1939，375)说：

> 地理学试图获得我们居住其间的世界知识，事实和关系二者都应当力求客观和准确。它设法以概念、关系和原理等方式来表达知识，而这些将尽可能地应用于世界所有各部分。最后，它设法把这样所得的可靠知识，以逻辑系统组织起夹，通过相互间的联系，转化成为许多尽可能小的独立系统。

所以，地理学的全部宗旨与一般的科学研究并无出入。但常认为地理学家所探讨的问题一部分超越科学之外(哈特向，1959，167)。据称在运用科学方法上有限制，并且这些限制使地理学成为一门相当特殊的科学。这个观点忽视了在任何范畴内的科学研究都被承认了的限制，因而对科学方法的功绩持一远为乐观的想法。这种想法，比除了分析哲学家的坚决支持者以外所有的人心目中所想的要乐观得多。当然有在地理学内应用科学方法的问题，但这些问题和任何一种经验探讨的学问相比较，只有程度上的差别，而不是种类的不同。地理学和生物学、动物学、经济学、人类学和心理学相比，确实并没有更大的困难。不过在科学方法的正统观点和地理学的方法论之间还是有缺口。在讨论地理学的定律时，这个缺口最为清楚。

哈特向重视了地理学中法则和原理的发展，但他所阅读的在1939年以前的地理文献，使他怀疑在物理科学中所运用的相同状态的科学定律是否能在地理学的范围内发展。然而，在这一学科的自然和人文分支之间有时可作出区别的。所以伍尔德里奇和伊斯特说：

> 就形式类别和普遍原理以及过程来说，宣称“人文”或“社会”地理学像自然地理学一样能被理解，是徒劳的。归诸这点，并不自卑，多少承认它是极为复杂，更富于弹性，五花八门。

里格利(1965,5)最近也评论“自然地理学和社会地理学像穿着铠甲赛跑”那样遇到了方法论困难。由于承认这一观点，即社会科学中的解释和自然科学中的解释根本不同，里格利的话暗示着在地理学中存在着两种绝对不同的解释思维的框架。所以在自然地理学中定律陈述是重要的，但在人文地理学中这类陈述就无关紧要。韦伯-温奇关于社会科学中定律的命题的地理表述无需接受，而且还有有力的根据来否认这样一种观点(见上文第五章)。

所以可这样宣称，在人文地理学和自然地理学中都可建立定律。有些学者不同意这一观点，不主张建立定律，因为论题的多重变异性质，因为我们所能概括的性质往往是少数，因为偶然的例外状况可以有影响深远的结果(哈特向,1959,148—53)。有许多理由来反对这一观点。

(i) 为了表示不能建立定律,我们需要一些明确的指标,利用它来判断一个特殊陈述作为一条定律是否合格。

(ii) 给出此类指标,必须说明根据这样的指标,在地理学范畴中这样的陈述无法得到发展和应用。

(iii) 还必须说明对于定律-陈述的利用,有几种现实的可采取的方法,它会产生满意和合理的解释。在这点上,关于覆盖定律的争论、解释概略等等,对地理学来说是大有关系的。

用来建立一个特殊陈述的“合法性”的指标,将在下文探讨(下文第 123—130 页)。现在,足以指出所用的指标都不是很明白的,且看来在最近几十年间已发生了重要的变迁。若有某种指标,就可以争辩说在任何经验的范畴内,都不能发展成严格意义的定律,或许物理学除外。给定了其他指标,就能表示出在地理学内可以发展定律。就无论哪种情况来说,必须驳回那种为地理学不同于如生物学和经济学的辩护。同意不太严格的指标,我们可以假定能够发展定律。至于这类定律是否有用或并非无足轻重,则是另一回事。在二十年代和三十年代的大多数学者(除了声名相当狼藉的决定论者),放弃了将这些定律公式化的试图,自我满足于被认为独特的地球表面区域研究的原则和原理。这一方法部分地反映了那时进行工作的地理学家的需要,但一部分也是阿克曼(1963,430)所说的地理学和地质学、历史学等学科联系过于密切的结果——如上文所述(见第 38—40,63—70 页),这些学科是为独特概念和独特方法所主宰的。就地理学来说,最后的结果是执著于地理学性质的一种特殊观点,再伴之以地理学中解释的一种特殊观点。这种一套特殊目的(独特区域的描述和阐明)和一种特殊的解释形式（独特方法）的结合，形成一种强有力的正统派，使地理学家难越雷池一步。

在关于地理学中的例外主义的讨论中，这个观点以极严格的形式表示出来。这次讨论集中于关于地理学在知识体系中的地位的阐述，这是由康德提出的，后经赫特纳和哈特向详细说明，成为正统地理学的基本原则。有大量文献论述地理学中的例外主义（哈特向，1939，1955，1958，1959；谢弗，1953；邦奇，1966，第一章；布劳特，1962；哈格特 1965A，2—4；刘易斯，1965），所以，将在此研讨它。

康德明白地概括了在与其他科学的关系中地理学与历史学二者地位的特点，如下文所述：

> 我们可将经验的知识，按两种方法中的一种来分类；或者按照概念来分类，或照它们确实所在的时间和空间来分类。……通过前者，我们得到性质的系统，如林奈的分类系统；通过后者，得到性质的一种地理描述。……地理学和历史学充填了我们的感知四周：地理学所讲的是空间，历史学所讲的是时间。（哈特向，1939，134—5）

从这一陈述中常常引出的推论可总结如下：

(i) 如果地理学论述的是我们在空间中感知的总和，则地理学所研究对象的类别就无所限制（哈特向，1939，371—4；1959，34—5）。

(ii) 如果对地理学的实际内容不加限制的话，则这个学科必须以它有特色的研究方法来规定，而不是依据它的论题（哈特向，1939，374）；所以地理学常以一种“观点”作为特征，而不是论述具有特色的论题的学科。

(iii) 如果我们关心的是根据空间区位来感知的所有各方面实体的总和,则下一步必然是,我们主要关心的是事件或对象的独特集合,而不是关于发展中事件类别的概括。据此主张,区位是特殊的。

(iv) 如果区位是特殊的话,则对存在于那些独特区位的描述和阐明,便不能参照一般的法则来完成。它需要的是理解或悟性,即对特殊方法的运用。

这一争论的逻辑需作一些探讨,因为不是所有这些结论都能从康德和哈特向所陈述的前提中引申出来的。事实上,结论包含着许多隐藏的前提和许多逻辑上的困难。但同意一个论据和它陈述的逻辑并无多大关系。在讨论潜在的假定和这个争论的内在逻辑之前,值得检查一下地理学家明显而根深蒂固地出于直觉,求助于康德命题的几种理由。

康德的命题显然被赫特纳用来建立他的主张,即地理学连同历史学和其他学科在一起,是一种独特方法的科学,而不是一种研究普遍规律的科学(哈特向,1958)。这种地位受到德国史料学者著作的直接影响达到多大程度需要研究——但其影响确实不能忽视(哈特向,1959,149)。有时引起怀疑,一个特殊的方法论信条在经验研究的进程之中,其影响究竟是否像一个学科史家所惯常主张的那样。但看来康德的命题特别有影响,大致说来,因为它似乎适合于二十年代与三十年代地理学家的许多职业活动。在那个时期,强烈反对所谓环境决定论学派,因而否决了为森普尔、亨丁顿和格里菲思·泰勒等学者所提出的一些作为辅助解释之用的粗糙定律。因此倾向于热衷小区域研究。所以拥有区域独特性和独特方法作为重要工具的方法论信条，博得大量支持是毫不足奇的。同时，对地理学家来说，这是关心的主题，即他们的学科开始将研究领域扩散到所有的各类论题，而这些论题是其他学科（包括自然和社会-经济二者）的基本内容。像这样范围广泛的论题，在康德命题的保护伞下可以幸运地得到辩护。地理学家甚至敢于希望这些不同的系统研究，不过是对所有知识的最后综合的前奏曲而已，综合是以独特的地理区域的空间结构来进行的。区域综合的目的，以地理学的目的论而出现。但当地理学的每一系统方面得到发展并趋于成熟时，这个特殊的黄金时代似乎就逐渐消失在远方。此后，康德命题更为明确地被用来支撑一种特殊的研究传统（即独特方法），以反对较年青一代的挑战，后者的工作在风格上更深入研究普遍规律（布劳特，1962，5）。然而在这里，这件事引起嘲笑，认为这不过是借一位著名哲学家之名来支持现状，而没有认真考虑康德所做的陈述，无论从地理或哲学的角度看是否合理。总之，康德是一位多产的讲学者和著述家，他的哲学的许多方面——例如**综合的先验**知识的概念是和他的空间观点紧密相联系的——一百多年来已大加修改或被摒弃。

康德命题也假定空间是能被考察的，而且空间概念独立于物质而发展。这一假定在过去没有被清楚地陈述过。这等于假定了一个绝对空间。如果假定一个绝对的而不是相对的空间，这就可能推导出通常所作的关于地理学在科学中的地位的一些陈述。但是空间的绝对哲学，自十九世纪早期以来一般在科学思想中并不流行。所以，看来好像地理学家已接受了空间的一种特殊观点，它和科学哲学家所持的观点是冲突的。这不一定是件坏事。但遗憾的是，绝对空间的假定既没有被明确地讨论过，又没有被认为是康德命题的基本假定之一。关于恰如其分的空间哲学的背景争论，将留到第十四章中去讨论。

绝对空间的假定与地理学中的特殊性问题有密切关系。至于地理学家所关心的对象和事件，所有的争论已在前文（见上文第63—70页）研讨过，可能还记得。无可怀疑，对于特殊性概念，不是作重大修正就是来一个完全否定。但是在地理学中的争论不同，就在于据称地理学家关心的是区位，而不是物体和事件。我们将在以后看到（下文第262—265页），有种辩护认为区位（用空间的语言）和性质（用物质的语言）的区别在地理学方法论上有重大意义。所以，在地理学范围内，“特殊”的称号是用之于区位而不是指性质。这就引起了区位独特性的基本问题。这个问题已为许多作者讨论过（哈特向1955，1958；邦奇1966；谢弗1953；格里格1965，1967；哈格特1965A），它包括“地理个体”的问题。这儿的问题是，不论一个人究竟是赞同独特性命题还是赞同利用分类和归并步骤来做区划，都必须鉴定个体或是空间的几种基本单位，以利讨论。对这个问题的简短答案是，可以鉴定的个体有两种类型——第一种利用空间-时间综合坐标，第二种利用它的性质。地理工作常将二者混淆在一起，以致在说明地理问题和地理学方法论讨论上导致很大的混乱。现在，人们有意识地假定地理学家最主要关心的是用它们空间-时间综合坐标来鉴定个体（既然反驳与个体——由性质来定义——有关的独特性概念有着现成的论据）。

随着绝对空间的假定之后而来的，是区位为独特的论断。研究康德命题的专家从未直接做过这样的陈述，但他们倾向于假定存在着先验的一组区域实体，因此构成地理个体。区域划分的大部分研究，因而可以认为是鉴别地理个体的一种企图。在其他情况下，已经假定空间具有一种原子的结构，它能够设法集合成为显著的区域。但如果给定空间的相对观点，则区位的独特性思想必大为改变。在任何坐标体系之中，区位可以唯一地决定，但空间的相对观点则假设为无限数目的可能的坐标体系。所以空间中两点之间的距离，将按所选择的坐标体系而变更。这儿，转换的概念变得极为重要，地理学与几何学之间的关系变得同样重要。但有多种转换不是独特的，所以在技术上，以这样的方式将一幅地图转换成另一幅地图是可能的，即投影位置不是唯一的。所以给定空间的相对观点，位置就既不是唯一的，或充其量只在选择到的坐标系统之内是唯一的。这个问题将在第十四章作进一步考虑。

如果对空间持一种相对观点，问题就是为一已知地理目的，鉴定其最合适的坐标系统。科学哲学家常常认为这是一个经验问题。它的解决要依赖所研究的活动的种类。活动包括讨论的性质，所以坐标系统的选择有赖于被研究的对象，因而认为地理学不关心活动的任何特定类型的观点需要重新评价。甚至在绝对空间的假定下，出现了同类问题。从这一角度说，它有时被称为“意味深长的问题”。实际上，地理学家并不研究空间范围内的每件事，只限于考虑对现象的选择。问题就出在这种选择的根据上。哈特向(1959，第5章)探讨了这个麻烦问题，但是他所能建立的唯一的重要指标是“对人重要”的现象。这个指标能够应用于一切知识，如不作进一步充实完善，则它始终意义空洞。实际上，在区域划分范畴内产生了同样的问题。因此虽然声称地理学家唯一关心的是区位,但用来判断某一特定区域划分是否合理的指标,是从那个区域的性质得来的。这点也变得清楚了,即物体和事件在地理思维中有某种地位,因为如不参照现象的特殊类型,就无法决定一种合适的坐标系统来判断某一区域划分系统是否合适,或甚至来判断根据空间区位以探究的物体和事件是否作了合理选择。很明显,对常说的"地理学作为一种观点"的哲学是有限制的。经检验的大部分学科,一部分为他们所研究的主题本质决定,一部分为他们所培植的与主题本质有关的观点所决定。

尽管有关地理学任务的大量文献,地理学家还是很少直接去解决这个问题。基本的问题是,实际上等于问如何辨别地理学家的"观点"。按照布劳特(1962)和贝里(1964A)所说的,这是以地理学家就论题所提出的互相关联的概念和理论的系统为特征的。大部分的情况是,一门学科的性质可以由该学科所发展的明确理论来鉴定。因此理论精确地定义观点。在有些情况下,这种定义仍然含混,因为理论没有得到明确的发展。在发展康德命题中所包含的观点涉及地理学的性质,因此包含着关于空间的绝对构造的含混理论——它是以区位的观念来代替物体和事件的观念。直到最近,地理学家仍满足于他们观点的含混定义,并且倾向于逃避明确的理论。所提出的理论纯属空论,并且是不科学的。

这样,理论就构成一门学科的标志。它将意义赋予物体和事件,它规定了框架(例如坐标系统),使事件和物体在其间各得其所。它提供了系统的一般陈述,它们可以用来解释、理解、描述和阐明事件。和纯属臆测的陈述相反,科学理论的陈述经受了若干独立的测试，从而保证了首尾一贯、有力和合理性。所以，理解科学理论的性质是至关重要的，这个问题将在下文讨论（下文第107—122页）。然而地理学的理论还没有很好发展，这就难以精确地鉴定表达地理学特征的“观点”，并难以陈述由观点定义的重要性的标准。为哈特向所规定的重大问题，并没有独立于地理学的理论而得到解决。不管可能是什么样的结论——我们将在下文的章节中作出一些推测性的建议（下文第138—170页），地理学家关心的是性质和区位二者（即个体的两种不同类型），这是明确的。如果有时用以康德命题的专家所陈述的独特性思想来讨论这些个体，那就没有一项是满意的。

当然，反对独特性命题的重大论证之一，是难以提供一个现实的框架用来解释和描述而没有违反独特性观念。显然，关于历史学和社会科学中解释的波珀-亨普尔命题，与此处所讲的有关，它可以原封不动地移植于地理学的范围中。然而在地理学中，它还没有被讨论过，这个事实不过进一步表明了地理学最近倾向于方法论的孤立主义。唯一与地理学虽然相隔遥远但还是有关的讨论是H.斯普劳特和M.斯普劳特二人(1965)所作的。

从地理学的角度看，波珀-亨普尔命题可表达如下。任何内在价值的解释，对一些演绎的论证应当以必要的结论反映出来。这就必须表示出在一定环境下，一个事件必然会发生。这样一种论证需要利用定律-陈述或是某种相同的等价物。在许多情况下，我们还不能精确地来规定任何一条定律，然而我们可以不作定律-陈述。不过定律-陈述仍被暗示。这些覆盖定律是有意思的，因为它们对解释的整个过程至关重要。就大部分地理学家来说，他们仍满足于暗示定律而不是规定定律，满足于粗疏的解释概略而不是更为严格的解释。

地理学家所崇奉的普遍定理起着定律-陈述的作用，但是就大部分来说，却是支持相当软弱的归纳性陈述。这在学科的初期发展阶段可能是免不了的，如果地理学为一新兴学科，则发现“直至本世纪的四十年代，地理学对于经验-归纳法和理论-演绎法之间还未取得平衡，而是大大地倾向于前者”（美国科学院 1965，12），就无需如此大惊小怪了。但是地理学传统历史悠久，没有用更多的精力来探索“思想和研究中的经验-归纳法与理论-演绎法之间的对话”（美国科学院 1965，12），这就令人惊奇了。

地理学家害怕明确的理论不是完全没有道理的。将科学方法推广到社会科学和历史学中去有严重的实际困难。在地理学中出现同样的问题。地理学家试图分析（没有经验法那样方便）的复杂的多元变化系统，是难以处理的。理论最后需要利用数学语言，因为只有利用这类语言才能始终掌握相互作用的复杂性。数据分析需要高速度的计算机和适当的统计方法，假说-检验也需要这类方法。在发展理论方面，地理学家在某种程度上勉强反映了在处理地理问题上合适的数学方法的缓慢成长。没有这类方法，看来地理学家的问题就必然难以分析。粗糙的系统解释为环境决定论者尝试过，但在二十年代都丢了脸。然而看来没有别的可以代替它们的位置。同时，科学哲学家看来坚持科学解释需要一个特别严格的框架——地理学家不能希望符合于这一要求。所以，按照布劳特所说（1962，5）：

由于缺乏一种正当的系统科学的资格，为了获得一套特殊的证书，我们转向了哲学——自然，这些证书是以对象、关系和空间的形而上学的概念形式出现的。这是将我们的方法论形而上化，或是让科学的简化论分解成各部分。

当然，这类特殊证书是由康德命题所提供的。但情况已经变化。布劳特接着说：

科学的哲学最近才成熟，事实上，它已赶上了像地理学那样的科学，它研究的是软系统而不是硬件。

所以，现在避免建立地理理论就没有什么借口。但可以说，地理学像历史学一样是理论和定律的消费者而不是生产者。进入地理解释的覆盖定律，因而可以认为是其他某一学科的派生物。假如地理学的理论是派生物，那么地理学家应当注意到他所能应用的理论构造的千差万别。我们将在后文看到（下文第144—152页），派生理论在地理学中发挥一种重要作用，但是，直至最近有一种避开从其他学科固有的推导理论充分负责的趋势。就大部分地理学家来说，他们所流露的不是对人类行为观察肤浅（如人文地理学的覆盖定律那样），就是粗糙的决定论（自然环境的）定律——地理学家已声称反对这些定律。对几乎所有的任何一种区域课本稍加检查，就可说明至今环境论的传统仍多么顽强。这并不是说，环境论命题本身有什么错误。但是其错误就在于伪称采用的是客观的区域综合，它暗示了一套环境论定律，而这些定律早被否决了。

无疑，在地理学中派生理论较固有理论发展更为强盛。现在在地理学中流行的许多理论，就属于这种类型。所以，发生的问题，在于在地理学中究竟能否发展与派生理论相对立的固有理论论,如果是这样,则二者之间的关系将如何。这个问题将在后面探讨,但现在值得指出一个初步结论:即当地理学家根据空间-时间语言(康德提议的思想空间框架或是后来所说的相对空间框架)来提出他们的分析思维时,则固有理论能够发展;但当地理学家借助于相宜的语言时,则形成的理论显然或明或暗地从其他学科派生而来。因为这是第九章的分析主题(亦见哈维 1967A;1967B),所以这个重要陈述不在这儿讨论。

更广泛地说,我们可以作出结论:在逻辑上没有理由假定地理学不能发展理论,或是科学解释中所运用的整个方法不能用之于地理问题。必须承认,这包含着几个严肃的实际问题。但是这些实际困难,不能寄希望于证明地理学思想在解释形式方面根本不同于除历史学(并有可能是地质学)以外的所有其他学科。

康德的命题,对地理思想并不是全无关系——它的确蕴含着一些关于地理思想构造的真知灼见。但它包含着当前不能接受的几个前提(例如绝对空间的前提),并包含着不是从前提合理推导出来的一些结论。必须断言,倘是为了满足当前需要,把地理学作为深嵌在知识全体构造中的一门独立学科,康德的命题需经深刻的修正。

III. 地理学中的解释

从前节所述,可以作出结论:地理学“短于理论而长于事实”(巴拉邦 1957,218)。发展理论对于作出满意的解释和验明地理学作为一门独立的研究领域二者,看来都是至关重要的。理论“提供了筛子，通过它，无数的事实得到筛选；没有它，事实依然是无意义的杂拌”(伯顿 1963,156)。

科学理论可以沿着两条不同的路线来开展(见上文第 44—47 页)。现在，理论的演绎路线可能为多数人赞同，因为它明确认识了许多科学思想的假说性质。一般说来，这种思维风格在地理学中还不流行，虽然已有不少的先验思维。像格里菲思·泰勒和卡尔·苏尔等学者发展了某种意义的理论；但是这些理论只达到一种科学地位，如果它们产生假说，很少可能测试。且就大部分来说，这些学者所发展的理论，虽然动听，然很少能经受验证。这一半是由于这些理论以这样一种方式来陈述，以致不能使之演绎完善；一半由于理论陈述所经历的假说形成、建立模型、试验设计以及验证等程序，在科学方法论上的连接十分薄弱，并且是新近形成的。

隐含在哈特向正统派中的路线是不同的。它看来由研究无次序的观察(事实)起，经过分类和概括，到形成原理，这些原理则可用来援助区域的解释性描述。这样一条路线的长处，完全依靠着归纳逻辑的力量，所以在形成确切的能起到覆盖定律作用的普遍陈述上，它看来是一条软弱的路线。它还默认鉴定“事实”的能力和理论无关——这一假定将会使许多人不便苟同。直至最近，地理学的大部分研究往往关心资料的搜集、整理和分类，在这方面与哈特向正统派一致而无需同意康德的命题。这种描述和解释的方法，即使和培根的方法(上文第 45—46 页)相比，看来也低一筹，这在于它逃避了将一般原理尝试汇合到某种统一的理论结构中去。

不能达到地理学原理的假说-演绎统一——或主张这样的一种结构——有严重的错综复杂关系。它不但使大部分的地理思维和活动，简单地归属于资料的整理和分类工作，并且以任何富有意义的方式限制了我们整理和分类的能力。在试图解释的地方，它们在形式上往往成为特定的和无系统的。虽然如此，一半参照方法论陈述，一半参照经验工作，还是可以鉴定若干解释形式。这些解释形式将在以后各章中作较详细研讨。现在对它们作一简短鉴定已很足够了。

(a) 认识性描述　在这个题目之下，包括了资料的搜集、整理和分类。虽无理论明确地寓于这类程序之中，但必须郑重指出，它隐含着某种理论。所以分类包含着关于结构的某些先验概念，且这些概念实际上等于一种初步理论。在学科发展的早期阶段，这类理论假说可以是无定形的，且定义有缺陷。到了后期阶段，分类过程往往成为经验设计的一部分，因此，它由被探索的特殊理论所决定；或者资料的测定和分类，可直接由理论推导而来。所以认识性描述在质上有差距，可从简单的初步观察直至缜密的描述性陈述。

(b) 形态测定分析　在某几种方式上，形态测定分析可以认为是认识性描述的一种特殊类型；它所包含的是空间-时间语言，而不是一种性质语言。所以形态测定分析提供了一种框架，地理学家可从中测定在空间中事物的形状和外貌。一般说来，假定是几何学的，这就等于鉴定一个适合于讨论手边特殊问题的坐标系统。特别是适合于城镇区位的形状和类型、网络结构等等。这种分析在这一意义上是解释，给出欧几里得空间的一个三角形的两边和一角，就可能预测出第三边的长度和其他二角。所以，在地理学范围内，给出初始聚落的一个数目（例如二），根据中心地理论的几何学定律，就能预测聚落的发生（达赛，1965A）。这种类型的几何学预测，目前在地理学中正变得相当重要。

(c) 因果分析　李特尔和洪堡对地理学中的解释的主要贡献是：他们极力主张可以建立因果定律来解释地理分布的产生。因果关系因而成为十九世纪地理学中的解释的主要方式之一。它与机械论的和决定论的形而上学概念的不幸结合，使得人们在二十世纪中反对利用它。但其后的分析家指出（琼斯 1956；布拉罗克 1964），无需认为因果分析一定意味着原因决定论的解释。将决定论和因果关系二者之间的掺杂作为地理学的解释形式，更是被默默地运用（有时经过乔装打扮）。寻求支配地理分布的“因素”，是当今有限制地利用原因分析的一个好例子。

(d) 解释的时间方式　从原因解释到追溯一段长时间的原因链解释，只不过是短暂的一步。凡沿着这一航向的解释的一般方式，称之为时间方式。设想一套特殊的景况，可以用过程定律的作用来检查现象的起源和以后的发展而得到解释。因此达比（1953）评论道“地理研究的基础奠定于地貌学和历史地理学——”这二者都为解释的时间方式所强烈主宰。像原因分析一样，各种分析的时间方式已和许多种有关实际世界的形而上学的设想结合起来。例如历史主义要求任何事物的性质只能根据它的发展（这个观点有时被误认为发生的）来理解，历史主义且反过来和关于不可抗拒的历史规律的决定论设想相结合，这些历史定律塑造了文化形态和自然形态二者在时间上的演化。解释的时间方式无需认为是通往解释的唯一途径，更无需认为它必需和决定论的或历史主义的哲学结合起来。十分简单，它为我们提供了一种量纲，通过它，我们才得以尝试去理解地理分布——这一量纲，由于执着于时间变迁的研究，教诲我们要深深留意于时间过程的性质。

(e) 功能的和生态的分析　这是避免原因和原因链的解释的巧妙尝试，因为这二者与形而上学的陷阱相结合，结果导致非此即彼的解释框架的发展。例如在社会人类学中，功能主义成为分析的主要框架，大部分出自于马利诺夫斯基之力。功能分析试图根据它们在一个特殊组织中所发挥的作用来分析现象。城镇可根据它们在一种经济中所完成的功能来分析（因此就可作出城镇的功能分类），河流可根据它们在剥蚀中的作用来分析，如此等等。生态的和功能的思想在地理学中是重要的。里格利（1965）已经指出，例如，在形式上，维达尔·德·拉·布拉什和白吕纳的方法，在其形式上多么接近功能主义，而哈伦·巴罗斯在 1923 年的论文发挥了某种影响。的确，哈特向把地理学定义为研究区域内的相互关系，这具有明显的功能-生态环。现在有许多地理学家认为生态概念为地理学的解释提供了一个重要基础（斯托达特 1965；1967A；布鲁克费尔德 1964）。

(f) 系统分析　从探讨一个特殊现象在一个组织框架内的作用，到把对那一组织的研究视为一个互相关联的部分和过程的系统，不过是短短的一步。从功能分析通过生态学到提供一个用来考察的框架的系统分析，有一条捷径：

> 互相渗透的各部分过程……分离，且为范围所限，以致边界过程与内部过程相比是不足道的，……〔这〕就形成一个较

大的包含系统的一部分，它的各部分本身是较小的被包含的系统。（布劳特，1962，2）

系统分析为描述整个综合体和活动的结构提供了一个框架。既然地理学以讨论复杂多元变化的情况为特征，所以它特别适宜于地理分析。因此贝里（1964B）和乔利（1964，4；1962）认为系统分析和一般系统论，对于促进地理解上已发挥了一种重要作用。

这六个题目包括了地理学家认为解释形式的思维的大部分。这些类别不是互相排斥的，它们有迭合的许多例子。例如可以发展为发生-系统法，发生-形态法，发生-分类法等等。当然解释形式的选择，主要由所提问题的种类来决定。在这儿值得特别指出问题的种类和所需的解释形式之间的关系。上文扼要概述的解释形式，因此和下列问题联系起来了。

(i) 研究的现象如何来整理和归类？

(ii) 现象如何以它们的空间结构和形式组织起来？

(iii) 现象是如何引起的？

(iv) 现象如何发生与发展？

(v) 特殊现象如何与一般现象发生关系并互相作用？

(vi) 现象如何组织成为一个紧凑的系统？

这也是明显的，即行将出现的理论类型，一部分为所提问题的性质和所选择的解释框架的性质所决定。目的和逻辑形式汇合在这点上，以决定地理解释的性质。

我们可以认为上述的六项解释框架为解释的模型形式。在以后各章中，我们将相当详细地研讨其中的每一项形式。如果地理学家倾向于采用这些框架中的一项或其他项来处理问题，那么了解解释的每项框架的长处与短处、易犯的错误和正面性质，就很重要。只有了解这些，才有可能评价所显示的理论结构的合理性。倘若我们的学科有一充分发展的理论结构，这就无需详细地来探讨解释的这些模型形式。但如果我们透彻理解每一模型中所包含的假定，对这些模型框架有意识地运用，就会产生合适的地理学理论。否则便常有将婴孩连同洗澡水一起倒掉的危险。在地理学中运用模型的这类方法论讨论，常常显示出不注意模型和理论之间确切关系的危险性。同样，对科学的理论和定律以及在地理学意义上的这些名词的含义，有很大程度的误解。这些问题的本身需要大大辩论一番。

本章大部从以前各章引申出来，其目的在于试图为解释在地理学中的地位，以及与自然、社会、历史各科学解释的关系作一概述。但也参照以后各章。本书的其余部分将着重阐明本章中展开讨论的几个基本问题。第三编中将探讨如理论、假说和定律等名词的含义，连同地理学理论的性质。第四编将考虑解释的**语言**的含义，对数学语言作些一般评论，接着将详细研究空间语言和概率语言的性质，这两者看来对地理研究都是至关重要的。在这儿，和性质语言相对的空间坐标语言将受到检验，对康德关于空间和物质二者之间的二分法将作出更新的阐述。在第五编和第六编中将详细研讨上文所举的各种解释框架，并从地理学角度考虑每种框架的性质和用途。这一章仅用来识别各个问题。以后各章试图为解决这些问题提供基础。

第三编

地理学解释中理论、定律和模型的作用

……对于我来说，没有什么比这更清楚的了，即：地理学抛弃想像、创造、演绎和其他各种有助于获得经过充分检验的解释的智力机能，这种受危害的时间太长了。就像一个人用一只脚走路，或用一只眼睛看东西，把大脑功能“理论”的一半从地理学中排斥出去……。的确，这仅仅是将理论和实践误解为不相容而产生的结果；因为在地理学中，同在所有正常的科学研究中一样，这两者最密切有效地共同发展。

W. M. 戴维斯(1899)

第七章　理论

“寻求一种解释”，泽特贝格（1965，II）写道：“就是寻求理论”。理论的发展位于所有解释的中心，大多数作者怀疑观察或描述是否能脱离理论。因而“我们的日常语言中充满了理论”，“所作的观察总是根据理论来观察”（波珀，1965，59）。凯梅尼（1959，89）写道：“我怀疑我们是否能完全脱离理论的阐述来说明一件事实”。的确，他们之中的一些作者如贝里（1964A）和布劳特（1962）把解释某些现象的明确的理论结构演变看做地理学作为实验科学中一门明确和独立的学科的主要理由。如果是这样，那么地理学“性质”的阐明就依赖于地理学理论的性质、形式和作用的阐明。

按照爱因斯坦的说法，理论是“人类内心的自由创造”。因此，任何想出来的怪诞念头都可以被看做某种理论。在“想象”、“感知”、“富于想像力的再创造”、“带有感情的理解”和理论创立之间有着密切关系。这种心理学特性对于理论的形成至关重要。哲学信念和“地理学想像力”为创立思索的理论提供了动力。在这点上，哲学和形而上学宣称它们凌驾于方法论之上。形而上学理论一直是所有科学研究领域中激发思想的一个源泉。用柯勒（1955）的话来说，在探索科学理论中，这样的理论起着“指令”或“规则性原理”的作用。在我们的地理学传统文献中拥有大量这样的指令。

一种推测的理论不一定具有一种科学理论的地位。对于公然虚构，詹姆斯·赫顿很早称作“混杂在幻想的愚昧无知之中而显然属于智慧的一种系统”(乔利，1964，37)，这是不幸的。科学解释的成功主要在于采用这样的推理，并将它们从粗浅的理解和不恰当地干扰了我们“纯”客观描述的能力转变为具有强大解释能力的高度清晰的陈述系统。

因此，一种理论就是一种表述系统。最简单地说，一种理论可以认为是“讨论事实的一种语言，理论即是用来解释”。(拉姆赛 1960，212)因而传统的看法是：一种科学理论是一种“解释的运算，或在大致与这样的运算等同的东西”(布朗伯格 1963，79)。实际上大多数科学理论，甚至在自然科学中，并不以运算形式表达，而且不都需要这样的表达(虽然如同我们将看到的，这样的表达有明显的优点)。在地理学中这种运算的明显进展是相对少见的，不过对于阐明一种科学理论的结构来说则很重要，因为它反对这样的标准结构，所以我们能够衡量地理学理论的性质和有效性。

I. 科学理论的结构

一种科学理论“可以被看做是一组用专门词汇来表达的句子”(亨普尔，1965，182)。逻辑学家已讨论过这种词汇的性质。这里就不需要探讨理论的逻辑结构的细节了(拉德纳，1966；及布雷思韦特，1960，提供了充分的解释)。词汇可以包括不能定义的原始术语和从原始术语导出的可以定义的术语。同样，句子可划分成基本句子——公理——和衍生句子——定理。在古典欧几里德几何学中，诸如“点”、“线”、“面”这样的词构成了基本术语，将它们汇集于一套基本公理中，从中派生出欧氏几何学的整个体系。

除基本术语和公理外，科学理论也有一定的规则限定衍生句子的构成。一般说来，这些规则是推理的规则。这些基本术语、公理和构成规则组成了运算式。

但是，一种理论只有联系经验现象给予某种解释，才在实验科学中有用。因此在欧氏几何学中，像“点”、“线”这样的基本术语可以用“圆点”和“铅笔线”来说明。为了精心构造一种形式结构，我们要保证理论中所包含命题的逻辑正确性。这些命题通过一组说明的句子与经验现象联系起来——有时称这组句子为主题或一组对应规则（布朗，1963，147—8；内格尔，1961，90—105）。对理论来说，主题行使两种重要职能：首先，它将完全抽象的理论语言转化为经验观察的语言。没有这样的转化，就没有经验事实支持理论的可能性。我们可以说明一种有关冯·诺伊曼和摩尔根斯坦（1964，73—75）的博弈论的形式表述的程序，其中基本先决条件既以理论的、又以观测的语言来陈述。这一理论的头三个先决条件是：

理论表述	观察表述
(i) A 总计为 υ	(i) υ 是博弈 G 的长度
(ii) A 限定一组 θ	(ii) θ 是 G 的一套所有玩法
(iii) 对于每一 $K=i,\cdots n$；函数 $F_k=F_k(p)$，θ 中的 p，等等。	(iii) $F_k(p)$ 是博弈者 K 采取玩法 p 的结果。

一种理论的主题不仅仅等同于理论涉及的经验性主题本质，它也等同于理论的范畴。一种理论的范畴可以被看做理论充分包括的一方面或多方面的实体。理论本身就是一组抽象的关系

式，主题表明了如何及在什么样情况下，这样的抽象系统可以应用于现实事件。理论范畴根据术语数量的多少而变化，在这一范围内必须按照一种特定的主题本质给予一种特殊转化。一方面，有概率运算可以用于现象的所有方式（参看第十五章）；另一方面，我们还有经济平衡的一种理论，它可能包括像完全竞争这样的术语，将经济现象自动地限制于理论的范畴内。当然，科学史的主要趋势之一是理论的发展越来越概念化了，这些概念可以用来推导出较低层次带有普遍性的理论来。

一种科学理论可以认为是展示了这一标准形式结构。给定推理规则就会建立起公理和基本术语，从中衍生出大量定理，当这些定理通过适宜的主题方式与经验的主题本质联系起来时，就会形成支配经验的主题本质行为的经验性定律。并不是所有的科学理论都显示这样的形式结构，但是，这里重要的一点是：一种理论如果确实具有科学性，原则上就应该能以这样的结构形式来表达。只有建立起这样的结构，才能保证我们在解释中运用的定律表述相互一致。事实上，科学中公理表述很少，虽然数学体系（斯托尔，1961；科恩和内格尔，1934）经常以这样的形式来表达，并且在自然科学如生物学中这样的表述正在增多（伍杰，1937；格雷格、哈里斯1964），在社会科学如心理学中（冯·诺伊曼和摩尔根斯坦，1964），理论正在采取公理表述形式。

形式理论的发展并非一定有益，拉德纳（1962，52）指出，在一些情况中，不成熟的形式化证明是无价值的。但是，一种理论的形式化表述亦不无好处：

（1）一种理论的形式化表述需要消除不准确性。由于这样，就可以保证完全肯定结论的逻辑合法性。消除不准确性要付出一些代价。特别是它强使“理论化了的主题本质和正被理想化的主题本质之间产生差距”(柯勒,1966,91)。换句话说,客体的一种精确种类是从不精确的经验世界中经理想化而产生的。在形式理论的构造中,这种概念化程序走向它的极端。我们简单地运用像 υ、θ、p 这样的术语,运用博弈论的例子,以这一方式来假设事件的类型的同质性。将理论的抽象符号与现实世界的事件联系起来,这一理论在经验性上的成功完全取决于主题。正如凯梅尼(1959,89)所指出的那样:“建立起这两个世界之间的联系是一个科学家必须面临的最困难任务之一。”在确保理论的逻辑性完全没有错误的同时,理论的形式表述就增加了这种困难。

(2) 如果提供的基本先决条件是好的话,详细阐述形式理论有助于产生新思想,证实肯定的结论,表明新的经验定律。如果它没有获得别的东西,就只不过可以用完全的和严谨的方式将与一些研究领域有关的理论结构组合成一个整体。

(3) 一种理论的形式表述需要将空间或时间顺序转化成完全无时空的一组关系式。甚至在明确包括时间和空间变量的理论中,论述也是抽象的。这种不论从空间还是时间的位置中得出的完全抽象的观念意味着我们必须这样论述事件,就好像它们是普遍真理。因此,这就是形式理论表述所有命题的特点——无论是基本的还是派生的——好像它们是普遍的命题一样。这又是一种主题:它必须完成将这些普遍命题与带有时空位置的经验性事件联系起来的困难任务。在一些情况下,如物理学定律,这样的过程 并无多大困难,但在社会科学中,很清楚,如果形式理论要完成一件有用的任务，则必须克服相当大的困难。

这一关于建立形式理论的优越性的简短讨论表明了在经验性科学中，运用形式理论的关键问题是提出一个适当的主题。因而，看来有必要更详尽地思考这一问题。

II. 科学理论的主题

与形式理论联系在一起的主题完成两个基本任务。一，它用现实世界中现象的一种特定类型来对应一种抽象符号——例如用欧氏的一个点对应于一圆点。二，它可以将抽象符号置于一种特定关系中，这种关系可以包括空间和时间位置的特别论述。我们来分别认识这两种作用。

将一组抽象符号与现实世界的一组事件联系在一起，看起来只涉及现实世界中现象的一种相宜的分类系统的开发。所涉及的联系是基本上直接的。但糟糕的是抽象符号和现实世界间的直接联系很少。因而把许多间接步骤包括在一般过程之中是更为复杂的理论结构的特征。所包括的步骤可以有下列特征：

现实世界现象→定义和分类→观念化和形成概念→抽象符号

一种理论体系的符号可以代表观念、抽象概念、理论实体等，这些本身并没有经验性内容（参见前文，第 28—32 页）。因而，许多从公理推导出的定理可以不包括任何经验性内容，甚至当有主题时也是这样。在这种情况中，我们可以把这些表述看做体系中的理论定律。只有包括经验上可确定的主题本质的推导出的表述可以看做是经验定律。

相当多的讨论都集中在理论表述的性质上(内格尔,1961,第6章;布雷思韦特,1961,第3章;亨普尔,1965,第8章)。一方面,有些作者已按照理论表述来确定命题正确与否。其他人则反驳说,既然所用术语——如“原子”、“电子”、“中子”等没有直接的经验性状态(因为不能直接观察到它们),那么试图断定包含有想象的术语的表述正确与否是不合乎逻辑的。在这些情况中,我们从试图了解现实世界的复杂现象为目的,只能表明这一理论有用还是无用,有益还是无益。这里有关理论的认识论地位的争论细节与我们无关,正如内格尔(1961,152)所指出的,冲突主要是一件“争论讲话的方式以何者可取”的事情。

科学不要求所有的推理命题都能接受直接经验性的检验。但它要求一些推理命题应该这样来表述,以使经验性检验成为可能。与形式理论联系在一起的主题不应该仅将抽象符号与抽象概念联系在一起,它也应详细说明抽象概念如何可以分析成为事实的表述。因而,这就提出了在科学中概念形成的性质的整个问题,以及赋予观念和理论概念以某些充分定义的可行性问题。

在自然科学和社会科学中都会发现无数观念。的确,没有这样的观念,解释就会不切合实际。像“无摩擦引擎”、“理想气体”、“均夷剖面”、“完全竞争”、“点”、“文化”等诸如此类的概念都是某种观念。这样的术语是“用于表述相对复杂的表述的一种方便速记法,因而避免使用它们”(拉德纳,1966,5)。我们可以根据观念是直观的还是理论上被定义的来容易地划分它们。

一种“理想类型”或“理论概念”有时定义的方式会使术语本身

累赘。例如，我们可以用一些定义的术语来代替"完全竞争"，这些定义术语告诉我们产生完全竞争的条件——我们可以用"全息"、"在经济上合理的个体"等定义术语，这些术语本身可以进一步定义，除非我们陷入定义的无限回归中，所以我们还需要建立某种基本表述，使所有的定义最终都以此为准绳。当然，这些基本表述总的来说还是理论体系中的公理。理论上定义的表述参照这些公理。但有许多表述不能以这样的方式来下定义，我们在这里纯粹依赖于"理想类型"的直观表达能力。

在理论上定义的表述是自然科学的特点，其中尤其是物理学在它的理论结构上获得了高度统一。像"理想气体"这样一个概念可以用物理学理论的术语来定义，而实际气体偏离理想气体的程度可以测定。这一可能性为波义耳定律提供了一个十分精确的主题，既然在其中这一定律发生作用的准确条件可以确定，且理想气体的性质可以赋予准确的含义，那么像这样的观念可以在"给定的理论结构中作为包括更多原理的特殊情况"而获得（亨普尔，1965，169）。观念建立于其中的理论体系最终将涉及似乎不能定义的观念或理论概念。这些是理论的基本术语，但是，由于科学在发展，所以为了解释一组相对有限的现象而提出的公理表述和基本术语以后可以归纳进更广泛的理论体系中去。因而，"今天最深奥的理论不过是明天更广泛的理论体系中系统的观念"（亨普尔，同上）。

在自然科学和社会科学中，都有许多观念不能归入任何牢固建立起来的理论体系中；这或是由于观念本身并不适合，或是由于还没有建立必要的一般理论。在这一方面，河流侵蚀中"均夷"的概念有一段使人感兴趣的历史（杜里，1966）。自十九世纪后期以来，原先这一直观的概念被频繁地重新定义和精心修改。尽管试图在理论上给以一个基本定义的做法屡遭失败(甚至赞同一种直观的)，但这一概念在解释景观演化上还是起了非常重要的作用。但是最近，又有人指出，只要给定物理学的基本定律和更专门化的水文学定律，就能为这一概念下定义。事实证明提出一个分析性定义太困难了，但是利奥波尔德和朗本(1962)设法根据一个概率公式提出了一个非常概括的定义。这一工作说明，在戴维斯体系中占据如此中心地位的均夷概念，对于一条河流的纵剖面来说，只不过是假设一种指数形式的概率趋势。这使杜里(1966，231)得出结论：一般地说，概念"无论是在现实的地貌研究中还是在地貌的理论分析中都是不适用的"。在这种情况下，结论很可能是：概念本身是不适宜的。

在其他情况中，观念不能涉及任何理论结构，因此就无法判断它们的适用性，除非借助于观念的直观推理性。这是许多社会科学的特点，这使韦伯(1949，89—112)坚持这样的看法：社会科学的观念本质上不同于自然科学的理论概念。这一观点被有些作者(沃特金斯，1952；亨普尔，1965，第 7 章；拉德纳，1966)详细研讨过。亨普尔对经济学观念的评价值得注意。他指出这些观念在两个方面不足。其一，观念不能作为特殊情况从"包括影响人类行为的非理性和非经济因素"的更为广泛的理论中演绎出来。其二，没有给出假定由经济学理论所描绘的现实世界行为范围的清晰的说明。换句话说，缺乏必要的主题，经济学理论范畴确定不了。一般说来，"在社会科学中没有强大的解释力量，这是由于在这样的学科中缺乏必要的概括性理论的结果"(拉德纳，1966，62—3)。

如果不是因为这样的事实，即：观念极大地阻碍了充分证明程序的发展，那么在社会科学（人文地理学也不例外）中，观念不会如此严重缺乏。例如，经济学作为对其理论合法性的“世俗”支持，依赖于基本观念的内在直观表达能力，而不是依靠在市场演绎结果的经验性严格检验。这向来是经济学的特性。保证某些演绎的命题包含经验性的主题本质，就能在某种程度上克服这一困难。克拉克森（1963）揭示了需求理论如何以符合于解释的自然科学模型来表述，所以要用经验事实来证明。克拉克森特别研究了到目前为止“不能解释”的理论结构，它只涉及理论概念；克拉克森并且还一方面重建这一理论，一方面将理论观念简化为命题（在内容上主要是经验性的），来为这一理论提供了某些类型的主题。

但是，发现理论概念的充分经验性定义的问题，只有建立一个充分概括的理论才能解决。强有力的基本公理表述的进展将可能为现行理论建立于其上的观念下精确的定义。在社会科学中，这一程序可以将大量的概念和观念简化为更一般化的公理表述的特定事例。在自然科学中，物理学和较小范围内的化学大大扩展了它们的影响。自然科学中所用的许多概念和观念最终会被有关物理学的基本概念所定义。将全然不同的理论结构统一到一个表述系统中与将全然不同的观念简化为几种基本原理的特殊事例有关系。这一简化现象（内格尔，1949）在社会科学中也可以发现，社会科学中一般性理论的发展多取决于这样的简化。经济学的基本原理可简化为心理学基本原理的一个特殊子集。克拉克森（1963）将需求理论简化为个别顾客行为的一种理论，而把大量工作直接用于定义和衡量抽象的如“效用”、“价值”等经济学概念，在参照心理学的基本原理寻找充分定义上，指出对经济学研究的普遍兴趣(费希本，1964；谢利和布赖恩，1964)。一些作者，如卡纳普(1956)进一步指出，心理学基本原理可简化为物理学的基本原理。人类学家，如D.弗里曼(1966)也指出，“无价的”和真正科学的人类学的研究道路正通过研究人类行为的神经生理学决定因素而展现出来。但是，这种简化能达到的程度是一个争论的问题，即使承认整个简化最终都是可能的，但在目前与实际应用相距甚远，以至于似乎与经验性研究的当前问题无关。另一方面，不能否认将各种各样的概念和表述统一到某些更一般化的理论框架中去是有莫大益处的。

因而我们可以作出结论：社会科学中一般性理论的发展——及理论所暗示的一些概念的简化——使一定观念的精确定义成为可能，因此对于社会科学中发展了的某些理论形成了一种适宜的主题的表述。没有这样的主题，就不能准确地确定这些理论的范畴，由此证明依赖于理论的直观表达力的程度比依赖经验事实检验的程度更高。对于这种程度，韦伯的观点——社会科学理论不同于自然科学理论——强调一个重大的实际差别。但是，如亨普尔所指出的，这一实际差别并不一定意味着一种基本方法论的差别。如果是这样的话，就不必害怕“让科学的简化论把我们分解成要素”(布劳特，1962，5)。

一种理论的主题不仅把运算的抽象符号与理论概念和现象的经验性分类联系在一起，它还可以鉴别调整一种理论的作用的外部条件。在这一点上，自然科学又具有一种精巧的理论结构的长处，因为参照物理学理论，不仅可以定义“理想气体”，而且干扰“理想气体”的经验性鉴定的因子也能定义。因此可以充分鉴别需要在实验中保持稳定（或调整）的因子。在社会科学的许多研究领域中，由于没有相宜的一般性理论，不能鉴别这些干扰情况。如果是这样，要考虑的最重要变量之一就是时空的绝对位置。例如扩散论或迁移论仅在一定时间内、一定社会中才可以应用。像历史学和地理学这样的学科，这一问题无疑是最重要的方法论问题之一，因为在它们之中，理论及其经验性证实的应用必然以人类行为的时空变化方式为背景。在物理学中——为“科学的”解释提供了典范的学科——不会产生这一问题。由此看来，表述实际上是具有普遍性的，理论表述的普遍性可以转化成时间和空间的任何情况。在社会科学中，很明显不是这样，因而一种理论主题最重要的功能之一就是识别这种理论能够应用的对象和事件的范围——这一范围可简单地由一组空间和时间坐标所确定。

一种理论如果没有主题和明确的范围，那么对于预测来说是没有用的。理论或多或少都有恰当的主题。主题不会绝对完美无缺，但毫无疑问，在为理论结构提供主题上，物理学比社会科学获得的成功更大，这说明自然科学比社会科学在预测上的成功更大。

III. 不完善的理论——部分形式化问题

我们已经指出，无论是自然科学还是社会科学理论，以完全形式化的方式来阐述还是很少见的。在一些情形中，可能不过是不具备充分资料而不能作出形式化表述。因此就产生了问题：理论实际上如何阐述，这样的理论可被部分形式化的程度如何，从“科学理论”中区分思维想象我们需要采取什么准则。这里我们看起来试图在一个理论阐述的连续统一体中区分自然的分离，在连续统一体的一端是纯形式理论，另一端是纯粹字面上推理的表述。与“部分的”或“不完善”的理论公式阐述相联系的问题直到最近还未给予高度重视，因此为哲学家和逻辑学家所采用的准则还没有像所希望的那么多，幸而有一些例外（如亨普尔，1965；拉德纳，1966）。

我们根据理论结构形式化的程度，尝试对它们进行简明的分类。有四种主要类型。

类型 1　演绎完善的理论，具有完善的经过充分说明的公理形式结构，而且在演绎的详尽阐述中充分表达了所有的步骤，如欧氏几何学的教科书显示了这种结构。

类型 2　理论中系统的先决条件（拉德纳，1966，48）包括另一组理论的有关部分。可以分出两种亚类：

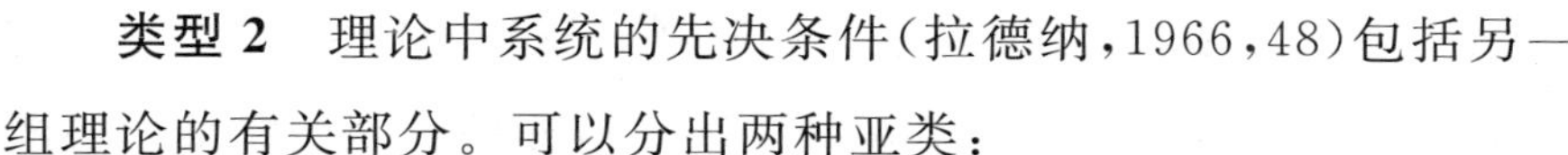

(i) 省略的系统阐述（亨普尔，1965，415），以一种在演绎上完善的理论主体为先决条件。例如，我们可以不引用整个证明过程而提及几何学的定理之一。像这样省略的公式化解释是不完善的，但正如亨普尔所指出的，这是处于一种“相当无害的意识之中”。

(ii) 在其他情况下，涉及理论主体本身可能是不完善的，甚至是不存在的。在这种不完善的理论中，经常包括“常识”的先决条件。正如拉德纳（同上）指出的，一种理论的先决条件或是由于充分阐述它们的技术上的困难，或是由于“理论家对他的理论忽视了假定其先决条件”而经常含糊不清。科学探索中一些其他领域假设的结论含混不清，这或许是“现行理论达不到充分形式化最常见的方式之一”。

类型3 半演绎的理论可以认为是不完善的，因为理论的基本术语或其演绎体系的系统阐述不符合形式理论的标准。它可以分成三种亚类：

(i) 由于结论仅仅可能遵循前提，归纳的系统化可以认为是半演绎的一种形式。

(ii) 不完善的演绎系统阐述可以产生于“无害”意识之中，由于阐述简短的缘故，一些可以显示的步骤被删去了。但在其他情况下，半演绎涉及要作出更严肃的假定。论证步骤对于明确的演绎程序来说可能太复杂了，或技术上太困难了，以至于不能采用。这充其量也不过意味着：例如，某一微分方程组不能轻易地分析解开，所以要用模拟的方法来近似地解题。这也不过意味着为跨越困难的演绎步骤的一种纯直观的飞跃。这样的直观飞跃最后可能或不可能转化为被证明是正确的结果，但它的确意味着我们对理论的逻辑合理性的信任程度必须大大降低。

(iii) 由于只部分地建立了基本术语和概念，运用了相对本原(拉德纳，1966，50—1)的理论，其结构自然是半演绎的。在理论形成的初始阶段，对理论中建立的基本术语，哪些应视为本原术语，哪些应视为衍生术语或许是困难的(的确是不可能的)。确实还不能提出所有的基本术语。因此，除了在其中可以涉及外界的基本术语的情况外(如类型3)，理论的系统阐述的不完善可以整个归咎于在概念形成和验证上的失败。没有准确的概念形成，理论的基本术语就会是模糊的和晦涩的。在建立理论的初始阶段，概念可以作为从中进行推导的“临时”本原而提出。发展理论的主要目的之一是用更恒定的概念来代替这样的临时概念。这些恒定的概念以其准确性起着理论的基本术语的作用。总之，如亨普尔指出的，一门学科的基本术语可以根据另一门学科的理论结构演绎而出。但是不能鉴别一种理论结构的固有本原构成了现实的系统阐述脱离充分形式化的主要方式之一。

类型 4　非形式化的理论可被看做以理论的意图作出的表述，但它没有提出理论的语言。以日常语言阐述的理论就其复杂性来说，可以包括从连贯表述的，深思熟虑的体系到历史学家经常运用的“解释提要”。我们可以划分出两种亚类：

(i) 字面上的解释，在概念没有任何实质性修正或窜改的情况下，至少可以部分地转化为形式结构。这种表述的一个非常出色的例子就是霍曼斯(1950)提出的社会集团相互作用的理论。这一复杂的字面陈述可由西蒙(1957，第 6 章)的形式结构来表达，而在基本概念或已建立的联系上无任何实质性变动。

(ii) 没有对所运用的概念进行重大修正和提出的演绎关系的阐明，字面上的解释即使部分形式化也不可能。这样的理论在其初始阶段可能被看做“伪理论”，因为它们想成为适于解释的理论而没有在任何方式方面没有与科学解释的基本模式保持一致。当然，要确定字面上陈述的理论是属于这一类还是属于 4(i)类往往是极其困难的。这种探索足以证明它是在理论贫乏的学科中研究的主要领域之一。

*　　　*　　　*

现在我们可以将这些讨论科学理论结构的观点总结如下：

(i) 建立为相对于任何有希望的解释的科学理论所指的标准规范观点是可能的。实际上，理论与这一绝对标准有偏差，因为：

(ii) 一些理论不能仅以形式术语来表示，因为基本术语不能专门化，而且演绎过程中技术上也有困难。我们可以试验按照它们偏离标准结构的方式给理论分类。这一分类整个地与理论的逻辑性有关。但理论也可以证明是不足的，因为：

(iii) 理论的经验性不能被评价，因为对于理论来说，适合的主题还有待建立。因而我们可以有形式化相当强的理论，而其经验性又少得可怜。例如，博弈论和大多数古典经济学理论就是如此。另一方面，我们有蹩脚的形式化了的理论，可是它们被经验证据强有力地支持着，最显著的一个例子或许可以在物理学史中发现：波义耳定律起初被粗劣地公式化，但却赋予相当有力的经验性。

第八章　假说和定律

大多数逻辑学家把假说看做是正确或谬误可以断定的命题①。一旦命题被确定为正确或谬误，命题就会成为正确或错误的表述。因此，一个人可以提出开罗是在马德里之南的假说，然后参照地图集确定这一表述是否正确。这一例子说明了这样一种程序的一般性问题。只要为“北”预先下定义以及给出“北的程度”的某种测定，就可以确定假说的正确与否。当提出这样的定义时，结果会与某些理论紧密联系在一起。因此在大多数情况下，仅就某些理论范畴而论，一个假说的正确与否是可以确定的。

但是，在科学探索中，“假说”这一术语经常被赋予更狭窄一些的意义，因而布雷思韦特（1960，2）宣称：

> 一种科学假说是关于某一种类型的所有事物的一般性命题。在可以被经验检验的意义上说，它是经验性命题；经验与关于假说是否正确的问题有关，即：这一假说是否是科学定律。

根据布雷思韦特的观点，一种科学假说是命题的一个特殊种类。如果是这样，命题就符合科学定律的身份。一个假说的可检

① “假说”（hypothesis）和“假设的”（hypothetical）之间的差别值得注意，除语法作用外，两者看起来有很不同的内涵。因此一种理论有时可以当作一组假设的命题来讲。既然一种理论不能表明其正确与否，结果这一意思很不同于这里给出的“假说”定义。

验性至关重要，但是如我们所看到的，一种理论体系中有许多假说并不能对照意识-感知资料而直接被检验。因此：

> 演绎系统的经验性检验受到检验的系统中最低层次的假说的影响。证实或反驳这些是一条标准，根据这一标准，系统中所有假说的真实性都要受到检验。（布雷思韦特，1960，13）

经验性假说的“对”或“错”是否能转化为从其中推导出它们的理论命题，取决于所采取的考虑认识论的一般理论地位的观点。

有了布雷思韦特对术语“假说”的运用，这一术语与一条科学定律之间的差别看起来仅仅是一件证明的事情。但是，在“假说”的更一般化意义和科学定律之间还有进一步差别。因而任何正确的命题并不一定具有科学定律的资格。但是用来判断一个陈述是否够得上一条科学定律的标准，其精确性质是很难确定的。布雷思韦特（1960，10）评论说：“只要一致认为一条科学定律包括一种概括，在它是否还要包括其他事物上，意见就不一致。”

一种概括说明两种事物间的稳恒联系。它的形式是“每一 A 即是 B”或“每一 A 处于与 B 的一定联系 R 中”。对大多数作者来说，概括只能确定稳恒的关系，而定律则包含超出稳恒关系之上的必然联系（内格尔，1961，第 4 章；图尔明，1960B，第 3 章）。因此，内格尔提出了在偶然性和他称之为正常的（nomic）普遍性之间显而易见的（prima-facie）差别。后者包括一些“解释”，或至少确定了必然联系而不是偶然或确定发生联系的一些形式。但内格尔继而指出，在逻辑上不可能保持所宣称的显而易见的差别。布雷思韦特（1960，10）同样注意到根据逻辑性无法区分概括和定律，因此他假设定律“断定不会超出（和低于）它们所包括的事实上的概括”来进行他的分析。

逻辑学家和哲学家所做的大量分析认为：在鉴别定律上，最有意义的是两种标准。第一种是表述的普遍性，第二种是某一表述与周围表述之间的联系，特别是这样方式的联系：一种表述符合表述的整个集合，而后者本身则形成一种科学理论。这两种标准将在后面两节中讨论。

I. 定律表述的普遍性

一条定律经常被阐述，它就应该在应用上不受时间和空间的限制，因此是范围广泛的一种普遍性表述（布雷思韦特，1960，12；内格尔，1961，57—9；波珀，1965，第5章）。对于辨认一条定律，这至少说明了一个重要标准。但不利的情况是对于普遍性的说明并非完全清楚。我们将采用普遍性最严密的形式来开始阐述。

普遍性标准所要求的是定律不应该特指或隐指专有名称。考虑这一命题：“大小及功能都相似的城镇可在所隔距离相等处遇到”（这一命题可能出自托马斯1962年的著作）。“城镇”这一名词只要参照人类社会组织就可以确定，由于它包括人类社会组织，因此就隐指专有名词“土地”。处于这样的关系之中，表述或许正确，但毫无疑问违背了普遍性标准。为了克服这一困难，我们可以尝试按照我们所宣称的城镇，而且只有城镇才拥有的一系列特性来定义“城镇”。但是，在无限的宇宙空间，很可能有一些现象具有所列举的所有特性，但它们却不是城市。把表述当作一条正式的定律,我们再次认为是不对的。

J. J. 斯马特(1959)用上节中的论证来说明在生物学中定律不能得到发展。据斯马特看来,在整个科学中发现的严密的定律只是那些在物理学、或许还有化学中发现的定律。他指出,这些定律的性质是真正具有普遍性的。这一看法自然而然地排除了在生物学、动物学、地质学、自然地理学等学科中提出定律的可能性,除非这些学科能够把它们的表述精简到像物理学那样的表述。社会科学和人文地理学在这方面甚至受到更严重的影响。

但是我们还有有力的证据反对以如此严格的方式来解释普遍性。我们可以用两种方式来说明普遍性的一些放宽是正确的。运用"纯粹"的经验性命题可以证明,区分哲学上和方法论上的普遍性是有用的。哲学的普遍性包括这样的信条:即可以做出普遍正确的表述。一些有关形而上学的命题支持这样的信条——如柏拉图的宇宙本质学说——或者它取决于说明一个表述在事实上是普遍正确的。后者的过程基本上是一个归纳步骤,因而包括不确定的程度在内。一个命题从来不能够从经验上说明是普遍正确的。这适用于物理学的"严谨"的定律,正像适用于生物学和经济学的"起码的概括"一样。哲学的普遍性包括方法论的普遍性,反之则不然。我们可以认为,如果表述普遍正确,就不必相信它们正在或甚至设想它们最终表明如此。这一论点我们称之为方法论的普遍性。在这样的情形中,它就成为这样一件事情:即一条表述被看做是普遍正确的,因而类似于定律的决定于它是否有用或合理。

我们注意到斯马特指出,从严格的意义上讲,不能提出定律来说明复杂系统的行为,这很有意思。这似乎反映出把极为复杂的

机制看做从属于定律的实用性和合理性都在下降。但是，甚至像战争这样明显地难以处理的现象，都可以处理得好像它们服从于定律，具有诱人的结果。当然，像理查森(1939)和拉波波特(1960)这样的作者已讨论过的定律不能轻易地看做"普遍有效"，而且这两位作者肯定没有一个会宣布他们结果的状况。然而物理学和化学的许多所谓严谨的定律在这一方面也是有问题的。这使我们对普遍性标准在其应用中可以放宽一些进行第二点说明。

当思考科学理论的性质时，要注意一种理论需要发展一种抽象的运算。这种抽象系统的作用之一，就是把位于空间和时间中确定了的经验性联系转变为抽象的一组关系式。在此之后，这样的一个理论结构的所有演绎结果，都必须被表述为好像它们是普遍正确的命题一样。如果我们论述完全形式化的体系，那么表述就要是纯粹分析性的，不带有经验性的色彩。它们由适宜的主题(text)来赋予经验性。主题一直运用专有名称，这在它本身就虚构了表述所设想的现实普遍性。这适用于自然科学的命题，正如适用于社会科学的命题一样。正像布朗(1963，147—8)所指出的：

> 由其"主题"所决定的科学假说的合格条件包括它的术语定义和范畴的精确陈述，在这一范畴内假定是掌握的。两者之中没有一个需要以概括本身出现，但每一种都很明显，社会科学的批评家们还常说，似乎……假说表面上很少不包括这样的合格条件。因此，值得花时间提醒我们自己：自然科学的概括在这几点上并不是不同于社会科学的概括。

从科学理论的所有形式表述都包括抽象的分析性表述这一意义来说，一切理论表述都是普遍正确的。但是只有当推导出的定

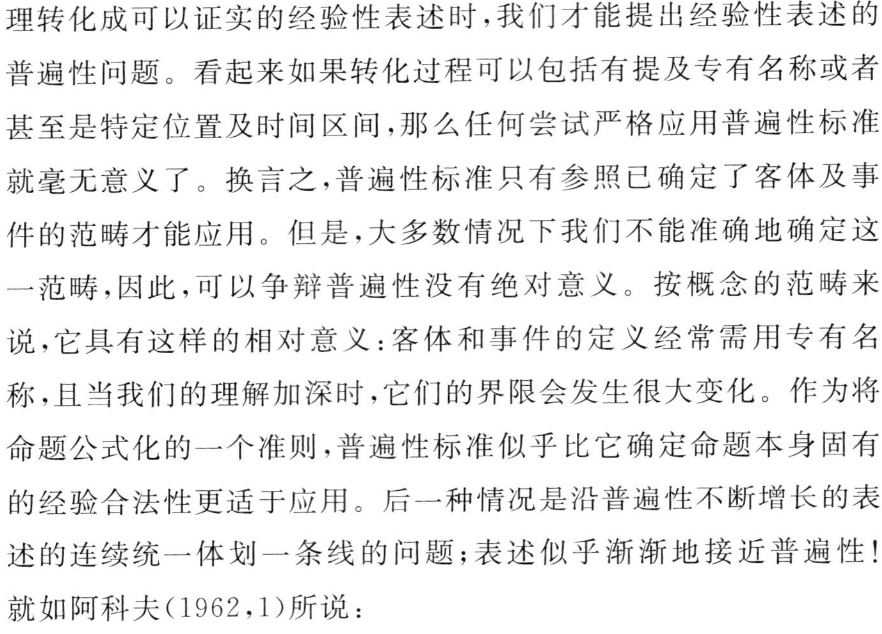

理转化成可以证实的经验性表述时，我们才能提出经验性表述的普遍性问题。看起来如果转化过程可以包括有提及专有名称或者甚至是特定位置及时间区间，那么任何尝试严格应用普遍性标准就毫无意义了。换言之，普遍性标准只有参照已确定了客体及事件的范畴才能应用。但是，大多数情况下我们不能准确地确定这一范畴，因此，可以争辩普遍性没有绝对意义。按概念的范畴来说，它具有这样的相对意义：客体和事件的定义经常需用专有名称，且当我们的理解加深时，它们的界限会发生很大变化。作为将命题公式化的一个准则，普遍性标准似乎比它确定命题本身固有的经验合法性更适于应用。后一种情况是沿普遍性不断增长的表述的连续统一体划一条线的问题；表述似乎渐渐地接近普遍性！就如阿科夫(1962，1)所说：

> 一个表述越不概括，它就越像**事实**；表述越概括，就越像**定律**。因而，事实和定律代表了普遍性尺度的距离。在这些距离之间没有明显的分界点。

沿着这一连续统一体可在某些地方进行划分，但显然没有可行的精确标准，并且科学家在他们的判断上肯定会有出入。例如泽特贝格(1965，4)评价社会学的状况，其中贝雷尔森-斯坦纳的一千左右的命题包括有“大致5—50条”定律，“这取决于我们制定的标准严格到何种程度”。

II. 定律和理论的关系

布雷思韦特对科学解释所做分析的一个重要部分与定律如何

同理论的周围结构建立联系有关。换言之,一个表述是否为定律,不可能仅仅参照它所包含的概括的正确或虚假来决定。再来看这一表述:"大小及功能都相似的城镇可在所隔距离相等处遇到。"虽然我们可以有保留地将其看成是定律(例如相似性和功能的概念太含混了),我们还是肯定地认为它比"所有城镇都包括建筑群"这一表述更像定律。这些表述之间的重大区别,基本上既不是经验性也不是普遍性的区别。这只不过是在中心地学说的结构中第一条表述具有一席之地,然而这一被粗劣地公式化了的理论在克里斯塔勒和廖什的公式化中有一假定的演绎结构,而第二条表述没有关于它的解释的理论结构,并且在任何情况下其正确性都微不足道。与此相应,确定一条表述是否为定律,一个主要标准就是表述与构成理论的表述体系之间的关系。

如果这一标准被接受,那么我们也需要修正我们的这一观念:即认为证实的程序必须将一种科学假说转化成一条科学定律。一个概括是对或错,可以只直接参照经验性论题来决定。一条经验性定律是否正确也必须用这种方法来确定,但除此之外它还需要其他已经建立的定律、理论性定律(它不能接受任何直接的检验)的支持,或许还需要其他对预测有用的低层次经验性规律的支持。这种诉诸"事实"和"理论"的双重性可能会产生矛盾。从理论中推导出的表述结果会在经验上行不通,而从直观看上去极为重要的经验性表述有时不能与任何现存的理论结构联系起来。第一种情况导致怀疑对待我们能认为是一种理论的信心的程度,第二种情况说明新的理论应该公式化。这一矛盾是科学知识正在发展中的所有领域的特征,并且形成了刺激更新、更健全的理论结构发展的一部分因素。

当我们试图确定一条特定的表述是否为科学定律时，理论的支持性的标准又是一个有点不准确的标准。所需的理论支持的程度，经验事实支持的程度，以及从整体来看对解释的理论结构必要信心的程度等等，大大因人而异。但沿着这一连续统一体的某处，我们开始愈来愈多地将表述当作科学定律来阐述，这是肯定的。标准的精确性质或许含混不清，但这并非意味着它们无用或不重要。

*　　　　*　　　　*

一条科学定律可以作为一个经验性普遍正确的概括而进行最严谨的解释，一条科学定律也是我们对其有足够信心的理论体系的一个组成部分。这样一种严谨的解释，或许意味着科学定律在所有科学中并不存在。因此科学家在定律的实际应用中将这些标准放宽了些。放宽的准确程度与个人的判断密切相关，虽然值得注意的是，应用科学家的一个特别团体将会经常范围很广地保持对这一问题的判断的类似标准，这一问题还表明，科学的判断经常被更好地理解成行为的惯例，而不是无可辩驳的逻辑问题（前文，第 25—33 页）。

第九章　地理学中的定律和理论

有了前两部分的阐述，现在我们可以考虑在地理学研究中所作的表述的性质，以及用来把这些表述连结成一紧凑的解释结构的形式。因此，这一章旨在探讨地理学家借助于科学解释的程度及地理学中更有意识地运用解释的"科学方法"的潜力。这种解释的一般形式——这里我们涉及科学解释的非常广泛的模型——在自然科学和社会科学中都极为有效。这并非宣称我们悬而未决的重大问题只靠科学解释的闪光魔杖点一下就能解决，远非如此！如同方法的所有熟练运用者所充分认识到的一样，科学解释有其局限性。正像博尔丁(1956,73)所指出的，方法的效率以这样的代价交换："对它探索的领域的严格限制以及一种价值体系，这一体系以其自己的方式在对信息的审查上与原始人的价值体系一样无情"。但是只有当我们充分探讨了在这些限制范围内可以做什么时，我们才会意识这些局限，而这点我们常常做不到。

I. 地理学中的定律

我们运用和能够运用定律来解释地理事物吗？对于把科学定律从其他种种表述中区分出来，给定相应的非常精确的标准，这样的问题似乎毫无意义。但是，既然看做地理学中定律的论据，对于地理学家自己具有的“方法论的想象”如此重要，既然在科学解释中定律起着一种关键作用，那么我们还是试图努力完成这一似乎不可能完成的任务，这一尝试肯定是不会有什么结论的，但它的方法论的副产品将证明非常有用。

如果我们采取非常严格的标准来区别科学定律，那我们简直就不能期望地理学的表述会获得这样的资格。如果我们按照斯马特(1959)的分析，甚至自然地理学(伍尔德里奇和伊思特，1951，307，指出它易用普遍性原理来处理)也只能冀求采用从物理学或化学中派生出的定律。进入自然地理学解释中的定律仅仅是物理学和化学应用于地理环境的“基本定律”，因而自然地理学可以“消化”定律，但地理学定律得不到发展。

这样的分析用两种抉择将人文地理学分离出去。第一种是把所有的人类行为与物理和化学的“严密”定律联系起来。没有否认神经生理学工作的重要性和最终能完成的表述的简化(卡纳普，1956)，看起来这一解决办法，被大多数社会科学工作者认为在不久的将来实现不了而常常加以拒绝。第二种可能性是建立行为的“严格定律”，它满足社会科学的需求，正如物理学满足自然科学的需要一样。社会学家并不讨厌这样的企图。多德(1962)建议把社会学理论都简化为“听-说行为”的研究。这一交流的基本单位可以独立于空间、时间和价值体系而加以探索，因而能够用来建立真正普遍的社会学定律体系。如果提出这样的定律，可以在人文地理学中应用和消化。

对名词“定律”采用这样一种严格的说明，意味着地理学肯定不能期待产生定律，它们在地理学中的应用，只有在科学的“严格定律”能够在地理学解释的过程中“消化”这一程度上才有可能实现。至于其他，我们注定要讨论的不过是概括。应该注意到这一论证并没有把地理学置于特别使人厌恶的位置。它只不过把自然地理学与生物学、动物学、植物学等并列在一起，将人文地理学与所有的社会科学排在一起。

采用不太严格的标准，对地理学中定律的鉴别一部分变成了鉴别相关的理论的事情，一部分成为我们自己情愿把地理现象认成是好像它们服从于普遍定律的事情，甚至当它们显然没有这样被统辖时也是这样。我们先考虑与地理学解释有关的方法论普遍性的意见。

自赫顿的“均变说”取得胜利以来，地理学家设想他们研究的现象服从于普遍定律。起初这一假定是原先就有的发现，虽然现在它可以在地理学中站稳脚跟(乔利等，1964)。进入自然地理学对事物进行解释的定律只能看做是物理学定律的特殊情况或衍生物，这一看法的影响日益扩大。巴里(1967)因此指出，气象学和气候学的分析以六条基本定律为基础，其中两条是热力学第一、第二定律，其余的是更加专门化的气象学定律，它们牢固地建立在牛顿运动定律之上。因此，自然地理学从物理学和化学中消化了大量东西，但是仍有一些特殊类型的关系被认为是本学科原有的定律而被接受。霍顿的河流数量的定律，克隆本的滩地剖面发育定律，彭克的坡地后退定律，以及隐藏在戴维斯体系的肤浅描述性词汇后面的有关景观演化的更加复杂的定律，都是在自然地理学中运用类似定律的表述的例子。在自然地理学中，几乎所有研究者都认为他们正在探索的过程是普遍的(这是赫顿的主要贡献)，据我们看来，这些假设很有道理。虽然地貌学研究的最终目的可以一直是（直到本世纪四十年代，大部分都是如此）阐明景观的发生（好像它是唯一的历史），过程本身还是被确认为是科学定律的表现形式。

人文地理学家经常反对这样的观点，即把个别事件都看做好像它们同样遵循科学定律（参看伍尔德里奇和伊思特）。最近，观念已转移到其他方向，更多的地理学家情愿研究人文地理现象，仿佛它们根据普遍定律能被理解似的。邦奇（1966）和哈格特（1965A）近来的论述明确地指出了这一趋向，而且可以引证更多的例子。“混沌隐含有序”这一原理作为一种基本假设出现在这类著作中。但是，如果我们能够相信亨普尔解释的覆盖定律的模型，那么在那些明确地寻求“普遍”表述的人们如邦奇和哈格特和没有寻求的人们如苏尔之间就只有侧重点的差别而已。向方法论的普遍性发展的现代思潮，可以被视为想使类似定律的表述更加明晰。这些表述一般包括在地理学家经常提出的“解释提要”之中。

但是不能否认地理学家经常需要非常低层次的普遍性表述，因为“不像其他科学，地理学能够发现应用于地表较小区域的原理有很大用处”（麦克卡蒂，1954）。这并不妨碍发展更一般的表述——既然它只是通过这样高层次的概括，从而有可能进行比较性的研究，那么确实可以使它们更合乎要求。但是带有“地方性”概括的传统成见确实会使高层次概括的一些体系的发展更加困难。因此，“大小和功能相似的城镇可以在相隔同等距离处遇到”这一表述，并不能在所有时间应用于所有社会中。贝里（1967A）因而试图测定在不同文化环境中中心地概念的关联。有理由怀疑这样的表述是否普遍正确，但即使它不正确，也不会削弱在那些发现它是有道理的情况下表述的效用。的确，在称得上是千差万别的情况中，大量研究表明，我们可以把表述视为好像它是普遍正确的——换言之，是一种有限制的、但不是特定的定律。不过科学不会始终满足于这种表述，它缺乏鲜明性和精确性。它需要功能的“相似性”的可行定义和难以提供的总体。想使这种表述鲜明起来的愿望可能会完全抛弃初步的表述，而使表述更一般化和更令人满意。我们看以下的例子。

在人类行为许多方面的研究中，例如迁移、上班路程、光顾零售中心等等，显示了随距离变化的运动量作为距离的某一函数而下降。因此斯图尔特（1948）和席普夫（1949）设想出“反距离定律”，当它应用于如迁移时，表明两中心之间的迁移量与中心的人口成正比，与它们之间距离的平方成反比。这一定律一向是经济学家、社会学家和地理学家长期研究和讨论的题目（参看奥尔森的评论，1965A）。在发展和应用这一“反距离定律”中存在一些问题，例如已表明大量确定的及概率的函数都同样符合资料。我们可能以许多方式来使这一定律公式化。对于这些可供选择的公式化中，选择哪一个却没有明确的标准。甚至我们只注意一种公式化——如由席普夫和斯图尔特最先提出的重力公式形式——就会产生问题。虽然公式的形式与大量情况很符合，但参数波动剧烈，根据位置和人口的社会特性，相互作用随距离而变化的变化率随时间而变化（哈格斯特兰，1957，112—20；劳里，1964）。反距离定律能符合相差悬殊的情况，这一点很有意义，但它更像评价水从山上流下来的必然性一样。一条真正令人满意的科学定律告诉我们流

速，然而却几乎没有注意到预测反距离定律的参数问题。施奈德(1959)，哈里斯(1964)和劳里(1964，26)一直试图"从理论概率分布中推导出重力模型的参数"。但是在这一问题甚至是部分地解决以前，还需要更多的探讨。我们目前的情况很像水文学家的情况，他可以预言水会从山上流下，但他不会预测流速，因为他没有意识到重力定律或坡度、水量、河道形状等改变这一基本力的程度。在这些情况中，我们所需要的是：(i)对定律本身清晰的分析推导(参看威尔逊，1967)，及(ii)对它的范围的明确表述。给出这些详细说明，空间相互作用的定律(其表面看上去根本不同于物理学定律)为什么未获得和物理学相同的地位时就没有方法论上的理由。但实际上，认识到"控制……社会行动和相互作用的定律其本身就可能受制于迅速的变化"(M. G. 肯达尔，1961，2)或许是策略的。在这样的条件下，对方法论的普遍性的假设看起来就很重要，因为某种定律对于解释是必要的，而我们还被迫在一有限范围内对它们的绝对普遍的应用性仍持怀疑态度。

在人文地理学中，方法论的普遍性也可以是与"文化相对性"有关的一个重要设想。这一问题可以被视为论证多变的价值体系的一种特殊形式，这种价值体系使许多社会科学家排斥"客观的"社会科学思想。各种文化显示出根本不同的价值体系，这一无可辩驳的事实阻碍了对不同类型的社会进行科学研究吗？一些人类学家说似乎是这样。有了人类学对文化地理学的强烈影响，对苏尔(1963)和伯克利学派(参看布鲁克费尔德的评论，1964)在他们的著作中以某种程度设想这一"文化相对论"，就不足为奇了。这种观点以其最严谨的形式明白地假设世界被划分成镶嵌的景观类型，每种都被看做是文化类型的独特表现，每种只能按照内部的文化统一性才可以描述。文化地理学因而成为研究一个特定区域中文化和环境之间特定的相互作用的学科。普遍定律在这种研究中显然没有位置，认为地理现象好像被普遍过程所统辖的想法并不中肯。

但是文化地理学很少以这样的严谨形式被公式化。实际上可以区分出两种反应。第一种是发展某种科学方法，它们超越文化的差异。D.弗里曼(1966)建议研究人类行为的心理学方面的决定因素，多德(1962)建议发展"瞬间定律"，或塞加尔等人(1966)根据标准心理测验程序来研究直观感知的文化交流的变化的愿望，都是这种反应的例子。这种反应符合布鲁克菲尔德(1964)的看法，即地理学家不应忘记把他们的"解释"用来说明社会科学中统治明显的"人类生态系统"演化的过程。除非我们在某些确切范围方面具有能超越个别文化的概念，否则就不可能进行比较研究。

第二种反应是采取与哲学相对论对立的方法论立场。因此奥贝塞克(1966)提议，我们应将文化系统当作同一普遍的人类过程表现来研究，这与布鲁克菲尔德(1964)关于文化地理学家更应注意发展比较方法的第二种观点一致，根据他的比较方法，就可以建立起研究文化形式和环境之间相互作用的非常广泛的通则。

第一种反应表现出简化论(reductionism)的方向，而第二种很显然包括似乎与普遍表述有关的思想的运用。两种反应都包括对地理定律的探讨。如果我们对构成一条定律的内容的极严格标准加以拒绝，那么就应该有理由庆贺这两种尝试在一定程度上的成功。

因此，可以肯定过去地理学家经常在他们所做的解释中凭借方法论普遍性的思想。对于他们凭借“比较法”的程度，必然要做出这样的假定，甚至在更地方化的研究中，他们也做了同样的假定。已出现采用这样的假设被拒绝了的情况，并且用“独特性”的假定取代了它的位置。后一种假定有最终它会拒绝任何一种解释的缺陷。因此当前的趋势是寻找特定表述的某些部分以简化为普遍定律，同时把“纯粹概括”或理论表述当做是适用于对一定类型事物进行解释的科学定律的表述来运用。这后一种程序造成了方法论上的困难，因为它经常意味着我们需要假定表述就是定律，即使我们几乎没有证据来论证。在其本身这不一定就有错。如果我们忘记了我们作了这样的假设，或如果我们忽略了根据我们在解释过程刚开始时所作的十分重大的假设来推敲我们的推理结果，那就会产生真正的问题。自然科学（及自然地理学）无疑处于比社会科学（及人文地理学）优越的地位，因为它们所具有的定律往往比社会科学（及人文地理学）中的定律更有依据（并且为了运用而需要假设的方式更少）。正如我们在第五章指出的，这并不能从中就推断，在社会科学和人文地理学中不能指出有力的定律。科学定律可望在地理研究的所有领域被公式化，有很多理由可以说明这一点，而且绝对不会证明由于事物的复杂和难以捉摸，在人文地理学中就不能发展定律。

II. 地理学中的理论

定律作为比“关于特殊情况的一组限定的资料，并方便地将它们嵌迭一起形成总结”(亨普尔,1965,377)的内容更多一些,一般是被接受的。偶然的和一般的(nomic)普遍性之间的差别不好确定,但这里主要标准看起来是特定的表述与已建立的理论结构之间的关系。地理学解释中定律的现实或潜在的应用问题,因而能融合进地理学理论性质和状态的远为广泛的问题之中。

对“地理学中的理论”的充分阐述本身就需要写一本书。但是在思想上,和正处于理论化之中的概念,以及按照哲学家和逻辑学家的标准衡量理论表述获得“科学性”的程度,这几者之间可以作一区分。方法论者主要关心的是第二个问题,但是正如我们说过的,一点不考虑第一个问题,就不可能讨论第二个问题。

A. 关于专题和理论

在对地理学理论的探索中,关于地理学“性质”的形而上学思考提供了“指导”和“调节原则”。这些指导在我们的传统文献中有牢固的地位,地理学理论的形成就是对这些指导的一个有意识和主动的反应。因此,当我们充分认识到“构成或发明一种理论的行动看起来……既不要求逻辑分析也不受其影响”时(波珀,1965,31),我们以非常概括的方式来确定这些指导的性质是极为重要的。

“地理想象”的丰富性和创造力为我们提供了建立理论的思想财富,我们可以引用的文献极为丰富,且还在增加——虽然增长率明显地低于其他学科(斯托达特,1967B)。甚至哈特向(1939)对1939年以前文献的大量调查,主要着重于德国和英美地理学的发展(像哈特向1959年以后承认的那样,法国地理学家被忽略了),

而且在这些国家的派别内部，也肯定是区别对待的——苏尔(1965,352)认为历史地理学的处理太简短了。不过，哈特向的著作成为我们最广博的英文原始资料，这些资料集地理学家们所持的对研究对象性质的各种观点之大成(泰勒也如此，1951)。那么问题是：如何表示我们传统文献中纷繁的观点和概念？哈格特(1965A,9—17)指出，地理学家倾向于围绕五个专题来组织他们的思想。研究这些专题的性质是有用处的，所述主要依据哈格特，并力求简短。

(a) 区域差异的专题　哈特向对地理学思想史的探讨使他得出结论：地理学研究的基本目的是研究地球表面的区域差异。他又总结说，这种研究应该通过综合我们在“区域”意义之内的系统理解来进行。无疑这向来是，并且依然是地理学研究的主题之一，虽然可以怀疑它是否是压倒一切的目的，地理学的其他“专题”都必须从属之。

(b) 景观专题　作为地理学研究中心的“景观”概念主要源自德国，虽然哈特向关于公认的混淆的概念的看法使他得出结论：这不是地理学研究取得丰硕成果的引人注目之处，但直到今天。它还具有重要意义。自苏尔(1963,第16章)在1925年第一次把这一概念牢固地植入美国地理学中以来，它已作为一个主要研究专题而发挥着作用——特别是在“伯克利学派”的文化地理学家中。这后一组织发展了有特色的研究方法(布鲁克菲尔德,1964,288—91)，其中包括区分自然景观和文化景观以及研究它们之间的相互作用。自然地理学家们在一定程度上也把他们的注意力集中到自然景观上，指出戴维斯的方法和伯克利学派的方法主要是发生法，这很有意义。

(c) 人与环境专题　在区域差异和景观地理学中一个共同的专题就是人与环境关系的思想，这一专题在"决定论者"中成为研究的主要中心，他们把自然环境看做是动力，忽视相互作用或反馈作用。另一方面，可能论者主要设想在同一种人与环境关系上以人为动力。更加折中的观点现在是由那些认为地理学的基本之点是"人类生态系统"的人提出的。把人类生态学看做是地理学的观点由来已久，虽然最近几年才提出了对它最为肯定的阐述(布鲁克菲尔德，1964；埃尔和琼斯，1966；斯托达特，1967A)。人与环境关系的专题从未远离过地理学研究中心，对许多人来说，它作为压倒一切的专题而起着作用。

(d) 空间分布专题　经常提出的看法就是：地理学的主要目的是描述和解释地球表面现象的分布。哈特向把这样的研究认为是区域差异研究重要的序曲，但对其他人来说，这一专题本身称得起地理研究的主题。按照区域-系统两分法，对这一问题的看法相当分歧，因而我们发现地理研究的许多系统方面(如在气候学和经济地理学中)围绕着这一基本主题作为它们兴趣的焦点而发展。区位分析——目前地理研究中的一个活跃领域，自然被认为是空间分布专题的一个重要体现。

(e) 几何学专题　在地理学中"几何学"具有非常古老的传统，但却被相对地忽视了(冯·帕森，1957；哈格特，1965A，15—16)。但自50年代以来，对这一传统的兴趣显然增加了，根据邦奇(1966)和哈格特(1965A)的阐述，我们必须把这一专题看做是他理学研究中的主要部分。(参看第十四章)

这里叙述的5个主要专题既不相互排斥也不完全包括所有的地理学内容。但每一专题，以自己的方式可以提出地理学“性质”的可行定义，只有在这样的适宜定义的关联下，地理学家才开始对概念和理论进行公式化。在一些情况中，如区位分析和几何分析，理论变得更加清晰，也开始采用形式化的途径。在其他情况中形式理论建立的程度微不足道，主要目的是描述。但是：

> 地理学家一开始描述一个地区，……他就会有所选择（因为不可能描述每一件事情），选择的举动说明了有意识的或无意识的理论或假说中涉及什么是重要的。（伯顿，1963，156）

很清楚，地理学家正像其他学究一样癖好理论赘述和事实汇集。一种“专题”就是指明地理学家应收集的事实种类和组织这些事实的模式。地理学“性质”的任何定义也提供了地理研究范围的粗略定义，并因此提供了地理学理论的先验范围。每一专题都作为一组指令指出地理学家应如何着手工作。每一专题都提出了一组有限的问题——地理事实在区域的意义下如何进行综合？景观是怎样产生的？等等。为了回答这些问题，地理学家提出了原理和概念，它们经过提炼和检验，可以成为基本原理，明晰的理论就建立于其上。

专题产生理论。这一已经是明确了的过程的程度现在需要加以考虑。通过研究科学理论的三个方面——基本原理的性质，形式表述的程度以及经验性，我们可以最好地解决这一问题。

B. 基本原理

一种明确提出的科学理论需要一定数量的公理表述，从中可以推导出定理。为了获得一种经验地位，这些公理表述（包括原始术语）需要转化为或者是事件观察的类别，或者是从中可衍生出事件的观察类别行为的理论概念。符合于理论公理的概念，我们称之为基本原理。

过去，地理学家发展了“概念”和“原理”来促进解释，以及证明它们组织成特定事物的一组方式的正确性。因此哈特向（1959，160—1）继赫特纳和阿克曼之后评论道：

> 地理科学的进步取决于一般概念的发展，以及一般关系的建立和应用……。正是在探索普遍的一般概念以及根据它们而建立的一般原理中，我们才从事着基础研究。

这样的概念最终会作为理论的基本原理。在大多数情况下，明确的理论并非从它们发展而来。因而它们既可以作为相对不成熟原理又可以作为第4种类型理论的非常模糊的原理而起作用。在某些情况下，特别是在区位理论、几何分析以及自然地理学的分析中，基本原理更加明晰地发展，其作用和标准的科学理论更加相符合。但一般说来，我们不能鉴别地理学思想建立于其上的基本原理，假使不成熟的形式化会产生危险，我们应当尝试把地理学思想置于这样的形式框架之中看来也是不行的。为一种合适的地理学理论建立起有关基本原理和概念的假说的证据是有用的，因为这一证据可以帮助我们阐明一些重要的哲学问题。我们从将地理学家运用的概念划分成固有的和派生的两类（哈维，1967B）而开始。

（1）派生概念

派生概念分为两种类型。一方面，有那些在地理学中本来就提出的概念，但是它们又成功地归纳入某些别的学科的概念；另一方面，有那些直接来自某些别的学科的概念，因为它们在解释地理现象上显示出作用。但在许多情况下，难以说清这两类概念的区别。一个发展了的固有的极为含混的概念，可以参考来自某一其他学科的有关概念而明晰起来。因此我们不再进一步讨论这一区别。

派生概念的运用可以包括“消化”来自另一学科的某一理论结构。自从地理学家长期关注空间组织的某一方面以来，这就意味着对空间或区域范围中某一其他学科理论的精心改造。这样的改造绝非轻而易举，而且经常产生难以解决的问题。我们可以就派生于其他学科的一些理论来说明这一过程。

(a) 经济学概念经常被作为地理学理论的基础而运用。经济学在所发展的形式理论上可能是社会科学中最成功的（即使这一理论的经验性公开被怀疑）。有趣的是这一理论大部分衍生于经济学“性质”的一个简单定义。根据莱昂内尔·罗宾斯(1932,75)所说：

> 经济学所关心的是以有选择的方法来处理数量不足的货物。这是我们的基本概念。根据这一概念，我们能够推导出现代价格理论的整个复杂结构……。根据分析，经济学证明是来自时间、物质短缺的基本概念的一系列推论。

这一定义的充分性和经济学理论的详尽阐述与我们无关，但经济学的许多基本原理和定理被吸收进地理学理论中。特别是整个区位理论，它“特别与地理学中理论推导方法的发展有关”（国家科学院，1965,4），可以与经济学的基本原理联系起来。在这里不必引证大量的例子了，但是只详细研究一种实例是很有意义的。

中心地理论经常被描绘成“理论经济地理学发展较快的一个分支”(伯顿,1963,159)。这一理论的基础是克里斯塔勒(1966)在1933年奠定的。充分摘录他的基本设想是很有教益的:

> 我们相信聚落地理学是社会科学的一门学科。很明显,对于城镇的形成、发展和衰落的产生,对于城镇能够提供的事物,必然存在一种需求。因而,对于城镇的生存,经济因素具有决定性意义……。因此,聚落地理学是经济地理学的一部分。与经济地理学一样,如果它要解释城镇的特性,它就必须运用经济学理论。如果现在有经济学理论定律,那么也会有聚落地理学定律——特殊性质的经济学定律,我们称它为特定的经济-地理定律。

在他著作的第一部分,克里斯塔勒运用基本需求分析来确定一个重要的空间概念——货物的极限,这与其他经济学论证结合起来,使克里斯塔勒确定了聚落等级“最佳”的空间组织。克里斯塔勒没有借助于形式演绎程序,也没有发展聚落位置的形式理论。廖什(1954)把聚落位置当作一般区位问题的一部分来处理,他的分析牢固地建立在张伯伦的经济学理论基础之上,给予了克里斯塔勒的聚落理论以强有力的理论基础。廖什的处理半是形式化,半为直观的。伊萨德(1956)和其他许多经济学家及地理学家(参看贝里和普雷特所编的文献目录,1961)以后对理论进行了精心修改,这有助于使理论证据紧凑和指明理论的经验性。问题也产生于精确的几何学形式,而这是逻辑发展的廖什中心地体系应该设想到的。达赛(1965A,1966A)提出了概率中心地体系的几何学形式,因此我们可以通过聚落系统的空间结构和基本的经济学原理，将理论结构的脉络追溯到空间体系假设的几何学形式。在这一论证中并非所有的联系都是完善的，理论的形式结构肯定还要大大完善，但理论结构的轮廓大至如此。

中心地理论提供许多例子中的一个用以说明地理学理论如何可以派生于经济学的基本原理。这种基本原理的存在，对于理论人文地理学的出现无疑是一重要的必要条件。伯顿（1963，159）因而指出："经济地理学家的任务之一就是提炼和修改合适的经济学理论。"这样的派生观点带来一些不良后果。特别是它意味着对地理学问题的解决要有待于经济学有关分支的发展。看起来这对经济学不是一个特别严重的问题，但是当我们想从其他社会科学中派生出地理学理论时，它就变得非常重要了。

（b）心理学和社会学的基本原理也被引进来建立地理学理论。人文地理学家很早就认识到地理模式是"在不同时间内因为通常很不相同的原因而作出的大量个人决策"（哈维，1966A，370）的最终结果，并且有必要在解释这些模式上采用一些心理学概念。白吕纳（1920，605）在1912年写道：

> 地理学评论不以观察的事实本身为满足，必须分清自然作用和一般心理作用，对于它们影响到人类所造成的现象，对于它们使人服从一定的本能或传统的意图，寻求满足一定的需要……更不容忘掉……地理因素对人类的心理影响，是与人类自己的欲望、需要和好奇心成正比例的——这是一种微妙复杂的因素，它必然要盛行于人文地理学研究之中。

在1949年，苏尔（1963，360）写道：

> 文化区域作为一种具有生活方式的社会，因而生长在一

种特殊的“土壤”或家园上，是一种历史和地理的表现。它的生活方式……是最大限度地满足它的追求并把它所花费的努力降到最低限度。这或许就是对环境的适应所包涵的意义。

在1964年，沃尔珀特(1964,558)谈到瑞典中部的农民：

空间满足者的概念表现出在描述上更为精确的抽样人口的行为模型，胜过“经济人”的标准概念、个人是适应性地或趋向性地合理，而不是无限地合理。

这三位作者都介绍了满足的概念。白吕纳和沃尔珀特站在个人的角度，而苏尔则从文化的角度介绍。白吕纳运用这一观念以反对环境论学派的观点，这一观点主张人机械地响应他的环境。沃尔珀特用同一观念来反对决策中的一种类似的机械论观点——但在这一情况中，它是“经济人”的“最佳”反响。这三位作者所指的是同一心理学概念，如果不参照心理学家的工作就难以阐明。因此白吕纳参照柏格森，沃尔珀特参照西蒙。参照人类行为如何来确定和应用满足的概念还不完全清楚。这一概念包括一大批大相径庭的心理学观念。卡特斯(1962)，古尔德和沙阿里林(1966)因此选择了强调感知的环境(相对于实际环境)作为行动空间，在其中个人做出他们的决策。沃尔珀特(1965)利用行动空间来讨论迁移行为。其他作者把注意力集中于刺激-反应机械论，以此作为描述的手段，而戈里吉(1967)采用了一种随机的学习模型来描述相互渗透的市场区域的出现。

上文(第116—117页)讨论了经济学原理完全可以简化为心学理原理的特殊情况，如果事实如此，将会相应地影响人文地理学。而地理学和心理学之间的一定直接联系正在显现出来。据此我们可得出结论:(i)在地理模式创立中,关于个人和集体行为的重要性的传统观念可以参照心理学文献而鲜明起来;(ii)心理学原理(尤其是行为原理)可以由地理学家直接采用而受益;(iii)由实验心理学家提出的理论,大部分仅适用于非常简单的实验情况,因此理论不能满足地理学家的所有要求。

根据社会学原理在人文地理学中的应用可以得出类似的结论。扩散的研究——早在1891年就为拉采尔所大大发展,随后又经许多地理学家精心修改加工(参看布朗的评论,1965;及哈维,1967A)——利用了大量社会学文献(罗杰斯,1962),更不用说所接受的来自人类学、考古学、流行病学等等的促进因素。关于在人口中信息的空间扩散,哈格斯特兰(1953)与多德(1950,1953)的论述具有普遍的相似性,特别有意思的是他们的论述看来是独立地完成的。传统的地理学概念又可以参照一些其他学科的概念而变得鲜明起来,并能引进新概念。

(c) 物理学原理在自然地理学研究中是极其重要的。在地理研究的所有方面,自然地理学在某些其他学科的基本理论上具有最坚实的基础,因此其概念可被确认为是物理学原理的派生物。物理学和化学比其他学科具有更高的理论精深程度,且比任何一门社会科学具有更健全的经验性,所以我们能够认为自然地理学比人文地理学具有更健全的基本概念。

沙漠侵蚀(巴格诺尔德,1941)、海岸侵蚀(金,1961),冰川侵蚀(奈伊,1952)的研究工作大部分都直接运用了物理学的基本原理和物理学已知关系。施爱迪格(1961)企图从这样的原理开始总结出纯理论地貌学。巴里(1967)同样地把气象学的工作与物理学原理联系起来，而有关土壤形成、风化过程等等都参照化学和生物学的概念。事实上自然地理学中任何有关过程的研究工作都可以直接或间接地与各种自然科学的基本原理联系起来。但在一些情况下很难达到综合，这仅仅是由于推导（如根据物理学原理对地貌过程进行推导）具有技术上的很大困难——确实经常表明难以解决。还值得指出的是地貌学中的许多概念，尤其是那些在十九世纪形成的概念（乔利等，1964）得到固有的发展，并成功地简化成物理学定律的特殊例子。一些概念如坡度，这样完整的过程很明显地并没有保存下来。

但是自然地理学中大量研究并不直接与过程有关，只是与空间模式、形态测量学，最重要的是通过大量活动与发生形态学产生联系。地貌学中的戴维斯体系在后一种中特别重要，因为它指出对景观形态的透彻解释在于“构造、过程和阶段”之间的相互作用。戴维斯体系实际应用的问题是“假定我们了解了包括在地表形态发展中的过程。不了解也好，了解也好，实际我们对它们发展的一般过程一无所知”（伍尔德里奇，1951，167）。伍尔德里奇（1951，166）认为“地貌学包括了或应当包括地表形态的比较研究和与形态形成有关的过程的分析性研究”。C. A. M. 金（1966，328）同样把形态测量方法说成是“在景观的各种属性之间建立基本的经验性关系的一种客观的方法”，但又指出，“这种分析是景观演化理论中的一个发展阶段；它本身并不能解释关系的重要性”。如金后来指出的，解释和理论必须依靠对过程的了解，在这一点上，物理学原理是最重要的一部分。因而地貌学家虽然可以不特别参照过程而企图进行研究，但现在看起来这是地貌学解释的一个关键。

很清楚，解释必须牢固地建立在物理学理论基础之上。

通过探讨地理学概念和其他许多学科中所发展的概念之间的关系，这些例子可以加以扩展。但它们就足以说明，许多概念的应用，对于地理学家来说，可以取自一些其他学科的基本原理或简化之。这一论证的真理产生了许多问题。

布鲁克菲尔德(1964)对伯克利学派的批评总的来说没有获得解释的深度，没能够促使这些解释跨越学科间的界线。这样的探讨远非轻而易举，而且还可能使地理学家陷入根据对相邻学科一知半解所作的肤浅解释的“知识的时髦”形式之中。德文斯和格拉克曼(1964)在他们的著作《封闭的系统和开放的心灵》中恳求他们的人类学家朋友谨慎地培养知识的朴实性。这包括确定他们学科的领域和寻求在这一领域内能够提供的解释，同时不要把所提出的有关解释保持一定谦虚。主张知识的朴实性源自反对简化主义的愿望，但更多地源自对涉猎于非专业性的交叉学科而产生的危险的认识。他们得出结论(第 261 页)：

> 不同的社会科学和人文科学可以是不同的领域，侵犯这些领域的边缘地带除非是天才，否则有风险……。一位社会科学家或人文科学家研究他的非专业学科或许有好处，但未经训练和没有掌握适宜的技术就去实践它们是危险的。

这是一个严肃的问题。我们需要掌握其他学科知识到何种程度才能创立地理学理论？我们是否只要像应用物理学家或区域计量经济学家那样就行了吗？如果是这样，是否就意味着地理学作为一门生存的科学学科的最后分解呢？对这些问题的回答有不同的观点。

首先，在对地理学理论建立于其上的概念的探讨中，跨越学科间的界线，在一定程度上能够回答以上问题。它包括对别的学科提出的概念和原理的准确理解以及对推导结果的理解。它不必去确切理解推导过程。因此一位气象学家可以充分运用热力学第二定律来进行工作，而不必了解这一定律是如何推导出来的。但下面的问题是：我们应该充分认识到这一定律的经验性。例如我们确实应该认识到理论经济学的定律和物理学定律具有完全不同的经验性。因而以经济学原理为基础的中心地体系的地理学理论，和以物理学原理为基础的坡面发育理论就具有完全不同的经验性。

其次，任何单一学科要反对科学中总体综合的压力证明是非常困难的。从这一意义来说，如果特别是地理学消失了就不足为奇，因为同样的命运也肯定会落在其他许多学科头上。正如赫胥黎(1963,8)所指出：

> 我们必须设想有共同的方法和术语的联合研究体系来代替每一门有其假说、方法论和专有名词的学科，最后，一切都会在探索的理解过程中联系起来。

如果只是在知识的全面发展和顽固地坚持学科界线之间作一选择，那么我们选择哪个是没有问题的。

第三，在假定与其他学科有关的派生观点上，没有必要谈及知识等级的高低。如果我们做一有限的观察；地理学的唯一活动就是从社会科学或自然科学的原理中推导出空间模式或形态，那么，很快就会说明这一活动存在着极其复杂的技术和概念问题，而解决问题则需要相当的学识能力。例如达赛(1965A，1966A)对中心地学说的几何学表达就需要相当多的专门技术知识。在某些方面，足可以证明地理学家在从一套原理中推导出空间的结果比其他学科创立这些原理时面临更大的困难。所以，把地理研究说成是次一级知识，毫无疑问，仅仅是因为作为其研究基础的基本原理是派生的。

最后一点，虽然一门学科最终还要凭借派生概念，但它应该在促进派生概念的公式化上起一份重要作用。例如天文学的解释必须紧紧依靠物理学理论和原理，但在它的发展历史中，天文学给物理学提出了一系列问题，解决这些问题已使对物理学本身以其为基础的基本原理作了根本修改。在过去半个世纪中，或许地理学中我们的“孤立主义”的最大不足之处，就是我们没有向其他社会科学或自然科学提出挑战性的问题，当然也有例外。但总的来说，我们未能够在地理学中发展向其他学科已接受的理论挑战性的假说和概念。

所有这些评论都假定地理学家总的来说没有提出为解释而用的令人满意的原生概念，现在需要考虑这样的原生概念了。

（2）原生概念

有很多地理学家提出的“概念”和“原理”可以起到理论的原理作用，但很少有以如此方式提出的。因此很难说在第 4 种类型的理论说明中提出的概念和原理，是否可以转化为不能从某一学科派生出的基本原理。我们没有地理学理论建设的足够经验，因此不能十分肯定地来讨论原生原理。但是我们所具备的有限经验连同关于地理学研究性质的一些先验观念，能够提供有关这样的原生原理的一些思路。地理学概念分三种类型。

（a）在许多情况下，发生概念是用来解释和描述地理现象。

当引入一种严密的理论时，这些概念经常需要修改。常常会发生原理实际上或可能从其他某些学科中派生的情况。结果是这些派生的概念一般与时间过程有关。当与空间系统有关而不是与时间过程（*per se*）有关时，这一观察结果符合一般被接受的地理学观点。可以得出结论：在地理学中与时间过程有关的理论所有方面，都实际上或可能派生于其他一些学科。

（b）地理学中某些概念扮演着一个更加模棱两可的角色。它们有时起到解释的作用，但在别的情况下又被理解为指导地理学研究的程序规则。这一点可以通过对由地理学的主要概念之一——区域——所起的作用进行简短地讨论来加以阐明。区域有时符合“理论实体”的身份，很像原子或中子不能准确地观察到，但其存在可以从其作用推断出。地球表面的区域差异，因而可以参照这一支配人类空间组织的理论客体来“解释”。后来的作者否认对“区域”这一名词如此神秘的理解，把它看做是对地理资料组织的基本智力建设（哈特向，1959，31）。邦奇（1966）和格里格（1965）一直认为，这一概念和任何科学中类别的概念功能相同，因而区划只不过是类别的空间形式而已。在地理学史中，区域概念所起的双重作用可能被混淆了。特别是在一个概念的双重解释中，同义反复总是难以避免的。一旦空间现象被分类为各个区域，根据区域概念本身来解释这类分类的存在是无用的。

区域不是这种类型的仅有概念，这一问题也不能简单地限制在更传统化的公式化中。因此贝里和加里森（1958）指出，聚落等级的概念有时作为“自然”分类，有时作为从中心地学说派生的定理而运用。地理学的许多概念在作用上是可以区别的（并因此作为检验资料的程序规则)，但在地理学中经常显示出分类好像起着“解释”的作用(R. H. T. 史密斯，1965A)。分类很难看做可从理论中派生出或是需要解释的自然组合，因而它先于假说的形成和理论建设。同义重复论证的危险仍是明显存在的。

(c) 某些地理概念足可以为地理学理论的发展形成一套原生的原理。这些概念与通常被称作“空间过程”的东西联系在一起。赋予它们这样的一个名称易被人误解，因为过程不是时间性的，因此也不能完全严格地称得起过程——它们是一组空间关系。这些概念基本上以位置、距离、“邻近度”、模式和形态学来表现。因此它们参照存在于地理学和几何学之间的十分特定的空间关系中。这些概念不只与那些赞同“几何学专题”的地理学家有关，它们也不只是作为关于地理研究的特别“指令”的结果而出现。无论有关地理学“性质”的观点是什么，地图投影、制图学、地图转换的共同问题都存在，而且这些问题在地理学历史的一定时期是致力研究的主要对象。关于地理学-几何学关系的现状，邦奇已作过充分评论(1966，第7，8，9章)。

地理学和几何学之间的关系，在几何学通常不被看做一门经验性科学，而是被视为数学的一个分支这一意义上来说是特别的。几何学基本上是一门抽象的、分析的、演绎的知识，虽然它运用如“点”和“线”这样的术语，这些具有直观推理的经验性解释的一些性质。几何学因此为讨论关系提供了抽象语言。地理学把它的许多问题都绘制成这种抽象语言而没有从任何经验性科学中(*en rout*)派生出其原理。几何学不是派生的就跟边缘经济学不是运算一样。数学是一种我们在其中能进行理论推导的语文。几何学的各种形式看起来是适宜于对空间关系、形态测量及空间型式进行理论化的一种特殊语言。根据这种语言，我们可以推导出“形态学定律”，它有助于解释地理分布（邦奇，1966，249）。既然它对地理学解释具有重要意义，在第14章我们将再回到几何学——地理学的联系这一问题上。

（3）一般理论和综合

从前面的讨论中可以得出尝试性的结论；就理论可以它为基础的原理来说，地理学很可能形成一种有趣的二分论。一方面的原生的形态学原理与另一方面的派生过程原理形成了对比。我们用对这种二分论的理解来做新的阐述是有可能的，或许甚至能对地理学中综合的传统概念给予一种新的解释。这一概念产生于地理学家趋向于强调白吕纳在景观或地理区域中称之为综合体（*connexité*）的事物（里格利，1965，15）。在一个区域内，所有众多因素的内部联系形成了特定区域“独特”的个性，并且为划分区域单位提供了传统的标准。由此产生一种想法：地理学关心的是在区域范围内每件事情的综合。这的确是哈特向（1939）关于地理学性质的关键性结论。但是有了地理学理论中基本原理的二分论，就可以认为地理学中的综合能够作为将支配过程的理论（主要是派生的）与有关空间结构和形式理论联系起来的桥梁来理解。这一联系需要难以提供的空间-时间转换。但很明显，它主要在一定程度上受空间的“摩擦”而影响某些时间过程轨迹的控制——因而，在最近的大量地理工作中，非常强调推导出移动的“代价”的各种尺度。在地理学的这类研究中有大量事例。扩散过程的空间形式会取决于移动的信息随距离而变化的代价，哈格斯特兰对这种方式的讨

论，个体之间接触的程度，以及在群体内对新信息抵抗的程度的研究，都是寻求一定空间模式之时间过程的范例。扩散理论（哈格斯特兰，1953；布朗，1965；哈维，1966B；1967A）是过程和空间形式相互作用的典型情况。廖什（1954）采用一种特定的时间过程（供需关系），假定它处于平衡状态，然后推导出必然形成的空间形式，因而他提出了一种相似的论证。我们不必把我们的例子限于人文地理学内，因为形态学定律和过程定律之间相互作用的一些突出例子可以在地貌学中发现。利奥波尔德和沃尔曼（1957）研究了曲流几何学，他们发现，曲流的发育似乎"取决于最大流量和河道坡降之间相当简单的多方面联系"（乔利，1965，27）。利奥波尔德、沃尔曼和米勒（1964）也研究了一般河流过程与流域盆地之间的相互作用。柯里最近对中心地学说的研究提供了更突出的例子。

我们已经指出，可以建立从经济学原理一直到中心地学说的几何学表达（如达赛所阐述的，1965A，1966A）的逻辑论证。但这样探讨的问题，是其结果适应于关于人类行为的无恰当理由的假设的一套原理。柯里（1962A）试图进行一种更"可行的"研究，其中经济学原理被描述购买行为、商店存货策略等等的随机变量所代替，他想以此摆脱这一框架。利用这样的随机变量的目的是用来描述行为的一般模式，而不是假设任何基本的经济学理论。柯里（1967）然后根据顾客购买行为随时间的变化而假定一定的经济学规律。他的描述是用稳定的随机时间系列进行的，其中假定顾客行为具有周期性，不同的商品在不同的时间间隔被买走不同的数量，顾客行为可以用非常概括的措辞以特定的光谱密度函数来描述。几位作者（托布勒，1966B；卡塞蒂，1966）指出聚落的点状模式也可以用光谱密度函数来描述(巴特里特,1964)。柯里然后借助于遍历性(*ergodic*)假说把时间行为与空间形式联系起来。遍历性假说相当于假定时间系列的统计学特性,基本上同一于包括一个空间整体的同样现象的一组观测的统计学特性(参看下文,第322页)因而遍历过程是一静止的特殊随机过程类型。遍历性的假设通常是信念的一种,不过它是一种非常有用和必需的假设(金斯曼,1965,328—9)。柯里把假说应用于中心地学说特别有意思,因为顾客行为随时间而变化的统计学特性变得与零售位置空间模型的统计学特性一样了。除此之外,遍历性的假说促进了必要的空间-时间转换。当遍历性假说以这一明确的方式产生时,似乎它不可接受。但值得注意的是地理学家如何频繁地在实际工作中作出这种假说(例如从一地区的史料中挑选的资料用来鉴定其他地区的"发展阶段",或是根据许多地区的资料来论证某些一般的历史过程)。

柯里基本上以双重题目提出一种理论——一个题目就是把理论与顾客行为随时间的变化联系起来,另一个就是把理论与空间模型联系起来。这样的方法说明地理学中一般理论的可能性,而且进一步表明了综合的新的可能性。在邦奇(1966)称之为一方面是"流动和运动"与另一方面的空间模式之间的相互作用,可以作为一种新的地理学综合的中心而出现。另一例是贝里(1966)建设"空间行为的一般领域理论"的提议。贝里以一种有趣的方式来对待结节和均质区域之间的传统二分法。他构造了一个相互作用矩阵来描绘各地点之间的运动,构造了一个属性矩阵来描述各区域的特性。然后他进而以印度经济资料为例,接着研究这两个矩阵之间的关系。贝里(1966,192)说：

> 一般领域理论的基本原理是：归纳了地区特性的基本空间模式和为在地区之间发生的相互作用的本质的空间行为的类型，这两者是相互依存和同态的。

从这一般性讨论中，我们可以将地理学一般理论的意义总结如下：它将探讨空间形式的原生理论和时间过程的派生理论的结合。结合有两个方向。例如区位理论中常见方向，就是从过程原理中演绎出空间形态。但有可能在另一方面通过研究某一固定的空间形式如何影响过程进展而探讨其中的关系(例如一座城市的几何形状和在其中交流过程之间的联系)。实际上，我们可以设想过程作用于空间形态，而后者又反作用于过程的反馈。我们也可以构思在某一空间形态中相互影响的过程原理的多重组合。因此，一般理论可以扩展到“人与环境的空间系统”的整个综合体。

C. 地理学中理论的形式表述

以上总结的一般理论，如果准备应用，则需要发展某种强有力的逻辑。实际上地理学理论的形式化程度变化很大。前面已阐明了理论沿着连续统一体从完全形式化的类型 1，中间经过分别包括前提和半演绎的类型 2、3 到更加含糊，在任何方面很少符合科学理论的标准的类型 4。给定了地理学概念的性质，在地理学中产生形式理论的可能性似乎非常小。一般来说，我们必须最大限度地满足于空间形式化的变化程度。大多数情况下，所包括的系统前提和半演绎并非“无害”种类，其中充分论证或充分的理论是有的，但却没有陈述。事实上我们的大多数传统理论都包括在类型 4 的理论结构内。

我们可以按照两种方式发展地理学的形式理论。第一种是阐述基本定理和发展适宜的运算。第二种是将建立模型的技术直接应用于地理问题。后面再讨论第二种模型方法的应用，这里主要阐述第一种方法。

上一节中我们讨论了地理学理论的潜在原理，目的在于阐明这一理论的一般形式。很难想象用形式逻辑证明的方法能把结构表达清楚。但这样的论据可以是语言上的，它在逻辑上为什么不合理就说不通。没有绝对必要以借助某些形式逻辑推导出充分的和准确的结论，但必须记住，要有逻辑思考。让我们来看一个简单的例子，这就是通过探讨环境决定论进行语言上的理论化与亨普尔的覆盖定律的表述之间的联系。

我们可以通过列举环境控制的一个严格限制的看法（由于阐述要简短的缘故），将讨论限制于农业系统。让我们开始先陈述两条定律：

（i）如果在任何环境中，一种农业系统具有其他农业系统所不具备的自然优势，那么这一系统将会（可能）生存和发展。

（ii）如果在任何环境中，一种农业系统不具备其他系统所有的自然优势，那么这一系统不可能生存和发展。

应该指出，这两种类似定律的表述的推导是不清楚的（因而我们要处理预先假说理论的残余），还应指出，我们已经容许无论是充分肯定的还是概率性的解释。为方便起见，从现在起我们不再用概率表述。

需要阐明的第一点是“优越特性”的概念。不能用在不同环境中使不同的农业系统生存和发展的特性来为自然优势下定义。这样下定义就是一味地同义反复讨论，并会立即使理论的应用无效。定律 1 和定律 2 因此会成为琐碎的事实叙述。“优越特性”的概念应该独立于作物系统的实际分布之外而定义。这相当于：

(i) 建立每一农业系统发展所必需的自然条件，然后

(ii) 表明环境具有这些特性，并且

(iii) 表明只有一种特定的环境的自然条件可以最适合一种农业系统。

因此很明显，环境控制的一种理论需要一种特定农业系统发展所需要的自然条件的预先表述。如各种研究所表明的那样，这一详尽说明很难提供。在目前的知识水平上，看来肯定是任何环境控制理论必须包括系统的前提，它们远非“无害”。这样的理论经验性的证明，如果没有如此的详尽说明肯定完成不了。

但是另一方面，理论可以变成一套琐碎的事实表述，因而经得起经验检验。这便是由实际上存在的作物系统来确定相关的环境特性。另外，我们还需要环境的如下独立定义：

(i) 任何环境中的“有关”自然条件系根据整个一套所有可能的农业系统而确定。这或许要将每一种作物的精确的自然状况列出来，或要建立一组变量（如温度、降水等），其中每一变量与作物的反应有一定联系。

(ii) 对于任何特定的环境来说，可以鉴定这些状况或测算。

可以按照科学解释的标准形式来表达环境决定论。我们有一组初始条件（特定环境中测定的有关条件），一组类似定律的表述（定律(1)及(2)），一种解释必须遵循这组定律（在这种情况下，肯

定会在环境中发现一起特定的作物系统)，于是我们就能够检验理论。如果我们设想所有的相关变量和所有必要的自然条件都可以独立地鉴别，那么这就是对个别环境情况进行一系列预测，并说明这些预测符合事实的一件事情。如果预测错了，我们就可以拒绝这种理论(除非我们用概率公式表示它，其中我们要求有一定比例的正确预测)。当然，改变相关变量和必要的自然条件要冒很大风险，直到理论成立为止。在这种情况下，就失去了测定的独立性，我们只是处理一种琐碎的正确理论。

举这一例子不是为了反驳环境决定论，虽然它确实阐明了一串冗长乏味的论证如何由于应用了论证的逻辑原理而大大缩简。这一例子的主要目的在于说明一种理论如何表述，以及通过符合逻辑分析的标准形式的方式所产生的理论如何能简洁地阐明其结论。在地理学中存在的许多类型 4 的理论需要这样处理。但以上所举例子需要进一步分析。例如，理论中大量含蓄的假说和概念需要进一步澄清，这应该是很快就明确了的。特别是存在隐含的行为概念，例如"自然优势"的思想包括某种优势，实际上它包含确定一种土地最佳利用体系的某种方式的意思。如果不参照对我们分析人类决策有如此重要意义的心理学或经济学概念，我们就鉴别不了这样的最佳系统。因而，我们会立即发现自己处于一种理论结构中，它明确地包括行为概念。地理学中这一问题的首次公理化处理可能是由加里森和马布尔(1957)提出的，值得在某些细节上研究他们的工作。

加里森和马布尔首先讨论了通常参照农业活动位置而得出的原理和假说，然后他们建立了一个公理体系来讨论问题。这一体

系由两种定义组成：(1)R^*——一组所有正的实数；(2)R^{**}——一组所有的非负数。然后他们阐述了一组原始的观念(与一种主题联系起来用以判别这些观念的经验性意义)。这些程序如下所示：

C　有限的一组作物；

M　有限的一组市场；

d　根据 M 确定的一个现实评价函数；d(m)为市场 m 距农耕单位的距离；

y　由 $C\times R^*$ 确定的函数；对于 $c\in C$ 和 $x\in R^*$，当"当地"的 x 单位输入在作物生产中被采用时，$y(c,x)$代表作物 c 的产量；

a　由 $C\times R^*$ 确定的函数；对于 $c\in C$ 和 $x\in R^*$，当耕作者直接采用 x 单位时，$a(c,x)$代表作物 c 的单位生产费用；

p　由 $C\times M$ 确定的函数；对于 $c\in C$，及 $m\in M$，$p(c,m)$代表市场 m 销售的作物 c 的单位价格；

t　由 $C\times R^{**}$ 确定的函数，对于 $c\in C$ 及 $d(m)\in R^{**}$，当生产耕作单位距市场 $d(m)$英里时，$t(c,d(m))$代表运输每一单位作物 C 一英里的费用。

加里森和马布尔然后利用这些初始定义来陈述 11 条公理。头 5 条排除了在系统中出现负的价格、产量和费用的可能性，其余 6 条公理清晰地描述了函数的形式，例如 $y(c,x)$严格地增长(即从输入的增值推导出稳定的边缘产量)。这些基本定义和公理表述随后用于确定以总收入、较低的生产费用和到市场的运输费用计算耕作者得到的租金。用符号表示即为：

$$R(c,m,x)=y(c,x)[p(c,m)-a(c,x)-t(c,d(m))d\cdot(m)]$$

加里森和马布尔然后用数学公式表示了每一地点都存在着作物的某种组合，种植的强度及可以容许农业经营者使这一租金函数达到最大的市场。这就显示出在逻辑上严格地遵循公理。

我们可以把这一分析性的表述随同对包含定律的模型所作的解释而运用。在这种情形中，初始条件是整个一组环境特性、一组市场(有对产品的需求)，及一组已详尽说明的运输费用函数、生产费用函数等等，据此可以说假如所有耕作者使他们达到最大利润，土地利用系统必定是确定的一种。

在这里不想证明实质性的结论，阐明理论严密表述的效用就足够了。这确保了处理的严密性，也保证了对于使理论精密化所必需的假说的准确说明。这样一处理，地理学解释的基础会明确得多。正如哈格特(1965A,310)指出的：

> 总之，在本世纪内，地理学的质量用它的成熟技术或详尽无遗的细节来判断者少，而用逻辑理解的力量者为多。

近来出现几个在地理学中运用严密逻辑的例子。康斯基(1963)对运输网络的公理化处理，伊萨德和达赛(1962)对区域系统内个体行为的研究都属于这类例子。但是只有掌握了一定基本原理的性质，形式化才是有用的。对完全价值不大的理论用形式表达和进行复杂的逻辑处理是很有可能的。当然很快就会清楚理论没有什么价值，但问题仍然是“用于科学事业这一方面的科学力量的不均衡分配是否导致了对其他同样重要方面的忽视”(拉德纳,1966,52)。在目前情况下，发展对地理学问题的明晰的启发性处理，比寻求理论的完全形式化表达要可取得多。由于这一缘故，模型建造技术在地理研究中意义更加重大，在不久的将来也会如此。模型建造问题将在后面讨论。

我们的理论化大部分是不明确和模糊的。我们可以通过我们观念的简单言辞阐明，在这方面做大量工作。因而斯普劳兹(1965，第8章)想“根据解释的更一般化理论”来阐明人与环境学说。亨普尔的覆盖定律的模型既可用来澄清地理学家所作的传统的解释，也可用以说明背离一些地理学家在五十年代(克拉克，1950；马丁，1951；蒙特费奥尔和威廉斯，1955；琼斯，1956)所写的关于因果问题的那些解释的意图。这一专门论证将在以后章节中详细探讨，但斯普劳兹对其处理说明了许多有关问题。采用这样的方法，在类型4理论的范围中我们字面上的理论化至少会转化成用形式化方式，表达没有多大困难的公式。在地理学思想中不易找到这样的例子。但摘录西蒙对霍曼斯的社会集团相互作用理论的形式化阐述是很有意思的，它之所以能被形式化是因为：

> 第一，虽然是非数学的，但在掌握独立变量体系上，它显示了极大的精确性；第二，霍曼斯教授关心他的概念的可行定义，这些概念看来基本上是可以用基数和序数来测定的一种；第三，霍曼斯教授的模型将大量重要的经验性关系系统化了，这些关系是在人类集团的行为中观测到的。

地理学中理论发展的主要问题不是不能够将理论形式化，而是对理论在解释中的作用认识不足，以至于不能以某一逻辑性始终如一的“解释”方式作出字面上的表述。这并非说这些字面表述本来就没有意义，的确不是这样。思考一下苏尔(1963，359)所作的如下表述：

> 因此，人文地理学的整个任务恰恰是区域的地方化文化

的比较研究……。而文化是居住在这一区域的集团学来的和传统的活动。一种文化特性或其复合体起源于一定时间、一定地点，它被承认，即为一个集团所学到手，并向外交流或传播，直到它遇到足够的抵抗，如由于不合适的自然条件、有选择性或文化水平悬殊而产生的障碍。

这一表述部分是对地理研究的“指令”，部分是了解区域地方化文化的解释纲要，部分是对所发生事实的描述。但这三部分相互交织在一起，而且搞不清楚苏尔究竟是提出一种理论，还是只描述一种平常的过程。而这一表述确实起了促进作用，并设法用非常简短的篇幅直观地总结了人文地理学家的大部分工作。我们要更加注意这类表述，并试图表明它们如何以解释的方式起作用。我在别处把苏尔的以上表述看做解释纲要（哈维，1967A，593—7）。

因而在目前，形式化的问题不及不能澄清我们的概念结构这一问题来得重要。在对地理学理论进行充分的形式化处理以前，我们必须确定我们所严格要求的是什么。总之“公理化或甚至是这样的形式化并没有为正在进行公理化的范围内再添加任何东西”（伯格曼，1958，36）。不能在任何大范围内将地理学理论形式化或许是我们在方法论上最不担心的。的确，要恰如其分地注意拉德纳的告诫（1966，52）：“坚持极端严格或许是无用的”。

D．地理学理论的经验性

很难评价这样一种理论的经验性：它把极其含糊的基本原理混杂在一起，它充其量也不过是半演绎性的，它涉及没有确定的范畴。谈到类型 4 理论的经验性是如此矛盾，因为严格说来，类型 4 理论完全没有经验性。然而科学解释的目的之一是发展**可进行检验**的假说，并通过对照感觉材料来检验处于较低层次的假说以证实理论结构的正确性。原理表述和术语定义的精确性是经验性检验的必要前提。如同内格尔(1961,9)所说：

> 先科学的信条经常不能用来确定经验性检验，仅仅是由于这些信条可以含混地与未经分析的事实的不确定类别搅和在一起。由于科学的表述必须符合经更加严密地阐明了的观测资料，因而面临被这种资料排斥的更大风险。

地理学家在验证表述和命题的正确性上花费了很大努力。提供这样的论据是极其复杂和艰巨的事情。它包括提出试验的设计，恰当的检验和建立推理的原则。这里不再研究这些程序了。但根据检验积累的经验，需要指出概括的两点：

(i) 检验被结合进一种理论的假说要比检验一个完全独立的假说来得容易。

(ii) 验证基本上是一归纳过程。对一位科学家来说，不可能根据包括在一个已定命题内的每一实例来提出证据。

这两点是相互联系的。泽特贝格(1965,154)指出，对于理论家来说，“大量积累的证据很难比几种策略地选出的实例更能说服人”。处于理论结构中的假说的优点在于：假说的证据部分来自我们对理论本身的信赖，部分来自由“策略地选出的实例”所得出的经验证据。包括在一种理论中的假说的证据，可以被看做与理论本身所积累的越来越多的证据一样，也是积累起来的。一种独立的假说的证据不会以同样方式积累。科学知识即是通过循环和积累过程的方式而进步。表现出一种科学理论标准模式的形式特点的表述，其演绎体系通过检验体系中最低层次的假说而被检验（布雷思韦特，1960，13）。至于我们是否决定将假说看成是定律，总的来说还取决于对理论结构的信心。

这一节的目的旨在对整个理论的经验性做一简要评价，而不是讨论地理学中个别命题的经验性。探讨地理学中的所有理论是不可能的，也不可能根据这样的探讨得出经验性的结论来。如果我们确实要探讨，就会发现理论的一种连续统一体，它包括了我们对之有高度信心的理论直至为最少的证据所支持的思考。在经验性上的如此悬殊，将部分地取决于可利用的经验证据数量，这类证据的质量，以及理论准确表达的程度。所以我们会发现大气环流学说看上去比大陆漂移说具有更坚实的经验性。类型 4 理论很可能不会获得满意的经验性。

但地理学理论的经验性可以部分地进行分析性的评价。如果承认有关过程的原理既可以实际上又可以潜在地自其他某一学科衍生而来，那么我们就可以利用这一学科的理论的经验性作为向导。我们在这里可以回顾一下对理论的专题的讨论，特别要注意在自然科学和社会科学的理念化（idealisation）之间形成的实际差别（前文第 112—118，143—149 页）。例如，物理学的理念化可以在理论上派生于必不可少的一般理论。又如经济学的理念化取决于对它们判断的内省，因为“影响人类举动的非理性和非经济因素”不能用某种一般理论来充分加以说明。这一差异产生了所提出的理论在经验性上的主要区别。我们肯定自觉地期望派生的地理学理论具有同样的经验性。这最好用一个例子来说明。

中心地学说，如我们已看到的，牢固地建立在经济学原理之上，特别是建立在需求理论之上。克拉克森(1963)已指出这一理论本来就不能接受经验事实的检验。地理学家从这一理论中推导出关于布局和安置大小不同聚落的假说，达赛在阐述中提出了对这一理论的完全是几何学的解释。许多地理学家(奥尔森和珀森，1964；金，1961；托马斯，1962；达赛，1962，1966A)试图通过研究实际城镇格局和分布的经验证据来验证中心地学说的有效性。经过验证，表明实际的空间格局与理论推断不符，为此提供了大量可行的理由——人口分布的非各向同性面和无规律性等等。为了解决这一问题，给予理论以各种概率性的解释。因而托马斯(1962)利用误差的正态曲线来确定城镇的人口数量是否相近及是否间隔距离相等，从而建立了人口规模的稳定性和城镇之间距离的关系。最近，达赛(1966A)把中心地学说设想成聚落空间型式的一种平衡式，它被其他力所干扰。在衣阿华州的位移程度很明显，因此达赛必须面对矛盾着的两种结论，或是(1)以"一种置换了的中心地模型来描述衣阿华州的城市布局，虽然衣阿华的布局处于极不平衡的状态，或是(2)中心地理论的这种随机性解释的效用限于对城市布局的描述，但对于隐藏在城市布局之下的区位过程就没有解释意义了"。

如果地理学思想中一般都承认的理论的重要性一旦确定，那么寻求中心地学说的经验证据的困难就给人文地理学出了一个主要的难题。中心地学说不会和不能产生可接受经验事实检验的假说，因为它以需求理论为基础，而这种理论本身除了内省就不能接受检验，这一点确实很清楚。在关于中心地学说的经验效用的论证中,这一点从未被充分理解过。达赛(1966A,568)想将这些概率性概念纳入对城市系统的无所不包的陈述之中,超乎于中心地学说的经典公式所能允许的范围,这一愿望只不过是许多社会科学家提出的能进行精确检验的必要的一般理论的特殊情形。唯一的选择(这似乎没有多少争论,就心照不宣地被地理学家接受了)是把聚落位置当作经济过程,对它来说,非经济过程只是“噪音”或谓之“误差”的因素。但是如达赛所表明的,包括的所谓误差如此之大,以至于怀疑它是否能用误差的经典理论来合理地处理。目前,从经济学、心理学和所有其他社会科学中派生出的理论,都会具有经验性的类似问题。对这一表述可能的例外是行为心理学、计量经济学和运筹学研究等更富于描述的公式化。柯里(1967)摒弃了中心地说的传统公式,利用这样的公式化提出了更一般的描述框架。

因此我们可以得出结论:派生的地理学理论的经验性随着产生它的理论的经验性而变化。在自然地理学理论和人文地理学理论之间可能会出现一种实际存在的明显差别,前者可以发展成一般理论,后者一般来说不能提供充分的主题。

原生发展而来的理论的经验性通常不太清楚。当地理学理论不具备来自某一其他学科的明确衍生关系时,我们就不能对经验性作任何预先评价,虽然我们可以设想一种。以必要主题提出的在逻辑性上发展而成的理论——不是派生的,就我所知,在地理学中是不存在的。如果存在的这样的理论,也包括相当破坏性的半演绎程度,远非“无害”系统的前提。既然如我们已看到的,类型4理论不能说是具有作为理论的任何经验性,虽然包括在这样理论中的个别命题可以用详细的试验程度来加以验证，那么讨论这样理论的经验性就没有意义。但是就个别命题来说，有一种把命题的表述与其证据的表述混淆起来的常有危险。前面讨论的区域概念和分类程序正好涉及这一危险。

形态测量理论的经验性以及空间模式理论的经验性可以看成是一些特殊事物。在此情形中，我们一直思考的问题颠倒了。我们在这里需要确定规则，根据这些规则我们把经验性情况转变为抽象的分析运算（如几何学），并利用这一运算所允许的处理来获取在经验性上有意义的结果。一般认为几何学和其他数学体系不具备这样的经验性。但是运算可用于对经验性情况的分析中。方法论的问题在这里即是模型运用的问题，因而我们将在下一章探讨模型应用的方法论。

第十章　模型

直到现在，我们在讨论中还避免使用模型这一名词，而在地理学研究中，它已成为一种时尚。在这一方面，地理学一般只落后于社会科学后面很短距离。如布罗德贝克(1959，373)指出的，既然“模型是好东西”，模型建造对于研究者来说就有一种“晕轮效应”。而在科学哲学家中，对什么是“模型”以及它在科学研究中的作用还没有形成一致看法。有关这一术语的普遍混乱状态，在地理学研究中反映了出来，其中可以发现大相径庭的观点。因而，对“模型”一词的含义和作用需要进行一些方法论上的深入探讨。

I. 模型的作用

在对《地理学中的模型》这一最新著作的介绍中，乔利和哈格特(1967，24)强调了在科学研究中一种模型可以起到的多种不同作用。例如他们指出，一种模型可以作为一种“心理”手段，它能使复杂的相互作用更易于具体化(一种描写的手段)；可以作为一种标准手段，用来进行广泛的比较；可以作为一种组织手段来收集和处理资料；作为一种直接解释的手段，作为在探索地理学理论或扩充现有理论中的建设手段，等等。实际上如果模型具有这些作用(或更多)，那么正如阿波斯蒂尔(1961)所强调的那样，要在科学研究中提出模型作用的形式上的定义是极其困难的。这样的定义，首先要求科学模型的“不可否认的差异”不应忽略；第二，要认识到仅一种模型不会对于所有各种作用总是合适的。因此，对于模型的运用，提出了两个重要的方法论问题：

(i) 如何明确地建立一个模型履行的许多可能的作用中的一种；

(ii) 如何使一确定的模型能够具有我们所希望的特殊作用。

应当清楚，当初这些问题并没有解决，阿波斯蒂尔虽然对它们进行了清醒的思考，但在很大程度上，这两个主要问题在哲学文献中被忽视了。然而有关这些问题的混淆，主要起源于大多数方法论的争端上。比奇的看法——“经济学思想史在很大程度上可以认为是误用模型的历史”——在某种程度或其他程度上概括了所有学科，地理学也不例外。

但是不能解决这些问题并不应该认为就是忽视它们的一个借口。模型可以用来将理论和经验、经验和想象、理论和其他理论、想像力创造和形式理论等等联系起来。我们可以用图式表示这些作用。T 表示一种理论，H 表示假说，L 为定律，D_0 为实际资料，D_p 为预测资料，M 为模型，用 T'、H' 和 L' 表示初始的理论、假说和定律，用 T''、H'' 和 L'' 分别表示新理论、新假说和新定律。然后我们用一定程式表示若干模型的作用如下：

关　系	作　用
〈i〉 T'、H'，或 $L' \rightarrow M \rightarrow T''$、$H''$，或 L''	扩充或重建 T'、H' 或 L'
〈ii〉 T' 或 $L' \rightarrow M \rightarrow D_0$	T' 或 L' 的检验程序建立 T' 或 L' 的定域

续表

关　系	作　用
〈iii〉 $H' \to M \to D_0$（$\therefore H' \equiv L'$?）	假说的证实和定律的创立预测
〈iv〉 T'或$L' \to M \to D_p$	
〈v〉 $D_0 \to M \to T'$、H'或L'	发现 T'、H 或 L'
〈vi〉 T'、H'或$L' \to M$	T'、H'或L'的表达（用于教学等）

但这样的图式表达可能过于简单了。由于一种模型被用于扩充一种理论，然后另一种模型对照某些资料用来检验新理论等，实际上关系要复杂得多。但重复的情况很有意思，其中两个例子是：

〈vii〉$D_0 \to M \to T' \to M \to D_0$

〈viii〉$L' \to M \to L'' \to M \to D_0$

通过以下系统来避免重复：

〈ix〉$D_0 \to M_1 \to T' \to M_2 \to D_0$
〈x〉 $L' \to M_1 \to L'' \to M_2 \to D_0$
这里 M_1 和 M_2 是独立地公式化了的。

但最重要的是不同模型适宜于不同的功能这一事实。例如考虑在以上〈i〉中给出的关系的类别，其中模型的作用是作为扩充或重建一已给出的理论的手段。阿波斯蒂尔（1961，5—7）指出模型和理论之间的关系如何在这两种情况中应该不同。在对一种理论的扩充或完善中，模型应当满足理论的所有要求，但此外还应具有理论所不包括的性质。例如，假设我们推导从所有其他城市向一座城市的人口流量是这些城市的人口和它们相隔距离的一个函数。我们用一模型来表示：

$$ {}_iM_j = \frac{P_j}{d_{ij}^b} $$

这里，${}_iM_j$ 是从城市j向城市i的迁移量，p_j 是城市j的人口，d_{ij} 是

城市 i 和 j 之间的距离，b 为指数。

假设我们现在想完成这一理论，并设计了一新的如下形式的模型：

$$_{i}M_{j}=\frac{w_{j}\cdot P_{j}}{d_{ij}^{b}}$$

这里，w_j 是城市 j 人口的人平均收入。

在这种情况中，初始理论的所有要求都满足了，但我们现在提出的这一模型还包括一附加部分，如果这一附加部分证明是有用的，可以用来扩充初始理论。

另一方面，在对一种理论的重新建设中，模型不是要满足理论的所有要求。如果一个要求也得不到满足，那么就可能完全重建理论。上面所说的迁移理论的部分重建，可以利用下面的模型来完成：

$$_{i}M_{j}=\frac{P_{j}}{k_{ij}}$$

这里，k_{ij} 是 i 和 j 之间介入机会的某一测度。

如果这一模型可以说明是一成功的预测，那么理论的某些重建就是必要的。

这一例子以相当明确的方式展示了模型和理论之间的关系，如何根据模型所具备的作用而变化。我们同样可以说明被设计用来作为某种理论检验程序的模型，如何应该不同于为重建一种理论而设计的模型。但这并不是说某一特定的模型不能执行不同的功能。恰恰是同样的模型建造可以用于许多不同功能，但特定的建造，应用的方式变化很大，这就形成了一种十分混乱的情形需要非常小心。特别是具有多重作用的模型，应该有充分定义的作用，因为模型只能以一种特定的方式充分地发挥这种作用。正如我们将在后面看到的，不能鉴别一种模型建造的功能和不能相应地运用，一向是地理学中许多方法论的争端根源。

II. 模型的定义

模型的多重功能使得对它下任何定义都非常困难。当然，定义已经有了。在一些情况中，由于一门特定学科中模型的功能可能是非常特殊的一种，因而这些定义非常合适。在数学和逻辑学中，含义阐述得非常清晰，因此完善的定义是可能有的。所以塔斯基(参看萨珀斯 1961，63)说过：

> 在其中理论 T 的所有有效句子都被满足的一种可能的认识，称为 T 的一个模型。

模型一词被严格定义的这一例子，萨珀斯(1961)研究过，并与应用科学家所作的对这一名词远非严格的解释做过对比。这一严格的解释不允许模型具有以上所总结的任何方式，因此几乎不可能根据创造性的经验性研究的观点推崇它。另一方面，经验论者经常采用这一术语的不严格定义，以至于它失去了几乎所有的意义。因而斯基林(1964，388A)写道：

> 一个模型可以是一种理论，或一条定律，或一种关系，或一种假说，或一方程式，或一条规则。

一种更加适度的说法，虽然看上去无所不包，是由阿科夫(1962，108—9)提出来的：

> 科学模型被用于积累和联结我们所具有的不同方面的现实知识。它们被用于揭示现实,并且——比这更多的是——作为解释过去和现在,预测和掌握未来的工具。以什么来控制科学,使我们征服现实,一般情况下我们从模型的应用而得到。它们是我们对现实的描述和解释。事实上,一个科学模型是一种或一套关于现实的表述。这些表述可以是事实的,像定律一样的或理论的。

但是像布雷思韦特(1960)、内格尔(1961)和布罗德贝克(1959)这些作者强调指出,模型应该有别于理论。如果观点的不同仅仅是语义学的事情,那么探讨这件事情就毫无意义。但是,后一派的作者深信在把他们称之为"理论的模型"和"理论"本身混为一谈具有很大的危险。他们所描述的混淆代表了地理学中方法论争端的特点。这一看法后面还要谈及,我们现在仅想评介一下由那些强调模型和理论的区别的人所提到的情况。

一个模型可被认为是一种理论的公式化表达。这种公式化表达可以用某一其他的理论名义来提出。因此布罗德贝克(1959,379)说:

> 两种理论的定律具有相同的形式,是同形的或在**结构上类似**。如果一种理论的定律具有和另一种理论的定律相同的形式,那么就可以说一种理论是另一种理论的模型。

布雷思韦特(1966,225)也具有同样的说法:

> 理论 T 的模型是在演绎结构上符合理论 T 的另一种理论 M。

根据这些作者的说法,模型所要求的一切,就是它应该具有和它所表示的理论一样的形式结构。在模型和理论中所描述的现象物理性质不必要相同。模型和理论间物理的相似或许很有意义，但它们不是主要的。关键所在是形式结构的相似(布雷思韦特，1960,93;内格尔,1961,110—111)。

根据这一观点，模型的一个重要作用是“在理论中的每一句都是有含义的表述”(内格尔，1961,96)这一意义上提供理论的一种**说明**。但由于**主题**将理论的抽象论述归属于理论的完整范畴，所以模型不能作为**主题**起作用。一个模型可以仅仅归诸这一范畴的一小部分，或它可以涉及范畴本身以外。在第一种情况中，模型建造可被看做是一种实验的设计程序，通过它将理论抽象化来概括在这一理论范畴内发生的较少部分现实。在第二种情况中，模型用于把理论转化为更通晓、更易理解、更易掌握的或更易于处理的内容。特别是类比(analogue)模型，它把对某一复杂理论的处理转化为更利于分析的某种中介。一个模型因而正是一种理论许多可能的解释中的一种。

根据逻辑学的观点，一个理论模型“是其中理论的假设得到满足的有序的一组”(阿钦斯坦，1964,329)。有可能在不同的中介中构造许多组。例如，加里森和马布尔(1957)用一符号模型(其中有序的一组$\langle C, M, d$、y、a、$p, t\rangle$满足了 11 条公理)解决了农业区位问题。前面已给出了变量的定义。因此，他们提出了具有一个模型的农业区位的部分理论。这一模型与理论在形式结构上相同，然后对这一模型进行处理以得出必要的证据。

通过模型的方式来构思理论虽然有优点，但同时也存在一定的缺点。据布雷思韦特看来(1960,93—4)，有两大危险：

> 第一种危险是理论要用其模型来识别，所以模型所涉及的对象实际上会被设想成与一种理论的理论概念一样……
>
> 还有第二种危险……，即是将所选用的模型的一些特性在逻辑上的必要条件转移到理论上，因而错误地假设理论、或部分理论具有实际上是虚构的逻辑必要性。

第一种情况中，我们可以错误地假设，我们根据引力模型研究的人口数量具有和任何自然实体相同的性质；第二种情况中，我们可以假设负距离定律对于人口行为的描述是逻辑上的一个必要条件。

但是，关于模型的这些看法，一些作者如布雷思韦特、内格尔以及布罗德贝克的观点，和其他逻辑学家以及科学哲学家的阐述不一致——如赫西(1963)和拉姆赛(1964)——并且还被像阿钦斯坦(1964;1965)和斯佩克特这些作者公开抨击过。在这一争端中有关模型的定义的看法没有取得一致，这不足为奇。因为，正如阿波斯蒂尔和萨珀斯(1961)所指出的，模型的定义部分地取决于它的作用。在科学解释中，这一术语的运用很难用一个无所不包的定义来概括。结果，一些重要的认识论问题依然得不到解决。在没有一致定义的情况下，我们最可能去做的就是注意这类问题的一些性质，它们部分是逻辑上的，部分是程序上的。在以下两节中，我们将试图把它们分离开。

III. 模型运用的逻辑问题

关于模型运用的大部分争论，都是围绕着理论和模型之间逻辑关系的精确性质进行的。因而,布雷思韦特的观点只是模型和理论具有相同的逻辑结构,而所描述的对象性质可以不同。对这一观点的一个重要批评是说它不能区分"模型"和"类比"——这一区分值得斟酌。

A. X 模型

> "模型"这一专门名词经常被科学家在"X 模型"的表达中用以指描述一定的自然事件或现象的一组假说或原理,或一组 X 模型……
>
> 相应地,由 X 模型组成的命题与由可被称作 X 的理论组成的命题一样……"模型"和"理论"的名词经常被用于指非常相似的一组命题……因此模型对象……被认为是与理论的对象等同。(阿钦斯坦,1964,330—1)

在这种情况中,模型和理论具有同样的形式结构,既在模型中又在理论中描述的自然现象的性质也是相同的。但并非所有的模型都是理论,且所有的理论也并非都是模型。一般来说,模型显示出理论的某些隐藏的结构,这是肯定的。因而模型被认为是理论的骨架的表现,但还应该注意到,所描述的结构特征和实体特征包藏在理论之中,正如模型一样。一个模型不能认为是唯一的,可以建立许多不同的模型来表示相同的理论。另一方面,用根本不同的理论来描述同时并存的现象,一般是不可取的。阿钦斯坦(1965,105)总结了这种情况:

> 提出作为 X 的模型的东西就是说明了它作为至少提供了近似于实际情况的X的表达式;另外,必须承认选择表达

> 方式的可能性对于不同的目的是有用的。另一方面，提出作为 X 理论的东西就是说明 X 是由如此这般的原理所控制，而不是说为了一定的目的来表示 X 被这些原理所控制是有用的，或者也不是说这些原理近似于那些实际上获得的。相应地，提出作为一种 X 的理论的东西的科学家必须认为可选择的理论会被拒绝，或修正……

有了对模型的这种看法，阿钦斯坦（1964，1965）可以对布雷思韦特的错误解释的危险性不屑一顾，也可以不考虑内格尔关于模型说明作用的特殊概念。

因此，依阿钦斯坦的看法，模型可以被认作是理论的一种简化了的结构表达，可以提出几种不同的模型来表达同样的理论。因而，空间平衡的理论可以用区域输入-输出模型来表达，由线性规划模型及统计平衡模型（参看马尔科夫链公式）等等来表示。一些作者认为这种表达肯定不及用理论表达，所以模型是多余的手段（参看赫西第一章的讨论）。理论本身为分析提供了“深奥”得多的框架，但是有一些理由可以证明模型是有用的。如模型可以简化运算。慎重地简化理论的假设，并给理论以结构上的表达，可以压缩复杂的推导，处理起来相当简单。以这种方式为一种复杂的理论建立模型可以洞察理论本身。当然，从教学的角度看，简化复杂理论的结构表达是极有价值的。注意理论会随着科学知识的进展而变成模型，这很有意思（阿钦斯坦，1965，106）。因此牛顿曾把他的体系作为一种理论提出（即假定运动是由他提出的力准确控制的），这一体系在许多年中都作为理论来运用。今天，我们可以更准确地说是牛顿模型，因为，很明显牛顿提出的结构（即方程体系）是一种远为复杂的系统的简化了的结构表达。所以以同样的方式，今天的基本原理可以成为明天的观念（前文，第114—115页），而今天的理论也可以变成明天的模型。但是牛顿的例子表明一种理论的结构表达还是有用的——首先，气象学和海洋学的研究可以将其分析安心建立在牛顿模型上，而基本上不必涉及表示量子力学的远为复杂的数学体系。

在这样的情况下，很明显，没有必要重视布雷思韦特的告诫。这里指导应用模型的唯一标准，就是模型应当适合于需要它做的特殊工作。这一标准是通过模型表达的理论主题而提出的。以同样的方式，可以给理念化在理论上下定义。所以，如果合适的一般理论存在的话，模型的范畴就可以准确地确定。这样，牛顿模型的范围可以精确地确定，还可以说明这一模型适用于如海洋学和气象学中范围很广的问题。但是在许多情形中，合适的一般理论并不存在，同时还要注意自然和社会科学之间实际存在的重大差别，这点很重要。

在没有一般理论的情况下，我们可以用模型作为一种暂时的手段来表达我们所思考的结构可能或应该是什么，例如经济活动的区际平衡还没有完全阐明的理论。因而我们运用输入-输出模型、马尔科夫链模型等作为还未充分说明及还无充分主题的理论的结构表达。这样，模型的范畴就不能适当地确定，它对于特定目的的适宜性也未能充分实现。在这些条件下，模型可以用于预示理论。如果是这样，模型似乎就不符合阿钦斯坦考虑的“*X* 模型”，它的作用似乎更像一种类比物。

B. 类比模型

阿钦斯坦(1964,332)说:

> 不要将科学家的 X 模型(或理论)……与他寻求用以解释其模型或理论特性的类比(也可以帮助他建造模型)混淆起来,这是很重要的。

"类比"或"类比模型"这一术语指的是将一种模型或理论转换成别的模型或理论。我们可以将原子表达成台球,人口量表示成物理量,运输网络表示成电子线路,等等。目前由布雷思韦特、内格尔和布罗德贝克提出的看法是,所有需要模型——理论关系的,即是在形式结构上的相似性。在类比模型的情形中,阿钦斯坦坚持说,没有理由认为在实体性质上的相似性在逻辑上也不会是重要的。当然,所有的作者都承认,性质的相似或许要引起争论。赫西(1963,9—16)将模型和理论的情况划分成正类比(即模型对象和理论对象的实体性质相同),负类比(已知的实体性质不同)及中性类比(模型对象和理论对象的关系还未建立)的模型与理论,其中最后一种表示了对研究的最有意义的挑战。例如,我们还需要精确地建立人口数量与物理量的相似关系。

很清楚,在类比模型的情况中,模型对象和理论对象的性质不能相似得分毫不差。阿钦斯坦(1964)据此说,模型和理论的形式结构的所有方面不能完全相同。因此模型与理论间的相符只能是部分的,而且还要取决于其中实体性质相同的方面和推导结构相同的方面。所以阿钦斯坦又总结出,布雷思韦特、内格尔和布罗德贝克提出的分析不够,但阿钦斯坦的分析也不免受到批评(斯旺森,1967)。我们没有机会讨论争论的所有细节,这场争论几乎还没有展开。

我们可以用类比模型去推导与理论相关的结果。但是这些结果只与那些由性质和形式结构决定的结论有关，而性质和形式结构在理论与模型之间是相等的。很清楚，意识到布雷思韦特所说的应用模型的危险性这点很重要。对运用类比模型要竭力加上所想象的危险性。

迄今，根据分析，我们可以区分两种情况。第一种是"模型"，它只包括实体因素和结构特征，这两者都包含在理论之中。第二种是"类比模型"，它所包括的实体因素和结构特征在理论中并不存在。目前阿钦斯坦的分析以假设可以明确区分这两类模型为基本依据。但阿钦斯坦(1965，116—20)又坦率地承认存在着大量实际困难。常常搞不清科学家是提出一个新的理论概念呢，还是借助于类比。起初设想类比的实体随时间的推移会很合理地变成有力的理论概念。应该明确，模型和类比模型之间在逻辑上的区别，在实际中只有当以充分的主题提出的一般理论可以用来表明一个模型是以两种方式中的一种执行功能时，才能划分出来。我们已经注意到在社会科学中缺少这样的一般性理论。因此不可能在大范围研究领域中准确区分这两种模型，这就提出了一些程序问题，它们需要单独进行探讨。

IV. 模型运用的程序问题

哲学家和逻辑学家会把模型应用的问题认为是基本上通过逻辑分析就能解决。另一方面，科学家只希望知道一个特定程序如何以及在什么样情况下被判断为正确或不正确。实际上，科学哲学家和逻辑学家之间的争论，反映出科学研究中在（所有类型的）“模型”运用上一些严重的程序困难。还有一些人进而怀疑经验科学中关于似乎是重大问题的许多冲突，实际上是由于在科学研究中所用模型的正确程序不一致而产生的。这一程序问题可以与两种方式联系起来阐明，其中一种是形式理论可以出现于科学中，另一种是模型在这种过程中所起的作用。简单地说，我们可以区分出后验（posteriori）模型和先验（priori）模型。

A. 后验模型

我们已经阐述了形式理论可能出现的两种形式（前文，第44—47页）。第一种思路以经验观察开始，从中可以汲取一些行为规则。为了解释这些规则，可以提出一种包括理论的抽象概念的理论，最后理论可以进行公理化处理，并被证实。然后这一理论可以用一些结构模型来表示，它们有助于推导和简化运算。在这种情况下是为了表达理论才提出了模型。通过选择，我们能使模型既包括理论中所有的术语和结构（或可以参照理论而定义），也能运用某种类比。在这里，模型的作用只是表达已知事物，唯一的问题是模型对于已知目的适宜性。如我们已注意到的，只要能提出适宜性的一般理论，这一问题就能彻底解决。当没有一般理论时，肯定要怀疑理论的模型表达的适宜性。

如果有一般理论，并且如果模型包括在理论中具有的术语和结构，那么阿钦斯坦的“X 模型”的条件就会充分满足。于是本来存在于模型应用中的危险性就会减少到最低限度，但是又出现了设计模型以表达理论中，对多变的复杂的模型应用的影响这一问题。类型 2 或类型 3 理论只包括“无害的”省略的论证，不会严重影响模型对它们的表达。另一方面，不能充分说明理论，肯定意味着自然要失去对模型-理论关系的一定控制。不精确的或部分形式化的理论可以用精确地说明了的模型来表示，但模型-理论关系的性质必然肯定也未说明。

其次，建立后验模型的作用之一是使关系的处理更为方便和有利于检验程序，理论越简化，我们对模型-理论的关系掌握得越少，我们就越发不会知道(i)模型的结论是否可以转化成理论，或(ii)模型的成功的检验，是否说明了对模型所表达的理论的检验成功。

我们运用后验模型，形成了一个连续变化的统一体——从显然能控制自如的模型所表达的极肯定的理论表述一直到虽然具有精确性，但完全不能控制的模型表达的极含糊的理论表述。在连续统一体的尾端，要说出我们究竟是借助于“模型”还是“类比”表达是很困难的。

B. 先验模型

通往理论建设的第二条思路的特别重要的形式，是给予完全抽象的运算以一种解释(布朗，1963，174)。这种运算或许只产生于抽象的分析性论证，或以对不同范畴的一组特殊经验性问题的答案出现。但就此刻来说，我们只把运算作为具有完全抽象的系统阐述对待，例如，概率论的一组理论的展开，或某一几何体系的一种抽象展开。随后通过赋予运算中所包含的术语以经验性意义，这一抽象运算就会建立起对现实世界的某种解释。只要提出一套解释的句子，我们就可以将现实世界的某一方面“绘制”成这种已准备的运算。换言之，我们从运算开始，然后去寻求确定可以应用运算的对象和事件的范畴。如果这一绘制表明是成功的，那么运算就可以被认为是理论的模型表达，且从运算的结构，我们可以推断出理论的结构。模型因而先建立，理论自模型发展而来。

先验模型可能比后验模型更为普遍。据布雷思韦特（1960，89—90）的看法，模型和理论的一个主要区别仅仅在于前者在认识论上先于后者。因而，模型是一种先验的分析性思维产物，它应用于实际，而理论却是一种产生于现实世界经验的思维产物。对模型的这种看法在社会科学中特别普遍。经济学家通常把模型看做是先验的思维产物（一般是数学的，但有时是图示的），为了阐述清晰或处理的一些目的，经济学理论则被绘制成模型（阿罗，1951；比奇，1957；库普曼斯，1957）。

先验模型具有若干不同的作用。从发现的角度来说，现实的“图画”模型很重要，且在理论形成的心理过程中通常是关键部分。现在我们仅考虑先验模型应用中所涉及的一些逻辑性质。这类模型主要功能中的两个，就是产生理论和在甚至缺少充分理论的情况下能够得出对一些现象的处理和结论。这两种情况都有一些推理和有关控制上的棘手的逻辑问题。前一种情况中，不清楚模型的概念是否与将成为理论的概念一样，或是否实际上它们类似。依据一个成功地应用的模型来推断支配模型中所描述的现象行为理论一定具有和模型相同的特性，这样做极危险。同样，用先验模型的构想作出的预测肯定要受到怀疑，因为不可能知道在什么方面模型表示了理论，且因而在这一方面不能估计概念和结构的相似性。

所以一般来说，我们需要了解布雷思韦特对先验模型的所有告诫，我们还必须更进一步留心他们知道我们还不能说清理论和模型相似的方面。

但是，随着一般理论的发展，可以表明先验模型具有后验模型的特点，因而可将推理和控制的问题缩小到最小限度。还有一种特殊情况，即先验模型可以具有“X 模型”的逻辑性，但一般来说，在经验性科学中这样的情形很少见，特别是在社会科学中，必要的一般理论还不存在。

在以上分析中，我们假设这两种程序的情况可以区分开。特别是从对某一种的先验模型的研究趋向于假设某一理论，趋向于后验模型的发展，把因子加到后验模型中，以便其在对理论的进一步创造中执行先验模型的作用。同样，一种模型可以微妙地改变它的功能；起初作为激发思想的某一“画面”手段而起作用，然后可以作为整理资料的一组规则（如区域的概念），以后又成为适合于解释的纲要。根据程序来看，我们主要是明确区分这些作用，并且要注意一个特殊模型改变其作用的时刻，但这不总是能轻易办到的。

程序问题和逻辑问题是重叠在一起的。哲学家和逻辑学家经常忽略程序上的困难，宣称发现和理论形式化的心理过程的前后关系与他们无关（波珀对归纳和其他程序问题的反驳就是一个突出的例子）。他们还宣称，如果逻辑问题解决了的话，大多数程序困难就会解决。这是不容怀疑的事实，但只是对没有适宜的逻辑指导而只根据某一程序来做出决策的科学家一点小小的慰藉。一些人如沃克曼(1964)争辩说，既然可以设计可行的模型，就不需要把模型和理论联系起来。即使我们采纳这种极端的看法，还存在着建立标准以判断在何种意义上及什么范围内模型"工作"的问题。模型-理论的讨论的长处在于它提出了非常明晰的关于模型中现实主义程度的问题，虽然是以相当含糊的方式去做的。

V. 模型的类型

以同种方式，一个模型可以有多种作用和定义，所以它可以通过多种媒介来履行其功能。一些学科还是倾向于借助某些类型的模型，因此评价某些已有的模型种类不无益处。

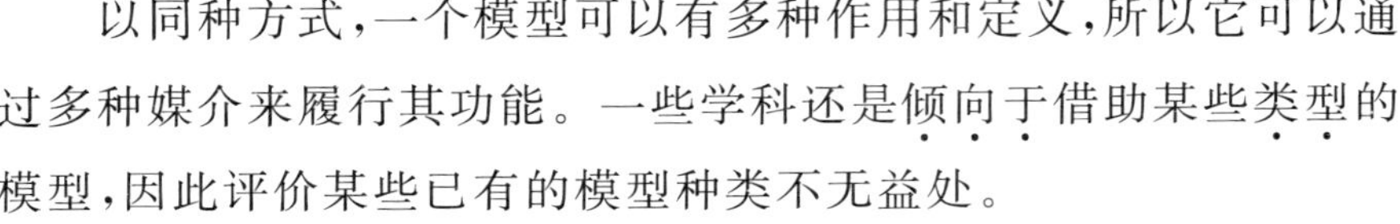

例如，阿科夫(1962)区分出三种模型，一种是偶像(iconic)模型，它用的是同样的材料，但在尺度上有所变化；一种是类比模型，它也包括在建立模型中所用材料的变化；另一种是符号模型，它用一种符号系统如数学方程体系来表示现实。每一种模型在对于不同功能的适宜性都有变化，但却无严格和可靠的规则。阿科夫的分类似乎十分符合直接与实际有关的模型的功能。如果给阿科夫所用的术语下一般定义，就不会感到惊奇。如我们所看到的，一种理论本身可被定义成"为讨论据说理论要解释的事实的一种语言"(拉姆赛，1960，212)。因此一种理论本身可以是一种符号系统。如果根据阿考夫的分类，以简明的方式讨论模型和理论之间的主要关系，就会成为困难。不过阿科夫的看法仍然重要。通过对从一种媒介转换成另一种的选择(如用一电路代表一符号系统),我们可以使理论的处理、发展或预测等等变得很方便。阿科夫的观点被贝里(1963,105—6)在地理学文献中所采纳。

乔利(1964)把所有模型都看做是某种类比,但他却提出把模型划分成:转化成类比自然状况的模型(类似于阿科夫的类比模型);包含实验程序的模型(它可以既包括尺度的变化,又包括向类比的自然状态的转化);以及数学模型(看起来与阿科夫的符号模型相符合)。在以后的陈述中,乔利(1967)修改和扩充了这一分类系统。现在设想有模型的三种主要类型,其下又分若干亚类。

1. 自然类比系统
    a　历史类比
    b　空间类比
2. 实体系统
    a　硬件模型
        (i) 尺度
        (ii) 类比
    b　数学模型
        (i) 确定性的
        (ii) 随机性的
    c　实验设计
3. 一般系统
    a　综合的
    b　部分的
    c　黑箱

一般说来，第一组模型包括寻求在不同时间或不同地点的类比情况或事件，并得出某些结论，这类程序的一例是罗斯托(1960)的经济增长过程的图解表达，它是从对历史的分析和寻求在不同时期不同国家之间的类比而得出的。第二组模型符合科学中模型的更传统的观念。第三组是一较新的概念，它把景观结构看成是相互作用部分的集合，并试图表达这样的过程。综合系统被人工建立起来以结构的方式来类比现实，如乔利所指出的，这样的模型与实验设计模型相似。部分的系统与可行的联系及在没有系统内部运行的完全知识的情况下所得到结果的企图有关。对“黑箱”的探讨，就是试图在我们不掌握系统内部运行知识的情况下从中得出结果。

乔利对这些不同模型研究的讨论并不严格地阐述模型的分类，因为类别不是相互排斥的。但他确实指出不同种类的模型具有不同性质和表达不同类型的现实世界情况的能力。乔利的“地貌活动图”阐明了这些不同种类的模型，如何能在地貌研究的综合过程探讨中应用(参看图 10.1)。

这种分类，在阐明模型概念的非同一般的广度、机动性和潜力方面是成功的。它们也可以揭示一些学科将会与一定类型的模型(有时几乎是全部的)发生关系的趋势——历史学中的自然类比、工程学中的硬件模型和数学模型、经济学中数学和图示模型的盛行都是这一趋势的体现。但是这种分类没有解决模型应用的方法问题，即使它们在某种程度上可以用来阐明这些问题。实际上没有提出模型的一个完全相互独立的分类，是由于先前没能提出充分的定义。很明显，这样的定义必须包括多种类型和多种功能。

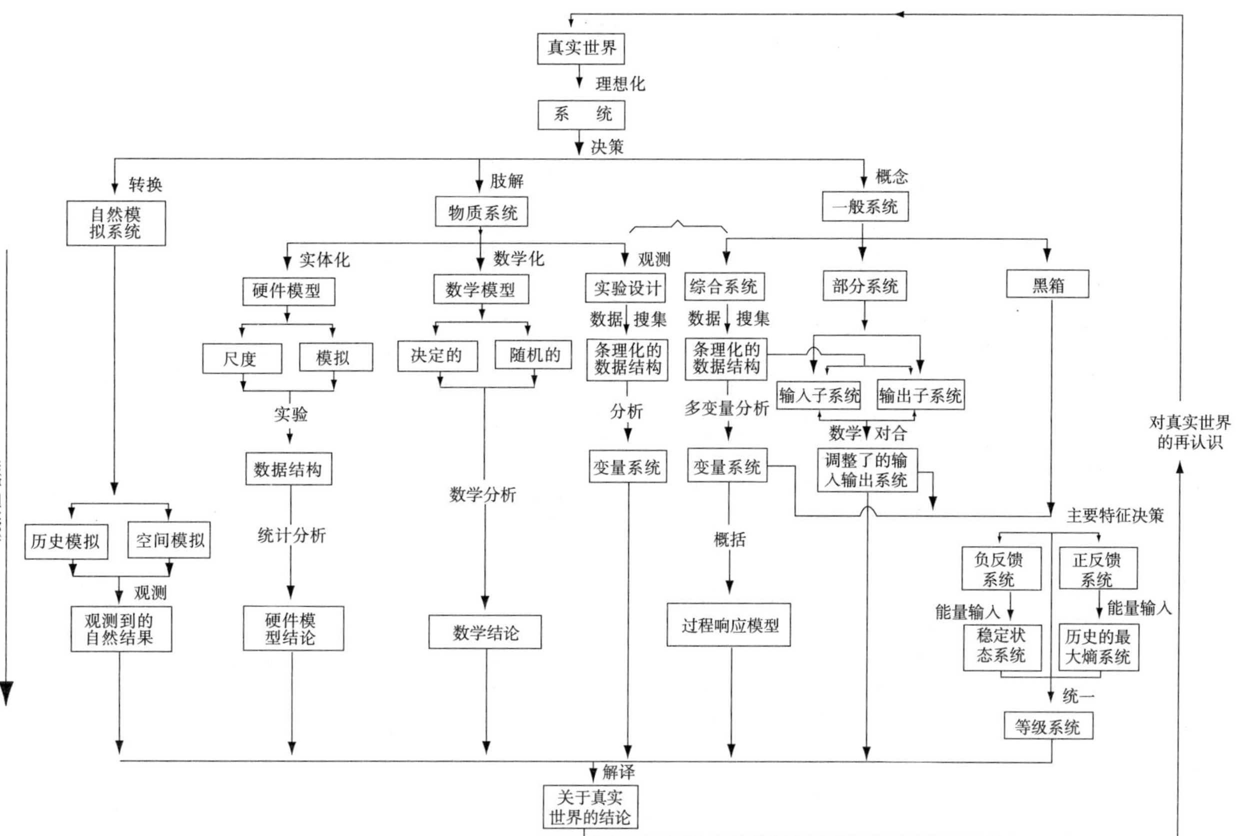

图 10.1　乔利置于“地貌活动图”中的模型类型(乔利,1967)

因此，只有多方面揭示模型运用的综合问题，分类才会成功。

VI. 模型应用问题

模型概念在方法论上产生了很大困难。存在着多种模型履行与多种定义联系起来的多种功能。每个特殊的模型显示了需要它履行功能的一种不同的逻辑能力。如我们在关于模型-理论关系的一节中所看到的，对这种逻辑能力的评价，甚至对模型可以执行一种特定功能的方式的评价是极为困难的。然而这样的评价，对于控制模型和检验由它而来的推理的有效性十分必要。我们或许能够根据所有重要的模型-理论关系来说明这一问题的严重性。

建立理论的一个主要目的是揭示"表面混乱中的秩序"，因而允许从一定的个别情况中获得的信息可以用来推测其他个别情况。在对理论的探索中，我们可以从运用某一先验模型的构思开始。这样做时，我们要求能够说明秩序以某种形式存在，而没有只靠利用先验模型而强加上的。我们进而还要求能够展示将模型对象的实体性质和模型的逻辑形式转化成为某一理论的性质及形式的合法性。整个这一工作的合法性则取决于区分"模型"和"类比"的能力，而且如我们已看到的，这样的区分有时很难做到。但是没有这样明确的区分，我们就不能够说出理论以何种程度表示"表面混乱下的真正秩序"或"真正混乱中的表面秩序"。

扩充、重建或创立一种理论，肯定要运用先验模型，这意味着模型具有初始理论（如果存在一种）中所没有表达的形式的某些特征和方面。这可以包括模型概念的添加（扩充理论），替换（重建理论)或发现(创立理论)。另一方面,简单地说,表达一种理论允许运用后验模型,如果存在着合适的一般理论,就能充分掌握这种模型。看起来阿钦斯坦运用的"X 模型"概念主要与这种程序的情况有关。

在大多数社会科学中和在自然科学的大部分领域中,必要的一般理论并不存在。在地理学中,如我们所看到的,理论的发展很薄弱。因此,地理学中(以及在其他许多学科中)模型的应用将包括先验分析。在这种情况中,模型的逻辑性质模糊,但是坚持"模型"这一术语的严格解释,如像塔斯基这样的逻辑学家所提出的,对于研究发展来说可能证明是没有价值的。在探讨适当的理论上,先验模型是必不可少的。但是运用它们也有危险,特别是在对模型-理论关系掌握不够时。最严重的问题是认同,分三种情况:

(a) 过分认同模型(over-identified models)。我们可以假设一个模型,然后会发现模型具有不止一种可能的理论解释。举一个简单的例子;假如我们用一回归模型来进行分析,并得到有用的相关系数。这是内部因果关系的证据、作用的相互关系?抑或只是欺骗人的相关?模型本身不能告诉我们,因此模型是典型的过分认同。

(b) 无认同模型。假定有一模型,并发现模型有理想的结果,但它发现不了任何确定的理论解释。这种情况是乔利的某些"黑箱"模型所特有的,也是一些统计模型所特有的。例如大小排列规则似乎没有确定的理论解释,重力模型在较少的程度上属于这一类。在每种情形中提出几种理论来解释这些规律,但模型本身没有以任何方式指出理论的性质应该是什么。

(c) 认同的模型。一个假设的模型产生一种而且仅仅一种理论。很明显，这种情况是最理想的——但在地理学研究中不很常见。

正是由于地理学研究性质的特点，我们在对地理学理论的探索中非常迅速地消化模型，但是如果理论发展薄弱，就不能建立我们正以任何精度应用的模型的范畴，也不能以任何精度鉴别模型-理论的关系。正如柯里(1964,146)所观察到的：

> 给定的一组前提包括符合事实的逻辑结果，这并不能证明模型本身是符合现实的。几种很不同的模型可以得出同样的结果。当各个模型表达得清楚有力且经精心修改到有整个理论结构去解释许多似乎孤立的现象的程度之时，这类工作还只能通过数年时间才能判断。同时，"探讨"就是可能有相当多的机会伴随着它们走进只是死胡同的一切。

在运用模型来探讨理论当中，这类死胡同的探索看来不可避免。不冒这样的风险，理论未必就能迅速发展(如果它完全发展)。但是有一定的风险是可以判断的，经充分的研究设计及对模型作用和功能的充分了解，一些风险是可以避免的。在科学中虽然围绕模型的建立有许多认识论上的问题还未解决，但有许多广泛的程序规则可以作为指导，以避免与模型应用有关的比较明显的危险：

(i) 模型提出的功能应详细说明；例如，它是正在用于表达一种理论，提出一种理论，在没有充分理论的情况下根据资料预测吗？等等。

(ii) 一个特定模型的功能在特定的研究设计中，没有充分警戒的情况下不应改变(否则重复的情况在所难免)。

(iii) 用于推断或表达一种理论的模型最好与一种和仅仅一种理论相对应。

(iv) 应重新构建过度认同或没有认同的模型,以使能得以认同——否则应该充分考虑有选择的理论解释。

(v) 不应自动地接受从处理相应于一个理论的模型中所得出的关于该理论的结论,除非

a. 模型与理论认同,或

b. 模型的范畴及模型-理论关系的性质能得到充分说明。

(vi) 由某种模型处理得出的关于一个特定主题的结论,仅就模型将最终显示出能表达一种可行的理论来说,才可以充分接受。仅以模型处理为基础的预测,基本上是不可控制的。如果需要接受仅以模型为基础的预测(像在社会科学中,模型经常是规划的结果),就应细心地对待预测。在充分理论指导下完成的预测,更易于控制(虽然不一定正确,如果在理论范畴之外的事件是容许的话)。

(vii) 在任何研究计划中,应充分意识到赋予模型概念的多重功能、类别和定义。

这些程序规则非常概括。我们现在需要更深入地考虑一些问题,它们产生于地理学中对有关模型概念的运用和滥用上。

第十一章　地理学中的模型

如果了解了关于模型性质的哲学观点的易变状态，那么对地理学家关于这一术语的含义以及经验研究中模型概念的实际应用持有为数众多的观点，就不会感到奇怪了。地理学家近来已经注意到了围绕着模型概念的一些方法论问题，这是令人鼓舞的。乔利(1964,128)清醒地认识到模型-理论的二分法，声称：

> 只有当现实世界的一个片断被成功地描绘时，一个模型才会成为关于现实世界的一种理论，既要避免在抽象化阶段丢掉过多的资料信息，……又要将模型结果的严格阐明落实于现实世界之中。

在以后的陈述中，这一区别变得有些模糊起来。乔利和哈格特(1967)由于有点怀疑他们那时编辑的文集的作者们对模型概念持有相当不同的态度，所以他们要强调模型的一般定义(特别是引用斯基林以上所叙述的)。乔治(1967,43)和哈维(1967A,552—4)看来要把模型视作是理论的解释或表达。格里格(1967,494—500)强调指出术语被混淆了的含义，并讨论了具有不同含义的区域概念。他研究了与区域概念有关的同型性(isomorphism)和类比的观念，而在后一部分，区域的概念与基本上“是趋向形成理论的一步”的模型联系在一起。

因而在地理学中，模型-概念已经在方法论上引起了注意。然而对概念的明确的检验却暴露出很大的混乱——功能和定义的混淆，正如我们所看到过的，这种混淆亦为哲学文献所特有。帕尔(1967，220)把围绕这一问题而展开的辩论视为一场“相当枯燥的关于语义学的讨论”而不予理睬。如果这一主张是对的，那么整个问题就可以愉快地留给哲学家和逻辑学家在空余之暇去整理了。但是辩论并非只是有关语义学的，这是关系到理论的推导、组织和验证的辩论，是关于我们希望获得对地理现象本质的了解的辩论。

实际上，地理学家已经在他们研究的过程中应用(有时是滥用)了模型概念。在许多情况中，应用是含糊的，而不是明确的，因为以同样方式独立于某种理论解释之外来陈述一件事实或许是不可能的(前文，第107页)，所以也不可能独立于作为那种理论的模型之外来陈述一件事实。在理论发展薄弱的学科中——如地理学——应用先验模型是不可避免的，无论这类模型是有意识还是无意识地在对理论的探索中应用。含糊地应用这样的先验模型危险性特别大，因为严格控制推理的必要性还不很明显。用以提出或扩充理论，或在无理论的情况下进行预测的模型构思的应用，要求模型“只要为它的目的服务，就可以自由运用……，在它不能这样做时就毫不留恋地抛弃”。但我们常常对一个特殊的模型恋恋不舍，而且不能听从拉波波特(1953，306)的劝告：“科学家，如果他是一位地地道道的科学家，在隐喻的运用者中就是独一无二的，这就在于他不会沉湎于感受的一种特别方式。”地貌学家沉湎于戴维斯模型(乔利，1965)，现代聚落地理学家沉湎于不同的中心区位模型，都是依附于模型的例子，而这些模型只是理论的部分表现，反过来说这些理论又远非完善或没有明确地发展。沉湎有时带来

学术上的盲目性。一个没有经验性判断的先验模型可以发生一种奇异的转变，自突然承认模型就是理论（没有任何经验证据）直到最后把模型神圣为现实本身的精髓。戴维斯模型的历史说明了这种无根据转变的某些方面，但正如乔利（1965，22）已指出的：

> 寓言中的印度盲人摸到大象的腿，就说这种动物像株树，而（侵蚀）循环并不是比这一说法更完善的关于地貌事实的唯一定义。

戴维斯提出的侵蚀循环现在被“视为仅仅是地貌学在其中可以被观察的一个框架”。于是就显示出在地貌学中，过去的一种迷恋现在正被成功地克服。

地理学思想史中充斥着对先验模型的误用。这向来是思想演化的特点，即老师提出模型（经常意识到其阶段性和先验的特点），而其信徒盲目地奉为神明。戴维斯学派的过失，与其归咎于戴氏本人，还不如归咎于他的崇拜者（如 D. W. 约翰森）的盲目信从（乔利，1965）。同样，环境决定论的过失，与其归因于拉采尔本人，还不如归于他的信徒，如森普尔。在所有这样的情形中，信徒们犯了一个关键性错误：先验模型突然被接受——没有证据——为一完善的理论。正是由于这一原因，模型概念的方法论可以不仅仅理解为语义学。地理学思想史因而可被视为“误用模型的历史”。

当然，在地理学史中还有由类比引起错误论证的明显例子。国家和生物有机体之间的类比不能说明哪些特性是正的或负的类比。一向是地理学的刺激性观点——将地理系统视为有机体和生态系统（斯托达特，1967A；贝里，1964A）——声名之狼藉，并不完全是因为模型本身有毛病，而是因为模型被误用而为地缘政治理论伪造辩护，这种学说既误入歧途又是有害的。这一特殊的模型概念的历史特别有意义，已被斯托达特(1967A)详细研究过。生物学对地理学思想的冲击是强有力的——特别是通过有机体和生态系统这两个概念。但正如斯托达特所指出的，刺激和完全正当的类比陷入耻辱的境地总是太容易了，这不过是因为误用了类比。误用绝大部分起因于不能说明在哪些方面区域具有有机体的特性，哪些方面区域发展可以参照生态学模型而得到解释。

但在地理学中甚至还有难以应用的模型概念的更为复杂的例子。简短地探讨一下这些例子或许是值得的。

例 1

考虑下面的逻辑推理：

(i) $A \to B$；$B \not\to A$。

(ii) 如果 $A \to B$，且 $B \to C$，则 $A \to C$。

这两条阐述分清了因果分析的两个重要特点。第一条陈述了不可逆的规则，第二条陈述了传递性。这一推理可看做是一个逻辑模型。现在，自然科学中有大量研究，是关于表明这一推理表达了一个普遍有效的理论的。众多证据被搜集来以说明这样的模型确实可行。现在从一位地理学家的角度来看，他决定应用模型(如给推论赋予地理学的一个解释)。然后在对地理学理论的探讨中模型被作为一个**先验**模型运用。现实世界中的事件和相互作用被编织进模型中，且做出了理论上的一些推断。但是并不因此就推断理论必须且必然具有像我们在理论探索中运用的**先验**模型同样的逻辑结构。尤其是由于我们已成功地将因果模型应用于实际的某些方面，就不能因此假定现实世界**事实上**就是由因果定律统治着。

如果我们可以说明模型唯一地和理论一致，而且如果我们也能够不用模型本身提供的证据说明现实世界事实上由因果定律统治着，而不是根据因果模型的应用轻巧地进行分析，这样的推论才是正确的。当然，我们不能根据 A. F. 马丁就下结论说，我们都必须也必定是决定论者。这种情况我们将在后面讨论（参看第二十章），但现在，寓意可以搞清楚。地理学中决定论和可能论之争，看上去是"在没有找到需要的保护措施情况下，正被转变成两种对立的理论"的两个先验模型的一种典型情形。

例 2

最近几年，地理学研究中概率模型变得更时髦了。这又产生一个危险：随机模型的成功应用将会成为世界确实是由偶然性规律统治着的直接证据。没有独立于模型本身之外的证据，这种推断是不可能的。但是概率论给我们提供了在模型运用中一些固有问题的更简洁的例子。概率论形成了一个庞大和复杂抽象的运算体系，我们可以将地理学问题贯穿进去。地理学家面临的方法论上的困难是建立控制这一贯穿过程的准则。没有这种准则，要判定一特殊的概率模型是否可行，或用概率运算得出的推论对于我们正在探索的现实世界事件来说是否站得住脚，都是困难的。如下面的概率模型，其中发生 i 次事件的概率是：

$$P\{X=i\}=p(i;k,p)=\binom{i+k-1}{k-1}p^{k}(i-p)\qquad \begin{aligned}&0<p<1\\&k>0\\&i=0,1,\cdots\end{aligned}$$

这一概率模型有两个参数 p 和 k，通常称作负二项式（negative binomial）概率分布。在地理研究中，这一模型被赋予许多种解释(达赛,1967;罗杰斯,1965;哈维,1966B,1968A;麦克康内尔,1966)。特别是用它作为一种手段来概括由样方采样得出的点状分布。在这一程序中有一定数量的假设,为方便起见,我们假定这些假设全都被满足,且模型和数据资料符合得很好。现在我们能得到什么推论呢?

符合很好表明模型是这一点状分布的形态度量的合理描述。但我们本来兴趣在于鉴别能引导产生这一形式的特定过程。为了深入探讨,我们可以参照实体模型,数学家用它来得到负二项分布本身。对这些实体模型的观察,表明数学家已从对比的实际情况中推导出分布。且看下面两个模型:

(i)“如果群落分布在一个区域,那么在固定了的区域抽样中观察到的一定数量的群落,就具有泊松分布。如果群落中的个体数量以对数分布形式而独立地分布,那我们对于总体就得到一个负二项分布”(安斯库姆,1950)。

(ii) 如果个别点按随机预期分布(例如以泊松分布描述),但平均密度各处不同,如果泊松分布的全部集合的均值按类型 III 曲线变化,我们就会得到一个负二项分布。

这些模型不仅只是产生负二项分布的模型,而且因为它们指出了同样的分布可以来自截然相反的过程而可能最有意义。负二项分布因此是过度认可模型的典型一例。没有进一步的证据,不可能推断理论的哪一种是适宜的。哈维(1966B)假定传播过程是相关理论,因为许多研究已说明是这种情况。另外,达赛(1967)展示了在不同取样条件下(特别是与样方大小有关),分布的两个参数的状态可用来推断实体过程的哪一种正发生于所研究的总体分布中。

在负二项分布模型的事例中，至少有 6 种不同的产生过程可以推导分布（达赛，1967）。了解模型以这种方式过度认可是有用的，如果只是由于它表明推论是危险的话。但在许多情况中，我们不知道模型是否为过度认同。情况的一般复杂性是这样：可以建立一定数量的不同模型来表示一种理论，而在一定情况下，每一种模型可以表示几种不同的理论。在对理论的探索中，最大的问题是可能的多种解释，而这些解释可以赋予任何一种结构的模型。归纳统计程序——如形式的描述性测度、主成分和因素分析、回归分析等等，都具有相同的这一问题。因此负二项“问题”正是借助于模型概念建立地理学理论的主要困难的一个例子。

这两个例子说明，当我们在地理研究中应用任何一种先验模型时，我们所面临的种种问题。任何逻辑学说或数学体系（后者可包括几何学）都可以被看做是一种抽象运算，从中我们可以描绘地理问题。这样的一种描绘过程为我们创立理论或在没有理论时做预测提供了一个有力的（如果危险的话）手段。当然，问题就产生了：模型的应用既然具有这样的危险和困难，为什么我们还要自寻烦恼地去和模型打交道？一句话，我们别无选择。地理学理论的发展非常薄弱，而主题材又是极为多样地变化，模型概念应责无旁贷地在地理学解释中起一份作用。在缺乏坚实的地理学理论情况下，模型可以提供一种“暂时的”解释或客观的（经常是不准确的）预测。这样的模型概念的“暂时”运用很重要，特别在需要对整个复杂的社会-经济问题做出某种回答时是这样。至于基础研究，地理学中模型建造的基本职能必须向创立地理学理论发展。的确，模型可以起多重职能，而对于一种特殊的作用，模型所显示的适宜性最终可以参照适宜的理论而推理判断。没有这样的理论，就不能够充分领会模型构思的适宜度。知道在某种程度上可以控制复杂情况是令人振奋的——的确，在人文地理学和其他许多社会科学中，“控制论给予我们一般要应用模型才能得到的真实”（阿科夫，1962，108）。但是如同劳里（1965，164）雄辩地指出，在城市规划模型中，模型是“一种不知功效的工具”。模型的采用对于地理学研究的进步和应用是必要条件，但运用它们的“代价则是永远的警惕性”（布雷思韦特，1960，93）。

第十二章　地理学解释中的理论、定律和模型——结论

在前面各章论述中的各种思路需要汇集起来，以形成有关解释和理解地理现象的理论，定律和模型的作用及其应用的某种结论。

开始我们就认为，没有某种理论，地理事件的解释和认识的描述是不可想象的。科学方法试图保证以一种特殊形式来表述一种理论；这种形式是可控的、内部一致的和可以证实的。为了这一目标，科学哲学家和逻辑学家为科学理论描述了一个范式。各个学科在力求理论表达和这一范式一致的程度上各异。很清楚，自然科学和社会科学中的许多理论未能满足哲学家和逻辑学家提出的所有要求。关于这一范式，有两件事情应当注意。第一，它本身随时间而变化。因此米尔的观点在许多方面不同于彭加勒，彭加勒的观点又明显地异于布雷思韦特、内格尔和亨普尔。第二，范式并未告诉我们如何去获得理论，它仅告诉我们一旦获得理论应如何表达和写出。

一种方式是一旦创立一种理论，我们就陈述它；一种方式是我们去创立这种理论，两种方式有着巨大差别。或许我们可以用类比的手法阐明这一点。科学哲学家在必要时将理论比作地图。因

此图尔明(1960A,105)说：

> 物理学家和制图学家所面临的方法问题，许多方面在逻辑上相似，所以，他们用来处理它们的表达技术也是相似的。

既然许多地理学家比起他们进行理论工作来可能知道更多的地图编制，那么像这样的类比在现在的关联域中是颇有启发性的。

一幅地图根据一定的制图原则来编制，这些原则包括一致性——图上的符号不应因地而异；以及逻辑的连贯性——我们希望地图能阐明要想表示的无论什么内容。但地图本身是一个抽象系统——一系列的线条、点、颜色、记号和符号，在这方面，地图就像一个未经解译的算式——没有主题的一种理论。只有加上图例后，地图才能被解译，对这样的解译，图例应当给我们以有关的信息。它应该告诉我们，记号、符号、颜色等等都表示什么，而且它也应该说明在哪些方面地图具有代表性，在哪些方面没有。比例尺、位置、地图投影以及方位是重要的表述，正如以恰当的主题告诉我们理论的范畴一样，它们告诉我们地图的范围。一种理论没有完善的主题就像一幅地图没有完善的图例。这种不完善限制了地图的应用——如果我们不知道地图采用哪种投影，那么在图幅上计算实际距离就有危险。社会科学中的许多理论都不完善，根据它们所作的预测也受到同样影响。

地图和理论具有目的的相似性。我们能够利用地图提供信息，我们可以利用它们进行预测，利用它们分析关系。图尔明说：以同样的方式，我们可以应用理论去在现象“周围找到我们的路”，去预测、解释和提供信息。我们可以迅速回答诸如此类的询问：“开罗是在马德里的北边吗？”或“一自由落体下落了25英尺之后速度是多少?”,而实际上不需做任何直接测定。因此,地图和理论均是为一些事物而构思。通常它们被建立起来以满足某些重大需要。当然这里要判断何为重大是困难的。这样的讨论只会将我们引入人类知识的最终“目的”的整个问题。或许宣称地图和理论被建造起来就足够了,这仅仅是因为一些人认为只要可行就值得。从直接利用来说,既有无用的、但漂亮的地图和理论;也有粗糙的、但却有用的地图和理论等等。

一旦地图编制出来,我们就可以从中获得许多模型。我们可以简单地描画出河流、等高线或交通运输网络。这最后的描画很像阿钦斯坦的“X模型”,它只表示了在优秀的地图中所包含的关系和信息。我们可以从地图中抽象出数学方程——使趋势面符合于等高线,用最小距离法检验点状分布等等。在这种情形中,我们把地图上的信息转化为用于处理的一些其他手段——我们在建立“类比”模型。所有这一切,都是在利用已完成的地图或理论的后验作用。

但是我们编制地图的方式,当地图一旦完成时我们处理和应用它时所遵循的规则,都与开始创造地图时的程序形成对比。所遵循的方法、应用的工具、做出的假设及以后的活动,的确都非常不同。一幅科学的地图或理论以某种方式与经验现象联系起来。在编制将使我们准确地“在周围找到我们的路”的地图时,我们需要走出去和勘测土地——这包括测量、描画和记录。制图学家编制地图遵循一套规则,当他外出勘测土地时又有一套不同的规则。同样,我们不能根据适于编图的标准来判断野外勘测者的活动,所以,我们不应该以创立最终形式的理论所用的标准来判断在探索理论中的科学家。这一重要观点已为吉尔伯特·赖尔(1949，269—75)透彻地强调过。这并非说野外勘测者的活动与编委会的要求没有关系。野外勘测者忽视制图规则会使工作搞糟；同样，科学家忽视科学理论的表述的逻辑要求，会使探索某种理论的工作搞糟。两种活动不同，但它们的要求有着密切的联系。

如果不具备详尽的经验性知识，地图编制者在制图时可能会被迫做一些先验假设。例如，中世纪的制图家在他们能够记载任何事情以前，就假定世界具有某种形状。他们可能假设世界是圆的、平的，或者像科斯默斯·英迪科波利斯茨所设想的，形状像座教堂。对这些假设的看法是，没有它们，没有关于地球真实形状的知识，地图就编不出来。假设的形状因而起着建立先验模型的作用。所以，运用先验模型的预测和解释，颇像试图以赫雷福德地图为向导航行到耶路撒冷。

这一扩充了的类比观点就是想简明扼要地指出，我们应该以相当不同的方式探讨理论建设的目的，支配理论表述的规则以及在发现理论上我们要遵循的程序。运用这样的类比，使模型-理论关系的相当困难的观念变得清晰起来是可能的。但类比不能走得太远，因此我们要返回到争论中的方法论重大问题上，并要作出关于在地理研究中调查的目的、形式和策略的一些直接结论。

I. 目的

这本书主要谈及我们表述的方式以及发展具有很高可靠性的一般解释性表述的策略。然而这两项内容并非都独立于目的之外。所以已经坦率地承认关于“地理学性质”的思考形成了创立地理学理论的主要动力。没有由这种思考提出的目的和方向，理论就得不到发展(参看前文，第139—142页)。在以前各章中没有什么可用于怀疑地理学家所具有的地理探索的目的的基本观点。在某些情况中，希望这些传统观点得到扩充和尖锐起来。例如，看一下赫特纳1923年的陈述：

> 一般地球科学的想法在现实中是不可能的；只有作为生物地理学，地理学才是一门独立的科学，就是说，作为地球表面不同部分的多种表达的知识。首先，它是对土地的研究；普通地理学不是一般的地球科学，它推测地球的一般特性和过程，或从其他学科接受它们；至于它自己，则倾向于它们的多种区域的表示。(苏尔，1963，317)

一般来说，这一“地理学性质”的十足传统的观点，与关于地理学理论的基本假说的性质的结论相吻合——这种结论指出原有的形态量测假说和衍生的过程假说的重要二分法(前文，第155页)。虽然迄今的分析与关于地理学性质的这类基本观点并不矛盾，但它还是指出，为了将目的从表述形式中分开，必须创造一个重要条件。在有关地理学方法论的大多数文献中(特别是哈特向的阐述)，出现混淆的一个重要原因是不能区分这两种因素。地理学分析的最终目的可以是了解个别的情况；同样，此刻转回到我们的类比，路线图的最终目的可以是允许个人以他们自己的方式选择他们的路线。但这并非意味着每一种情况都必须创立单独的地图或理论，也不是说制图分析或理论表述所遵循的原则可以改变或抛弃。甚至异常事件如果要解释的话，也需要运用这样的原则。首先，我们不能像许多人要去做的那样下结论说，因为地理学家对特殊情况极为关心，不可能用形成的定律来解释这些特殊情况。而这点则引导我们去思考地理学中解释的表达形式。

II. 形式

至今，分析的基本内容都与地理学中的解释有关。直到目前，地理学中的解释仍然是将直觉理解运用于大量个别情况的过程。科学理论基本上还未明确地发展，定律因而也未公式化，科学解释的一般要求还没有得到满足。如此情形，部分可归咎于许多地理学家的方法论的观点（特别是哈特向），这一观点以错误的推论为基础，即因为我们基本上涉及的是特殊情况，所以我们必须寻找特殊的解释。每一步棋都可以是独特的，但下棋的规则非常简单，棋盘是极为有限的。这种方法论的观点导致我们不能根据所设想的科学方法的要求去探讨现象——我们在忽视制图规则的情况下一直企图编制一幅地图。而不能获得可靠的理论的充分主体，则在一定程度上要归咎于我们的主题的高度复杂性。

原则上没有理由说定律为什么不应致力于解释地理现象，或是为什么不建立起具有很强解释能力的理论。在原则可以提出符合于一般所设想的科学解释的规则，这就是我们的主要结论。

主要困难随着这一结论的得出而产生。如果我们缺乏理解，以及我们的大部分主题的高度复杂性，那么我们建立任何具有强大解释力量的较为完善的理论需要很长时间。以部分的、不完全的及没有充分阐明的理论为基础的解释，肯定比较软弱无力和无效。在这样的情况下，于直观洞察基础上提出的解释很可能更为有效。但从长远来看则无效。一种直观的解释包含某种模型或理论，否则它不能解释。所以，为什么不尝试以所设想的科学解释的要求去发展和扩充这样的直观解释呢？总之，我们可以只利用对方向的感觉和旅行家的传说顺利地到达耶路撒冷——但说到底，远为有效的是按照图来航行，因此，为着制图的目的，没有把我们成功地凭直觉航海详细记录下来是一件憾事。直到现在，我们还没有建立强有力的地理学理论，但如果我们广泛地牢记这样理论的要求而去进行探索是极为有益的。我们还没有获得理论的充分的主体，看来在不远的将来也得不到。企图在缺乏充足的理论的条件下，提出科学解释的任何过于严谨的形式就是招惹灾祸。因此，我们的解释必须继续大大求助于直观感觉。但由缓慢发展着的理论主体所支持的直观感觉，比起只以直觉来抓住复杂问题来是更令人满意的情况。

用科学的范式、标准来衡量现行的解释或甚至这些解释的形式是不得要领的。这样的衡量只能使人灰心丧气。如果我们连范式本身都不会应用，那就需要我们产生自己的范式——大概比科学范式本身要弱，但并非与科学范式全然无关。像这样一个范式的规则需要灵活，但要稳固。探讨地理学这样的范式的最好办法或许是注意在科学范式中的那些最容易在无多大风险的情况下被摈弃的因素。例如，理论的公理化和形式化看起来似乎是不必要的，甚至是无用的。同样，将严格的标准用于定律概念似乎也没有意义。可能某一地理学范式的主要规则，应当是愿意将事件看成好像是它们通过定律而得到解释的。为研究而建立我们自己的标准，这一整个问题最终将由地理学家关于他研究大量课题的行为而得到解决。我们期望不同专业的地理学家会制定不同的行为准则。毫无疑问，各专业间会产生冲突。但据我看，所有的准则都必须承认，地理学家的首要目的是更精确地获得解释与他有关事物的艺术。在寻求这一更高的精确性中，我们所采取的策略是辩论。

III. 策略

我们希望周游世界，但我们没有合适的地图。在这种情况下我们应该怎么办？我们不能不冒风险作出一些假说，总之，将以我们认为是真实的模型而开始进行。这样的先验模型使我们能航行，而且它还能使我们最终建立一幅比我们目前所有的更加准确的世界地图。

乔利和哈格特（1967，33—9）最近主张，地理学应采用一种新的和全然不同的以模型为基础的范式，这是一种不大适合于记载和分类，但较适于分析和表达理论的范式。这就实现了先验模型概念的更直接应用——即直接建立理论。根据地理学目前的状况，没有疑问，策略的关键问题靠先验模型的概念来提供。这样的模型有双重优点。首先，使我们在缺少完善理论的情况下能大胆提出一些预测（即使是很不可靠的）。其二，一个先验模型可以表明适宜的理论或对某种现存的、但不完善理论的扩充或修改。

先验模型建造的利用具有危险性——在前面章节中强调过的危险性。意识到认同、推理和控制的问题，对于先验模型建造的认真负责的运用是一个基本先决条件。没有合适的地图而在大海航行无疑是危险的，但是前面的航程有风浪，还要执拗行船，就会招致覆灭。

当几乎所有的解释表述都利用先验模型时，地理学可能正处于发展阶段。这些模型中的若干将作为对地理学想像力的特有反应而得到发展。这些模型的性质和要求不能事先建立。但或许更重要的是对其他学科模型的吸收，而这些学科在其理论发展上更为精确。我们可以改造来自其他一些经验性科学或逻辑学与数学的某些领域中的理论和模型，使之起到地理研究中先验模型的作用。既然可以表达包括在其中的假说，那么这些理论和模型就可以预先检验，它们对一定类型的问题的适宜性和应用程度也可以预先估计。有大量现成的运算，可以极高效率给出地理学的某种解释。但是为了理解其结果，我们必须准备学习要运用的数学语言，懂得它们的特性，在必要时加以修改，并且有意识地操纵它们以满足我们自己的需要。不经思考就运用模型和以创造性的方式指导和控制模型应用，这两者有着天壤之别。

地理学目前的形势看起来是这样：通过以地理学术语作出的对现行的抽象运算的解译，寻求创立理论的策略。如同我们已看到过的（前文，第 185—186 页），这与科学中理论建设的主要途径之一相符。我们所面对的每一种运算具有与之（它具有一定的特性和限制性）联系在一起的一系列特性。应用这样的运算，需要对它们固有的可能性和限制性进行预先估计。由于以上章节中的一般结论是想将受控的先验模型构思应用于地理学问题，所以我们应以某种详细程度继续思考更重要的运算的性质、形式和限制性，这些运算从表面判断似乎对解释地理现象具有巨大的潜力。这将是以下各章的主题。

第 四 编

地理学解释的模型语言

第十三章　数学——科学的语言

理论为解释提供了钥匙。一种理论就具有一种"语言的特征，可用以讨论把该理论看做是解释的种种论据"。因而，对这类语言性质的探讨和指出地理学理论如何在特定语言的帮助之下发展是互相关联的。在第二章中，我们考虑了语言的某些一般特性与感觉及思想的关系，因而记住在本章和以后章节中讨论的一些方面是有用的。但在这里，我们将不理会自然语言的类别，因为我们主要关心的是在探讨适当的地理学理论中，如何能够（并且应该）引进特定的人工语言。这些人工语言系统为讨论地理学问题提供了一种客观的和普遍的语言，在多种数学语言中，我们可能方便地确定某些特别适于将地理学理论公式化的语言。在以下两章中，我们将特别关注关于几何学和概率论的人工语言应用于这后一方面。在本章中，我们讨论人工语言系统的一般性质。我们将探讨这类人工语言的内部逻辑，以及它们在一种实质性经验（和地理学的）范围内的解译。

I. 构建的语言系统的结构

我们已有机会提及语言系统结构的一些技术方面（见第 28—32 页），也提到了"理论"、"运算"和"语言"这些名词紧密联系的方式（见上文，第107—112页）。现在我们要致力于将这些特征变得更清晰。通过接受卡纳普(1942,1958)提出的符号使用学(作用于语言宣讲者或收听者的因素)、语义学(和概念联系在一起的有关符号及以某种方式与经验联系的术语)和句法(语言的内部结构或"语法")之间的区别而开始讨论不无益处。一种纯句法系统,其中元素和构成规则并不根据对象类别或过程假设而定,则称作纯形式语言。当赋予所用的术语以某种含义时,一种系统则被称为解译语言。探讨句法系统和其语义解释的性质是很有启发性的,部分是因为这样的分析会把科学理论的性质搞得更清楚,但更重要的是,因为它阐明了发现和解释适于地理研究的语言问题。下面的阐述以卡纳普(1942,154—61)和罗德纳(1966,12—8)的观点为基础。

句法系统或如我们至今已提到的运算,实际上由一套形式规则组成。依照首先给定的将在运算 K 中运用的符号分类,我们可以构造 K。这些符号形成 K 的元素或"词汇"。然后,一组形式上的规则当在 K 中履行功能时被阐述。这些只是告诉我们,元素的哪些结合是允许的,哪些则不允许;即元素的一种特定结合是否形成一个"句子"。此外,可以提出一组定义,它们表明新元素怎样通过元素的结合而形成;即新"词"经过允许将现有的各个单词结合起来而添加到词汇中去。现在可以通过提供一组原始句子和一组转化规则(如推导的演绎规则)提出运算的证据和来源。于是这些原始句子起着可以衍生出句子原理的合理作用。可以注意到这些句法规则提供了对科学理论结构的完整描述(参看前文,第108—110页)。

语义系统,或称作解译的运算,具有与句法系统相同的形式,只是它另外还要求一组设计规则和一组决定 K 中所包含句子的真实条件的规则。于是我们就有了语义系统 S，它可以与句法系统 K 联系起来。卡纳普想要解决的逻辑问题实质在于表明在什么条件下，S 可以视为 K 的真实解译。逻辑问题极为复杂，因此在这里我们不能详细讨论它。简言之，语义系统可以用它们的内容来确定 K 中的一定句子，也可以用以说明 K 中的一些句子也是真实的。如果 S 包含 K 中的所有句子，那么 S 就可以被称作 K 的解译。语义系统 S 因而为运算 K 提供了主题或相应的规则（前文，第 112—118 页）。注意到我们可以用不止一个 S 提供给 K（即我们给运算提供不止一种解译），且也可以给每一 S 提供不止一个 K（即几种不同的运算可给予同样的语义解译），这很有意思。这样就产生了模型-理论关系的基本问题，以及展示了人工语言建造导致我们产生的鉴别问题。

注意到语义和句法系统之间关系的更一般性质也富有启发性。首先，如卡纳普指出的（1958，101）：

> 建立句法系统的人，从一开始就有这一系统的解译的想法……当这一有目的的解译接受不了句法规则中的明确指示时——因为这些规则必须严格地形式化——关注解译的作者的意图自然就影响他对句法系统形式和转换规则的选择。

因此，我们可以特地设计句法系统来处理某些经验性问题，只是我们通过观察要为建立这样的句法系统而制定严格的规则，以保证过程的客观性。在这种情况中，我们试图建立一种理论——即发展一种合适的语言——来探讨一定的经验性现象。

其次，卡纳普指出（1942，203）：

> 运算的解译在科学方法中是重要的一部分。在数学、几何学和物理学中，系统或理论往往以假说的形式建立。这些是一种专门的运算，……为了在科学中这样的系统得以应用，需要摒弃纯形式部分，在假说和客观王国之间搭起一座桥梁……很容易看到在我们术语中描述的这一程序是引导句法进到语义，这里称它是为运算建立解译。

在以后章节中，我们将讨论这两种联系的一些例子。

II. 数学语言

符号逻辑学为我们提供建立和理解人工语言系统的必要工具。怀特海德和罗素在他们的《数学原理》(1908—11)中最后成功地说明数学知识可以从逻辑原理中推导，并且利用形式化语言手段重新阐述了几种数学体系。《数学原理》的发表标志着有关数学知识性质的哲学思想一个重要阶段的终结，但它并不标志争论的结束。纯数学的本质仍然是很多争论的主题。柯勒(1960，156)说：

> 纯逻辑学家说，这就是逻辑；形式主义者说，这就是数学式中数字的运算；直觉论者说，这就是暂时直觉媒介的建立；逻辑实证论者说，这就是比某些逻辑表述更易丢掉、而比经验性表述更难抛弃的表述。还有不少折中的看法。自布尔和弗里奇以来，数学逻辑的进步就与关于数学本质的哲学争论的延续几乎没有什么差别。

一般都认为数学是科学的语言。因此，对于我们理解地理研究中数学的应用，可在数学表达和直觉之间建立的联系的性质就变得重要了。这是一个复杂而困难的题目，在这里不能详细讨论。柯勒(1960)和伯思(1965)进行了充分阐述。从关于数学的哲学的一般讨论中，我们至少可以得到数学所没有的一些清晰观念，从而避免了一些易犯的错误，它们是将数学模型用于经验性研究的障碍。

据休谟看来，数学真理是分析性和先验的——即数学真理通过定义才完全是真实的，这样的真理不能根据经验而建立。但据J. S. 米尔看来，数学可以视为一种经验性科学，其中表述的真理可以根据经验而建立，用哲学术语来说，即数学知识是综合的后验(synthetic a posteriori)。但据康德看来，数学知识是综合的先验(synthetic a priori)。数学知识的这种复杂化了的观点，表明数学表述具有经验性内容，虽然表述本身没有根据任何经验上确定的主题构成。因而在经验上不能获得欧氏三角概念——它是一种先验建造；然而在描述空间的点实际上如何排列三角的概念是成功的。

十九世纪数学和哲学的发展在一些重要方面解决了这些冲突的观点。新几何学的发展，如洛巴切夫斯基和黎曼(参看下文，第241—244页)阐明了欧氏体系只是许多可能的几何学之一。皮亚诺和以后的学者如罗素，说明了数学的每一概念可以通过三个本原词“0”、“数”和“后继者”而确定；以及数学的每一命题，可以用一组非本原词的定义从5条公理中推导出，这是成功之举(亨普尔，1949，228)。这也说明几何、代数和算术都可以简化成一组基本假设。结论是必然的。数学是一种形式语言系统——未经解译的运算。因此，它是一种彻底的先验知识，无论如何，纯数学体系没有经验性内容。

但是这种结论导致一种明显的自相矛盾。数学体系被用来获取关于经验性主题客体的信息。欧氏几何被用于测量问题，黎曼几何被用于爱因斯坦空间，数论用于工程和经济问题，等等。这只是想说明先验句法系统 K（数学运算）可以通过语义系统 S 给予解释。因此从这一意义来说，米尔把数学看做是一种经验性科学是对的。给予纯数学表述以经验性解译是可能的，并因而可将抽象概念转变成经验性概念，反之亦然。纯数学可以视作句法系统，应用数学可视作语义系统。亨普尔（1949，237）因而得出结论：数学体系是"一种无经验性内容的庞大和精巧的概念结构，也是科学地理解和主宰经验世界必不可少和强有力的理论工具"。

这种数学的观点有若干重要含义。如果数学是一种先验的分析性知识，我们就不能从其中学到我们未知的任何东西。但数学是一种极为有效的语言，它能使我们获取信息，而用其他方法就会十分困难或在心理上不可能获取。在其经验性应用中，数学作为一种"理论榨汁机"的作用，它可以只将已得到的信息抽象——而在特殊的一组假设中，比起我们能轻易地感受到的有更多的信息，数学则有非凡之力来抽取这些信息（亨普尔，1949，235）。

接下来，具有纯形式化的数学也与定量化和量度没有必然的关系。经验性科学中，数学思想的非凡力量大部分来自能轻而易举地处理定量问题的能力。但应用数学的许多领域与量度没有关系。这种"相关数学"（如有时称呼）领域在定量化困难的学科中有重要的实际应用。因此拉德克里费-布朗（1957，69—89）和列维-

斯特劳斯(1963,283)都指出,数学逻辑、集合论、组合论和拓扑学可用于讨论人类学家关注的许多定量问题。许多社会科学(以及人文地理学)因而借助非数量化数学来研讨结构和相互作用问题。显然数学思想不一定包含定量化。

III. 数学语言的运用

据以上提出的观点,纯数学与感性资料世界可以没有逻辑关系。纯数学只运用抽象术语和相关的符号。数学与知觉感受的这一区分,产生了若干困难的问题(图 13.1)。其中最重要的可以两

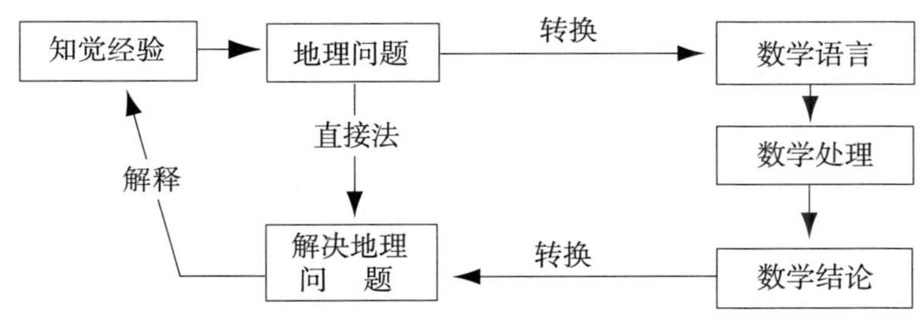

图 13.1　在解决问题中数学的应用

种问题的名义汇集起来。首先,在对公理的选择及一种特殊的数学语言规则的影响上,感觉可以起什么作用?其次,在知觉感受资料的相关意义上,什么是支配这种抽象数学语言应用的规则?

如卡纳普所指出的(第 219—220 页),可以用所设想的解译来选取一个特定的句法系统。例如,在后两章中,将探讨对几何学和概率论不同公理的处理。每种情形中,在知觉感受经验成为一种特殊公理形式的解释中,可以发现许多例子。克莱因对几何学基本原理的研讨(第245—248页)以及内格尔对概率论基本原理的研

讨(第 276 页)或许是最雄辩的。但是公理的实际形式化是一分析性活动——它相当于以一些本原词、定义和规则来建立系统。这有点像发明一种新而复杂的游戏——一种以符号来玩耍的游戏。

数学家在建立这类游戏的真实动机——需要解决某些经验性问题或是直接迷恋于建立抽象符号系统——不一定与我们有关。但这一符号系统和现实世界情形之间的联系却至关重要。无论欧几里德的动机是什么,他建立的体系肯定能使许多经验性规则系统化,而这些规则是巴比伦人、埃及人和希腊人涉及平面图形的数学形式而发现的。欧几里德设法发展一种形式化空间语言,它可以如此翻译,以此预言已知的经验规则和新规则。欧氏几何学的这种能力无疑为从希腊人到康德的许多数学家和哲学家关于几何学是一种经验性科学的信仰做出了大量贡献。就解释包括(及预设有)量度的几何体系来说,可以赞成这一观点。但以后的发展表明欧氏几何学不需要直接的经验参照。在运算 K 中应用的术语可以利用语义系统 S 给予解释(即点、线、角等可以近似地表示),这一事实说明欧氏几何学起到了解释的数学语言的作用。

可以产生无限数量的数学语言。从这无限多的假说中,一种特殊语言的发明和精密化,部分取决于纯数学家对一种特殊的语言形式的内在兴趣,部分取决于那种语言对于科学家的效用。因此,一直到生物学和物理学的问题使彻底研究这一特殊的数学语言成为必要时,概率论才丢掉了仅用于机遇游戏的奇特性。由于发现了一种特殊语言的新应用,才产生了语言本身的新问题。数学语言的扩充和这种语言应用的发展之间的相互作用,因而具有某种重要意义。但语言的应用,取决于能用感知资料和以经验为基础的概念来解释数学符号。

通过讨论控制着将经验性问题融入现行的数学语言中去的规则，这一问题可以得到最好解决。这就相当于确定规则，根据规则，我们可以说出何时语义系统 S 对于抽象运算 K 是有效的解译。叙述一套逻辑规则是可能的。因而，卡纳普（1942）认为，语义系统 S 应与运算 K 同型。当然，这是逻辑学家关于理论（S）和模型（K）之间关系的特有观点。只是这一观点在经验上不很有用，因为它致力于宣扬现实世界的结构和用以探讨这一结构的数学语言之间的同型性。因此，有必要假定我们已经知道现实世界的所有结构——换句话说，K 起的是后验模型的作用。实际上在将现实世界问题融入数学体系之中包括若干步骤。它们由柯勒（1960，182）描述如下：

> (i) 经验性概念和命题被数学概念和命题所代替，(ii) 从如此提供的数学前提推导结果，以及(iii) 导出的某些数学命题被经验性的命题代替。人们还可以加上(iv) 最终提出的命题的实验证实——但这是实验科学家而不是理论家的任务。

在这一程序中的第一步可能是最要紧的。经验性概念必须从不精确的现实世界中提取，然后被精确的数学概念和命题取代。如果经验性概念和命题以模糊和模棱两可的方式形式化，那么决定那种数学语言究竟是适宜的就会变得极为困难，将经验性命题和概念转化为数学的命题和概念也很困难。因此，应用数学语言必备的先决条件就是形成的概念和命题具有精确性。在社会科学的许多学科中，这方面的失败是一普遍问题。因此科尔曼（1964，3）指出，在社会学中：

> 词语理论的种类和己显示的研究成果是如此含糊地叙述或如此薄弱，以致将它们转变成数学语言很困难，一旦转变，它们又常常不能显示与数学的强有力部分一致的同型性。

仅仅运用数学符号并不等于将某种理论设想恰当地融合到运算中去。所以马萨里克(1965,10)批评许多社会科学家运用“缺乏恰当数学意义的记号的模糊系统”。仅仅陈述 $Y=f(X)$ 本身是没有多大用处的。阿罗(1959,149)严厉地批评过齐普夫在《人类行为和最小努力原则》(1949)中运用的数学语言：

> 没有一处明确阐述过基本假设；虽然经过长期工作，将数学符号和公式随意点缀，但所产生的衍生物主要是讲话的数字和比拟，而不是真正的数学推导；在一些情况下，它们简直是错误的。因此，只能认为，作为对系统的社会理论的一种尝试，齐普夫的工作是失败的。

另一方面，如同科尔曼(1964,3)所说：

> 形式化的经济学理论，以它一套精确地彼此联系的概念，发现数学极有用处。它们……与代数和微积分有着部分同型性。

将社会科学研究的广阔领域数学化的尝试一般是有益的，这只是因为它需要预先阐明经验现象的概念和命题。在一些情形中，这种阐明可以利用一些数学运算作为先验模型，以及寻求能有效地融入模型中的概念和命题而完成。在这样的步骤中潜伏着危险。因为在众多可能的数学体系中，还只有少数被探讨过。它们发展的主要动力来自自然科学；因此对自然科学有用的运算可能比任何其他运算能更好地发展。对于社会科学来说，趋向是发展能被融入适于自然问题研究的数学体系中去的概念。在社会科学中，这样发展的许多概念类似于(可能并不如此不合逻辑)物理学概念就毫不奇怪。当运用所有的先验模型时需要极为谨慎，但效益可能极高。概率论对行为科学概念的作用称得上是一例。不过，社会科学概念和假设的阐明可以在没有任何特别的数学体系要求的条件下进行。如果对经验现象的理解变得足够清晰和准确，而适于讨论概念和关系的数学运算还未建立起来，那么对于发展新的形式运算，或对进一步探讨一些发展薄弱的运算，就需要某些条件。在所有社会科学中，对相关的数学日益增长的兴趣，可能是在数学新的发展中最令人鼓舞的例子，而它们都是被经验性问题的清晰阐述而诱发的。

数学表达的合理性，不能仅以从经验现象转化成概念理想化、再进而到数学抽象的有效性来评价。如果仅是这一标准，则大多数数学的处理就会被判为无效。虽然这点是对的：如果有时间和耐心，所有的数学系统都可以被掌握和发展；说掌握某些系统比掌握另外一些要容易得多，也是对的。掌握线性方程系统比非线性方程系统要容易得多，欧氏几何比非欧氏几何要容易学得多等等。因此方法论问题变得更复杂了。它等于规定数学式子，而这一算式没有太多地歪曲正被讨论的现象，它本身简单，易于掌握。这个一般性问题可以用一简单例子来加以阐述。

假定我们用一简单的回归模型来讨论分布在空间的两个变量之间的关系。模型构造为：$Y=a+bX+e$，这里 X 是一独立变量，Y 是从属变量，a 和 b 是根据资料估计的两个参数，e 为误差量。可以给予这一数学模型以若干理论上的解释(即它是过分认同的），让我们假定我们正检验形式上 $X \rightarrow Y$ 的因果关系。我们假定的关系是线性的，如果我们能确定误差量 e 是一均值为零的正常分布变量，以及有每一 e 都独立于其他 e 的不变方差，那么就很容易掌握它。这是一个非常有力的假设，在地理数据中这种情况无疑是罕见的。但是问题提出来了：在我们摒弃这样简单的模型，求助于更复杂的技术以前，简单模型不能符合数据的程度有多严重？我们的回答是取决于应用模型的目的。例如，如果涉及对参数显著度的检验，那么条件应被满足是绝对基本的。但是一般很难说所有的假设是否都被满足。例如，在误差量中的空间自动相关（spatial auto-correlation）是很难检验的。如果只是稍微违反假设，那么对推导的影响可以小得足以忽略不计。通常难以判断模型简明的长处何时被不能满足全部假设所抵消。在这一情形中，我们需要能够区分两个变量 X 和 Y，要确信关系是因果关系，对于推导的目的，也要确信回归模型的假设在推理上是合理地完成了。这一满足所要求的假设、阐明基本原理及概念的一般性问题，是地理学家在他试图将所研究的现象数学化中面临的最严重问题。这一普遍的方法论问题的特定例子，已在别处讨论过了（哈维，1968A）。

要建立绝对的规则或标准来支配数学运算的解译是困难的。在纯数学体系和经验现象之间修筑桥梁，一定包含着折中。因此爱因斯坦曾（1923，27）写道：

> 至于涉及现实的数学定律，它们是不确定的；如果它们是确定的，就不会涉及现实。

不过，制定一些近似的规则来引导我们走向数学的崎岖道路还是可能的——

(i) 采用数学运算的一个必要先决条件是:(a)提出经验上合理的概念,这些概念是精确和不含糊的;(b)准确表达将这些概念联系在一起的关系。

(ii) 选来用以表示这些概念和关系的数学演算应是(a)尽可能简单和容易掌握;(b)尽可能准确地表示经验性概念;(c)尽可能准确地表示关系的结构和性质。

(iii) 应用数学运算,应当考虑在数学模型形成中所作的假设。并且尽量保证这些假设在被分析的现实世界情况中比较过,或是描述这些情况的方法符合模型的要求。

(iv) 如果概念和关系被修改以满足某种数学模型的要求,那么就应小心估计这一程序的经验上的正确性。为了形成现实世界结构的先验模型而利用数学模型可以说得益很大的,但其程序也要求在探求适宜的理论中要"永远警惕"这种先验模型的无意识运用。

这些规则非常概括,在大多数情况下需要折中。在这一点上,地理学家和其他学科的每一位科学家一样,必须是一个细心的决策者,根据简明性、真实性等等各种限制条件,使自己的抉择尽量完善(丘奇曼,1961)。随着理论分析变得更加精密复杂,概念和关系也就会趋于更加清晰,于是数学表达也变得更加容易和更有成果。当地理学理论及地理学家可以从中汲取概念和关系的各学科理论一起变得更复杂精密和明晰时,我们就可以期望更多地运用数学语言来系统地阐述和讨论问题。区分适于讨论地理问题的不同种类的数学语言,以及为把地理问题融合到这些语言中而建立准则，也会变得容易起来。今后数年内，一定会看到在抽象的数学语言和地理事实之间搭起众多的桥梁。下面两章通过讨论在特定的数学语言和我们致力理解的地理事实之间可以建立的联系，来详尽地思考这一过程。为这一目的而选定的两例是几何学和概率论。

第十四章　几何学——空间形式的语言

地理学的整个实践和哲学取决于掌握物体和事件在空间分布的概念框架的发展。用最简单的话来说，就是对物体和事件已知的绝对位置用某个坐标系统（例如纬度和经度）来规定。将这样一个系统称作语言可能有些做作，但事实上这正是如此。地理学家在追求其目标中，必须借助于合适的语言。所采用的空间语言应适于：(1)表达空间分布及支配这类分布的形态量测的定律，(2)检验过程的运行及在空间关联中的过程定律（尼斯杜恩，1963）。

大多数情况下，地理学家们假定一种特殊的空间语言是适宜的，但并没有探讨这样一种选择的理论基础。跟大部分其他学科一样，地理学被欧氏几何学统治到如此程度，以至于在许多个世纪中作为一种而且是唯一的一种适于讨论地理问题的空间语言，从没有人对此提出过质疑。由区位论——经常以欧氏几何学来讨论的空间表达——提出的一些问题激起了对社会空间的新思想的兴趣。当用欧氏标准来判断时，这样的空间经常显示出非均质性，在那个空间运行的过程看起来需要一种不同的度量（或非度量）体系来研讨空间关系和空间模式。简言之，地理学家们必须抱着这样的信念，即这样的语言能够为研讨地理问题提供一种更加适宜的手段,来开始探索空间语言,而不是欧几里德。在一些情况中,早已存在着一种适宜的空间语言,在别的情况中,则很明显需要发展新的空间语言;而在某些情况中,似乎处理问题只用传统的欧氏方法就完全足够了。因此,地理学家面临着选择研讨空间形式的不同语言和认识到不同语言可以最有效地应用于不同目的的棘手问题。如果是这样,那么地理学家必须能够将一种空间语言转化成为另外一种;例如,如果形态测量学在欧氏几何学中能被深入讨论,而支配这一形态的过程则需要用一种非欧氏几何学来研究。

因此,本章的目的是明晰地讨论发展适于研讨地理问题的一种空间语言问题,以及指出地理学家所采用的一系列选择,他正在探索一种语言,使之在地理分析上起一种模型的作用。只是根据前面章节,应该清楚,对语言的选择,必须有赖于对一种特殊语言的性质以及在一种抽象的语言中我们要表示的概念的经验性质的双重理解。因此,我们从探索空间概念的性质来开始讨论。

I. 空间的概念

空间概念是建立于经验之中的。在它的最基本形式中,经验整个是看得见摸得着的。但从这样的空间的初始经验到直观的空间概念的提出,最终到以某种几何学语言来表示此类空间概念的充分公式化有一个转化(卡西列尔,1957,148)。在这一转化过程中,最初的感性经验、传说和想象、文化形式以及科学概念互相影响。结果,要确定空间概念如何产生,以及这样的概念对于可能的充分形式表达如何变得足够清晰,是极为困难的。不过空间概念形成的某些阶段大致可以区分。

心理学家们研究了空间感知的生理学基础。证据部分来自对空间感知的实验研究，这一研究试图将罗伯茨和修珀斯(1967，175)称作“原始视觉感知”的与学到的、因而部分地决定于文化上或身体上的空间感知区分开。这一研究的基本结果看来是：空间的视觉感知是非欧氏的，事实上是常量负曲率的黎曼空间(即它符合于洛巴切夫斯基几何原理)。这只是等于说，我们看不到像欧几里德所定义的直线。根据罗伯茨和萨珀斯(1967)以欧氏的说法，我们看的能力是学来的，而不是天生的。这一学习过程看来部分上是对直接触觉及运动神经感受的反应，因此独立于任何文化条件。皮亚杰和英海尔德(1956)指出，儿童通过包括透视和投影关系的感知，从对物体的拓扑学特性(如接近、分离、秩序、环绕及延续)的感知，自动发展到最后能以某种常见的空间结构，如一种欧氏坐标系来认识空间中的所有物体。大多数作者都赞同，人们体验和感受到的真正物质空间在度量上与欧氏结构无异。因而，欧氏几何学可被视为触觉和所学到的视觉经验的一个自然结果，为欧氏几何学的大部分初期的辩护理由自然要诉诸欧氏公理“自证”的性质。

但皮亚杰和英海尔德利用想象的概念来小心翼翼地区分空间的感知和空间的表达。他们指出，在表达水平上，儿童以同样的顺序发现空间概念——即从拓扑学概念进展到欧氏概念——但在稍大些的年龄。而在图示上表达空间的能力，无疑要受到设计用以表示空间的记号和符号的存在的影响，所以它受文化的影响。在一些情形中，没有完成从感知到图示表达的飞跃。这是许多原始

社会的特点。因此卡西列尔(1957,153)写道:

> 关于原始人的报道说明,他们的空间方向虽然比起文明人的方向感远为敏锐,并更见准确,但却全部在具体的空间感觉槽中运行。例如,他们虽然可能准确地了解在周围的每一点,每一条河流的拐弯,但他们不会绘制一幅河流的地图,不能以空间的略图来紧紧地掌握它。从只是行为到略图、到符号、到表达的转变,在每一种情况中都表明了空间意识的真正"转折"……

霍瓦德和坦普尔顿(1966,265—7)同样都指出,从关于能够给予空间以图解式表达的信息得出能够在空间中运动和作用的结论是危险的,反之亦然。空间理解的感觉层次和表达层次之间的差距有着最重要的意义。尤其是它使通过可以用以表示个人的实际空间行为的图解,来分析这种行为变得极为困难。

在表现层次上,空间概念的出现与它在其中发展着的文化结构有着千丝万缕的密切联系。人类学研究指出,从一个社会到另一个社会,空间概念的性质千差万别。这毫不为怪,因为空间的表达"包括在物体不存在时召唤它们"(皮亚杰,1956,17)。它也包括将想象的概念和其他概念联系起来,它还进一步包括无经验性内容的概念——特别是它包括如"虚无"、"无限"等诸如此类的概念。这种概念的出现部分是由语言所支配,部分由文化所支配(克鲁克洪,1954)。在原始社会中,空间概念似乎常常扎根于用来描述"具体的和个人的情况"(洛维尔,1961,92)的语言中。同样,文化传统:

> 限制或促进个人对待他周围世界空间属性的方式和条

> 件。如果一种文化没有提供名词和概念，那么空间属性甚至谈不上精确。……在文化传统中，没有这样的工具，行动的某些领域就会被排斥，许多实际问题的解决也是不可能的(哈罗维尔，1942，76—7)。

艾森施塔特(1949，63)同样认为："每一种社会结构都分别侧重于时间和空间的不同方面(或点)"。他下结论说：

> 社会活动的空间和时间趋向，它们确定的秩序和延续，都集中到一定的社会结构的最终价值上。

因此，空间概念因文化背景而异，在广泛的文化形态中，较小的次一级集团可以参照适于他们在社会中表现的特殊作用的空间来发展一种特殊的概念结构。社会中的任何个人都可以同样具有一种空间图式(李，1963)或一种认识或精神图像(哈罗维尔，1955；古尔德，1966)，这张图式可以反映出个人文化的及物理的经验，反过来又影响到个人在空间的行为，或许还影响他的空间关系的直观感知(塞加尔等，1966)。

但一个社会所发展的用来表示空间的概念框架不是静态的。自古以来空间概念已发生了实质性的变化。文化的改变一般包括空间概念的变化，但有时通过科学发现突然需要对空间概念进行重新评价，这对现行的一套文化价值给予了猛烈的一击。建立在科学基础上的空间概念的一般历史值得非常简要地思考，因为它突出了在发展空间语言作为对空间概念的形式表达中固有的普遍问题。它也阐明了问题的解决如何取决于适合这一目的的空间概念的发展。因此，蔡尔德(1948，15—7)注意到希腊人如何能解决巴比伦人不能解决的若干问题，他们不过用连续的空间概念代替了巴比伦人的空间概念(这在其度量中是附加的)。

空间的科学概念的历史演变与物理学理论的进展有着不可分割的密切联系。例如牛顿的运动定律需要定义一条"直线",这样的定义只能通过假设一给定的几何学才能提出——因此牛顿假定欧氏几何学(这是那个时代唯一发展的几何学)是自明的和先验正确的(内格尔,1961,203—4)。依罗素看来(1948,282),任何度量体系都"以几何学为先决条件"。既然物理学理论史与度量体系的发展有着不可分割的联系,那么空间概念和物理学理论之间的联系的确非常密切。关于空间性质的哲学思索因而时常影响物理学理论的发展。

詹默(1954)详尽地回顾了物理学中空间概念的历史。他比较了两种本质上不同的空间概念。第一种把空间看做物质世界中物体或事件的位置的质量——即空间是一相对质量。第二种把空间看做所有物质实体的容器——即它是一绝对质量。必须注意到两种概念都是位置初始概念的结果和抽象。詹默指出,空间的绝对概念一直到文艺复兴后才得以发展(虽然在此书序言中,爱因斯坦不同意这一观点,指出希腊原子论者似乎已经假设了绝对空间)。绝对空间概念的真正胜利是由牛顿取得的。在牛顿看来,空间:

> 由点的集合所构成,每点缺乏结构,且每点为物质世界的终极成分。每点都是永恒的和一成不变的;变化在于有时为一种物质所"侵占",有时为另一种,有时则什么也没有。(罗素,1948,277)

持这一空间观点的一个简单的实用理由是:没有这样的概念,牛顿定律就行不通。正如詹默(1954,108)所指出的那样,绝对空间的概念在那个时代的大多数神学著作中是一个重要因素，在牛顿后来的著作中，他将绝对空间等同于上帝或上帝的特性之一。牛顿的大多数著作中，关于空间的形而上学的联想走向了反面。莱布尼兹因而坚决主张空间“只是关系的一个系统”（罗素，1948，277），哲学的观点至少在其对空间的探讨中牢固地成为相对论性质的。但是物理学理论还需要绝对空间的概念，只是因为对于牛顿的机械论来说别无选择。数学的进步，特别是十九世纪非欧几何学的发展，进一步提出了一个问题，因为“从逻辑和数学这一边，不存在决定哪种几何学事实上表示物质实体间的空间关系的先验手段”（詹默，1954，144）。因此，物理学家敏锐地意识到，只有借助于实验，才能解决选择表达物体间的真实空间关系的几何学的棘手问题。詹默列举了以地球和天文尺度进行的实验，它们被设计出来用以解决这一问题。但如彭加勒（1952，72—88）所指出，实验只能说明哪一种是最合适的几何学，它不能确定真正的几何学。他认为，度量预先假设了例如一刚体的长度特性在宇宙的所有部分中都保持不变。任何与欧氏几何学的偏离因此都可用两种方法进行解释。第一种，空间几何学都真正是非欧几何学的；第二种，度量尺度本身也随空间变化而改变其性质。爱因斯坦的相对论表明：在理论条件下，空间展示了恒定的正曲率（即它是椭圆的，而不是欧氏的），但相对论并没有使争论结束。詹默（1954，2）认为，相对论导致了“从现代物理学概念体系中最后排除了绝对空间概念”——这是一个格伦勃姆（1963，421）认为与爱因斯坦理论不一致的结论。现代相对论以场的概念取代了物质概念，前者由“可衡量的物质与能量的性质及关系”来说明。场的度量（或几何）全部由物

质决定。糟糕的是对无限多的临界条件的某种先验规定还不能避免。因而格伦勃姆又指出：

> 无限多的临界条件然后假定了牛顿绝对空间的作用，……而不是空间-时间的整个结构的起源，物质只是修改了后者另外独立存在的单调结构。

爱因斯坦所制造的另一重大的概念变化是以空间-时间的单一个概念，取代空间和时间的个别概念，在寻求量度以光速运动的现象时，这一取代是一个必要的技术上的改变。当然，在某种意义上它仅是一种便利，并且肯定如罗素(1948，291)所指出的，对于相对论所必需的连续的空间-时间概念，不以任何方式影响时间和空间的感知。然而哲学的兴趣在于，它说明了不同的理论框架，为了它们的发展、空间的新概念而作为一个先决条件如何被暗示或需要。这点也是清楚的，即空间的不同概念可以适用于不同的理论目的。因此，根据文化背景、感知能力和科学目的，概念具有不同含义这一意义上，将空间概念看做“多维”概念是现实的。

有了空间本身概念的这种“多维”观点，数学家就有幸能发展许多种不同类型的几何学体系。这只是意味着不同的空间概念可以用各种适宜的、形式上完善的几何学来表达。因而我们将思考形式几何学的某些性质。

II. 空间概念的形式表达

几何学第一次形式上的发展，是随着欧几里德尝试将巴比伦人、埃及人和早期希腊人所积累的用以解释和描述有关平面关系的经验观测和部分理论公理化及综合化而出现的。在公元前300年写的《原理》一书是一桩令人惊奇的成熟的贡献，因为它仍然是公理的思想模式和具有极为广泛应用的几何学体系。欧几里德从为他所用的概念奠定一套定义而开始。所以，点（“没有面积”）、线（“没有宽度的长度”）、面（“仅有长度和宽度”）等等都被确定了。但这些定义不是很有用的，所以现代表达认为这些术语是原始的，因此为它们下定义的需要就被省去了。欧几里德发明的几何学导源于5条公设。(i)从任何一点到任何其他点可以画一条直线。(ii)一条有限的直线可以以直线继续延伸。(iii)圆可以用任何圆心和任何半径来描画。(iv)所有直角都彼此相等。(v)如果一直线与其他两直线相交，在其一边的两内角之和小于两直角，若再无限处长其他两直线，它们就会在角度小于两直角的那一边相交。

后来表明这些公理是不完全的，在欧氏几何学的发展中有一些隐藏的假设（图勒，1967，3）。也说明了欧氏的公理不是能从中推导出欧氏几何学的唯一陈述（巴克尔，1964，23—4）。不过，《原理》对几何学思想的有效统治达二千年之久。在这一时期，几何学中的任何新发现，都一成不变地被视为欧氏体系的扩充。因此投影几何学的研究从十五世纪以后变得特别重要（图勒，1967，34），四百年来被认为仅仅只是欧氏几何学对透视问题的逻辑扩充。直到十九世纪晚期，才表明投影几何学可以用独立于欧氏之外的公理方法来发展。奇怪的是，这一独立发展也说明了欧氏几何学可被看做投影几何学的一种特殊情况，后者比前者概括得多。这一观点后面再讨论。

在《原理》的阐述与非欧几何学发展之间的一个漫长时期，并非全是空白。可能最重要的发展是以代数形式表达几何问题。这并非是全新的，因为埃及人和巴比伦人二者看来都用过坐标系统来讨论空间问题。但希腊人似乎大大忽视了这种方法（詹默，1954，23），一直到十七世纪，笛卡尔才令人信服地表明："每一几何学结果都能转化为代数结果"（索耶，1955，103）。因此在平面上的任何点都可用两个坐标(x,y)来表示，这两个坐标从两个相互垂直的轴来测量点的距离（考克思特，1961，108）。几何学的这一代数发展，后来具有非常重要的意义。它使几何学概念和定理扩大到3、4…n维，并且使复杂的几何学问题通过分析性代数技巧而被解决。解析几何及微分几何以后的重要发展系以卡特森概念为基础。

这些发展没有对欧氏几何学的至高无上提出挑战。的确，欧几里德几乎太成功了。起初是用来综合有关空间的一套概念，后来变成僵硬的框架，空间的所有概念都不得越雷池一步。哲学家再不去思考空间几何，而是致力于解释为什么观测到的空间关系在《原理》中被假设的抽象公理和推导体系竟描述得如此成功。

欧氏几何学的力量和魅力建立在两个主要特性上。其一，当解释抽象运算时——如欧几里德所设想的——证明它在预测关系上极为有效；其二，公理似乎是自明的，它一点也不缩小感性经验——全都如此，只有第5条公设除外。要解决这第5条假设的难题的尝试，最终导致了非欧几何学的产生。

第5条公设——一般称作平行公理——说明对于一条给定直线，存在一条、仅仅一条平行线，它可以通过不在这一直线上的一点画出。这条公理不像它显示的那样自我明确：

存在着不满足于它的事物，因为它包括关于无限的表述；

在有限距离内两条直线不能相交的断言超越了所有的可能经验。(赖欣巴哈,1958,3)

因此,试图从其他 4 条公设中推导出第 5 条公设经过了很长历史。这些尝试都失败了。一些数学家因此想通过两种假设并表明这会引起矛盾来证明该公设的必然性。这两个假设是:(i)经过一点可以画出不止一条平行线,(ii)通过不在线上的点不能画出平行线。这两种情况都证明可以发现完全一致的几何学。第一种体系产生了洛巴切夫斯基和波里埃几何学——后被称为双曲几何学,而第二种产生了黎曼几何学——后被称为椭圆几何学。这两种几何学都证明是内部一致的(虽然黎曼几何被迫置换了欧氏的第一条公理)。所以很清楚,不同体系的公理可以产生不同的、但像欧氏几何学那样一致的几何学。这一简明的结论给予物质空间的先验概念,给予如康德建立起来的整个数学哲学,并且也的确给予理性的科学思想的整个传统框架以致命一击,而它们都受到欧氏体系的力量和所设想的唯一性的深刻影响。

必须为选择优先于其他体系的一种公理体系奠定一些合理的基础,这一点也很清楚。以现代术语来说,这就是要发现给予抽象运算以有效解释的语义系统。应立刻认识到,这一选择的基础必须是经验性的,而不是数学的。因而,“数学空间问题被认为不同于物理空间问题”(赖欣巴哈,1958,6)。公理的方法因而为产生非欧几何学提供了一种方便的工具,也弄清了数学空间和物理空间的问题多少有点不同。但非欧几何学还需要解释。

欧氏几何学的最大优点之一是它易于解释,以及解释是有用的,而且只要能表示出来,就是有效的。欧氏体系应用于范围广泛的经验性现象,可以得到理想的结果。非欧几何学的基本困难是要给它们提供任何一种解释(更不必说任何应用了),因为它们具有远离直接感知经验的特性。彭加勒(1952)通过建造洛巴切夫斯基和黎曼几何学在欧氏平面中的一些特性的模型,提出了这些几何学的某种直观解释。他指出,洛巴切夫斯基几何学——或双曲几何——有点像生活在具有圆环特点的自我包含的宇宙中,当接近圆周时尺度就会变小。这一世界的居民,因此从未能接触到它的边界,因为当接近这个宇宙的边界时,任何运动着的物体都会变小(因而以越来越小的增量运动)(参看图 14.1)。如果这一宇宙的居民没有意识到当接近边界时尺度正在缩小,那么他们发现的几何学就是洛巴切夫斯基几何学。直线距离对他们表现出是弯曲的,三角形内角之和将小于 180°,无限多的平行线可以通过不在一条给定线上的点画出等等。而黎曼几何学却是由生活在球形宇宙中的居民所建立的一种。对他们来说,直线等于大圆距离,三角形角度之和大于 180°,且由于在球面上所有的大圆都相交,因此不能画出平行线。这种直观解释是有用的(参看内格尔,1961,

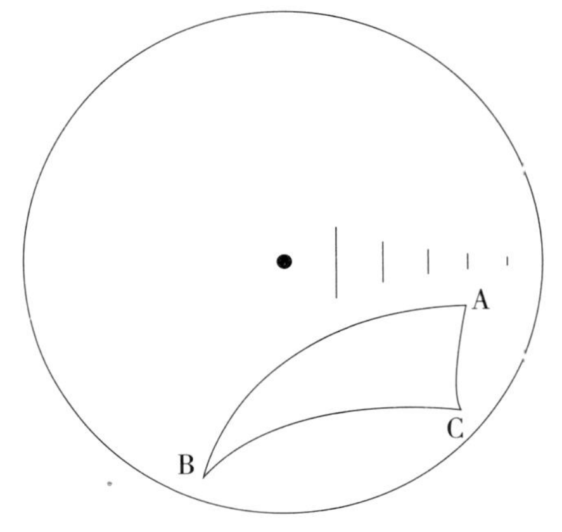

图 14.1　阐述洛巴切夫斯基双曲几何特性的欧氏图解。设想生活在一圆中,一个人越接近边缘,尺度越小。因此当一个人接近圆的边缘时高度就会变小,他会占据越来越小的地方,并因而永远不能到达圆的边缘,除非无穷。结果距离(最短线)被弯曲,三角形(ABC)的角度总和小于 180°,其他大部分几何关系也改变了。(据索耶,1955)

238—41;索耶,1955,65—88),但它们也可能是错的,因为我们想以欧氏术语来解释非欧的概念和关系。实际上大多数几何体系都设定平面。这就是置于变化的平面之上的物体之间的关系。所以这就导致了探索非欧几何学的第二条途径——短程线(geodesics)。

在欧氏体系中,一条直线被定义为两点间最短距离的轨迹。这样的轨迹被称作短程线。在十九世纪早期,数学家高斯研究了曲面上这些最短轨迹的性质。他表示:“给定任何面,就有可能以全部分布在这一面上的坐标系来表示面上任何形态的数学方程”(内格尔,1961,241)。黎曼能够概括高斯的这些关于最短线的想法,他明确表示,双曲、欧氏和椭圆几何都是作为“黎曼空间”几何学而得知的特殊情况(以及其中非常简单的情形)。这一方法的基本观点是,“所要求的几何学种类是为了定出空间度量而采取(或心照不宣地利用)的规则的一个结果”(内格尔,1961,246)。据黎曼看来,没有必要提出一个公理体系来叙述不同空间的性质。一种空间的性质可以用分布于这一空间的短程线形式来充分确定。因此,在平面上,短程线会是熟悉的欧氏几何直线;在纯粹的球面上,它们会是大圆弧。但分布在任何面上的最短线和坐标系根据平面形状,或运用有点使人误解的术语——平面的曲率,可以假定无穷多种形式。洛巴切夫斯基和波里埃的双曲空间是常量负曲率空间,而黎曼的椭圆空间是常量正曲率空间。欧氏平面空间是曲率为零的空间。每一种感知到的形状,从平板到亨利·摩尔塑像,都可以给出一坐标系,它确定形状的真实几何。而这种理论是如此概括,以至于黎曼设想它可以扩展到三维以上。因此,如果有黎曼的一般理论,就有可能讨论 n 维空间。

二维和三维黎曼空间可以给予一个直接的直观解释，但黎曼几何的物理学应用则不是马上就明确的。黎曼本人通过指出空间均质度量场的假设是理想化的，以及“正像磁场或电场的物理结构取决于磁极或电荷的分布一样，空间的度量结构则由物质的分布来决定”（詹默，1954，159），来预料相对论的一些主要思想。爱因斯坦则应用了黎曼的一般理论，因为：

> 相对论物理学把几何结构归属于物理空间为一类似于球面的三维空间，或更准确地说，类似于一个土豆的封闭的和有限的表面，其曲率各点不同。在我们的自然宇宙间，一定点上的空间曲率由其邻域中的质量分布所决定；靠近如太阳这样的巨大质量，空间被强烈地弯曲；而在低质量密度区域，宇宙的结构近似于欧氏空间。（亨普尔，1949，248）

不同的最短线系统的研究具有不同的坐标系和不同的形状之蕴涵，形成了通往几何学的新形式的捷径。反之，它导致了特别与费利克斯·克莱因在十九世纪末的工作有关的第三种方法。克莱因（1939，159—60）所陈述的意图是：

> 运用逻辑手段，在尽可能简单的基础上建立几何学的整个结构。当然，纯逻辑不能提供基础。只有在我们具有了由一定的简单基本观念和一定的简单表述（所谓公理）以及符合于我们感知的最简单事实所组成的系统以后，才能应用逻辑演绎……公理体系必须满足的一个条件是（它）必须有可能从这些基本观念和公理之中逻辑地推导出几何学的全部内容，而不进一步诉诸感知。

克莱因的体系和皮亚杰对儿童的——空间概念发展的观察并

行不悖，令人注目。克莱因想方设法将他的几何学建立在物体的拓扑结构的特性上。他的几何学因此基本上是非度量的——其本身就是许多数学思想定性性质的重要指示者。拓扑学就依靠一定重要特性的表述。例如，球面本质上不同于平面，因为它是封闭的和有限的，而不是开放的和无限的。一个球体即使没有变形成立方体、没有变成一个土豆的形状也能被歪曲。这样扭曲的性质即是它所包含的，转换在所有点上是唯一的和连续的。这一表述的含义需要进一步阐明。假定我们将球面上的一系列位置绘于一平面上（这是地图投影的基本问题）。在纸上各点之间的关系可以局部地表示球面关系（例如伦敦、伯明翰和布里斯托尔等位置没有被变形），但在一幅典型的墨卡托地图上，日本距西雅图看上去位于世界的另一端。在球面点向平面点转换的某一点，点之间的邻域关系必须被割裂。转换不能既是唯一的又是连续的。另一方面，球面上的点可以绘制到一正方形上，以使转换是唯一的和连续的。一般地，这样唯一和连续的转换的原则是表面可以弯曲延伸，但不能被撕裂（图 14.2）。克莱因的几何体系完全以转换的概念和在一系列转换下图形特性保持不变为基础。他的定义是：

> 几何学就是当 S 的要素经受某种变换系列的变换时，对保持不变的 S 的那些性质进行研究。（图勒，1967，70）

这一定义的准确含义难以表达出来（参看克莱因，1939；图勒，1967；内格尔，1961，246—8），但如邦奇（1966，215—29）和托布勒（1963）所指出的，通过参考地图投影的传统地理问题，还是有可能了解它的一般意义的。例如地图投影分类的一种方式，就是表述保留在平面投影上的球面性质。要保持所有的性质不变是不可能的，特有的一组转换是努力保持位于球面上的物体面积不变的各种投影。这种等积投影将所有面积看做是克莱因定义中的S，并且在变换中保持S的每一要素不变。其他投影如等角、等距投影等可以用同样方式来下定义，每一种都可以形成一族投影，它们满

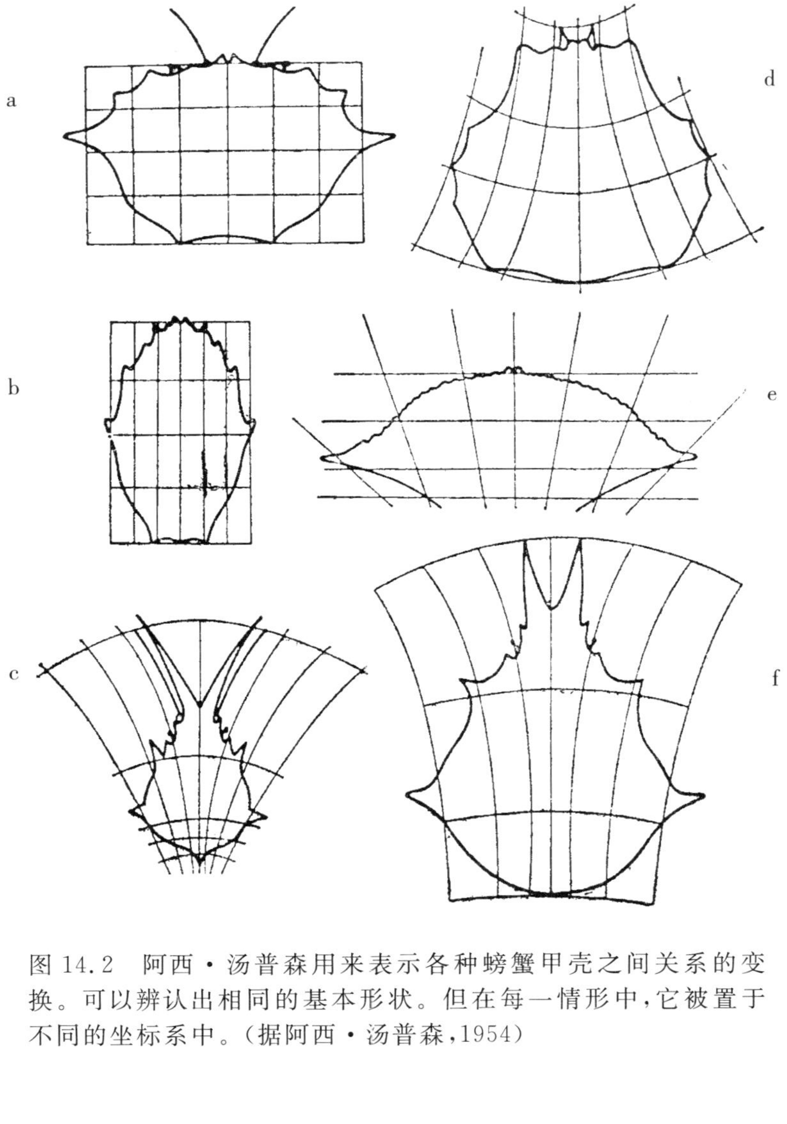

图 14.2　阿西·汤普森用来表示各种螃蟹甲壳之间关系的变换。可以辨认出相同的基本形状。但在每一情形中，它被置于不同的坐标系中。（据阿西·汤普森，1954）

足某种性质或其他性质在变换中应保持不变的条件。应用变换最有趣的一些工作是阿西·汤普森(1950)所作的，他利用变换技巧来说明生物形态之间的联系(图 14.2)。

地图投影成为包括在克莱因几何学一般体系中的一种特殊情况。从一组原始术语(如点、线、面等)及这样变换的原则为起点，克莱因能够从拓扑学经过投影和仿射几何学发展到欧几里德、洛巴切夫斯基和黎曼的公理体系。对几何学的这一分析方法将所有几何综合成为一个一致和连贯的系统，并为鉴别非欧几何学的性质和形式提供了另一种手段。

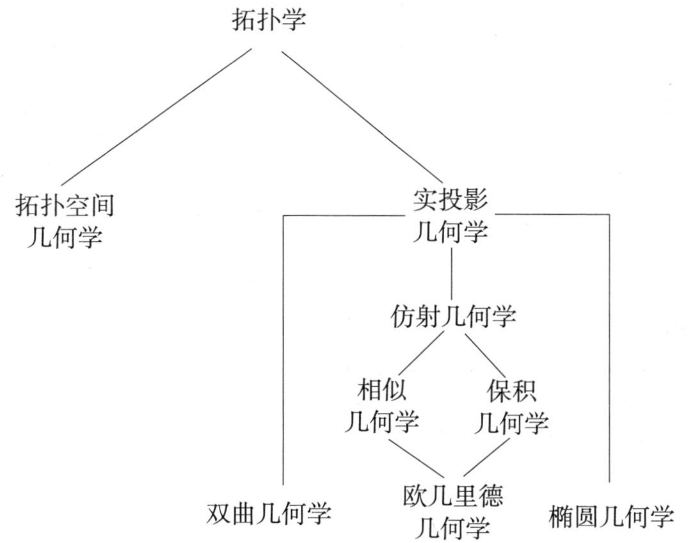

图 14.3 说明各种几何学内部关系的示意图。拓扑学位于包括所有各种等级几何学在内的顶端。(据克莱因，1939；阿德勒，1966，351)

通过公理、短程线和交换，这三种研究方法指出了关于形式几何语言的结构及性质的一些结论。由于每条定理可以从规定的公理中推导出，公理方法就给予了几何学以完全的规定。另一方面，从只有明了空间的所有性质时，几何学才能在完全被规定的意义上说，短程线方法是不完善的。通过变换的方法旨在规定一些性质，因而是不完善的，虽然它可以在公理中包括作为特定情况产生的几何学。克莱因体系也说明了在几何学的全部等级体系中，一种形式几何学如何能与另一种联系起来(图 14.3)。

但克莱因的统一几何学体系在由希尔伯特(1962)、怀特海德及罗素(1908—11)完成的更为广泛的数学综合中仅是一个要素。这一综合旨在说明数学的所有分支都可以在数学逻辑之外得到发展，空间语言是句法系统远为广泛的等级的子集合。这一论点将在以后章节中从地理学角度来探讨。

这其中包括的一般含义是各种数学体系都可以与几何学联系起来。因此笛卡尔提出的几何问题的代数表达，只是许多可能的关系中的一种。所以有可能用矢量代数的方法来研究几何学。将微积分应用于曲率的研究(微分几何，几何学的一个分支)是可能的。有可能将几何学与概率论(肯达尔和莫朗，1963)、几何学与数论、网络理论等联系在一起。所有这些相互关系，使形式几何学问题在某种非此即彼的以及可能更易于处理的句法系统中得以产生。它也意味着空间概念和思想可以用大量可能的运算在形式上表达出来。适于地理学应用的模型语言可以有无限多种，而事实上目前也是数不清的。因此探讨地理学家既在他们学科的方法论发展中，又在经验性研究中借助这类形式空间语言到何种程度是合适的。

III. 地理学的空间概念和形式空间语言

把地理学作为空间科学的概念在地理学思想史中是极为重要的(哈特向,1939,1958)。地理学史至少在部分上可以看成是地理学空间概念的历史,因为空间在地理学方法论中是一基本的组织概念。虽然这种一般观点已被大多数地理学家所接受,但在空间性质作为组织概念上还有一点儿方法论上的争论。然而对于地理学方法的空间概念所包含的内容经常诉诸地理学性质的讨论,而地理学家经常在经验性工作中做出空间的假设,以及求助于讨论地理学问题的形式空间语言。因此,科学中所理解的空间性质,地理学中空间的方法论处理以及地理学研究中空间概念的实际应用之间,看上去没有极为密切的关系。在下面各节中,我们将考虑在地理学中以空间哲学的名义提出的一些可能的关系、地理距离的度量以及从地理学角度来看形式空间语言的运用。

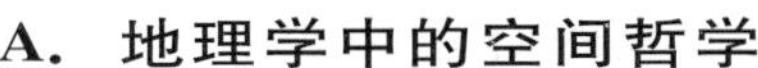

A. 地理学中的空间哲学

哈特向(1939)在《地理学的性质》中的主要结论之一就是:作为一门学科的地理学之明确目的,可以用空间概念来定义。它宣称,地理学家的任务就是用空间来描述和分析现象的相互作用和加以综合。作为地理学基本组织概念的这种空间观点起源于康德,经过洪堡到二十世纪初赫特纳的思想得到清晰重述。哈特向(1939,1958)根据康德的原理进而确定地理学在科学分类中的地位。因此我们首先阐述康德的空间哲学。

据詹默来看(1954,130),康德关于空间的基本概念是一种相对观点,据这一观点来看,空间由物质之间的关系体系所组成,“因此空间的大小仅是由物质施加的作用力强度的度量而已。”在1763年,康德好像彻底转向了牛顿绝对空间的观念,据这种观念,空间本身独立于一切物质而存在。到1770年,康德阐明了他“超理想主义者”的空间观点,它把空间看做一种概念上的虚构。空间并非一种事物或事件,它是“事物和事件的一种框架:观察起来就像鸽笼架或档案系统一类的东西”(波珀,1963,179)。因此空间和时间两者都被描述成“参照物的一个框架,它不依据经验,但却直观地在经验中运用,而且还相当适用于经验”(波珀,1963,179)。几何学可以被认为是一种综合性的先验知识(同上,182)。据哈特向意见(1939,39;1958,98),有了这种空间哲学,康德能按照地理学与其他科学的关系来确定地理学的地位,康德在1775年首先做了这项工作。

康德的地理学观点已经讨论过了(前文,第89—94页),但概括起来是康德指出了地理学和历史学基本上不同于其他学科。地理学构成了根据空间范围组织的所有现象的研究,历史学构成了根据时间尺度组织的所有现象的研究,两种学科在一起充填了“我们整个感觉世界”(哈特向,1939,135)。

关于康德定义,首先要注意的和重要的一点就是,它假定了一个绝对空间。在理解康德的地理学定义上,康德的“填充系统”或对“空间的参照物的抽象框架”的方法是一个关键的概念。大部分地理哲学都起源于空间“容器”观点,这种观点特别与牛顿和康德的概念有关。然而几乎没有检验这一概念在地理学中的合理性,也没有认识概念的全部含义。赫特纳和哈特向把地理空间看成基本上是绝对的。在他们对地理哲学的表述中，这是没有写出的基本假设之一。下列哈特向(1939)的摘录致力于阐明空间这一特定观点的优势，并指出了某些含义：

> 不论按照空间还是时间，整个现实世界可以被划分成各个部分。……从空间来看，考虑现实世界的各部分是生物地理学的观点，由天文学和地理学来表示(371 页)。
>
> 区域本身不是一种现象，正如历史时期不是一种现象一样；它只是一种现象的理智框架，是一种在现实中并不存在的抽象概念。因此，它不能作为一种现象与其他现象对比，不能在一个一般概念体系中划分出来。在此基础上，我们可以阐明它与别的现象联系的原理……区域本身与在其中的现象有关，只有这样，它才能在诸如此类的区位中包括它们(395 页)。

赫特纳和哈特向的许多哲学观念，特别是那些有关区域性和特殊性的观念，起源于空间的这一“容器”观点。物体之间的关系(即相对位置)都同样通过绝对空间概念中固有的一个加上去的度量系统而被研讨。被讨论的物体在任何一点上与这一绝对度量都不冲突。

空间的绝对观点在最近一百年期间，在科学哲学中并不普遍，康德关于空间和几何学的观点，很快就被在十九世纪前半叶中出现的非欧几何学击得一败涂地。高斯参加了德国北部的大地测量，他对曲面的几何特性的更加一般的问题感兴趣，在这个过程中，他也意识到了非欧几何学的可能性——这种可能性很快就被洛巴切夫斯基和黎曼所证实。高斯认为康德的空间和几何学的观点既繁琐又荒谬(贝尔,1953,263)。这或许是带有讽刺意味的:地理学中哲学观点的主流——特别是与赫特纳和哈特向联系在一起的,从康德得到的启迪要比从高斯得到的多,而后者部分地通过解决地图投影的技术问题,导致了一系列的重要数学发现,而以黎曼几何学达到登峰造极。

当然,看来这样的各种几何学与先进的物理学知识密切联系在一起,在地理学中却似乎并不适用。最近,对区位论的探讨导致了关于空间的相对观念的发展。城市影响了它们周围空间的性质,人类活动的千姿百态的模式形成了作用场,它扭曲了空间的性质等等(奥尔森,1967)。在这样的情况中,再坚持空间容器的观点是不可取的。活动和物体本身决定了作用的空间场。因而地理学面临的经验性问题就是选择一种能处理这类场和力的复杂性的几何学。不再坚持采用欧氏形式规定的绝对空间观念。关于空间的这种相对观点的形成以及它所包含的一些技术问题,将在下面两节中讨论。但从地理哲学来说,几乎没有讨论过相对空间的概念。绝对空间概念是否最终将在这个时候占据优势几乎是无关紧要的,因为既没有直接陈述过对立的观点,所包含的内容也没有充分探讨过。很有可能,地理学家最终决心坚持由格伦勃姆提出的折中观点(前文,第 238 页),即物质改变了空间独立存在的单调本质结构。现在,指出地理哲学的大部分还建立在康德的绝对空间概念上——一个多世纪以来已普遍不为人所信的一种概念——就足够了。而地理学家的大部分实际工作是以空间的相对观点进行的。这些观点公开对立。例如哈特向和邦奇之间的对立,可以直接解释为空间的绝对概念和相对概念之间的一种对立。空间的中心概念，作为一门学科的地理学的连贯性则取决于这种概念。只是空间本身的性质和对这一概念所作的不同解释几乎还没有被评价过。

B. 距离的度量

地理学中距离的重要性与作为“一门空间科学”的地理学定义密切相关。因而沃森(1955)将地理学称作“一门距离学科”。这一地理学的观点可以与在实际的地理研究中频频发生的一个特殊的操作问题联系在一起。这一操作问题只是等于为度量距离规定了一种手段。

在后面一章中将会考虑度量的一般问题。我们已经确认度量不是预先假定就是包含有几何学。因此在地理学研究中距离变量的实际度量有着丰富的内容。它不仅有助于确定地理学中几何概念的性质，也具有整个地理哲学所包含的内容，是因为它与空间本身的概念有直接关系。

给定了绝对空间的哲学，在这个空间的度量肯定保持均质性和恒定性。对于康德和洪堡来说，可行的仅有一种度量就是由欧氏几何学确定的那一种。地球表面上物体之间的关系、区域单位的范围等等，都可以由欧几里德空间概念的直接扩展和到球面的距离来度量。因此直线距离被看做大圆轨迹等等。这样，在量度距离上，似乎没有问题为初等三角学所不能解决的。

这一观点不再普遍地被接受了。所以沃森指出(1955)，如果我们要深入探索塑造地理模式的力，距离就能以而且必定以费用、时间、社会相互作用等等来量测。在地理研究中，关于距离性质的一般辩论（奥尔森，1965A；邦奇，1966）已有效地被解决了。看来距离只能用过程和活动来度量。不是所有的活动都可以归属于它的独立的度量。在有关经济活动的区位的讨论中，距离可以用费用来衡量；在信息扩散的讨论中，距离可以用社会相互作用来衡量；在迁移的研究中，距离可以用干涉机会来衡量等等。在大量经验性工作中，适合于量测距离的度量是可变的这一牢固的认识，是在试图将理论模式——例如那些农业、工业及聚落区位论中推导出来的模式——与那些观察到的模式进行对比之中产生的。对观察到的模式用欧几里德的距离概念来进行距离的量测。而理论模式明显指的是距离的某种其他度量，如由费用、方便程度、时间、社会交流或这类度量的混合体所确定的。在托布勒（1961，1963）和邦奇（1966）的著作中，出于将现实的与理论的模式比较的困难，产生了地图变换的思想，以对比根据某种不同度量体系所衡量的模式（图 14.8）。格蒂斯（1963）参照中心地论提出了这种方法的一个简单例子。这种理论假定了一个人口均匀分布的地区。给定一非均质性的人口分布，由廖什所得出的六角形市场区就会明显变形。格蒂斯通过扩伸相对于低密度人口区的高密度人口区，解决了理论与现实相称的问题，并推导出一均质人口趋势面，然后叠加上廖什的网络。方法是粗糙的，但它阐明了所有的区位理论家所面临的普遍问题如何能被解决。如我们将在下一节中看到的，答案取决于应用形式几何学来处理如此复杂的问题的能力。

地理学中距离的观念，在二十世纪中非常显著地改变了它的状态。我们可以从这类研究中得出的普遍结论是：距离不能独立于某种活动之外而确定。因此度量是为活动和物体的影响所决定的。这样的距离概念纯粹是相对性的。地理距离不再与大圆距离相等了。最短线理论对地理学的重要性只在最近才被正确估价。例如沃恩茨(1965)研究了最小费用的轨迹,并表明这类轨迹垂直于面上的等费用线,而哈格特(1967,620)研究了若干其他例子(参看图 14.4)。

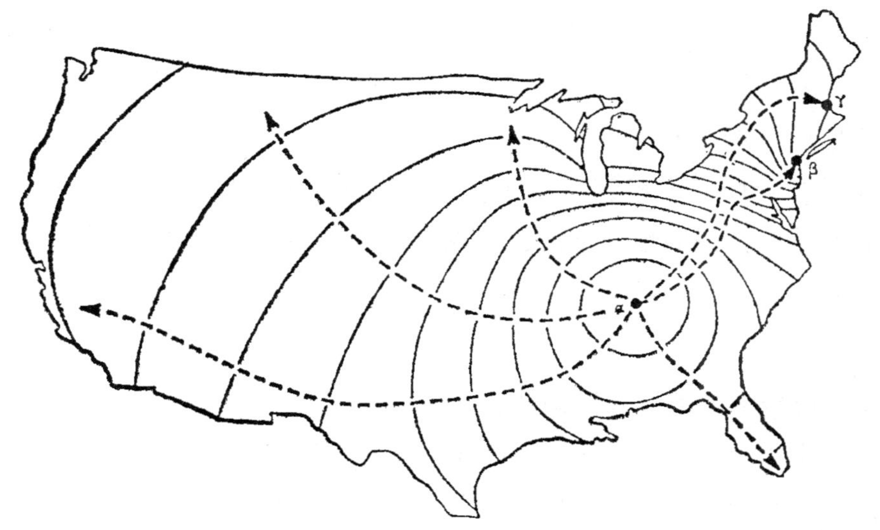

图 14.4　在非欧等费用面上的最短轨迹(短程距离线)。(据哈格特和乔利,1969;沃恩茨,1965)

这类最短距离,如我们已看到过的,可以用于给一种几何学下定义。很清楚,正被引进地理研究的大地测量学太复杂了,不能仅看做是欧几里德的距离观念向简单球面的扩充。大地测量学比它复杂得多。地球的球面被活动改造成为复杂形状,每种活动都要塑造一种相当不同的形状。到今天,地理学家们趋向于使其本身满足为特定目标建立距离的单独度量,没有使他们自己关心几何面的一般理论和非欧坐标系。这类一般理论无疑需要非欧几何学的应用和发展。

对于地理哲学，这种形势的含义不可忽略。特别是它指出，由康德、赫特纳和哈特向提出的朴素的空间"容器"观点不再被人接受。我们必定返回到康德对空间的初始观点上，其中"空间度量……仅是物质所施加的作用力强度的一种测度"。这样的一个空间观点与康德将他的地理哲学建立于其上的观点正相反。空间不再是可以包括我们对世界的感知的某种东西，而是由这些感知所决定的度量之集合。如果空间和物质不能再有效地分开，如果空间性质不再被看做是给定的先验，那么对于康德、赫特纳和哈特向所持的地理学的特别观点就不再会被认为具有逻辑上的正确性。

C. 地理学中的形式空间语言

在以上章节中，已强调了形式数学语言可以应用于地理学而产生益处，如果只是地理学现行的空间概念是精确的和不含糊的，且如果用来研讨这些概念的一种适宜的数学语言可以确定的话。有大量的事例，其中这些条件被合理地满足，而且形式几何定理可以用来产生有意义的地理学成果。在探讨其中一些事例以前，我们将叙述一件人人皆知的简单事例，并想从中推导出一些地理学概念与形式几何学之间关系的普遍结论。

地表上的地方是由专有名称，如布里斯托尔、伯明翰、伦敦等等来称呼的，每一地都以有关的将它们分开的实地距离与每一其他地方联系起来。多少世纪以来，地理学的主要活动之一是利用某种坐标系来代替这类专有名称，并因而通过某种便利的空间图解方法能概括地表明关系。我们将这样的空间图解称作*空间语言*。地理学家应用的典型空间语言是经纬度(其他地方性的种类由国家地图坐标方格系统提供等)。这种语言，使专门名称能由坐标参照物来代替，也使各点之间的距离可以用一定的运算规则来计算。因此，讨论这些规则的性质，以及弄清任何表述是否都绝对地和全部地是关于地球的而不是别的，是很有意义的事。贝特兰·罗素(1948，243)充分研究了这一情形。他指出，在地理学中只有两个基本词是必要的：

> 在自然地理学中应用的其余的字，如“土地”、“水”、“山”和“平原”，现在都能以化学、物理学或几何学来下定义。因此看起来，为了使地理学成为一门有关地球表面的科学，惟独“格林尼治”和“北极”这两个字才是必要的。

假定地球是一椭球体，地球表面上所有点和点与点之间的关系可以用形式几何学来表示。这也需要抽象到某一程度。因此几何学中的“点”一词需要用地球表面上的“圆点”来表示等等。作为几何点(据欧几里德，点没有面积，或在现代几何学中还未确定)的具有面积的地方概念化，不会引起过分困难。经纬度体系因而构成了讨论空间事件的分布及分析它们之间关系的简单的、但却非常有用的空间语言。它也构成了有关空间结构的普遍理论，虽然这个理论范围非常有限。因此，这一例子再次说明这一意义：一种理论可以看成是一种语言。它也说明一个有趣的、然而却不深奥的例子，即在地理学理论建设中，派生的过程基本原理和原有的空间基本原理之间的二分法已被注意到了(前文第155页)，因为我们为讨论空间形式而采用的语言，反映了有关活动的性质和过程的某些假设。

列举这一例子的主要目的，是阐明地理信息如何可以用空间语言的手段进行整理和分析。但是在过去，"由于一定的技术限制，这样的信息经常以非地理的或半地理的形式整理。自运用计算机以来，这样一些限制条件很快消失了，但从它们之中发展的方法论还缠绵不去"(考，1963，531)。

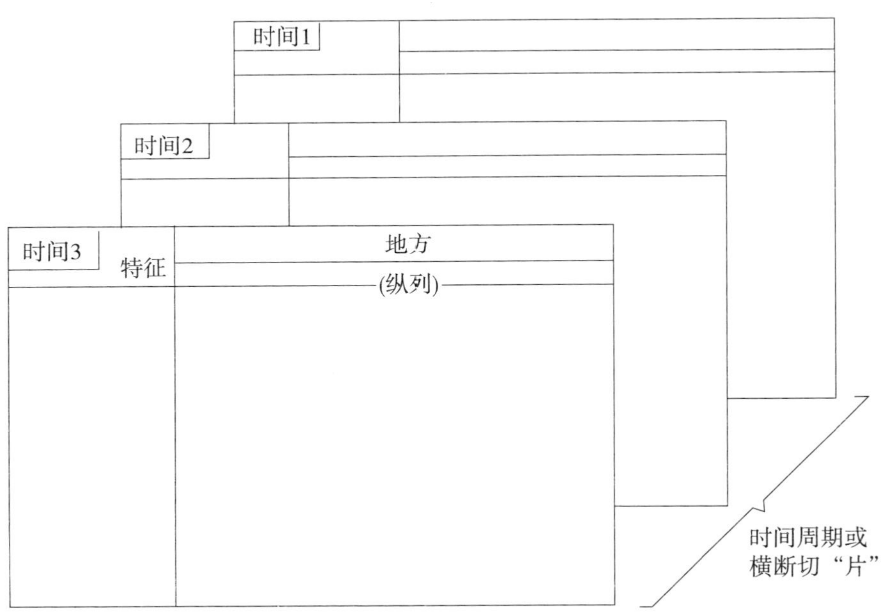

图 14.5　贝里用排列在一系列时间"片"中的位置来确定属性的矩阵方法，以表示地理信息。(据贝里，1964)

现在的问题不是改革地理信息系统的问题，而是探讨任何地理信息系统的内部逻辑性及使方法形式化，靠这种方法，地理学家们可以在空间中整理适用于他们的大量资料。这种方法的一例是贝里提出的建议：通过三维排列的方式来整理所有资料(图14.5)。

这一矩阵的列代表地方，行代表属性，第三维汇集了一系列时间“片”之内的同样资料。很多地理学家，不论是在一般方法论的角度（乔利和哈格特，1967，28—32）还是在更专门的资料收集活动中——例如与人口普查记载有关的活动（哈格斯特兰，1967）——都有整理地理资料的这一普遍问题。在每一种情形中，某种空间语言对于合理地整理资料是必需的。因此了解空间语言的一些基本特性很重要。

对空间语言最有启发性的探讨是将它们看做是为支配坐标系应用提供数套规则。一般说来，一个事件的位置或在空间和时间中的物体，可以用四维坐标系（x，y，z、t）来描述。这一系统，卡纳普（1958，161—7）称之为空间-时间语言。它与非空间坐标语言（一种物质语言）形成对比，后者由测定一系列的性质（p_1，p_2……p_n）来鉴别一个事件或物体。现在贝里对地理信息（图 14.5）数据矩阵的研究既用空间-时间语言，也用物质语言表示了信息。因此它使一种复杂的语言瓦解成为一维。而空间-时间语言的目的在于尽可能详细地表示物体和事件（事物——一如卡纳普所称呼的）的位置。卡纳普写道（1958，158）：

> 一事物在一定的时间瞬间占据了空间的一定区域，在它存在的全部历史中，有一系列暂时的空间区域，即：一事物在四维空间-时间连续体中占据了一区域。因此说，一给定事物在给定的一瞬间是事物所占据的整个空间-时间区域的一个剖面。它被称为事物的一片（或片刻事件）。我们设想事物为其暂时系列的片。事物所占据的整个空间-时间区域是特定空间-时间各点的等级。

卡纳普然后进而鉴别语言的三种基本形式。第一种设想为构成空间-时间区域的个体(即一个体被物体随着所有时间阶段变化的空间内容而确定)。第二种设想个体形成了没有任何时间内容的空间区域(恰好在一个时间点上的区划是这种情况的突出一例)。第三种认为个体是一系列的空间-时间点(这提供了掌握随时间和空间连续变化的现象的一种途径——可以用这种特定语言建立气候区域)。这三种语言形式可以发展和扩充,但在哲学文献中,它们还未给予充分注意。对地理学家来说,理解它们的性质和关系至关重要,因为不管我们喜欢与否,我们都必须运用这样的语言。我们常常试图同时应用两种具有多少有点不同特点的、有点差异的语言,很可能我们的许多方法论问题就是起源于不能了解这些语言的特性。这可以根据地理信息系统来说明。

达赛(1964C,1965B)① 回顾了这一工作的大部分,他指出了卡纳普发展的逻辑语言和整理地理资料的问题(特别是识别被认为是“地理个体”的事物的问题)之间的关系。如格里格(1967,483—4)所指出的,“地理个体向所有想对具有区域表现的特征进行分类的人提出了问题。”困难在于识别地理学家所研究的个体。地理个体是一座农场、一位农民、一个点上的温度记录吗?如果所有这些都可以合乎逻辑地称作个体,那么明确地组合和处理它们就成问题了。因为一些个体是离散的,而一些是连续的。N. L. 威尔逊(1955)、其后是达赛(1964C)分清了用以识别个体的两种不同语言。被称作一个物体的个体化(individuation)可以根据(i)物体呈现出的特性,或(ii)物体占据的位置。第一种识别是由物质语言提

① 我感谢达赛博士借给一些未发表的材料。

供的(例如 $p_1, p_2 \cdots p_n$ 坐标语言),第二种由空间-时间语言(例如 x、y、z、t 坐标语言)来提供。这些语言鉴别两种具有不同特性的个体。例如,类似或“相同”的观念取决于在物质语言中两个体的特性是相同的,但又取决于在空间-时间语言中两个体占据同样的位置。在试图整理资料的工作中,地理学家从未识别他们在用哪种语言,看来在区划中经常将这两种语言混淆了。这是一种传统的情形:事先不能将问题概念化,导致了在分析地理资料的全过程中大量混乱。一方面,地理学家经常坚持一个区域必须在空间上是邻接的(这说明某种空间-时间语言是适宜的);而另一方面,在区域中包含的因素(或“个体”)经常需要显示类似的特性。从一种语言(如空间-时间语言)中表示的“个体”衍生出另一种语言中的“个体”,需要合适的变换方法。单单将两种极为不同的语言混在一起只会产生被歪曲了的结果,这是毫不为怪的,所以,在地理学思想中围绕着区域概念会有如此多的争论。较小程度的复杂性,是“个体”在基本的空间-时间语言的变化上的规定。卡纳普的第一种空间-时间语言,把一个体设想为形成的空间-时间区域,因而它对于讨论分散事物的位置最合适。他的第三种空间-时间语言,将个体视为一系列空间-时间点,它似乎更适于讨论地表连续变化的现象。特别是由于地理学家所处理的资料,分散的和连续的兼而有之,整理地理资料的问题,等于是在同一内容中用两种不同语言系统处理棘手的逻辑问题。

因此,地理学家应该清楚关于形式语言的逻辑特性,这点至关紧要,对于整理区域性分布的资料,形式语言对他们适用。了解形式语言的这些逻辑特点,能够深入到地理学家在整理资料中必须

面临的各方面问题的内部。格里格(1967)和其他人论断:必须坚决遵循的区划逻辑性必然导致对空间语言性质的研究。然而,至今除了达赛大部分未发表的著作之外,在这一重要的方法论领域中,地理学家几乎没做什么工作。我们在第十九章将讨论一些实际问题。

不过,在地理研究中,简单的空间语言应用获得了很大成功(例如经纬度体系)。因此很有可能,不必了解空间语言的所有形式特性而运用这样的语言。对地理问题的很多类似观察,差不多也可以由形式几何的应用组成。形式几何学(从名称的一般意义上说——例如拓扑学、欧氏几何学等)被卡纳普(1958)看做是他发展的简单空间语言的扩充。因此,他通过公理方法的方式表明,已被描述的不同形式几何学如何可以与简单的空间-时间语言联系起来。当前地理学家又密切关注这类几何学应用于地理问题。因此,我们将思考形式几何学对地理学的一些应用。由于实际应用的数量众多,加之潜在的应用数量无限,我们将用例子来阐述。

(1) 拓扑学

拓扑学是定性几何学。它只与"一个形态的各点之间的连续结合"(希尔伯特和科恩-沃森,1952,289)有关。直到十九世纪晚期,拓扑学仍停留于几何学较落后的形式。然而由于它表达了空间的一些最简单和最初的感知概念,以及如克莱因所指出的它是从所有其他几何学中衍生出来的几何形式,因而成为几何学一个非常基本的形式。拓扑学现在成为几何学一个高度发展的分支,而且它也展示了"建立起来的拓扑学定理,尽管它们有明显的不确定性,还是与数学中最精确的定量成果联系在一起,即有着复杂数字的代数学结果，这就是复杂变量的函数论以及组合论”(希尔伯特和科恩-沃森，1952，289)。

由于拓扑学处理物体的整体论特点，特别是着重连结性，我们可以期望拓扑学定理应用于地理问题，如果地理问题本身可以用连结性来真实和成功地叙述的话。幸而出现在地理学中的大量问题可以这样叙述。这种最简单的一例，来自通过一组运输网络来研究聚落之间的联系。然而还有其他大量问题——如在研究邻接中跨越界线的连结(达赛，1968)——可以看成是拓扑学问题。现今最流行的拓扑学一个特别分支无疑是图论，若干地理问题可以用拓扑学的这一特别分支识别。图论的原生词，如“边”、“轨迹”、“结点”和“顶点”可以轻易地与实际地理物体联系起来(以差不多相同的方式，欧氏名词如“点”、“线”可以轻易地应用于测量问题中)。所以将现实的地理关系用图论来描绘也较容易，几乎无需抽象和概括，然而图论以相当复杂的方式为分析和处理地理资料提供了基础。也很明显，通过运用图论而可以发现的答案——如网络结构中连接度的测定、网络容量的测定、最短轨迹方法等等——有很大用处。

哈格特(1967)详尽地评论了图论在人文地理学及自然地理学中网络问题研究的应用。他确定了四种主要的地理现象，它们可以用拓扑学方法——路径、树、回路和单元——来研究。能以这些术语来进行概念化的地理现象，可以用拓扑学方法描述和分析。地理学中有关网络结构的大量文献——从运输网络的分析到复杂单元结构的分析——无疑地都反映了用拓扑学术语将地理问题概念化的合理性以及在描述和分析地理问题中拓扑学的用途(哈格特,1967;康斯基,1963;加里森和马布尔,1965;梅德威德科夫,1967)。

(2) 投影几何学和变换

已经指出一种空间语言可以看成是一套确定一种坐标系的规则。规定将一种坐标系变换成另一种的规则是可能的。这些规则提出了从一种空间语言到另一种的转化。这种一般看法,对于将形式几何学应用于地理问题具有直接意义。

地理学家在整理资料中所面临的最古老的技术问题,或许就是地图投影,因为球体的纬线和子午线需要在平面上面出。对这一问题可以采取各种方法。托勒密和墨卡托特别考虑到这一点,并试图推导出几何学的解决办法,在其他情况中——如 $T-O$ 地图和中世纪的波多伦航海图——却没有有意识地解决这一问题,但是如托布勒(1966A)所表明的那样,这样的地图意味着一种投影,即使它们没有说明是哪一种。

地图投影的现代处理依靠形式投影几何和解析几何。这一研究的历史可能是在 1772 年从兰伯特开始的,在他的分析处理之后,几位数学家,包括拉格朗日、欧拉和高斯,写下了论述这一问题的论文。托布勒(1966A)[①]评论了这一发展。因而:

> 高斯的贡献是重大的。特别是他并没有非难在一平面上表示球体的如此简单的问题,而是考虑了在一任意面上表示另一任意面的普遍问题,以这样的方法来保持相似关系。因此他运用复杂变量,得出了解决这一由兰伯特提出的相似表示的普遍方法。他通过创立微分几何学——现在为深入研究

① 我感谢托布勒博士提供未发表的手稿并特许从中援引。

地图投影的基础——而继续研究。

地图投影在这一历史时刻与形式几何学联系在一起以促进后者新的形式化。这些发展能使地图投影被解析性地研究，换句话说，规定从一种坐标系变换到另一种的规则可以专门阐述。梅卢伊什(1931，2)将其叙述如下：

> 当绘制一幅地图时，在其上的每一点根据某种给定的定律而被确定，这一定律以地球上相应点的坐标来表示地图上这一点的坐标。这种定律被称作投影，据此可以绘制地图；投影方程是那些给出大地坐标和地图上点的坐标之间关系的方程。

解出这类方程系统需要形式几何方法。这些方程系的特性可以进一步被解析性地研究。所以，蒂索特(1881)才能进行有关地图投影变形的普遍研究。托布勒(1966A)写道：

> 如果目的是在平面图上保持某种球面特性，当做到这点时，其他特性将会怎样？在等积投影上角如何变形？等等，蒂索特的特征曲线在局部意义上可以较容易地回答这样的问题。

蒂索特提出的特征曲线(梅卢伊什，1931，98)使许多选定的特征的变形得以度量，因此它能根据选定的参数合理地选择投影。例如，假定选取了一相似的投影(保持角度不变)，那么就有可能选择一特殊的投影，它对于一给定的面积而将面积的变形减小到最低限度等等。解析形式几何学有重要的应用。

但是地图投影的详尽研究一直到最近在地理学中还没重视起来。因此哈特向(1939，398)不把它看成是地理学的一个组成部分。对投影问题缺少兴趣，部分地可以归咎于相当正确的断言，

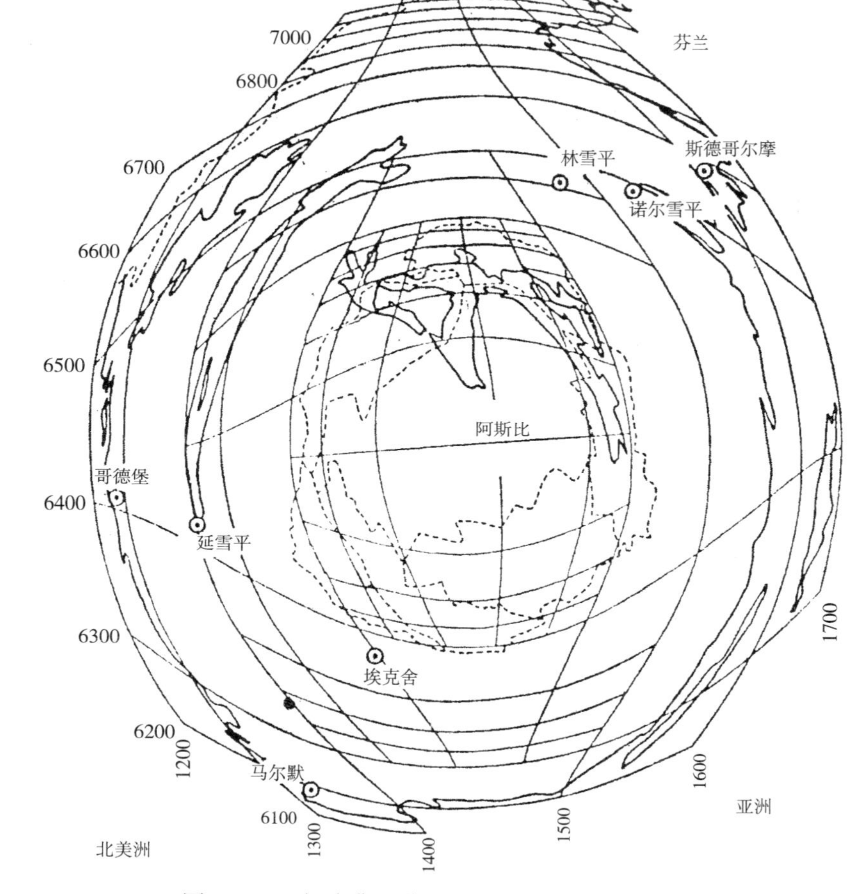

图 14.6 在瑞典阿斯比的迁移场中,重要地方的位置的对数变换。(据哈格斯特兰,1953)

即认为将球面投影到平面上的问题已经基本上解决。但正如我们已指出的,如果地球以活动性来说是比球体远为复杂的形状,那么地图投影的整个问题以一种更为复杂的形式重新提出来。这就使我们要研究地图变换的现代问题。

已经表明在各种研究中可以用各种方法测定距离，以及根据区域内发生的活动量，区域可被变形。为了解决这些问题，已建立起了粗糙的变换，如哈格斯特兰(1953)的对数地图(图 14.6)和哈里斯(1954)的美国零售图，其中每一州的大小与其零售量成正比

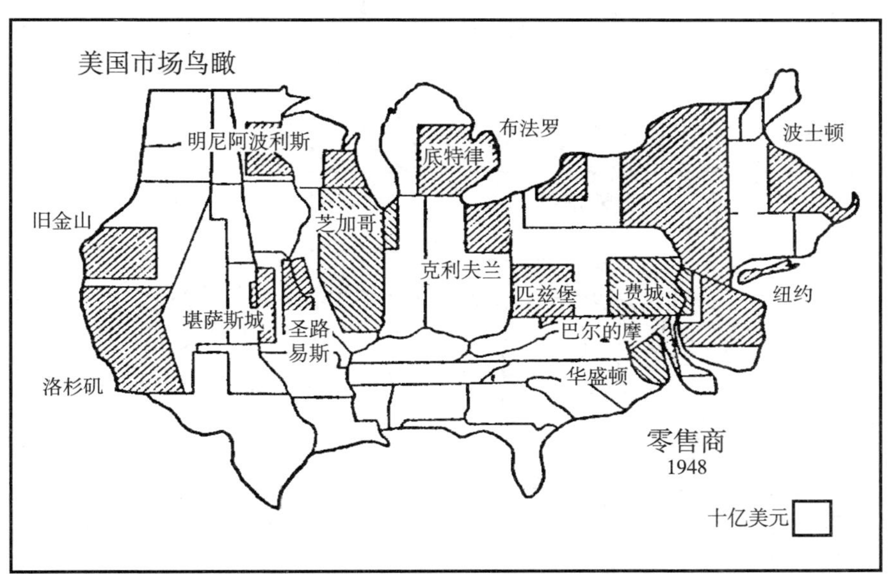

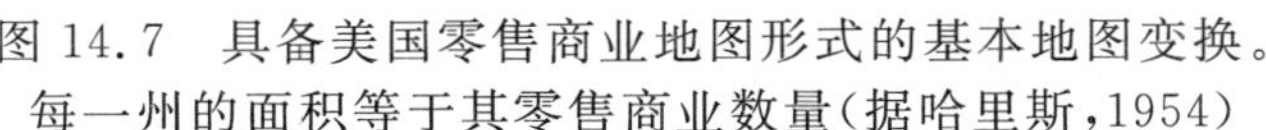
图 14.7　具备美国零售商业地图形式的基本地图变换。
每一州的面积等于其零售商业数量(据哈里斯，1954)

(图 14.7)。同时也说明了理论系统，例如克里斯塔勒的中心地模型，不经某种变换就不能应用于地理情况中(图 14.8)。托布勒(1963)说明了所有这些问题可以用投影和变换的方法分析性地讨论，因为每一种都要求用一种特殊的规则将一种坐标系转换成另一种(图 14.2)。正像所有的地图投影问题一样，困难在于从无限多种变换中选择最合适的一种。在这一方面，蒂索特的分析工作再次具有很大的价值。例如，托布勒(1963)指出，如果变换的基本目的

A：近似于克里斯塔勒的农村人口密度不同地区的理论模型

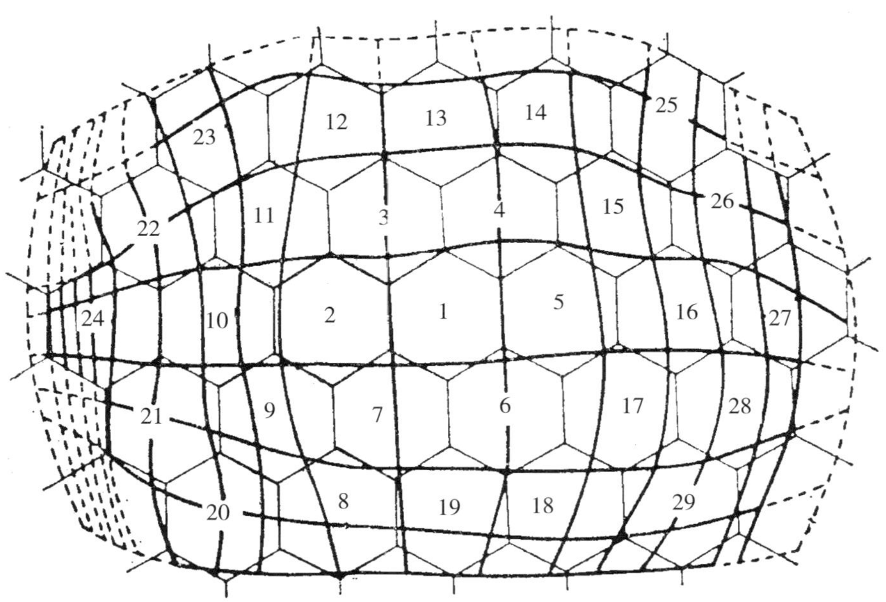

B：产生人口密度平均分布和以理论的克里斯塔勒方法重叠的变换图（据邦奇，1966）

图 14.8　用地图变换的方式比较理论的和实际的地图形式

是一张密度不均的地图经过这样的方式之后，密度得以一致的话，那么适宜的变换就是一种尽可能形状如实的变换（即给出最小角度变形的一种）。托布勒总结道：

> 可以获得有价值的地图投影，它并不符合传统地理学所强调的保持球面面积，而是细致地扭曲面积以“消除”地区资源蕴藏的空间变异。这些地图以多种方式比地理学家运用的常规地图更为真实……。当然，重要的一点不是变换扭曲了面积，而是使它们的密度分布均匀。

这样的变换包括将三维坐标语言(x、y、z)——可用于描绘丘陵、圆岗及洼地的表面(根据活动的密度)——转变成两维坐标语言(x，y)。这可以运用形式解析几何来实现，这正是托布勒阐明了形式几何学方法对于这一极为复杂问题的效用的独一无二的成就。

(3) 欧氏几何学

根据以前的讨论，看来好像欧氏几何学几乎没有应用于地理问题。确实，古典的欧氏几何与地理几何比起来似乎“总是幼稚简单，而后者要考虑运输的现实”(托布勒，1963)。从多种方式来看欧氏几何学，它的简单正是它的巨大力量所在。许多非欧几何学极难运用，但我们多么希望用“继续进入(某一)陌生的和未知的几何学的第n维的周期面”(奥尔森，1967)来工作。必须认识到欧几里德仍然给我们提供了在地理研究中有巨大用途的成熟的简明几何学。

欧氏几何学的简单性可以用对两点之间距离的度量的研究来说明。在解析几何中，两点的位置由它们各自的坐标参数给出。让我们假定正考虑一个两维面，坐标为 x_1x_2 和 $x'_1x'_2$。在欧氏平面中毕达哥拉斯定理以 $d=\sqrt{(x_1-x'_1)^2+(x_2-x'_2)^2}$ 给出了两点间的距离。如果我们假定两点间距离非常小(ds)，且如果我们简化($x_1-x'_1$)和($x_2-x'_2$)为dx_1和dx_2，我们就有$(ds)^2=(dx_1)^2+(dx_2)^2$，它可以扩展到 n 维欧氏空间如 $(ds)^2=(dx_1)^2+(dx_2)^2+\cdots(+dx_n)^2$。根据这一表述，现在清楚了欧氏几何学的特定性质是：在其后的各项之间不存在相互作用。因此在诸如 dx_1 和 dx_2 之间不存在关系。因此我们可将欧氏空间看成是用以下的距离量测系统来描述（阿德勒，1966，282—3）：

$$(ds)^2=I(dx_1)^2+I(dx_2)^2+\cdots+I(dx_n)^2+O(dx_1)(dx_2)\cdots$$

黎曼介绍了 n 维簇中距离的更普遍公式：

$$(ds)^2=a_{11}(dx_1)^2+\cdots+a_{nn}(dx_n)^2+a_{12}(dx_1)(dx_2)+\cdots$$

其中每一项的系数是坐标系本身的一个函数。事实上，黎曼将这样一种距离度量是可能的任何系统，都认为是黎曼空间。很明显，欧氏几何学是一种特殊情况，其中所有的 $a_{ij}=0(i\neq j)=I(i=j)$。有可能测定在任何黎曼空间中的两点距离，但当采取欧氏条件时，测量距离就简单多了。所以欧氏几何学形成了这些特殊情况中的一种，在这些特殊情况中处理和计算的事例是如此众多，以至于如果运算提供了经验性问题的结构的“合理”表达，则任何问题都可以被纳入欧氏运算中去。我们将在关于度量一章中思考一些真实的重要事例。现在我们把注意力集中于量测地理距离的问题上。

从地理学中的空间概念来说，欧氏体系看来在若干情况中提供了合理的模拟。一个简单的阐述来自航海：环绕地球表面航行需要球面几何（黎曼空间的一个特殊形式），但欧氏几何学为计算距离和角度提供了合理的模拟，假如所涉及的距离比如不超过 250 英里的话。同样，为了通常的目的，我们可以利用欧氏几何学来讨论空间感知和自然空间中的实体分布。在爱因斯坦的相对论中，假设的空间曲率只有在非常大的距离上是可测定的。

在复杂的地理面上距离的度量，如那些由运输费用、旅行时间、社会相互作用或个人的内心地图所决定的面都更难以讨论，绝大部分是由于我们对这类面的性质所知不多，所以不能肯定地说欧氏模拟合理与否。从局部上来说，例如运输-费用关系可以建立起欧氏模拟为合理的结构。在其他情形中，我们可以发现人类群体行为能用欧氏空间来模拟，但个体行为就不能这样合理地模拟。还有其他情况，其中欧氏度量很明显是不适宜的(图 14.4)。对于这样的情况，直接运用非欧几何学是可能的，可以证明变换物体及事件间的关系在技术上较为简单，所以它们可以运用较简单的欧氏几何学来分析。后者是最常被选取的，因为非欧几何学或不普遍，或分析起来有困难(在一些情况中两者兼有之)。

大多数空间理论的详述，也求助于欧氏几何学框架。在区位理论的详细说明中，均质和均衡性的假定因此能使欧氏几何学的分析工具应用于理论建设之中。区位论中为人所熟知的假设(如平面、所有方向上的运输流畅以及一致的资源赋存)，都是特地设计来使欧氏几何学能处理问题的假设。要符合空间的真实情况，就要考虑用非欧几何学来解决问题。因此，为人熟知的杜能环，被运输费用的变化所扭曲和扰动。在以图解来阐述这点上，冯·杜能实际上提出了一种粗糙的地图变换(托布勒，1963)。

这一领域中最复杂的发展，或许是达赛(1965A)对中心地论的阐述。达赛利用了欧氏几何学有关的许多方法——矢量分析、网络系统，以及在欧氏几何学和数论之间建立的一些重要联系——来阐述中心地体系的几何学。达赛用在一无限平面上重复无限次的特点，将中心地系统视为“建立于平面网络上的特征”。这种特征，是通过将中心地学说中市场面积的地理概念，等同于狄利克雷面积的数学概念而获得的。原先的狄利克雷面积被定义为“一多边形，其中包括在它中心的网络点和比其他任何网络点都更接近那一网络点的面上的每一点”。中心地学说中所包括的竞争过程竟变成了包装问题。

达赛对中心地学说的处理说明，一旦地理问题被明确地概念化（达赛发现在中心地学说通常表达中的一些模糊性），它们就可以用一种合适的数学语言来表达。在这一特定例子中，目的是在数学上描述中心地系统的性质，像它们通常被描述的那样。没有试图从过程基本原理中（例如供需理论）推导出几何学。达赛所陈述的意图仅限于讨论一般用来阐述中心地系统的空间形式图解的数学性质。他继续陈述道：“一种合适的数学体系是可行的，所以这一任务只需要将适宜的几何学与中心地概念并列。”适宜的几何学由欧几里德之外的专门算术和代数学的发展来提供。

（4）空间-时间问题和明科夫斯基几何学

迄今，所讨论的例子，涉及形式几何学概念表明可应用于现实地理问题的情形。这一节将考虑潜在的、而不是现实的发展。形式几何学大部分和一、二维或三维空间语言结合起来应用。考虑下面的四维问题的概念，其中时间成为一个重要坐标；一个人用随时间（t）而花费钱的数量变化（z），一直在二维坐标系（x,y）中移动着。哈格斯特兰（1963）在讨论一个人在空间和时间中运动（坐标 z 被省略）时，表达了这一空间-时间概念化的简化形式，这一运动他称之为**生命线**：

> 每一个体都可以用生命线来表示，开始在出生地，随后时时变换地点，最后结束于逝世之地。在时间-空间的一个片断中，群体生命线以非常复杂的方式缠绕在一起。

这一有关概念的论点，对于整理地理资料和建立地理学的动态空间理论具有相当重要的意义。它也由明科夫斯基对爱因斯坦的空间-时间概念进行了有趣的模仿。适用于相对论的坐标语言，规定了两事件 x 和 y 在时间中作为一种状态（其中对于一个符号来说，从 x 到 y 或从 y 到 x 是不可能的）同时存在（卡纳普，1958，203）。赖欣巴哈（1958，145）因而指出，事件同时存在的观念就简化为“就时间序列来说的不确定性概念”，而且它还蕴含着“因果关系的排除”。以物理信号（由光速来决定）来说，在时间-空间坐标轴上的一秒钟，可以等于距离图上的 186 000 英里，因此在地球的范围内，照普通欧氏几何学来说，差异无法测定（阿勃诺，1950，467—81）。而哈格斯特兰关心的是扩散过程，其中信号的运动速度是按照社会而不是自然规律确定的。这必定使人文地理学对时间-空间问题的分析性处理非常复杂，因为社会过程远非随时间而一成不变。不过，看来用明科夫斯基提出的解析几何的方法来研究有关空间因果联系、空间扩散和相互作用等观念，在技术上是可行的。

在地理问题和形式几何学之间可以建立内部联系和“桥梁”的被讨论的四个例子，仅仅是简短的阐述，而不是详尽无遗的分析。拓扑学、投影几何与欧氏几何学的无数应用，需要进行广泛的探讨。克莱因“投影几何即是几何学全部”的说法，以及对地理研究中变换的不同形式用法的详尽研究本身，就需要写一本书。

我在前面各节中致力说明的，是用形式几何学来论述地理问题的空间形式和空间模式在方法论上的可能性。现在几何学与地理学之间的桥梁是如此薄弱，用拓扑学的术语来说，形式数学和经验性问题之间相互作用的网络联结少得可怜。毫无疑问，在数学和地理学之间建立桥梁的普遍过程中，地理学和构成几何学全体的形式空间语言之间的专门桥梁，将是首先和充分地要探索和加强的。

D.　空间、文化、几何学及地理学

地理学的空间概念建立在经验之上。在部分上，对于地理学家工作其间的整个社会来说，经验是普遍的。因此它取决于亲身的实际经验和特定的社会中积累起来的文化阅历。不去参照特定文化的语言、艺术和科学方面所发展的空间概念，就想理解地理学的空间概念是不可能的。关于空间的地理学观念因此被深深地置于某些较广泛的文化体验之中。但从部分上对于地理学来说，地理学的空间概念是专门的，它发展和演化于地理学家研究现实空间问题的专业经验之外。在这方面，“空间和距离”观念的专门解释，成为构成地理学本身的学科的次一级文化的关键识别者之一。“活动空间”、“过程距离”等专门概念，反过来又可以用来阐明空间形式以及创造这些形式的过程。概念可以随即在某种空间-时间语言的形式表述之后形成，形式抽象语言可以使地理学家高居于他自己的文化背景之上，来研究在不同的文化综合体中的空间形式和过程。形式几何学语言已经在满足其他学科（如物理学）的分析需要中得到了发展，它们转而可以用来澄清地理学的各种公式。所以

形式几何学为研讨地理问题提供了有用的先验模型——运算或模型语言。

相互关系是复杂的。地理学家不能认真地希望了解他们自己的空间观念，更不用说在学术的隔离状态中来理解空间行为，或给它以形式上的阐述。本章旨在对于了解地理学的空间概念的性质，概述一些必要的文化、科学及数学的背景而已。已经表明"空间"一词可以用各种方式来对待，且空间概念本身就是多维的。对于研讨这一多维概念的不同侧面，还有许多形式语言可采用。应该学到的教训是：无论是为了哲学目的或经验研究的目的，无需对空间概念本身持一种僵硬的观点。概念本身可以看做是灵活的——可以用特定的关联域来确定，可以用特定的方式使之成为符号，可以用各种空间语言使之形式化。这种灵活运用需要谨慎对待。但它也以一种新颖的和创造性的方式为发展地理学理论提供了挑战的机会。

第十五章　概率论——或然性语言

数学的概率论以多种方式为讨论不同经验性问题提供了一种语言。最近几年，这种语言的应用，在整个科学中迅速增加，地理学也不例外。如果我们一定要选择一种数学语言来代表学术研究中的时代精神主流的话，那么几乎可以肯定这就是概率论语言。然而，尽管其意义重大，概率的概念实际上却特别混乱。

萨维奇(1954,2)写道：

> 在世的权威们肯定有数十种规定的对概率的不同解释，一些权威坚持认为，存在数种不同的解释是有益的，即概率的概念在不同的关联域中可以有不同的含义……。令人惊奇的是，……发现每个人对概率的纯数学性质是什么，看法一致。因此，所有的争论，实质上都集中于解释一般所接受的概率的公理概念问题上，即确定概率的数学以外的性质。

因此，萨维奇指出，关于概率论的句法几乎或根本不存在异议，但关于它的语义则意见纷纭。概率论的一种表达——科尔默戈罗夫在1933年所作的公理陈述——统治了这一学科的数学处理。但其他公理表述也是合理的(例如库普曼，1940；林德利，1965，I)。因而内格尔(1939,39)写道：

> 跟几何学的情况一样，概率运算可以用不同方式形式化，这取决于将什么样的措辞选为本原措辞，取决于发展概率运

算中所采用的数学手段，也取决于今后的应用。

概率论的句法发展可以随所设想的特定语义解释而进行（见前文，第 219 页）。而概率论的各种数学的发展，相互间有着密切联系，因为它要求概率的标准定理（如加法和乘法定理）应从公理中推导而出。但选择这条公理而不是另一条，肯定要受到科学家给予“概率”一词本身解释的影响。

整个科学中充斥着的“概率”含义的明显混乱，对地理研究有很大影响。地理学中这一术语的运用，本身就是混乱和模棱两可的。诸如“可能”、“侥幸”、“偶然的”、“随机的”等等与地理学并非无关。在某些情形中，这样的词似乎具有日常的意义，仅仅因为是从日常用语中挑选出来的。在其他情形中，这些词看来具有一种技术含义，但是确切的技术含义总搞不清楚。在另一些情况中，以概率运算为基础的数学模型，可以用来分析特定的地理问题，而却没有完全搞清楚运算的多种解释所包含的意思。

当作为一种**先验**模型语言运用时，概率论看来显然被过分认同了（前文，第 200—203 页），而又会以很不同的方式来解释这种语言的成功应用。因此，考察赋予概率这些不同解释的一般性质，考察概率语言的结构和发展（在演绎和非演绎两方面），最后在地理学关联域中考察这种特殊语言的实际意义和潜在意义，看起来都是很重要的。

I. 概率的含义

在各门科学中，涉及概率的含义之巨大差别，从下列术语表中可窥见，它摘自费希本(1964,134)，旨在澄清概率的含义：

确定程度　确信程度　理念程度

经验概率　几何概率　非个人概率

归纳概率　直观概率　判断概率

逻辑概率　数学概率　客观概率

个人概率　物理概率　心理概率

随机性　　相对频率　统计概率

主观概率

此类限定名词表达了一系列概率的概念，但在澄清其含义上却并非完全成功。概率论的大部分作者区分出三种主要类型，其中可能有显然不同的解释，而在其间有着哲学上的重大差别(内格尔,1936;萨维奇,1954;费希本,1964;丘奇曼,1961)。

(i)“将概率的大小确定为相对频率，被陈述的一种特性，以这一相对频率在元素中一组特殊元素内发生，这组元素称作参照集或参照组”，这样来揭示频率观点(费希本,1964,139)。

(ii)概率的逻辑观点与假说及这类假说的证据之间的逻辑关系有关。因此，“概率度量一组命题，出于逻辑上的必要性，并超脱于人为意见之上，来证实另一组命题之真实性的程度”(萨维奇,1954,3)。这一论点因而与归纳问题紧密联系起来，并用于假说证实的问题(前文，第51—53页)。

(iii)概率的主观论点是“度量特定个人对特定命题的真实性所具有的自信”(萨维奇,1954,3)。这种论点涉及确定规范的决策程序，但它对事件发生的概率，允许有不同的初始判断。

概率的这三种主要论点，将在下面详细研讨。研讨以前，介绍一下由于概率论本身的精密化而产生的进一步区别是有益的。普遍认为“概率的”是“确定的”反义词。但这种说法的真实含义需要阐述。数学的概率论的公理发展，完全取决于演绎逻辑。推理是一定的，定理是绝对确定的，因此，给定公理后，数学概率论的这一演绎细节必然会被认为是确定的。概率论的演绎精密性，与包含在统计理论中的归纳推理形成对比。这里，其发展相当于概率概念应用于决策问题时一种扩充的及精密化了的理论，它在形式上是不同的，并且确实包含着不确定性。统计推断因而包括在不确定情况下提供某些决策的规则。这些规则，在它们从某些公理表述导出这一意义上来说是确定性的。这些规则的应用涉及是否可能或者不可能在“非确定性”意义上作出概率性的表述。

A.　概率的古典观点

概率论的历史发展是一种方式的简要阐述，以这种方式，数学家为了发展数学理论而经常依赖现实世界过程的某种模型，而在其各自学科中关注理论建设的自然及社会科学家为了使理论形式化，则频繁地诉诸作为一种便利的模型的数学理论。

克拉默(1955,12)指出，近代数学的概率理论起源于十七世纪后半期帕斯卡和费尔玛特之间的著名通信。这一通信下结论说，在博弈游戏中估计“公平”赌注的问题，“可以概括成排列组合的数学理论问题”(内格尔，1939,8)。这一组合方法——它至今仍非常重要(大卫和巴顿，1962；费里尔，1957)——导致了大量数学定理的产生，这些定理可以应用于包括机遇因素的任何问题。在拉普拉斯(1951)的著作中，这些定理被汇集起来并进行综合。依照拉普拉斯的看法，由于我们自己的无知和知识贫乏，概率论是必要的。拉普拉斯没有把世界看成是由概率规律统治着，因为“所有的事件都由‘自然的伟大规律’管辖着，非常杰出的智慧天才可以运用这种自然规律以最精确的方法预测未来”(内格尔，1939，9)。由于我们一无所知，就有必要提出能够应用于我们所不能肯定的情形的某种理论。但这一理论的基础本身是非常含糊的。特别是“拉普拉斯以其为基础，把数值分配给概率的原则，是把某种情况的可能结果分析为一系列二者必居其一的选择原则，这些选择可以被判断是‘同样可能’的”(内格尔，1939，8)。这就意味着将概率值专断地、先验地分配给某种结果。这种观点以其最刻板的形式导致很多矛盾和混乱。为了解决这些问题，就去祈求无差别原理(或如有时所称的不充分理由原理)。这就等于说，假若没有证据说明应当作出另外的概率分配，则同样的概率可以分配给一事件的各种结果。因此，扔一只六面的骰子，每一面的概率分配无疑为$\frac{1}{6}$，除非有确凿证据说骰子以某一方式偏重一方。

分配概率这种很不令人满意的方式，并没有阻挡数学理论的发展。数学家直接假设概率可以分配，并将“如何”分配看成是经验的，而不是数学的问题。在任何情况下，数学家都有可能说明简单的现实世界情况，其中“同等可能的结果”看来是非常合理的假设。各种博弈游戏，各样坛子模型等等，提供了(并且还在提供，如费里尔，1957)适于数学解释的基本物理模型。然而，概率论的应用在十九世纪也扩充了。统计力学的发展，将概率论和理论物理结合起来，开始了物理和数学理论之间长期而卓有成效的相互影响 。在十九世纪晚期，遗传学的发展，特别是孟德尔的遗传理论，对数学的发展给予很大推动,因为这一问题在形式上显示了固有的概率性。

可能所有发展之中,最重要的是统计学和概率论的融合。统计学——起初被认为是"社会的实际研究"——在将资料归类并予以表格化时。运用了某些描述性的测度,如均值、方差和相关系数。统计学的独特方法是"接受变异性并去研究它,而与此相反,传统的科学研究方法则企图排斥变异性"(安斯库姆,1964,157)。这一差别意义重大,因为它阐明了经验性工作中概率论应用的许多方面。在这一点上将高斯和高尔顿作对比是很有意思的。为了提出在做高精度要求的观测中排除误差的方法,高斯提出了最小二乘法理论,并研究了正态曲线(有时叫高斯曲线)的性质。例如,在大地测线工作中,测定角度和距离时的观测误差,在他企图凭经验决定物理空间是否为欧氏空间中非常重要。高尔顿——T. W. 弗里曼(1966)称其为十九世纪中地理知识的重要贡献者之一——在提出回归分析(在近代统计学中,它运用了高斯的最小二乘法)时,对遗传过程中固有的变异程度,比某种测量的真值更感兴趣。

但是统计研究不仅仅是描述性的,其中也包括推理。例如,为了估计像均值和方差这样的测度与被检验的数据集之间的关系,有必要了解这类测度的特性。一个类似的、但更为复杂的问题涉及假设检验——例如,何时相关系数显著地不为零?假设检验需要某种合适的统计学理论,而这种理论是从拉普拉斯概率论中推导而出的。拉普拉斯理论对统计推断问题的应用,产生了一些棘手的问题,这些问题突出表现了拉普拉斯在先验基础上分配概率的方法之缺陷。在许多人看来，拉普拉斯方法似乎缺乏严密性，因此试图将概率对事件的分配做得更为客观一些。这一试图在皮尔逊、费舍尔和奈伊曼的工作中，导致了以概率的相对频率解释为基础的“统计学正统”学派的形成。

B. 概率的相对频率观点

概率的相对频率观点，就其产生的文献数量和已发现的应用多样性来说，无疑是各种概率观点中最重要的。这种观点有若干变体，但从本质上说，它依赖于这样的信念：在一事件的特定结果被记录下来的真实次数与事件的总数之间存在某种比率。给定事件的全集 R 以及表示了一定特性 a 的 R 子集（我们将这一子集称作 A），那么在 R 中，A 的频率 r 由下式给出：

$$r(A,R)=\frac{n(A)}{n(R)}$$

只要给出事件 R 的任何合理数目，就可以经验性地确定 r。相对频率观点进而假定当 n 增加时，r 趋于稳定，并假定“概率”一词的含意，可以由陈述概率 p 为这一比率的极限值而定义。因此：

$$p(A,R)=\lim_{n\to\infty}\frac{n(A)}{n(R)}$$

简单的实验被用来说明 r 如何趋于稳定（见图 15.1），在某些方面，相对频率观点无疑在直观上是吸引人的。

它以确定这些概率的经验方法代替了概率的先验分配。这种方法将人为判断减少到最小程度，因此有时称相对频率观点为客观概率。但这种实际运算方法，并没有从笨拙的假定中摆脱出来。它假定存在某种假设的无穷大总体，它还假定可以估计极限的 p

值。仅当它能够表明事件结果的特定样本是整个总体的代表时，这才是可能的。相对频率因而涉及随机样本或随机试验的定义。

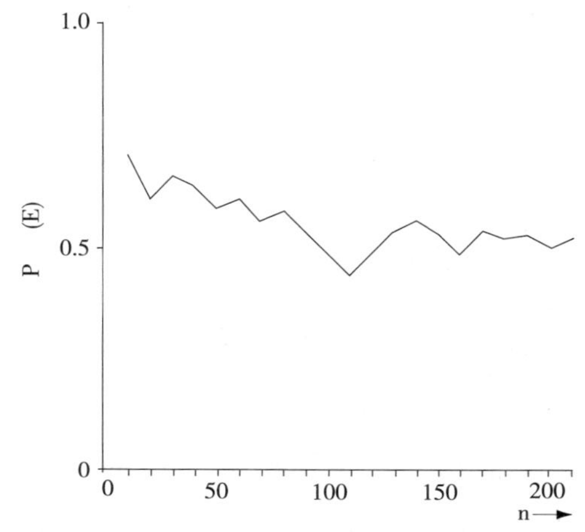

图 15.1　一次试验，一种特定类型（如掷一枚硬币所出现的头像）结果被观察到的数量，作为结果的全部数量的比率，随着样本的增加而稳定

考虑下面的坛子模型。其中一坛装有 750 个红球和 250 个黑球，用一组不容更替的抽签来估计获得黑球的概率。因为结果是有限的，所以概率可估计为 0.75。但假定红球重量是黑球的两倍，因此趋向于沉到坛子底部，概率的估计，就不会像在简单的掷硬币试验中那样，在极限值附近摆动，而是会逐渐变化。在结果无限的情形中，同样不存在结果的范围不会收敛在 0 和 1 之间任何数值上的理由（图15.2）。

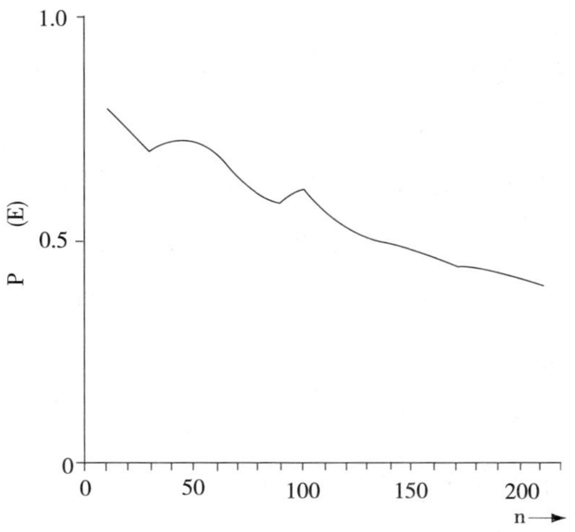

图 15.2　一个试验，其中一种特定类型结果的数量和总的结果之间的比率，不能随着样本的增加而稳定

这样，相对频率观点用某种以“随机性”概念为基础来确定概

率的运算方法，取代了概率的先验分配。然而克拉默(1954，5)指出："看来不可能给随机这个词所包含的意义以精确定义。"这看起来很像通过某个其他不可定义的词，来定义一个不可定义的词。由于给出"随机"一词的可行定义，比给出概率本身远为广泛的概念的确切含义要容易得多，所以这只是部分情形。多数对于数学概率持相对频率观点的作者(如克拉默，1955；帕曾，1960；费里尔，1957)，通过实例来定义随机性。这样的定义，都严重依赖于说明某个简单的坛子模型或简单的博弈游戏。这种说明，通常包括陈述骰子的每一面都具有在一定玩法中发生的同等和独立的机会。随机性的这种直观推断的定义很重要，因为从中可以推导出事件的特定结果的数学性质。然后这些性质提供某种数学上的标准，据之可以测定一种给定结果，以决定其是否是随机的。但在后一种情形中，为了确定一定结果是否显著不同于随机结果，就有必要采用统计推断方法。因而，"用相对频率来表示的概率定义，显然以判断表示的概率定义为前提"(丘奇曼，1961，101)。

然而随机性可以通过抽样理论来定义。这种理论的目的是：(i)尽可能保证由发生的一定事件概率得出的估计，最后聚集在正确的数值上；(ii)保证建立在特定样本基础上的估计，尽可能接近真实。当然，抽样理论非常复杂(参看科克兰，1953)，这里不加以详细讨论。但重要的是认识这种方式：一种可行的定义给予随机性，因而给予相对频率的概率。一随机试验，可以被定义成其结果独立于任何其他试验结果的试验。哈金(1965，129)指出："实际上很难建立试验是独立的状态。"对这一困难的解决办法是"掌握一种标准的偶然性状态，并使所有随机抽样理论都依附于它"。这种必要的状况，由随机数论来提供。假如每一数字都具有同等且独立的发生机会，这就会提供能显示出符合概率运算的一个数字序列。

随机数表，例如发表于1955年的*RAND*百万数字表，可以为抽样提供一个基本的偶然性状态。一般来说，若每一数字具有相同且独立的发生机会，则随机数表具有可根据概率论预测的性质。但这样一种状态的困难是：状态内的某些区间可能不一致（哈金，1965，131）。肯达尔和斯图亚特（第一卷，1963）曾论述了这一困难。他们指出，在$10^{10^{10}}$数字表中，为了满足概率运算的需要，就得有一百万个零区间相当频繁地出现。

> 因此，预期在随机抽样数表中，将会出现其本身不适用的数字片。这种异常，必然会得到以恰当比例出现的机会，虽然比例很小。

在限定无限多的随机序列，并在产生这类序列的部分的特定例子上，存在着极大困难（丘奇曼，1961，158）。然而，“结合抽样程序而出现的随机性概念，对于今天正进行的大量研究来说是一基础。”但糟糕的是，这样的情况总是经常发生：“即人们试图断定身边发生的任何样本都是随机样本，而这仅仅是由于能够利用可应用于随机样本，或与其关系密切的类似样本的统计分析技术的缘故”。费希本（1964，159—60）的评论为数量地理学家提出了一个有益的告诫。

因此，概率的相对频率观点指的是，在完全相同并因而相互独立的条件下所做的试验重复时，将现实世界概念化。假如现实世界过程的这种概念化表达是合理的，那么这些过程就能够融入为分析处理的概率的严格运算中去。而将现实世界事件这样融入概率论句法系统的合理性，取决于有效的抽样设计，它保证每一事件可以从无数可能事件中随机选取。在抽样中确保随机性的这一运行步骤，并不是没有困难，因为它依赖于在一给定的抽样结构（如随机数的一个序列）中对随机性的概率检验。后一步骤基本上是归纳的，因此包含有此种论证形式中固有的、常常棘手的逻辑问题。

C. 概率的逻辑观点

卡纳普（1950；1952）无疑是阐明概率的逻辑观点的最重要的哲学家。卡纳普并不反对频率观点，他将其视做凭自己本身资格的一种重要理论（称作“概率$_2$”），但却认为可以采用概率的一种替代观点（称为“概率$_1$”），来探讨数学概率的某些方面与归纳逻辑之间的关系。卡纳普（1950；V）介绍他的研究如下：

> 这里提出的理论，由下列基本概念来表示其特性：(1)从非演绎的或非描述性推理的广泛意义上说，所有归纳推理是通过概率进行的；(2)因此归纳逻辑、归纳推理原则上的理论和概率逻辑相同；(3)作为归纳逻辑基础的概率概念，是两种表述或命题之间的一种逻辑关系；它是以某种给定的证据（或前提）为基础的一种假说（或结论）的确切度。

据卡纳普看来，一种假说和证实它的证据之间的这种逻辑关系，完全是分析性的，因而完全独立于个人信念或判断之外。根据逻辑观点，概率表述完全是形式化的，没有经验性内容。

有人试图提供一种归纳逻辑，它测定“出于逻辑必要性，并超脱于人为观点，一组命题可证实另一组的真实程度”（萨维奇，1954，3）。这无疑非常重要，因为它最后一次指出了解决归纳问题的前景。但是在发展这样的归纳逻辑上有严重的困难——阐明逻辑观点的困难，凯恩斯（1966）、内格尔（1939）和卡纳普（1950；1952）等都深刻意识到这一点。萨维奇（1954，61）在回顾这些意图时评论道：

> ……对建立一种必要观点的可能性，基本上没有异议，但我的印象是：这种可能性还没有被认识到。……我推测这种可能性不是实在的。……凯恩斯指出：……他并不十分满意他解决了他的问题。……卡纳普认为（他的工作）仅仅是走向建立令人满意的必要观点的一步，有了这一步，他就有了信心。在导向证明这种可能性的如此精细的劳动之后，这些人全都表示了某种怀疑。……这固然表示了他们的诚实，同时也表明，他们自己定下的任务如果真有可能的话，也不会是轻松的。

与发展概率逻辑观点联系在一起的问题仍未得到解决，因此，我们将不进一步讨论概率论的这一特殊方面。

D.　概率的主观观点

概率的主观观点在以下这点上类似于逻辑观点，即它承认概率表达了陈述和证据实体之间的一种联系。主要区别在于：主观论者否认这是（或从来就是）一种纯逻辑关系，而把这一关系看做是信度的表示。很明显，这种信度因人而异，因此在表述和其证据之间没有唯一关系。主观论的坚持者，如拉姆赛（1960）、萨维奇

(1954)和杰弗里(1965),“通过给予他本人以中心位置,将个人背景带进这种情况中”(费希本,1964,167)。

但是不应认为主观观点与逻辑游离。事实上,主观观点相当于在面临不确定性时合理选择的一种规范理论。这一理论与迅速增加的有关决策论和效用性的文献之间,有着密切关系。这样一种关系的缘由似乎是:使主观概率成为一种可行概念的唯一方法,就是通过一个人的行为衡量他的信度。大多数主观论者如拉姆赛和萨维奇,将信度与特定的行为模式——例如把赌注或赌金押在某一事件、而不是另一事件的发生上——等同起来。所以在由冯·诺伊曼和摩尔根斯坦提出的效用理论、费希本提出的决策论,以及萨维奇提出的主观概率之间有着极其密切的关系。

概率主观观点所固有的抉择规范理论,包括两个重要的逻辑条件(凯伯格和斯莫克勒,1964)。第一个是相容条件,它规定在相关命题中,只有信度的某些组合方可接受。对一种结果的信度必须与该结果不发生的信度兼容。第二个逻辑条件是一致性。因此:

> 关于一个命题,没有任何赌博能允许,无论事件结果如何,都保证赌者输钱。有可能表明,信度与概率运算规则符合,是在这种意义上一致性的充分和必要条件。(凯伯格和斯莫克勒,1964,11)

如果一个人的举止一致协调,他的赌博行为就符合从概率论公理中得出的预测。贝叶斯定理是一重要的行为预测。这一定理确定了一种转换方式:即在能得到所考察事件的信息或证据的情况下,将一组先验概率(可以在主观上确定为某事件的信度)转换成为一组后验概率(见下文,第299页)。这样,贝叶斯定理在证据可得时,提供了改变信度的一种协调方式。关于这一规则本身并没有特别的争论,因为它对概率论的所有形式都通用。但贝叶斯思想的独特之处在于,先验分布并不一定非要客观地确定。主观信度是容许的,因此先验概率可以因人而异。这一观点对大多数频率论者来说是不能接受的,费舍尔完全反对它——对于统计学理论的发展具有非常重要意义的一个决定(安斯库姆,1964,161)。

接受贝叶斯的观点有这样的长处:允许范围广泛得多的现象和情况通过概率运算而得到研究,但一些人认为,这一长处非常值得怀疑。频率解释的麻烦是,它限制了运算对在严格控制的抽样条件下,所观测到的重复独立事件的应用。因此不能依赖从一副牌的一次抽取中获得一张A牌的概率,除非已做了大量的抽取。而且,要采用并分析像"我相信明年每吨铁矿石值Z美元的概率为Y"这样的表述中所包含的概率意义,也是不可能的。贝叶斯观点却允许运用概率论来分析这样的论题。因此,把概率运算扩展到包括"信度",看上去很有吸引力,虽然它包括一些笨拙的假设。但主观论者又争辩说,频率观点也并没有摆脱笨拙的假设,事实上,它们所作的是用一种看上去合理的非常清晰的假设(萨维奇,1954,62),来代替取得极限时关于变量行为的一组相当笨拙的假设。此外,他们能指出贝叶斯方法对具体情况远为广泛的应用性。但是统计学家、数学家和哲学家对贝叶斯观点的看法是有分歧的。

因而,我们必须下结论说,"概率"一词的所有三种解释,都经受着逻辑上的困难。与概率的日常意义相反,对概率科学意义的

态度，部分取决于哪一套假设看来最合理，部分取决于哪些困难最容易克服。也可以采取更重实效的方法，尝试通过某一特定形式的成功应用来评价概率的每种形式。在这一方面，相对频率观点无疑相当成功，虽然这一成功仅限于分析一定类型的现象。然而频率解释的更大成功，必定部分归因于用这种解释做了多得多的研究这一事实（安斯库姆，1964，165）。贝叶斯方法一直到最近才被重视起来，其成就不大容易评价。它肯定可以应用于与频率概率所分析的现象相当不同的那些现象类型上去。概率运算应用于在不确定条件下提供一种规范决策理论，无疑已获一定的成功，特别是在决策问题能被清楚和明确地形式化之处是如此。所以安斯库姆（1964，164）评论道：

> 一般来说，不确定性由于有在同样观测场中先前得到的经验而减少；在一个发展完善的场中，我们对提出说明和先验分布上，比在一个新场中理所当然地具有更多的信心。自然，只是当不确定性最小时，我们才会发现分析最令人满意。所以贝叶斯的决策理论很像温室植物——它需要优越的环境，在所研究的发展完善的场中，它生长得最旺盛。

在概率的所有解释中，以其实际成就和应用来说，逻辑观点最少受到推崇。这并非说要完全摈弃这种解释。当终于理解了科学知识的性质时，归纳问题——在卡纳普所提意义上的概率——或许是所有问题中最重要的。它在证实和确证的关联域内意义重大。卡纳普问题的解决，对科学哲学会有极大意义。毫不奇怪，这种概率的最炫耀的解释，在实际应用上收获最少。

“概率”一词的科学解释易被怀疑，它是科学家中广泛分歧的主题。各种解释并不矛盾，而是相互补充的。这至少使科学家能选择一种解释，而不必否认选择另一种的可能性。看来不同解释与极为不同的事物相关。因此，看来唯一共同的基础，只能是概率运算本身。我们现在就转到概率论的这一方面。

II. 概率运算

无论对概率论的语义解释有什么争论，而对其句法结构却几乎没有什么疑问。的确，可以给予该理论不同的公理形式，而概率的特定解释一般要影响到公理的选择，但概率的推导定理却是相同的。一种从归纳上采用概率概念的统计推断理论的发展，正引起更多的争议。因此，从概率运算观点来看，重要的是区分理论的演绎发展和统计推断，后者利用概率定理来建立一种合理的决策理论。

A. 概率论的演绎发展

概率论的各种定理，由科尔默戈罗夫于 1933 年整理成一个统一的公理体系。从此以后，设计了很多公理论述。麦克卡德和莫罗奈(1964,20)、林德利(1965,I,6—11)提出了大量差别很大的公理论述，而费里尔(1957)提出了一个严格的、但非公理的说明。这里无意讨论这些公理表述。但重要的是要记住概率论与所有的公理性数学体系一样，只与各个未确定的事物之间的联系有关。这些公理提供了一套确定各种抽象本体之间关系的规则。然后可用这些规则推导定理，又可以把定理结合起来以推导更复杂的定理。

这些定理没有经验性含义，虽然它们可以用经验现象的术语给予解释。重要的一点是：数学上的概率论发展，无论如何不取决于对该理论的解释。

如同任何公理体系一样，数学的概率理论依靠一套原始概念和公设的表述。几何学运用诸如“点”和“线”这样的术语——概率论则运用诸如事件和样本空间这样的术语。概率论的原始表述来自集合论。这些表述，可以用与几何学的原始术语以点和直线来表示的同样方式给予解释。但这要求对概率论有某种一般解释，而且为说明起见，将给出一种频率表达。

数学的概率理论中的基本原始概念是样本空间。考虑一个我们掷一枚硬币的试验。所有可能的扔掷都被赋予特性，即形成一个样本空间。样本空间包括所谓的样本空间元或基本事件。在这一例中，每一基本事件可以是一次试验（掷硬币）的结果。我们用集合论概念，将样本空间定义为 $A=(a_1,a_2,a_3\cdots)$。然后我们可以考虑样本空间的任何子集，我们将其称为复合事件，或有时就称事件。在我们的例子中，一个事件可以是所有记为正面（头像）的抛掷。如果在样本空间中仅有两事件（如正面和背面），那么我们就有条件 $A=(A_1,A_2)$。这里介绍相互排斥事件的概念是很重要的，因为它对于数学的概率论发展也是个基本概念。如果由两事件相交形成的集合不含元（或 $A_1\cap A_2=\Phi$，空集），就可定义为两事件相互排斥。在此例中，显而易见正面和背面就是相互排斥事件。至今，我们已用的所有术语对概率论来说都是基本的，并可把它们放到集合论语言中去。还要做的就是：将概率定义为在样本空间子集上确定的集合函数，简单地说，就是指将数值（元）分配给包括在样本空间中的事件的规则。这一规则将数值赋予获得正面的概率，例如说 $P(A_1)$；也赋予获得背面的概率，例如 $P(A_2)$。于是我们就可以阐述分配的数值必须符合的三个基本公理。

(i) 对于每一事件 E，$P(E) \geqslant 0$（即非负）。

(ii) 对于必然事件 S，$P(S)=1$。

(iii) 若 $E \cap F=\Phi$（空集），则 $P(E \cup F)=P(E)+P(F)$。

这是附加规则，它表明两相互排斥事件之并集的概率为它们的概率的和。

以上表述为数学的概率理论提供了基础。当然，还有若干不同的可行形式，但它们都非常相似（帕曾，1960，18；麦克卡德和莫罗利，1964，20；林德利，1965，I，6）。

在此，有必要稍微离开有关样本空间性质的主题，并特别要注意概率论对任何经验现象的应用，取决于找出适合这一抽象理论概念的可行定义（或解释）。在上面所举例子中，样本空间包括无限多个元，因为我们可以无限地掷硬币。然而，假定空间被想成只包括一副普通扑克的 52 张牌，在这种情况中，样本空间包括有限的元，虽然如果我们替换地抽样，就可以从中产生无限系列。假如我们问：抽一张牌的花色是什么？对此有四种答案，我们可以将样本空间想成包括四种互斥事件。但如果我们问：这张牌的数目或画面是什么？则样本空间就有 13 种互斥事件。因此样本空间可以根据我们希望如何将它概念化而随意变化。所以样本空间的数学概念，只是通过我们询问的问题才具有某种解释。正如帕曾所说（1960，11）：

在概率论是随机现象的数学模型研究这一范围内，它不

能为样本描述空间的建立制定规则。相反，随机现象的样本描述空间，是作为数学理论出发点的若干未定义的概念之一。一个人选择正确的样本描述空间来描述一种随机现象时所作的考虑，是将数学的概率理论应用于现实世界研究之艺术的一部分。

我们提出的问题是否合理，这是地理学的、而不是数学的判断。但如果要利用概率运算，我们必须首先提出能使我们构筑样本空间的问题。同样，数学理论也并未告诉我们，一种集合函数如何被分配给某一事件，虽然如果要采用概率运算，它确实告诉了我们必须满足的条件。因此，选取用以估计概率的特定方法是经验性的，而不是数学问题。

从概率论的公理中可以推导出大量定理。这些定理与包含在样本空间原始定义中的抽象，以及包括在这一样本空间中的事件完全有关。详述包括在样本空间中的点是作得到的，在此空间中，每一点（基本事件）对任一特定试验都有相当且独立的发生机会。然后可以推导出描述事件的各种概率函数的数学特性。所以，能够确定概率的分布，它们的特性也可以阐明。根据一个样本空间确定的最重要分布是二项分布、正态分布和泊松分布。在概率模型应用于实际情况时，它们具有非常重要的作用。

如果将相等机会这一条件放宽，就有可能通过概括或复合简单的泊松定理，得到整个复合级数或广义分布，如负二项或奈伊曼 A 型分布。独立性标准也可以放宽，推导出的定理就可以应用于一般随机过程。随机游动、马尔科夫链、排队论和更新论、出生-死亡过程、移居-迁移过程等等，都可以从数学概率的基本公理开始，用演绎方式加以研究。

数学的概率理论中所包括的命题和定理的整个复合体，这里不再加以评述了。巴特里特(1955)、费里尔(1957)和林德利已作了充分说明。但要简要地提一下两个命题，因为它们将概率论的演绎和归纳研究联系起来，并有助于说明概率的概念，如何可以应用于某些经验现象。中心极限定理，以及它的远亲——大数定律，都是极为重要的定理。现将它们叙述如下：

(i) 中心极限定理说明："具有有限均值和方差的大量同等地独立的分布的随机变量，标准化后均值为零，方差为1，其总数近似于正态分布"(帕曾，1960，372)。

(ii) 大数定律可以用若干不同方式来陈述。在目前情况下，可能最容易的是伯努利形式，其表述为："当试验次数 n 趋于无穷大时，在 n 次试验中成功的相对频率趋向于每次试验中成功的真实概率 p。从概率意义上即是说，当试验次数无限增加时，观察到 f_n 和 p 之间任何非零差 ε 的可能性越来越小"(帕曾，1960，229)。

中心极限定理和大数定律两者均可从概率公理中推导而出。它们为设想 p 收敛于某一极限值的各种频率解释，提供了理论上的证明。在频率解释中，这两条定律经常被假定为真。但是，这两个定律也定义了在指定的抽样步骤情况下，从样本空间中抽取的样本之性质，并因此有助于在实际资料集合中，为鉴别随机性提供标准。但在许多情况中，不可能指明这样的随机性，而这时频率论者通常满足于假定随机性。

中心极限定理和大数定律，对于概率的相对频率解释，具有很重要的意义。从数学样本空间重复抽样导致$r(A,R)$收敛于$p(A,$

R），这样的收敛特性可用来说明一种“标准的偶然状态”，而随机抽样步骤可以其为基础（前文，第285页）。概率运算对于重复事件的应用，在相当程度上有赖于这两条定律。很多统计推断的经典理论也依靠这两条定律。

数学的概率理论为讨论简单和复杂的“随机”现象及不确定状况，提供了精致而有力的运算。这种运算的经验意义，取决于我们解释运算的能力。这种运算在地理学中的应用将在后面讨论。

B. 概率运算和非演绎推断——特别是统计推断

非演绎推断问题——或如通常所称的归纳问题——已被视为理性科学研究中逻辑性强的方法，它的发展已成为突出问题之一。概率论的应用之一，是构建适于进行合理的和客观的非演绎推断的语言。卡纳普（1950，207）划分出归纳推理的五种形式：

（i）从总体（定义为特定研究所涉及的所有个体的类群）到样本（总体的子集，用枚举法确定）的直接推断。

（ii）“从一个样本到另一个样本而不重叠前一个”的预测性推断。

（iii）“在其相似性已知的基础上，从一个体到另一个体”的类比推断。

（iv）“从样本到总体”的逆推断。

（v）“从样本到全域假说”的全域推断。在这一情形中，区分总体和全域是很重要的。一个特定总体可能是全域的一部分。例如我们可以把一处河滩上的卵石，看做是我们从中抽样的总体，而全域则由各处的所有卵石组成。由于在严格意义上定律被假定为是全域的表述，所以最后这种推断形式是科学哲学家最关心的，但卡纳普指出，事实上，它在理论和实践上的重要性，比预测性推断的重要性都小。

于是，问题在于，为在所有或某些上述情况中进行归纳推断提供一种恰当的语言。这里，概率论为这样的语言提供了句法，但在这种情况下，不可能没有语义解释就拿来运用，因为正解决的问题要特别参照经验上可鉴定的情况。在把适于归纳推断的语言形式化的过程中，科学家们必须不但在通用句法，而且在通用解释上都要一致。阿克曼(1966，36—7)将问题陈述如下：

> 直观想法就是从通过表达包括在一种确定语言中的各种表述着手，然后计算当证据中包含的表述假定为真时，假说或预言表述为真的概率……。如果两个人对其中非演绎问题应被形式化的适当语言意见不一致，他们就会计算出不同的概率，但他们的结果将不能仅根据这些概率来比较，因为概率会是它们被计算的语言的函数。为了将概率的概念应用于非演绎问题，在问题形式化上必须一致运用一种选择的和明确的语言。

在数学家、统计学家和哲学家之间，关于这样的语言应为何物没有完全一致的看法，关于一种特定语言可以应用于何种非演绎推断也无完全统一的看法。这些分歧不是不正常的，它们反映了对概率本身的解释的差异。这里就有一个重要例子(见前文，第51—53、74—75页)，它说明了将伦理上中立的决策语言形式化的困难，并极出色地阐明了“符合规则”的行为，对于我们理解科学知识的性质是多么重要。因此，有若干种适用于将非演绎推断形式化的不同语言,至于采用哪种语言,则取决于特定的科学家所赞同的特定的思想流派(或如 T. 库恩(1962)所称的范式)。可行的语言可以是从卡纳普(1950)的逻辑构造,经过一系列属于概率的频率解释的语言,例如 R. A. 费舍尔提出的统计推断理论,奈伊曼-皮尔逊理论以及瓦尔德的序列分析,一直到萨维奇和林德利那样的统计学家的坦率的贝叶斯(主观)方法。这里不可能研讨所有这些提到的语言,因此读者可以参考由像阿克曼(1966)、哈金(1965)和普莱克特(1966)这些作者提供的一般讨论。但有关这些非演绎语言的发展及应用的若干一般观点,需要进行一些研讨。

在非演绎推断中有两个经典问题。第一个是参数的估计,它有助于将抽象的定理转化为经验上可用于预测和解释事件的方程。如果为在经验上应用而要将一个模型或理论标准化,则估计参数是基础(劳里,1965)。第二个问题是对感性资料的假设检验。设计假设检验是要说明:检验观测时将一定的理论公式化;当给定现实世界的解释时(可能涉及参数估计),是否在某种意义上比另一种理论的公式化"更好"。这一步骤具有一些困难,或许值得对其中一些进行详尽探讨。

(1) 检验假说——一般性问题

从一组择一假说中选出"最好的",这种非演绎推断遵循与日常推断相同的普遍原则(布洛斯,1953,214)。但非演绎推断的目的是构造一种语言,用这种语言将这些直观步骤形式化为规则。这些规则保证,任何人如果从同一组择一假设和同样证据出发,则将获得同样的结论。一般程序是从说明所要考察的全域 U 开始。这一全域确定研究的范围。然后 U 可以分成有限数量的

集合 H_i，可以把它们看成是关于 U 的假设。根据某种规定的抽样程序，可以从 U 中抽取一个观测集合 E。对于每一 H_i，我们可以指定一个预期的、独特的观测集合。然后检验一个实际观测集合，如果它们在一特定假设下符合所期望的结果，那么就可以接受这一假设为真。这种一般程序可以参照贝叶斯定理加以更详细的说明。贝叶斯定理为：

$$P=(H_i|E)=\frac{P(H_i)P(E|H_i)}{\sum\limits_i P(H_i)P(E|H_i)}(i=1,2,\cdots,n)$$

在任何情况下分母不变，因此贝叶斯定理又可写成：

$$P(H_i|E)\propto P(H_i)P(E|H_i),$$

在字面上可将其看成：后验概率与先验概率及似然的积成比例。这一定理的重要性在于，只要能找到先验概率及似然，它就可为估计假设的真实性提供一个推断规则（阿克曼，1966，91；普莱克特，1966，249）。

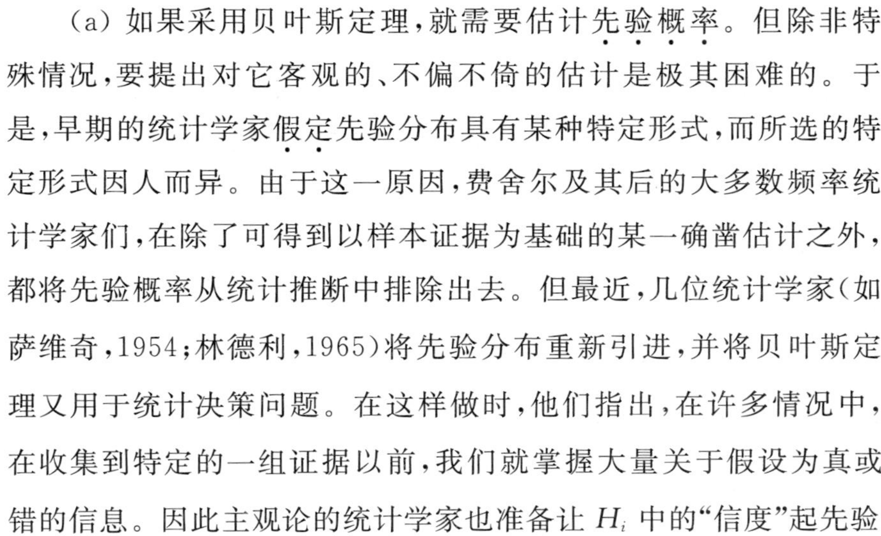

(a) 如果采用贝叶斯定理，就需要估计先验概率。但除非特殊情况，要提出对它客观的、不偏不倚的估计是极其困难的。于是，早期的统计学家假定先验分布具有某种特定形式，而所选的特定形式因人而异。由于这一原因，费舍尔及其后的大多数频率统计学家们，在除了可得到以样本证据为基础的某一确凿估计之外，都将先验概率从统计推断中排除出去。但最近，几位统计学家（如萨维奇，1954；林德利，1965）将先验分布重新引进，并将贝叶斯定理又用于统计决策问题。在这样做时，他们指出，在许多情况中，在收集到特定的一组证据以前，我们就掌握大量关于假设为真或错的信息。因此主观论的统计学家也准备让 H_i 中的“信度”起先验概率的作用。这些信度如已强调（见前文，第287—288页）的那样，以协调性和一致性为条件。当然，困难在于通过内省方法建立的先验概率将会因人而异，无法客观地对它们提出质疑。大多数主观论者宣称，这总比将所有先验的信息都抛弃更可取，而正统的频率方法，在任何情况下既不必要地受到限制，又被它自己概念上的严重困难所困扰。在频率假设的情况下，“概率论只能是将某种试验数据的特性抽象化的一种有用工具”，但主观论者根本没有看到为何“统计学家的统计经验不能加以科学研究，结果只有服从某种有用的形式上的抽象”的真正道理（阿克曼，1966，89）。

（b）给定了 H_i，E 的似然也需要估计。这里 $P(E|H_i)$ 通常称作似然函数 $L(\theta)$。它相当于表示获得一特定数据集的概率，如果一定的假设为真的话。但这方面已经做了大量工作，特别是费舍尔。似然函数在贝叶斯和频率两种语言中都很重要（安斯库姆，1964，167—9）。虽然似然函数具有普遍的重要意义，但它还是摆脱不了一些笨拙的假设。但这里不再考虑这些，因为它们多少具有技术上的性质（安斯库姆，1964；哈金，1965；普莱克特，1966）。

（c）择一假设的检验要受选择 H_i 的影响，这也是不言自明的。在某些情况中，对假设本身，可以在讨论时对所用的语言有所限制。因而频率语言将假设限制于统计表述——即关于大量事件的陈述。所以，在形式上有一重要要求：假设“应当用基础概率论的语言来表示”（丘奇曼，1948，26）。因此，如果我们为了非演绎推断而接受一种特定语言，那么我们必须准备以这种语言陈述我们的假设。这一形式上的重要条件，提出了一个有益的告诫。关于诸如购物行为、迁移、边界争端等等事件的假设检验，都取决于通过某种基本概率语言，来将这些事件事先概念化。我们考虑的全域由瑞典的 90 个城镇组成，然后用奈伊曼-皮尔逊理论的统计检验；而这种检验必须假定这些城镇是一个来自即使不是无穷大、也是非常大的总体的样本。所以这一论证是矛盾的（见下文，第 329—342 页）。

在检验 H_i 以从中找到“最佳的支持”说时，下面这点也应是明显的，即哪一个被证明是最佳的支持，取决于对这些取舍的详细说明。对贝叶斯方法的责难之一是：它要求检验一个假说连续体，但那些假说“几乎全部都是不正确的”（普莱克特，1966，255）。频率方法通过探讨孤立的假说来回避这一问题——频率语言中的传统方法就是建立一种虚**假说**（这即是说，对于一定的假设，不存在来自数据集的支持）和**择一假说**（提供支持），然后以证据为基础，在它们之间选择。贝叶斯论者认为这一程序是不必要的限制，因为可以找到许多假说，对它都可找到足够的支持来接受它们。接受一个择一假说，并非说明接受它为**最好**的假说（的确许多被接受的假说证明离目标很远），而且这种接受也肯定不会为实现该假说提供任何自动的辩护。

(d) **终端效用**的概念在贝叶斯的统计决策方法中也被认为是非常突出的。这个终端效用是指赋予做出一错误推断的数值。我们可能犯各种各样的错误。检查这一问题的经典方式，是将其与一个虚假设检验联系起来考察，其中，结论可能有下列四种方式：

于是，我们对犯了这些不同类型的错误，要赋予什么数值的问题就出现了。一般都认为类型 I 错误是过失，它要比类型 II 错误更为严重。但实质上这是由贝叶斯论者所做的数值判断，而频率论

	虚假说 真	择一假说 真
拒绝虚假说	类型 I 错误	正确决策
接受虚假说	正确决策	类型 II 错误

者也作如是观。很重要的是，确定错误的哪种概率在一定情况下是可容忍的。这就要求某种意愿来作用于给定检验的结果，而这就不可能脱离一定作用方式的结果和判断这些结果时所赋予的数值系统来决定。贝叶斯论的统计学家坦率地承认这一重要性，并倾向于允许变化的主观判断进入问题。贝叶斯论者由于特别注意终端效用，因而对全部决策过程感兴趣，并认为假设检验也包括对行为的可取之处。主观论者无疑对假设检验持有远为广泛的看法，但他们却为此付出了允许赋值判断的代价。频率方法抑制了数值判断，结果又受到更多的限制。

(2) 检验假说——频率方法

统计推断频率学派的主要目的，是发展一种尽可能客观的非演绎语言，同时产生可接受的结果。所以费舍尔(1956)拒绝所有主观因素，寻求发展一种避免先验分布和终端效用两者混杂的非演绎语言。这并非说，不管是他还是受他影响的其他统计学家都否认先验信息和终端效用是相关的。所以皮尔逊(1962,55)就关于奈伊曼-皮尔逊理论的基本公式写道：

> 我们肯定意识到推断必须利用先验信息，决策也必须考虑效用，但对这些观点进行深入思考和讨论后，我们或正确或错地得出结论：难以将纯数值用于我们必须以别的研究方法

来探讨的这些实体。因此我们站在只运用与相对频率有关的概率方法这一边。

有一些具有深远影响的结果，它们源自拒绝应用先验分布和将非演绎推断化为公式的贝叶斯格式。没有先验分布就不可能估计犯错误推断的概率。因此，贝叶斯非演绎语言中错误(mistake)这一概念，在频率语言中被误差(error)概念所代替。布洛斯(1953，22)指出，这里的区别本质上是合成概率和条件概率之间的区别。错误涉及坚持实际上并非正确的假设，这是事件 A 和事件 B 发生形式的组合概率。而出现误差则牵涉到如果 B 为真则就判断 A 为真，因此这是条件概率。这两种概率是非常不同的度量，在贝叶斯定理中它们被联系起来，以至于犯错误的概率是先验概率与出现误差的概率之乘积。既然先验概率在频率语言中通常认为是不容许的，那么这样的语言一般只能涉及误差而不是错误。由于这个缘故，不应认为用频率语言所作的推断，为行为提供了任何必要的辩护。

频率语言中对先验概率的排除，面临着一个问题。有两个解决办法。一个是由费舍尔提出的，涉及所谓的置信概率，与奈伊曼-皮尔逊理论中提出的置信区间理论大不相同(肯达尔和斯图亚特，1967，II，134—58)。但在这两种情况中，目的都是陈述一种仅指检验择一假设中观测数据的非演绎语言。在这两种解决办法中，置信概率论证困难最大，许多人宣称这些困难如此严重，以至于这种论证应当予以拒绝(普莱克特，1966，241—4；哈金，1965，133—60)。肯达尔和斯图亚特(1967，II，134—5)提出了对置信估计含义的明确解释，并指出费舍尔(1956，51—7)定义的置信分布并不是该术语一般意义上的频率分布。它确实表示了"我们对一个参数各种可能值的信度"。因而这种分布很类似于"信度"的思想，而萨维奇(凯伯格和斯莫克勒，1964，178)简直把它看做"煎贝叶斯的蛋而不打破贝叶斯蛋壳的大胆企图"。所以看来最好是将注意力集中于奈伊曼-皮尔逊理论，它无疑为非演绎推断造成了最有影响的频率语言。

奈伊曼-皮尔逊论者的目标在于提出一种择一统计假说可得以检验的理论(奈伊曼，1950)。我们或许值得较详尽地研讨"统计假设"一词的含义。考虑一随机变量 X，可以取值 $x_1 < x_2 < \cdots < x_n$，并在某一样本空间上定义(即所有观测都来自同一样本空间)。可以定义一个频率函数 $f(x)$，它描述随机变量将取任何特定值的概率。于是可将统计假设定义为关于 $f(x)$ 的假定。我们能够做出关于 $f(x)$ 的形式的假设——例如假定它是正态、泊松、负二项等等，或关于 $f(x)$ 的参数的假定。要将在其中分布的所有参数都加以说明的简单假说，与其中仅说明控制分布的参数子集的复合假设区分开。检验后一种假说的步骤显然更复杂，但在原理上与检验简单假设没有区别(肯德尔和斯图亚特，见前所引著作，第 22 和 23 章)。

检验假说就要确定一套规则，据此我们可以拒绝或接受假说。这些规则实际上是归纳行为的规则。奈伊曼-皮尔逊理论中运用的特定方法，是将样本空间(即所有可能的观测子集)划分成两个区域。一个区域成为接受区域；另一个称作临界区域，它形成了拒绝区域。一般给予临界区域以某一任意值。这一任意值通常称作检验的容量。但真正的问题是：如何区分支持一给定假说的那些观测和不支持该假设的那些观测。换句话说，我们需要为决定临界区域在样本空间的位置而建立一些精确的规则。奈伊曼-皮尔逊理论清楚地认识到，如果不知道将特定的统计假设与一些什么取舍作比较，这一点就确定不了。因此，“检验的充分理论，不仅必须考虑到检验中的统计假设，而且要考虑到它的对比者”（哈金，1965，89）。由于运用择一假设，因而有可能构造一套规则。这些规则取决于类型I误差和类型II误差的概念。类型I误差由所选定的检验的容量（有时称为显著性水平）给定。而类型II误差是择一假设的一个函数。提出的原则是：在具有相同**容量**的所有检验中，选取一个对类型II误差尽可能小的。这就直接导致了检验功效的概念。检验功效是一个检验的判别能力的度量，它还是择一假设的一个函数。统计学家因此谈论着各种功效函数等等。功效函数允许定义一个最佳临界区域，建立在这一最佳临界区域上的检验称作最大功效检验（肯达尔和斯图亚特，1967，II，165）。这一程序可借助一示意图来说明（图15.3），它取自肯达尔和斯图亚特。

此图显示了在二维情形中，样本点的两簇散布。让我们假定，A 周围的散布在如果 H_0（虚假设）为真时就出现，B 周围的散布在如果 H_a（择一假设）为真时就出现。那么控制类型I误差就是要在此图上限定一个区域，例如它包括 A 周围聚点中样本点的5%（或另外一种任意确定的水平）。我们是以下述一般信念来选择这样一种任意的低水平的，即重要的是，特别要将犯这种错误的可能性减少到最低限度。我们可以以无限多种方式画出这样的线。于是，一个区域可以是直线 PQ 以上的面积，另一区域可以为 PQ 扇形 CAD。显然，根据图示，如果 H_a 为真，则 CAD 包括的期望点比例

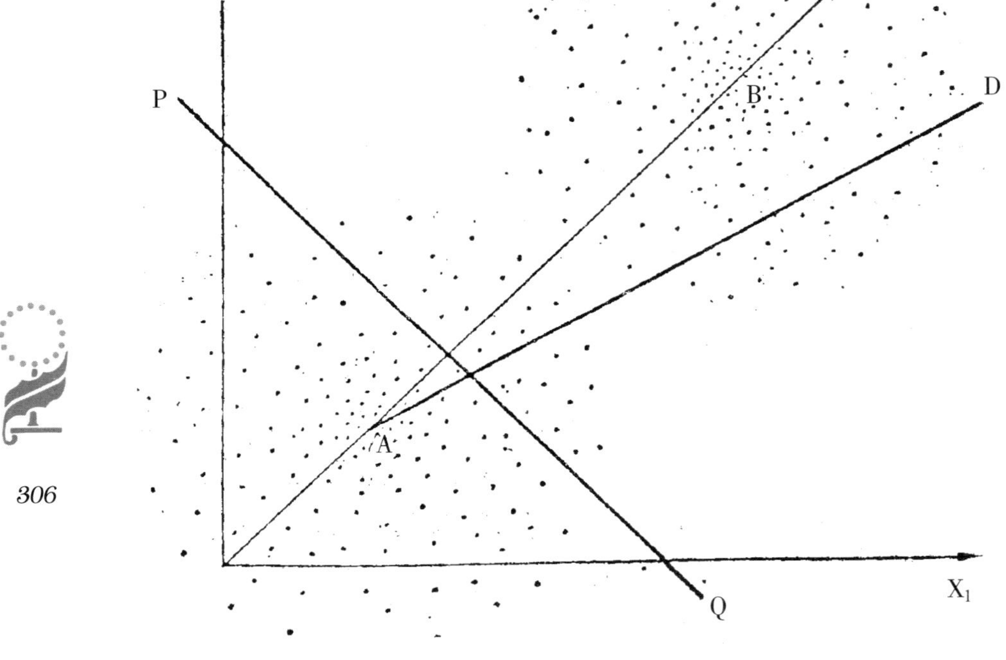

图 15.3　两种假设 A 和 B 之间统计检验的图示
（据肯达尔和斯图亚特，1967，II）

比 PQ 以上面积所包括的要小得多。所以，当在比例比区域 CAD 将包括的大的情况下 H_a 为真时，后一区域当然将拒绝 H_0。因此它是一个更有力的判别者。

有可能以若干方式扩充奈伊曼-皮尔逊理论。根据该图应该清楚，整个样本空间被直线 PQ 划分成两个区域。但这并非总是令人满意的方法，因为很可能找到一组观测（如位于 D 周围），它会导致H_0的拒绝，但只能认为是对H_a的极微弱支持。所以有可能发展各种混合检验，其中可确定第三个区域，在这个区域中检验结果不确定，拒绝与否取决于另外的某种无关的试验结果（哈金，1965，93）。奈伊曼-皮尔逊理论的这些及其他扩充不需要我们多述（参看奈伊曼，1950，250—343；哈金，1965，第 7 章；肯达尔和斯图亚特，1967，II；的一般说明）。

检验统计假设的奈伊曼-皮尔逊理论形成了一种标准的非演绎语言。它是所谓统计假设检验的正统方法之基础。看起来其诱人之处，在于主张小容量和大功效似乎符合我们关于检验应该像什么的直觉，但该理论却受到大量指责，指责不仅来自费舍尔（1956，88—92）。他指责奈伊曼和皮尔逊的一种“愚钝态度”，这种态度“仅仅是出于他们自己对一种不现实形式主义的依托”，并且提出一种“易于将追随他们的那些人误引进大量无用的努力和失望中”的理论。费舍尔将他的批评置于他称为强制公理的基础上，这条公理主张，“显著性水平必然等于在假设允许的任何固定总体的重复抽样中，用来拒绝该假设的那一频率，这真是自相矛盾却又普遍如此”。真正的批评是，在任何检验数据可行之前，就武断地确定检验容量，这就排斥了从数据本身了解关于“显著”的任何内容的全部可能性。所以，如哈金（1965，97—106）所指出的：奈伊曼-皮尔逊理论的范畴，是对前试验下赌注，而不是对结果后的试验作评价。因而，建立在奈伊曼-皮尔逊理论之上的检验，被许多人认为是误入歧途，除非在非常特殊的情况下才不是这样。

（3）检验假说的非演绎语言

对于检验统计假设，看来好像至少有三种有效的非演绎语言：

（i）由萨维奇（1954）和林德利（1965，I和II）发展了的贝叶斯方法。

(ii) 费舍尔(1956)的频率方法。

(iii) 奈伊曼-皮尔逊理论的频率方法。

这三种语言并非相互无关,令人惊奇的是,建立在根本不同的概念之上的这些方法,却具有那么多共同的结果和定理。对这些方法之间的相似和差异的探讨,就形成了统计学中一个研究题目。例如,很明显的是,当证据增加时,在确定后验概率值方面,先验概率的重要性会越来越小,最后,建立在贝叶斯定理上的结论与完全建立在频率概念上的结论,归根到底并无根本的不同。同样,有许多检验在所有语言中都是容许的。主要差异看来在于如何控制所允许的证据。费舍尔(1966,25)强调与允许通过试验学习的检验程序有关的试验设计的逻辑性,并强调基本上都是“迄今自然增长着的进展报告、解释和收录证据”的结论之发展。为了做到这点,费舍尔被引至有争议的置信概率概念。奈伊曼-皮尔逊理论在其统计检验的方法上要严谨得多,在给出一定假设的情况下,关于数据的性质(长期频率)以及数据中的期望,还作出了相当重要的假设。贝叶斯理论范围非常广泛,但却苦于存在与先验分布的主观选择有关的问题。

因此可以部分地得出结论:“在它们的不同之处,基本原因不是哪一个或哪几个错了,而是它们自觉或不自觉地不是回答不同的问题,就是依据不同的基本原理”(肯达尔和斯图亚特,1967,II,152)。关于统计推断的基础,从近来活跃的辩论中出现的一件事,就是不同语言适合于不同目的和不同情况。与决策和制定政策这种广泛问题有关的那些事,几乎总是诉诸贝叶斯体系,并且从概率的这一概念自然扩展到了如卢斯和雷伐(1957)所提出的决策问题的更一般陈述。另一方面，与在不同肥力状况下作物生产力的经营试验有关的那些问题，将可能借助于费舍尔(1966)所强调的那种方法。因此，虽然在统计学家中，关于一种适宜的非演绎语言之性质尚有争论，这一事实对于那些寻找确凿指导的人似乎会引起混乱，甚至丧失信心。但同时它也有促使我们去评价一定研究的目的和我们的知识环境范围的有益作用。只有当我们明确了目的，我们才能够(i)建立适宜的假设；(ii)为检验它们选取适宜的方法。因此，值得记住丘奇曼(1948,24)的名言：

> 通过系统阐述我们用来作为可能答案的那些东西，我们才能最好地搞清楚我们提问时所意指的那些东西。换言之，直到一个人能够陈述可能的答案是什么时，问题才会明朗。

所以，大量艰苦的分析思考包括对所提问题性质及提问的目的的研究是很重要的。先验分析，特别是模糊性的排除，可以解决后来大量概念和解释上的困难。没有这样的先验分析，要避免在采用最复杂的非演绎程序之后还会出现的问题——即究竟研究结果意味着什么？就很困难。我们需要有意识地从几种非演绎语言中选择一种，这就要求搞清楚这种选择的基础。这样的要求，对地理学中的经验性研究只会起到良好作用。这样的工作，当它以经常具有目标的模糊和公式中的模棱两可为特征时，只能从其逻辑性所需要深刻艰苦的分析与思考的情况中受益。但危险在于，没有这样的先验分析与思考，含混的假设将会从与假设几乎或全然无关的数据集中得到高度支持。推断方法总是形成危险，不幸的是我们没有这样的方法就无所作为，因为非演绎推断是证实理论和检验理论的核心。在如此情形中，我们别无选择，只有运用这样的非演绎语言，但这样做时我们应极其谨慎地行事。

III. 地理学的概率语言

“可能”一词在地理学文献中频频出现。在大多数情况里，是以日常用语中通常所指的广泛意义运用此词。像这样的句子：“东英吉利亚的小麦产量可能根据需求和土壤固有肥力来说明”；“蒂芬特·马格纳可能于十二世纪末第一次殖民”；或“我们可能永远不会知道是谁首次发现了美洲”，都是这种一般用法的例子。“可能”一词的运用，只不过是对句子的真实性有怀疑的一种表示。但是，分析一下这样的用法，与企图发现是否包含有概率一词的任何更深的技术含义是有趣的。在不太严格的意义上，这一词的大部分运用，是个别研究者对一个陈述的信度的某种表达，如果给出了适于陈述的证据的话。虽然偶尔像“极可能”或“极不可能”这样的限定词说明信度接近于 0 或 1，但几乎没有任何要说明这种信度的意图。在很大程度上，此词的这种日常用法，仍然是含糊的、非定量的和不可定量的。

对地理学中“可能”一词的运用，只符合日常用法意见的有两个普遍的例外。第一个是关于把此词用于定义知识和理解的某一特定哲学地位。这里的意思虽然未完全脱离模糊性，但较专门化，而且从在确定地理学研究对象上已经起了重要作用这点来看，显然是很有意义的。第二个例外，特别在近十年中变得格外重要，与作为适于讨论地理问题的模型语言的数学概率论语言的应用有关。

部分地用这一语言的演绎特性来模拟地理现象;部分地用非演绎语言,来提供面对一给定数据集中时给予假设之真实性的某种定量检验、某种测度。现在在地理学中运用概率语言已属常事。因此,探讨将地理问题纳入概率运算的可能性,或反过来探讨给概率运算提供有启发的和合理的地理学解释的可能性都不无益处。

A. 地理学思想中概率论证的哲学含义

在科学中,关于概率是否必然为有关现实的任何充分理论提供基础,关于概率论本身是否仅作为对现实世界过程的方便模型表达——如果必要的话,现实世界过程可以用与概率全然无关的某种理论来解释——是有所争论的(雷思切尔,1964)。这一争论在物理学中最清楚不过了,那里一直认为量子理论——它对概率概念作了清晰的阐述——不能被任何更精确的理论所代替。因此,海森堡原理"在某种程度上指出不会存在精确理论"(凯梅尼,1959,80)。对此提出过争论。事实上,对科学中概率概念的采用,有几种不同的哲学解释:

(i) 世界被不可改变的偶然性过程所统治。

(ii) 我们是如此无知,以至于我们必须诉诸概率论证来掩盖自己的无知(例如,拉普拉斯就持这样的看法)。

(iii) 以概率论方法研讨聚合事件,要比用任何其他理论方便得多。

(iv) 世界被精确的规律所统治,但复杂的相互作用,用概率论方法可以得到最好的解释。

可以发现这些论点有无数变体。当然,不可能证明世界是否被偶然性规律所统治，但是对一种特定哲学解释的信念十分重要，因为这一信念成为科学家探讨的出发点。奈伊曼评论道：

> 一个人可以冒险作这样的断言：每一严肃的当代研究，都是对隐藏于某些现象背后的偶然性机制的研究。

无可怀疑，概率概念深刻地影响了现代科学方法，科学家们所持的价值观已深深地打上了不确定原理的烙印（雷斯切尔，1964）。在这种思想气氛中，发现许多地理学家受到影响就不会感到惊奇了。“这一或然性世界”之类的措辞，在现代地理学中大概并非不普遍。柯里（1966A，40）写道：

> 今天，在不确定思想的气氛中，毫不奇怪，一些地理学家正在寻求运用概率运算，并依赖它的哲学内涵。不管这种趋势是否只是追逐一种想掩盖我们的无知和懒惰的流行风尚，还是意味着在一个戒除聚合逻辑和不精确度量的时代中勇敢地生活，这留待将来决定。的确，对那种认为地球表面被赌盘转轮的机制所控制，以及认为地球表面的发展是一种游移不定的掷骰子游戏的看法加以抵制，是很容易引起共鸣的。不能把十九世纪科学中机械论的因果思考方式的胜利轻易地搁置一边。

接受概率观点，就提供了一个与较为传统的决定论观点不同的研究出发点和分析框架。如果地理学中对环境决定论普遍感到醒悟——一种不太必要地把整个决定论方法抹掉的醒悟——那么毫不奇怪，用“或然论”方法对地理问题进行哲学研究的喧闹声已听到很久了。的确，或然性概念，看来处于由维达尔·德·拉·布拉什所提出的方法论的中心。这一方法论的地位在英美文献中看来被误解了。但是斯帕特(1952,419—20)在重新启用“或然论”(probabilism)一词时指出:就是这个词而不是“可能论”(possibilism),实际上是由法国地理学家在二十世纪初提出的。勒克曼(1965)在对1884—1927年间地理学的法国流派的深入透彻的研究中,曾指出或然性概念对法国地理学思想的重要意义:

> 法国地理学思想比其他学派具有更为内在的一致性,它以其明显的统一性给我们留下深刻印象。这种观点上的一致,以一种计算为准。这种计算表明,我们具有的经验世界情景,在它的范围和变化方面,只能以或然性而不是以确定性来描述和解释——以相关条件而不是以必然性来描述和解释。

法国地理学家在采用或然论的体系时,并没有抛弃思想的因果模式,他们抛弃的是一种在不同框架中的因果模式。勒克曼(1965,134)将他们的立场总结如下:

> 在说所有事件都是因果的而不是确定的,因而无规律性这点上,我们将个别事件和个别地方的解释留给经验性描述,而不是演绎科学。后者不是对个别事件的追根寻源和解释,而是对聚集群体或类型的描述和规律化。在其范围和变化方面,个别事件只是在相互独立的因果系列的偶然交叉点上,方是可解释的。但在聚集群体中,个别事件在当这些同一事件的观测频率规律化时,才是可能的和有规律的。

在地理问题的分析中,这一哲学立场看来没有与数学的概率理论在任何广泛应用方面同步。它似乎只是作为地理学研究的一种基本观点,这种观点看来曾使英美地理学感到困惑,直到斯帕特(1952,1957)和琼斯(1956)作了姗姗来迟的说明(其功绩在哈特向

(1959,58—9)的《地理学性质的透视》中只是附带提及)。对这一问题的唯一详细研讨,是由 H. 斯普劳特和 M. 斯普劳特(1965)提供的。但是到了本世纪五十年代,当概率数学运算在地理学研究方法的技术发展上变得越来越重要时,概率概念在地理学中才明确地发展。到 1953 年,哈格斯特兰广泛地研究了概率模拟方法;到 1956 年,《地理学评论》上雷诺兹(1956)和加里森(1956)之间有关地理统计推断的一场简短辩论,预告了概率研究潮流的即将来临。但在这样的研究中,主要问题是阐明给予概率运算的精确解释。然而有必要提醒我们自己:这样的方法确实具有哲学内涵,并且在某种意义上提出了根本不同于地理学研究传统方式的观点。柯里(1966A,40)指出这样的一种对比如下:

> 在某种意义上,随机过程的系统阐述是决定论系统阐述的反面。在后者中,我们说明一定强度和相互作用的某种“原因”,并得到一个由于所谓“误差”而不同于现实的结果。在前者中,我们至少在隐喻上,从不受限制的独立随机变量开始,并且通过引进从属和约束来获得各种可能的结果。

不管地理学家是否采用“大量”(en masse)这个词,或然论的哲学立场都是显然可见的。这部分地将取决于概率运算本身作为研讨传统地理问题的合理语言而起作用的能力,这里柯里(1966A,41)指出:“有许多与地理学有关的领域,而概率思想却与之无关”。但概率观点的可接受性,在一定程度上也取决于用以指导我们思考新的和令人激动问题的运算方式。这就要依靠找到对概率运算本身的有意义的地理学解释的能力 。我们现在就转向这一问题。

B. 概率运算的演绎发展和地理现象的分析

这里我们关心的，是作为一种适于表达和分析地理现象的模型的概率运算。因此，采用概率模型，不一定就意味着研究者在这方面的或然论哲学。

为演绎性的概率论找到某种地理学解释的方法论问题是：我们能够鉴别这样的情况，即在地理学中，将现象以它们可以用形式概率论语言来表达的方式概念化是合乎情理的吗？对这一问题的解答，部分有赖于地理学中先验概念的形成，即传统的地理学概念和思想确实显示出与概率论结构有某种同型性的程度。但答案也取决于我们情愿以确实显示出某种同型性的方式，来修正我们的概念及思想的程度。后一种方式似乎像将地理学内容塞进严格预定好了的模子。在一定范围内这是对的，但是不产生必然危险的条件是：(i)所提出的新概念充分符合实际；(ii)充分认识到其他模子(或模式)也是可用的，或许更适于处理不易放入这一模子的地理问题。这后一种方法，也明显地包括运用数学的概率理论作为一种先验模型语言。实际上，基本的方法论问题，不受我们是否以地理学或数学概念为出发点的影响，因为它仅涉及将诸如样本空间、样本空间子集、集合函数等这类术语，翻译成诸如“购买面包”，“在面包师商店里发生的一种特定的购物行为的概率”等等一类的措辞。这种过程由下面的图表示。作为地理现象的一种模型，演绎性概率的用途，完全依赖于映射(和逆映射)以及涉及这种映射步骤的假说(前文，第 223—230 页)。通过在地理研究的关联域中考察频率和概率的主观解释，这一点可以得到最好的说明。

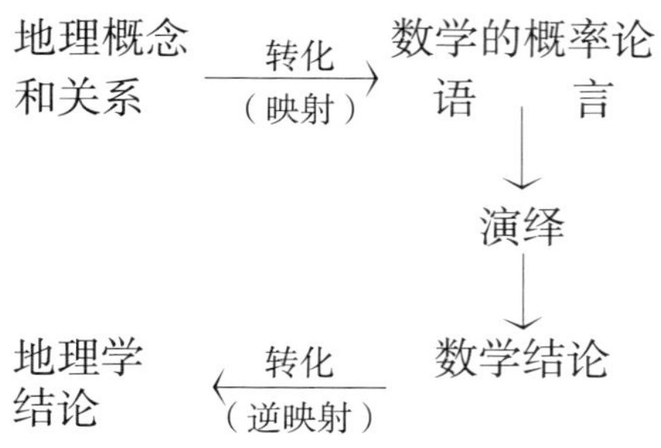

（1）地理现象和频率概率

在概率的频率解释中，样本空间作为包括一个试验的所有可能结果最便于解释。因此，为了将地理问题映射入这样一个框架中，我们必须准备把现象看成好像它们是某种试验的结果。地理学中有许多情形，其中以这种方式将现象概念化而对所研究的这些现象并无多大损害。上班路程、购物路程、将信息传播给他人、迁移、土壤向山坡下运动、雨滴对土壤表面的冲击，以及许多其他现象，都可以在某些意义上看成试验，甚至更重要的是看成基本重复试验。为了采用形式概率论，需要在确定样本空间上取得一致。一个样本空间，因而可以定义为一定的上街购物所去商店的所有可能的组合（不考虑顺序）。以如此方式定义样本空间，看来并非考察购物行为的不合理方式（这并非否认有概念问题——在任何研究中都有概念问题）。那么，我们就有可能谈论诸如此类的事件（那个空间的任何子集），例如当我们到面包师那里去的同时又到屠夫那里，或连续两次到面包师那里去。

迄今，我们只说明了研究的题材。现在有必要提出分配概率的某种方法。在频率假定下，概率是假设在极限上稳定的观测的比率。因此，为了估计概率，需要假定我们的观测与某一假设的无限大总体(或全域)有关。这具有操作上的意义,因为为了找到满足这一条件的方法,所限定的总体和抽样方法都必须符合于某种偶然性状况(如一个随机样本)。

以这样方式将地理问题概念化,涉及做出一些重要的先验假定,也涉及对收集数据方法作一些限制。同意这样一种程序,那就有可能:(i)将概率论的演绎定理用作被研究现象的一种模型,并因而以一种严谨的、然而灵活的方法来处理那些数据;(ii)明晰地陈述统计假设;以及(iii)将这些假设与给定的数据集对证,以估计参数和检验假设。一旦我们在将地理现象映射入概率运算获得成功,可观的效益(就处理的严密和容易程度来说)就会自然增长。但获得这些效益的代价是:我们将地理现象概念化为一般来说是重复的、循环发生的和独立的事件(或如果无独立性,我们可以说明其性质)。

考虑下列事件:

(i) 在大城市里上街购物。

(ii) 整个聚落系统的发展。

(iii) 国家之间的冲突。

(iv) 欧洲首都城市的分布。

(v) 伦敦的建立。

这些事件是按照用概率运算方法来处理它们的可行性来排列的。看来可以完全合理地将(i)和(ii)看成可以采用概率运算的情况。另一方面,(v)完全没有资格作频率解释,除非准备在我们的想法中作出某种重要判断(如把伦敦看成是本来可以建立起来的无数伦敦中的一个)。在地理学中,我们具有不同情况的连续统一体，我们在其中将问题映射入概率运算时，有几乎没有丢掉什么信息一直到如此多信息被丢掉，以致这种行动变得毫无意义的情况。这两种极端之间某处，可推测出还有一点，在此处失去信息的缺憾与严密处理的优点均等。但此点准确位于何处，则是看法问题。

在最近十年左右，地理学家认识到了概率运算的频率解释，对地理问题的研究有巨大潜力。哈格斯特兰(1953)关于新事物扩散的早期研究值得一提，其中他寻求用蒙特卡罗模拟方法(包括从概率分布中重复抽样)使过程模式化，它引起了地理学家对他们面前的概率的注意。也值得提及柯里(1962A，1962B，1962C，1964，1967)和达赛(1962A，1964A，1966，1966B，1967)在发展地理学概率模型上的杰出工作。对这一工作的一般评价，可以在柯里(1966A)和哈维(1967A)文中发现，而贝里和马布尔(1968)以及加里森和马布尔(1967)提供了论文和短论集，其中许多都探讨了概率概念和地理现象之间的关系。利奥波尔德、沃尔曼和米勒(1964)以及利奥波尔德和朗本(1962)，也在景观的自然发展背景中探讨了概率模型。这些工作大部分是在1950年以后期间做的。地理学家们最后终于明确地发现，随机过程的一般理论(参看例如巴特里特，1955；费里尔，1957)提供了整个一系列便利的模型公式(如马尔科夫过程、排队过程、等待时间过程、扩散定律等等)，并可以现成运用它们，如果地理现象可以转化为或映射到形成这样模型基础的一种语言系统——概率运算——中去的话。

这里并不想评论频率概率对地理问题的许多应用。但有一个重要的问题值得一提。这就是：概率语言是作为一种描述过程还是

描述数据(或两者兼之)的模型语言在起作用。假定已收集了一组观测数据,而且可将它们整理成像 $x_1<x_2<\cdots<x_n$ 这样的序列,那么就有可能定义一函数 $f(x)$,它给出了 x_i 值的几乎完整的说明。有可能找到一个概率密度函数,它有效地概括了数据集。现在让我们假定数据集原来是正态分布的,因此它们的形式可以用下面的分布来描述:

$$f(x)=\frac{1}{2\pi\sigma^2}e^{-(x-\mu)^2}2\sigma^2$$

其中 μ 和 σ^2 是两个参数,需要根据数据来估计(通常的方法是使 μ 等于数据的均值,σ^2 等于其方差)。这一函数为我们提供了数据集的便利的**模型描述**。现在我们可以利用这个函数代替原始资料进行运算。碰巧正态分布对于数据集是一种非常有用的描述手段,因为非演绎推断的许多规则,预先假定数据集具有这种特定形式。但关于这一特定概率分布的看法是:它**只是**一种描述手段,并没有试图将本来引起 x_i 值分布的任何过程模式化。曾经尝试给诸如正态或对数正态等分布以过程类型的解释,但一般说来这些解释没有给人以非常深刻的印象。而给人留下深刻印象的是,在随机抽样条件下,数据集合证明具有正态或对数正态分布(艾奇逊和布朗,1957)的情形大量存在。当然,特别是正态分布,为已证明是可应用于许多经验性问题的测量误差理论提供了基础。

然而,有可能就过程而不是数据来定义函数。因而我们可以推测,在某些过程中,机制(这一机制已加以详述)产生了一个概率密度函数,该函数形式反映了所研究的过程。这里,我们正把概率分布的数学推导，用作一种地理过程的模型。有大量概率分布可以以这种方式来运用。最重要的一族无疑是从泊松分布导出的。如科尔曼(1964，291)所指出的，这一频率分布特别适用于模拟自然发生过程，因为它研究在空间和时间中连续发生事件的数量。这一分布在空间分布的研究中特别有价值，并开拓了作为讨论地理学形式的基本语言——“几何概率”——的发展前景。从简单的泊松分布推导出来的一大族理论概率分布具有重大意义，如负二项分布、奈伊曼 A 型分布、波利埃-艾普利分布、B-帕斯卡分布等等，全都具有有趣的地理学解释。考虑下列被奈伊曼在其奈伊曼 A 型推导中设想的实际生活情景：

> 小鸡从放置在所谓“大堆”蛋中孵化而出。出来以后，它们开始四处寻找食物。它们移动很慢，因而不论何时在一定地点，我们总会发现一只小鸡，这意味着大量鸡蛋肯定就在附近什么地方，因为小鸡是从这些蛋中孵化出来的，而这本身又意味着我们可能在同一地点发现更多的来自同一窝的小鸡。

我们再看安斯库姆(1950，366)对控制波利埃-艾普利分布的过程的说明。

> 如果祖先(例如植物种子)曾经被随机播撒到一个区域，而后来又观察到它们的后代(通过植物的繁殖而自由增加)，我们就期望每一样方中的个体数遵循波利埃-艾普利分布。

这些过程类型很明显与地理学有关(哈维，1966B)。但也有可能假设地理过程，并得出表达此类过程的概率定律来。达赛的大部分工作与精确地进行这一步骤有关。在题为《比随机更规则的对点型修正的泊松概率定律》一文中，达赛(1964A)提出了一种适于研究在中心地论中所假设的空间模型概率形式的一种概率模型。在另一篇文章中，达赛（1964B）探讨了“用以度量廖什的城镇分布的一族密度函数”。又在另外一篇文章中，达赛（1966B）探讨了聚落形成的历史过程，并推导出与之适合的概率分布。在一系列文章中，柯里（1962A，1964，1967）也提出了建立在泊松概率分布上的理论论证，来作为时空过程的一种基本模型。

从地理学理论建设的观点看，无可怀疑，概率语言提供了相当多机会；在此语言中，无可怀疑，泊松过程的研究为研讨地理问题提供了最适宜的形式之一。这一结论部分依赖于达赛和柯里在地理学中已获得的理论发展，而它也被一般公认的事实——即将经验性问题映射到建立在泊松概率上的概率论中去较为容易——所支持（科尔曼，1964；黑特，1967）。

当然，泊松概率这一理论的应用，取决于将地理过程先验地概念化为基本上重复、循环发生和独立的。如我们看到的，有许多情况中，这样的概念化是合理的。特别是在社会科学中相当经常地表现出来，聚集的人类行为可以被表示得好像具有这种形式（参看哈维，1967B，对这一问题的评论）。但如果作了这样远的概念化跳跃，我们就能用所有有意义的形式来扩充理论及数据的处理方法。这里，有意通过遍历性原理探讨大数定律和中心极限定理对理论发展的影响。

遍历性原理隐含在大数定律和中心极限定理中，当我们将一个地理问题映射到在一种严格的频率解释下的概率运算中时，这两个定理不言而喻地均被接受。假定我们在样本空间 S 中对事件 a_i 重复地测定 x_i，那么，林德利（1965，I，157）叙述道：

通过取每一样本点或基本事件 a，找到那里的 x_1 值和对所有 a 平均，并因此得到 μ，均值就可得到；或可以取单一样本点，……为这一 a 找到 x_1、x_2、x_3…，它们的均值将是膨胀 x。假定这些 x_i 服从一定条件，两个均值就会相等。遍历性原理就涉及这种情况的条件，而这里的规律只是一种很简单的情况。整个样本空间的平均通常称作空间均值；$\{x_n\}$ 的平均称作时间均值，因为 n 可设想为时间的度量。

在一静止随机过程中，空间均值和时间均值二者相等，其他关系也可以认为是相等的。现在，乍看起来，柯里（1967；以及前文第156—163页）的遍历性假定及其全部有趣的理论结果似乎不符合实际。但事实上我们已经心照不宣地假定，由于对概率运算中表达问题方式的选择，过程是随机的，唯一的附加限制条件是静态的假设。这一假定的合理性，可以根据其自身的优点加以判断。按这种说法，柯里的假设看上去更合适，即使它们确实成为对我们关于聚落过程的想法的强烈限制。达赛对衣阿华州聚落模式的环状绘制，提供了这种分析的另一个有趣例子。达赛（1966A，562）承认地理学家可以将“研究区域相邻界线的连接”看成“第一级地理过失”，但他继续指出，“如果隐藏的过程被假定是静态的，那么就这一过程而论，任何两个亚区域都可看成是等同的，相邻边界的连接则是合法的。”在两种情况中，隐藏的过程都被假定为静态和随机的。这样假定在一定情形中并非无理，虽然必须承认地理系列常常是非静态的，此外它们还常常包括较多的不连续（例如由于政治或自然障碍的结果）。但是它一旦被接受，理论建设（在柯里的情形中）和数据收集（在达赛的情形中）就都没有理由不利用它所

隐含的一切充分长处。或许我们应该从此学到的就是，应当愿意探索我们假定的意义一直到“极限”。

频率概率为表示数据集合提供了一种方便的模型，也提供了整个一系列适于研究某些地理问题的静态和动态模型。对这些模型的研讨会产生新的假说，并导致以前在我们知识体系中保持孤立的各种假说之假设-演绎的统一。应当认识到这些假说在形式上是统计学的；以这种语言系统地阐述地理学假说，确实包括要作出重要的假设。以这样一种框架把地理事件处理到何种程度，这是一个只有通过仔细估计这一过程中要获得的效益和失去的信息量之间的平衡才能解答的问题。所有的研究都包括作出某种假定。很清楚，地理学中有许多情况，概率语言提供了非常有效的研讨形式。

(2) 地理现象和主观概率

在地理学关联域中，几乎一直没有研究主观概率。安斯库姆作了这样的评论（见前文，第 290 页）：即贝叶斯方法在发展成熟的研究领域中应用最活跃，那么对于研究地理问题缺乏贝叶斯方法或许就不会感到奇怪了。因此大体上说，这一节将谈及这样一种方法的潜力，而并非对其成就作出评价。

概率论的贝叶斯解释，为我们提供了在不确定条件下的规范决策理论。萨维奇（1954，20）指出，它也给我们提供了“便于使用的经验心理学理论”，我们可以将此理论应用于实际决策情况，以获得充分的洞察力。如果这一点为真，即人文地理学中的空间模式是人类决策的结果，而且产生人类空间模式的相互作用力的综合体，可以有效地通过决策行为分析来概括，那么这样一种规范框架对于研究决策就会有很大用处(哈维,1967B)。在不确定性下,决策的更广泛方面——正如在博弈论和决策论中已发展的那样(卢斯和雷伐,1957)——已越来越多地渗透到地理学文献中。但贝叶斯概率论的明晰发展则趋于滞后。最有意义的系统阐述为柯里(1966B)所作,他指出:“在资源领域中,适于决策的统计学是贝叶斯统计学”。柯里举了一例:一位农民面临不确定的环境条件,要将他的作物产量提高到最大限度。在这种情况中,通过研究气候记录或差强人意地根据以前经验的直觉估计,可以得到一客观的先验分配。然后这位农民将效用分配给比如说发生在一年不同时间内的降雨量,效用的分配将因人而异。然后柯里所考虑的一般问题是:如果给定先验概率和最终效用,当新的证据积累起来时农民应该如何改变他的生产体系。柯里特别关注天气修正方案,但也有可能把他的论证普遍化,以包括自然环境的变化。对这类问题的贝叶斯分析,有助于我们理解这种情况的逻辑性,也提供了一种在面临不确定且变化的情况时,作合理决策的规范理论。不确定情况下资源利用问题的规范化处理,如卡特斯(1962)和沙阿里林(1966)研究的那些,无疑也可利用贝叶斯概率。此外,这样一种方法给我们提供了农民的决策过程的理想描述,虽然可以怀疑农民以这样的方式是否能够真正成功。贝叶斯模型还可能给我们提供既有经验性也有规范效用的概括了的决策模型。

利用贝叶斯分析框架,研讨我们自己的决策问题也是很有益的。作为地理学家,我们在特定假设中提出了“信度”,我们也想提出关于犯错误代价的主观终极效用。对于我们来说,新的信息也在每时每刻自然增长。那么,应如何以一种合理而又有效的方式

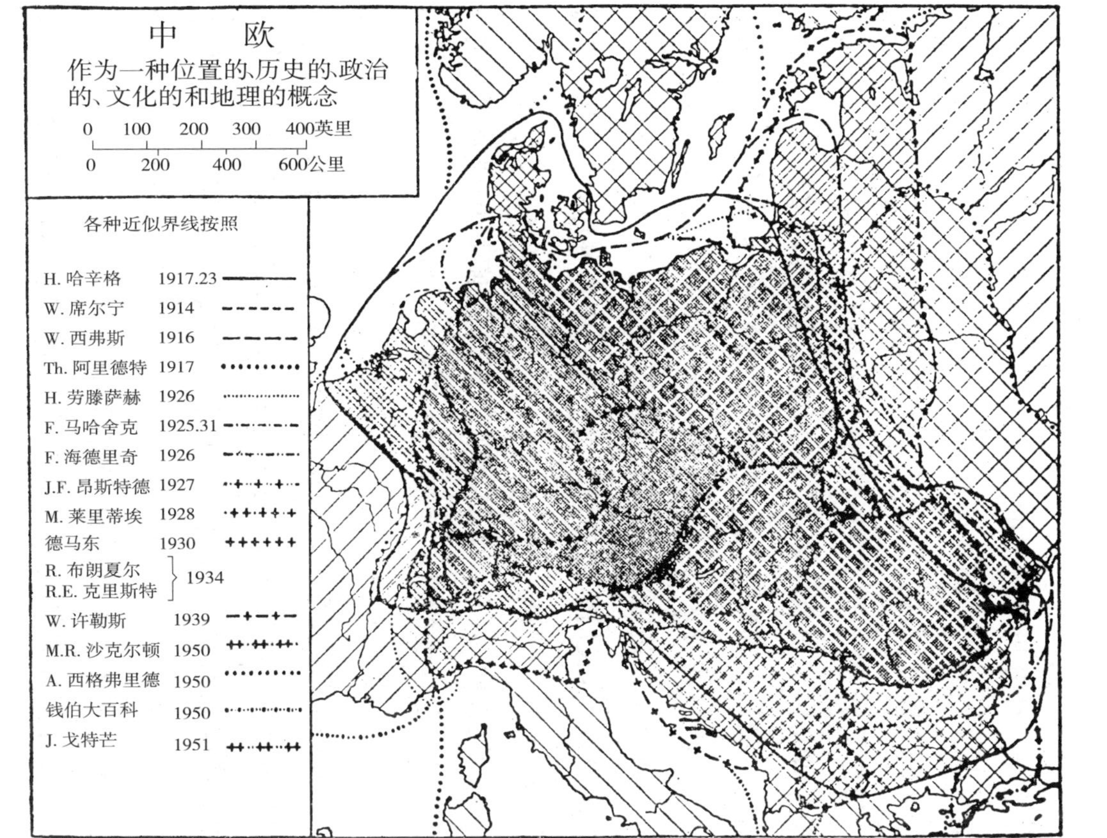

图 15.4 欧洲中部作为一个地理区域的划界——16 种不同观点(据哈辛伯,1954)

着手改变我们的观念和信念？如果我们寻求将分析的贝叶斯形式用于其他，那么为什么不以同样方式分析我们自己的决策？

这样一种分析所适用的典型情况，大概是区域判决。当面临将某一地区划分成某种区域系统的问题时，不同的地理学家一般都鉴别出不同的区域。这些不同的区域划分——它们由辛哈伯的中欧概念研究（图 15.4）和刘易斯（1966）关于美国大平原变化中的概念研究作了出色的描述——可能是评价性决策整个环节的最终结果。我们看到的是这一过程的最终产物，并想放弃关于用以达到那个决策的方式的信息。如果我们只看到最终产物，则要协调不同的观点也是很困难的。但如果我们摈弃了贝叶斯框架中的这一决策程序，我们就能够得到更一致的决策程序，同时可以更容易地协调分歧的观点。

关于这方面，第一点就是，即使可取得证据，区域划分的特定系统也只以一定程度的概率存在。柴诺夫斯基（1959）表示了包含有百分比信息的地图模式，如何可以转化为以概率为基础的地图模式。这种分析形式，可用来给我们提供一组关于信息收集单位（可取的是方格网或类似网格）的先验概率，这些单位显示出它们是如何相似或彼此不同，或显著地不同于平均状况（图 15.5）。我们可以引进新的变量，然后可用这些新信息来将那些先验概率转化成后验差异。如果变量是检验过的，数据是可得的，那么就可以用这种方法设计出最有可能的区域划分。这一程序，可以将地理学家用以得到关于区域划分决策的直观方法充分地模型化，而更重要的是，它还可以为我们提供一规范模式，它有助于将关于与分类程序密切相关的论题的地理工作标准化。也有可能对区域的判

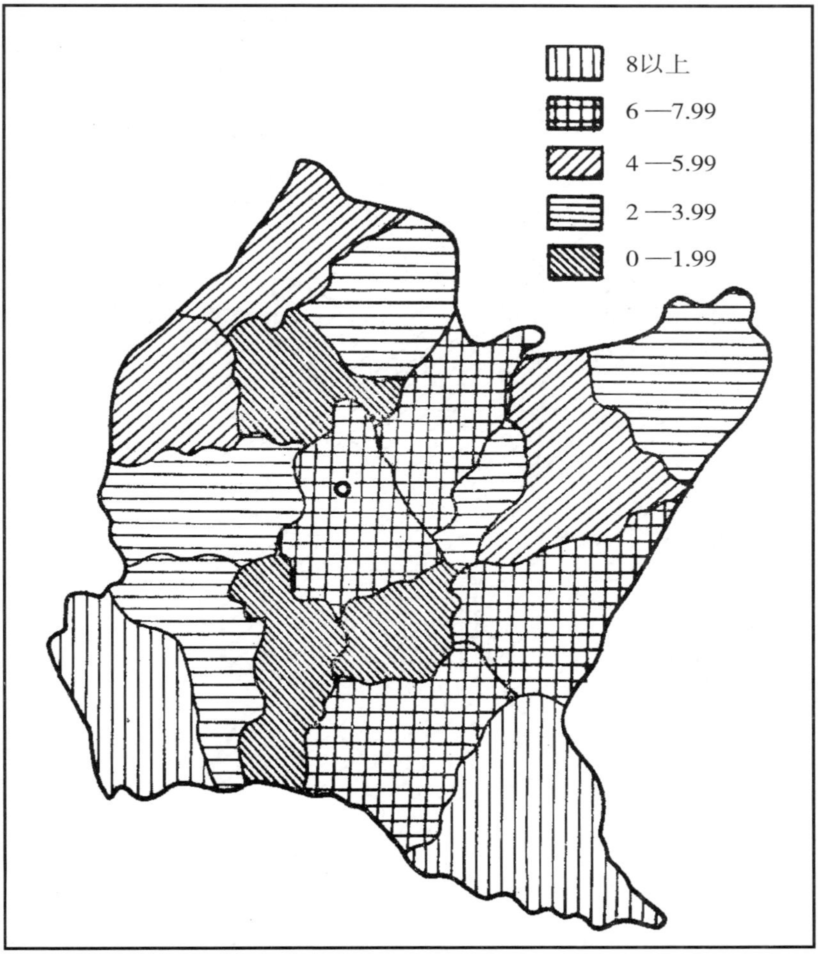

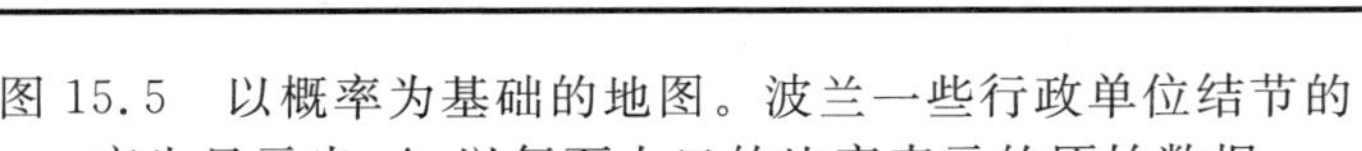

图 15.5　以概率为基础的地图。波兰一些行政单位结节的产生显示出：A：以每万人口的比率表示的原始数据

别提出一种行为方法。艾华尼卡-里拉(1967)提到这方面一个简明的例子，其中不同“专家”的看法被应用和协调起来，以确定华沙城市区域的界线。这样的程序看来也属可用贝叶斯统计学研究的范围。最后，值得注意的是，我们生活在一个经常迅速变化的社会

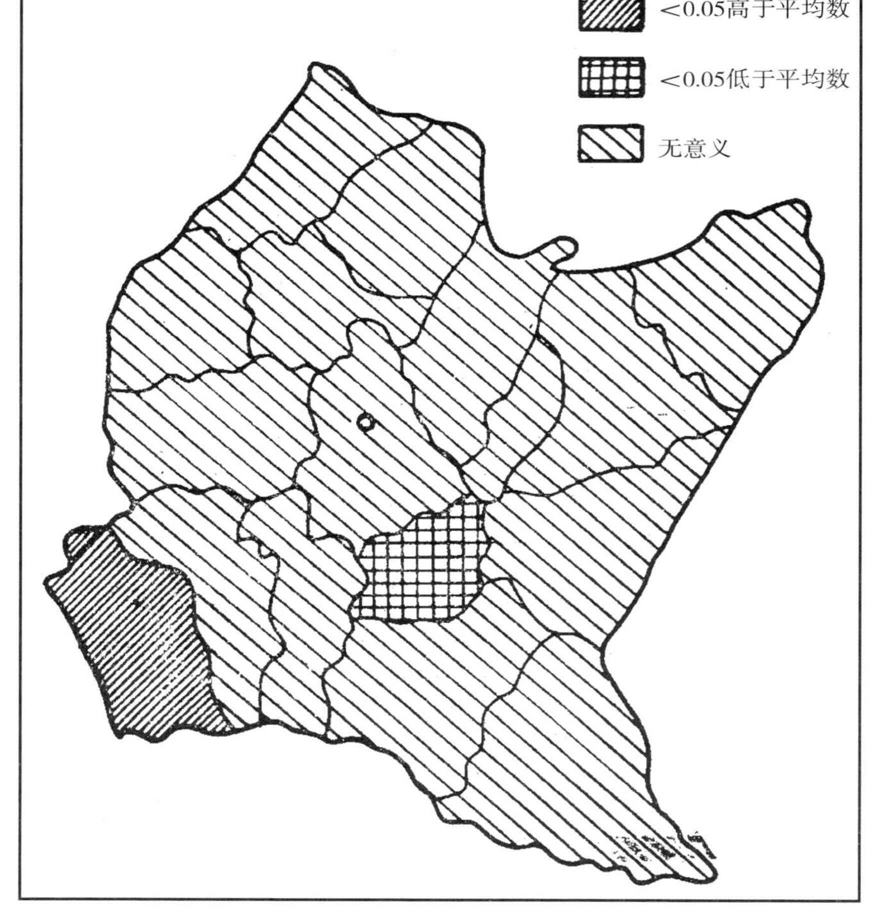

B：给定了显著性的概率模型，用以表示显著空间差异的修正数据（据柴诺夫斯基，1959）

中，由于区位模式变化，所以我们必然希望区域的划分也有所变动。讲"生长极"、"扩散效应"、"城市蔓延"等等诸如此类，而同时又寻求建立永久存在的区域划分，看来多少有些矛盾。但是，也有可能通过把贝叶斯分析作为一种控制证据变化的方法，即肯定对我们认为是最有可能的区域划分有影响的方法，来发展动态区划方法。

本节大部分是思辨性的，因为贝叶斯决策方法，在地理学中发展得并不成熟。但看来这样的方法有相当潜力，既可作为分析固有地理问题的手段，也可作为理解我们自己决策过程的方法。

C. 地理学中的概率推断

地理学者们在研究过程中曾长期采用非演绎方法，但只是在最近，他们才利用形式非演绎语言来为非演绎推断提供一种合理的方法。目前，统计推断提供了地理学者们所用的主要方法，因而我们将把注意力集中于地理学中概率推断这一方面。

雷诺兹(1956，129—32)在1956年指出，在地理研究中可以采用统计推断的形式程序，但这样做就形成了引起加里森(1956)反对的一些限制。加里森所指责的两条表述是："具有地理意义的现象的有限数量充分多地分布，使它们自己被抽样"，以及"毫不奇怪，至少有一位地理学家召唤过'基本理论设计的新统计系统来比配和解决我们自己的专业问题'"。加里森以"科学的逻辑方法是普遍的"为理由，对后一表述表示特别的反对。自这些报警弹打响以来，地理学家对随着在地理学中应用统计推断的形式程序而产生的棘手问题，看来仍不约而同地保持着沉默。已有的这种批评，通常是反对运用任何定量技术的情感反应，而不是意图对研究统计推断某些实际困难的抵消。因此，这里我们要对这一问题作某些探讨。

形式非演绎语言应用于地理学中的推断包括作出假设。其中一些假设是普遍的，出自将地理信息映射到如奈伊曼-皮尔逊理

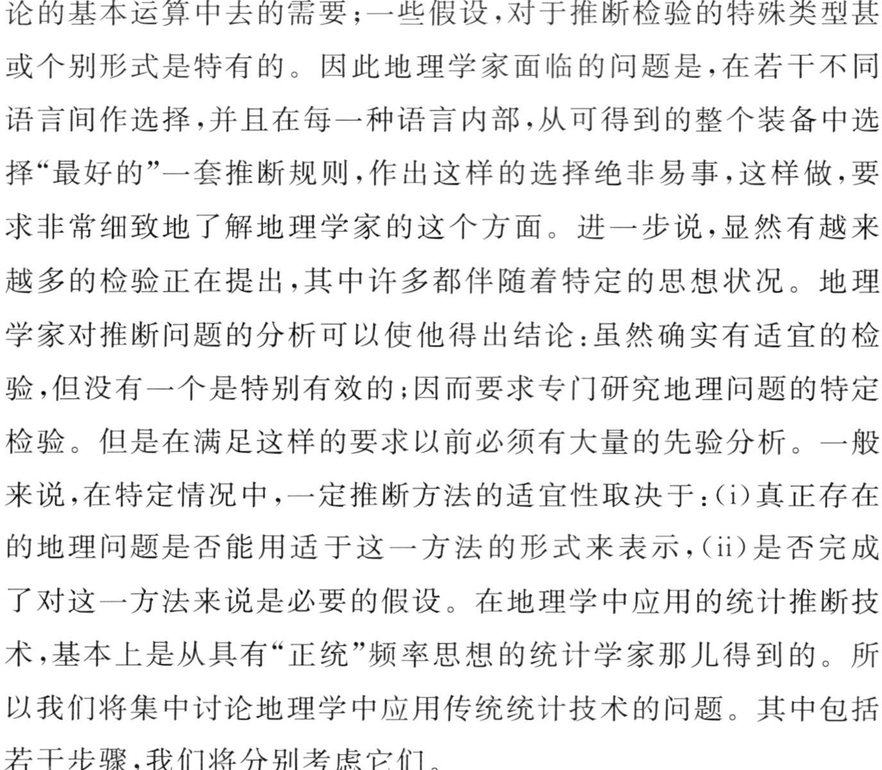

论的基本运算中去的需要；一些假设，对于推断检验的特殊类型甚或个别形式是特有的。因此地理学家面临的问题是，在若干不同语言间作选择，并且在每一种语言内部，从可得到的整个装备中选择“最好的”一套推断规则，作出这样的选择绝非易事，这样做，要求非常细致地了解地理学家的这个方面。进一步说，显然有越来越多的检验正在提出，其中许多都伴随着特定的思想状况。地理学家对推断问题的分析可以使他得出结论：虽然确实有适宜的检验，但没有一个是特别有效的；因而要求专门研究地理问题的特定检验。但是在满足这样的要求以前必须有大量的先验分析。一般来说，在特定情况中，一定推断方法的适宜性取决于：(i)真正存在的地理问题是否能用适于这一方法的形式来表示，(ii)是否完成了对这一方法来说是必要的假设。在地理学中应用的统计推断技术，基本上是从具有“正统”频率思想的统计学家那儿得到的。所以我们将集中讨论地理学中应用传统统计技术的问题。其中包括若干步骤，我们将分别考虑它们。

(a) 以适于形式非演绎推断的方式来规定地理假设，涉及将真实的地理陈述转化成关于某种变量的频率函数的假设。这就要求用概率论的基本语言来表达统计假设。但真实的地理假设可以用各种语言来叙述。例如，从区位论导出的许多假设，被作为决定论的命题来表述。如我们已看到的(前文，第166—170页)，对这些假设不能给予直接检验。因此，为了利用回归方法，加里森(1957)将农业区位论——由冯·杜能提出的——决定论假设转化成统计假设。达赛(1966A)同样将决定论的中心地模型转化成概率模型。我们必须肯定，将初始表述转化成为概率表述，应该是既合理又尽可能准确的(前文第 315—317 页)。

(b) 规定地理总体在两方面都是重要的。就一个特定的假设集而提出的这样一种规定,确定了假设的定义域。当我们为检验一给定假设而规定一个总体时,我们所假定的就是总体被假设所控制。可以出现三种情况:

(i) 假说完全控制总体。

(ii) 假说没有控制总体。

(iii) 假说只部分地控制,或只控制部分所规定的总体。

现在要提前说明假设的定义域很困难(前文,第 112—118 页)。因而第三种情况可能是科学研究中最突出的,特别是在早期阶段,它是面临最大概念困难的一种情况。因此我们所做的就是将其实的地理假设转化成关于地理总体的假设(以频率函数表示)。当然,关于地理总体,重要的第二点是:它们为抽样提供了基础,而样本-总体推断是属于非演绎推断的一个重要类型。

目前,极为重要的是,我们应该清楚,规定地理总体意味着什么。对于统计学家来说,总体只是由一些抽象集合组成。但对于地理学家来说,总体"包括一组对象、事件或具有直接意义的数字"(克隆本和格雷庇尔,1965,61)。规定地理总体及其可作出的度量,基本上是地理学家的分内工作;这里明确要求地理学中形成清晰的概念,这是形式数学分析的基本先决条件(前文,第 223—230 页)。然而,地理学家在分析他们所研究的总体性质和定义形式上,几乎没有下什么功夫。没有这样的分析,形式非演绎语言的运用就毫无意义。以下内容中有很多出自克隆本和格雷庇尔(1965,第4章)以及邓肯等人(1961),他们为地理学家提供了对这一问题具有巨大效益的处理办法。

总体的定义是一个概念问题。我们可以选择将世界上所有农场都看成是总体。东英吉利亚的所有农场形成了这一总体的子总体，但对于特定的研究，我们可以选择称所有的东英吉利亚的农场为总体。总体的定义取决于研究的性质。克隆本和格雷庇尔说：

> 这一总体的规定至少涉及三点考虑：(1)明确表达在对象或事件的总体中，什么构成个体或元素；(2)规定所要作的数值度量种类；(3)规定总体的范围。

因而地理总体的规定要求有地理个体的先验定义，这是曾经使地理学家感到十分困惑的一个概念（前文，第260—261页）。一般说来，我们可以将地理总体划分为两种类型。这两种类型分别以(i)位置个体和(ii)属性个体为基础。在一定情形中，我们可以将(i)看做(ii)的归并形式，但这样做，我们会使自己陷入复杂的推导问题中。克隆本和格雷庇尔(1965,76)列举了一个典型例子，他们指出，组成海滩的对象总体可定义为(i)沙滩或(ii)单个沙粒。在社会学中，同样的问题以(i)单位数据与(ii)个体数据的形式出现。邓肯等人(1961,43)详尽地研究了以这些不同方式规定总体的结果，并指出："一个人获得各区域单位的一个数据集或若干个单位数据，它们只有某些性质与关于总体中个别项目的数据性质类似"。结果，根据区域数据所作的推断，是关于各区域在大小、组成等等上相似的各个相似总体的推断，而不能解释成为关于各个个体的推断。当然，这种情况的经典实例是生态相关和个体相关之间的区别。邓肯等人(1961,9)写道：

> 从区域数据提取的关于相互关系的推断，可以应用于单

> 元而不是区域吗？例如，如果统计学家计算一个城市的每一人口普查片中外籍人口的比例，并将其与该普查片的本国人比例相关联，找到一正相关，那么他可以下结论说，外籍可能多于本地人吗？许多早期的工作……似乎假定这样推断是合理的，虽然对于它们根本得不到数学的理论证明。W.S.鲁宾逊在1950年指出："它们没有在数学上证明是正确的，从区域相关推导出的个体相关，就量值来说可能严重偏差，就符号来说甚至是错误的。"

这一特定的观点有很大意义，因为地理学中相关方法的大多数应用，以区域数据为基础，而得出的却是关于个体的推断；虽然古德曼(1959)已经表明，这样的推断只有在某些条件下才证明是正确的，但实际上这一工作几乎不考虑这个问题。这个问题部分取决于设想总体是由聚集的元素(如郡县或砂堆)还是个别元素(如农场或卵石)所组成，部分还取决于是否涉及位置或事件。这些问题上的混乱是地理学中全部推断方法大量混乱的根源。没有假设，对一个总体所做的推断就不能扩大到其他总体；如果要应用推断方法，还必须设想我们具有一些同类标准，或至少有某些充分的加权指标来克服非一致性(例如托马斯和安德逊(1965)那种相关分析中的加权数据；也可参看本书第十九章)。

假定可以陈述对象总体的充分定义，那就要求我们说明对这一总体所做的度量。如果总体被说成是世界上所有的农场，那么每一农场的几种属性如收入、规模、生产集约程度等等就可以度量。度量所涉及的一些方法论问题将在第17章中讨论，但此时我们只需要记住：度量过程有效地将对象总体转化成(或归属于)关于真实对象的数字总体。在统计推断中要处理的正是这些数字总体。在某些情况中，对象总体会只由一个成员组成，但对这一成员的重复度量会产生规模可观的数字总体——如在勘测和三角测量中，对同一基线的重复量测。为了将测量误差减少到容许的水平，在最后这一情况中，总体被概念化。

规定总体的范围也很重要。如果总体被限制于东英吉利亚的所有规模在半公顷以上的农场，那么我们的结论只关系到这一对象总体以及对它的度量。将结论在规定的总体之外做任何扩展，严格说来都没有道理。因此，一般可以下结论说：在规定总体时，克服的麻烦越多，在理解所作的推断时问题会越少。

(c) 规定抽样方法也成为进行非演绎推断程序的一个重要部分。抽样问题将在后面（十九章）详细讨论，但重要的是，要注意到统计推断从根本上与根据样本进行推断有关；如果要把这些样本与真实的假设联系起来用，它们就必须以如此方法来收集，即它们是正被考察的对象总体和数字总体的代表，并与正考察的特定假设有关。

(d) 规定适当的检验方法在非演绎推断中是最困难的步骤之一。统计学理论为我们提供了一套模型装备，每一个模型都有特定的假设，而要求我们承担的任务是从整个可行检验装备中挑选一种，这一选择以此事实为基础，即它与包括在上文(i)、(ii)及(iii)中的方法最协调一致。大多数传统统计检验，规定度量至少是在区间标度上做的，也规定得到的数字总体应是正态分布的（因而样本分布在抽样误差限度内是正态的），并且样本规模要充分的大（一般要大于30）。如果这些条件满足了，那么就可以采用整个一系列所谓参数检验。这就是费舍尔(1936,1956,1966)所提出并在奈伊曼-皮尔逊理论中也得以发展的那些检验。很明显,这些检验的运用包括有效的假设。例如,考虑作为“t”检验的基础的假设:

(i) 每一观测都必须独立于任何其他观测(即得到任一观测,肯定不会妨碍得到任何其他观测的概率)。

(ii) 观测必须是正态分布的。

(iii) 总体必须具有同一方差(这就是同方差性条件)。

(iv) 观测必须以区间或比率标度来度量。

这种特定的检验非常有效(从效用的统计学意义上说),但所包括的有效假设在地理学中很少能满足。在一些情况中,我们能显示出在数据方面满足了各个必要条件,但在其他情况中,我们不得不假定它们存在。幸而“t”检验证明是很健全的,即使在所有的条件都不能严格地满足时也起作用。不过,我们可以用西格尔(1956,19)的话作为结论:

> 应用任何统计检验得出的所有决策,都肯定带有这一限定:“如果所用的模型正确,如果所要求的度量满意,则……”
>
> 显然确定一特定模型的那些假设越弱、越少,我们通过与这一模型有关的统计检验得出的决策,其需要作出的限定也越少。即假设越少越弱,结论则越一般。

因此,正在发展新的检验类型,虽然它们可能不太有效,但却可能更适用于地理学情况。这些检验通常称作非参数检验和无分布检验,虽然如加尔腾(1967,341)指出的,头一个术语的确切含意是“非区间标度参数检验”,而第二个的真正含意是“非正态分布检

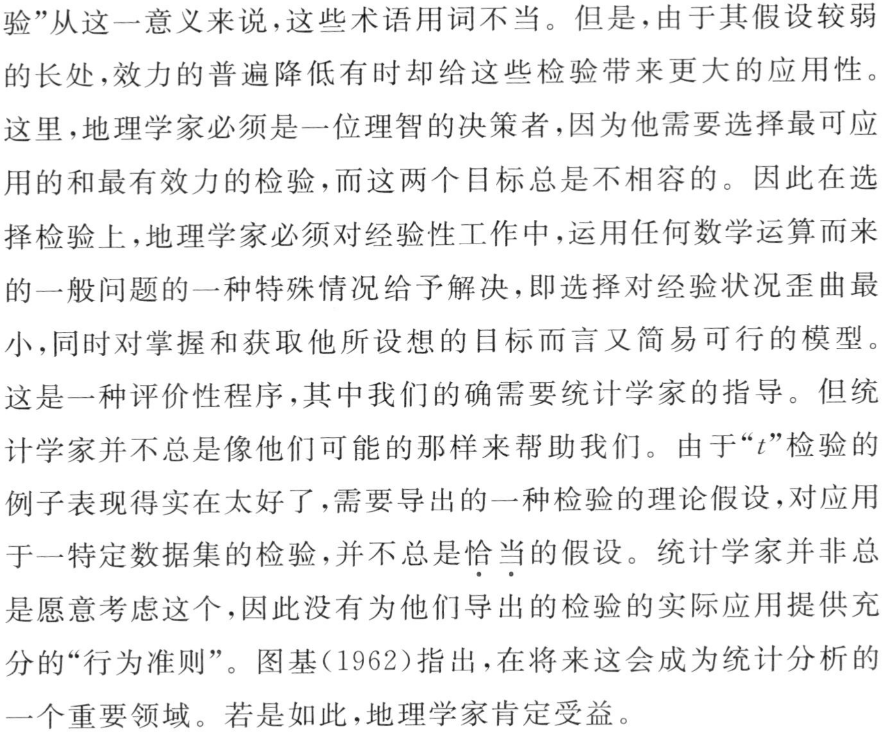

验”从这一意义来说，这些术语用词不当。但是，由于其假设较弱的长处，效力的普遍降低有时却给这些检验带来更大的应用性。这里，地理学家必须是一位理智的决策者，因为他需要选择最可应用的和最有效力的检验，而这两个目标总是不相容的。因此在选择检验上，地理学家必须对经验性工作中，运用任何数学运算而来的一般问题的一种特殊情况给予解决，即选择对经验状况歪曲最小，同时对掌握和获取他所设想的目标而言又简易可行的模型。这是一种评价性程序，其中我们的确需要统计学家的指导。但统计学家并不总是像他们可能的那样来帮助我们。由于“t”检验的例子表现得实在太好了，需要导出的一种检验的理论假设，对应用于一特定数据集的检验，并不总是**恰当**的假设。统计学家并非总是愿意考虑这个，因此没有为他们导出的检验的实际应用提供充分的“行为准则”。图基(1962)指出，在将来这会成为统计分析的一个重要领域。若是如此，地理学家肯定受益。

(e) 一旦选取了特定的检验，**推断的引出**就是非常自然的步骤，因为规则已严格地制定出来。当然也有若干评价性决策可以产生于检验程序中，最重要的是所用的显著性水平，或确定检验的临界区间。在引出推断时，回想一下至今遵循的一般程序很重要，因为它们准确地告诉我们推断是关于什么的。形式上的推断程序，只是按照用特定的抽样程序方式得到的**数字**集合来检验一定的**统计**假设。因而推断涉及**数字**总体，而不是对象总体。所以我们可以说，东英吉利亚农场的收入水平显著不同于威尔士农场的收入水平，但是我们不能进一步断定这些农场显著不同。这后一推断是由于扩大了形式推断才做出的。在加尔腾(1967，341)称之为关于真实假设(关于地理事实的)的推断和关于一般化假设(关于数据的)的推断之间存在某种要划分的区别。这两种假设的混淆,相当于检验的统计显著性和检验的理论显著性之间的混淆。如我们已看到的(前文,第 306 页),有许多情况,其中拒绝虚假设只为择一假设提供了非常弱的支持。甚至对择一假设是相当强的统计支持的证据,也没有动摇对地理解释的需要。然而,地理学家们经常表现的好像拒绝虚假设就为某种理论提供了理所当然的证据。明摆着的事实是它并没有提供。因此,在这点上,我们不得不面临从统计(数学)结论到真实的地理结论这种逆映射的困难。推断问题的这一方面,已超出形式非演绎语言的范围。

在这里,可以研讨一下地理学中非演绎推断的更深入的方面。已经提到,形式推断包括根据充分规定了的总体进行抽样。应当明白,得出的推断只涉及这一总体,没有假定它们不能扩大到另外的总体。有一些棘手的问题与这一条件有关,而在地理学中这些问题特别重要。这些困难已由加尔腾(1967,361—70)大致做了研究,后来的研究都以他的叙述为基础。

加尔腾开始着手的基本命题是:如果我们没有样本,统计检验就会出毛病。现在地理学中有若干情况,其中如果没有一些相当重要的假定,要满足这一条件就很困难。我们可以鉴别一些可能的情况。

例如,考虑这一情况:我们有关于美国 50 个州人均收入的数据。这些州形成了整个总体,人均收入的度量给我们提供了关于各州的数字总体。看来统计推断技术在这里没有进一步的假定就不能应用。可以适当假定:在每一州都有一度量误差,而且我们实际拥有的数据，是我们本来能做到的无数可能度量中的一个样本。因此，我们将数据概念化了，好像它们是一个从某一假设全域中提取的样本。所以，这里对于运用统计推断技术的条件是，这些数据“可以认为是一个通过或多或少规定了的模型，从全域中产生的样本”。

当我们要概括从具有特定时空位置的总体中产生的时空结果时，会出现很不同的情形。例如，考虑达赛关于中心地概率模型的检验，这一模型用衣阿华州的聚落模式（大部分情况下）作为样本数据集。在这一实例中，真实总体由衣阿华州的城镇组成；达赛用了 99 个最大的。假如衣阿华州只是 99 个城镇，那么这 99 个就构成了全部总体。因此，没有某些进一步的假定，就不能断定统计推断的各个形式程序是否正确。这样的一个假定可以是：衣阿华州在某些方面是各处所有城镇体系的代表。衣阿华州因而成为各区域集合体中的一个个体，这一区域集合体可设想包括了全世界。但如果我们试图以这样的方式来扩大总体，我们实际上就正在把一个单元中找到的城镇于总体推广到各处所有城镇。这一推断的最后部分，包括从一个总体的一个样本中导出一般性结论，在任何情况下这都被认为是不容许的。对在特定时间点上收集的样本，也必须给予同样的批评，而在空间的有限区域和时间的有限范围内收集样本，则面临双重的概念困难。

对此，另一解决办法是建立一假设全域。所以，如果样本同于总体，我们就可以假定总体存在，并称其为假设全域。在衣阿华州的情况中，我们可以假定现存的 99 个最大城镇，是来自能够以几乎无限多种不同方式在任何空间和时间关联域中产生的99个城镇的样本。在某些方面，这类似于测量误差的论证，只是它更一般化。由于它可使我们在非常薄弱的数据基础上确定“普遍的”假设检验，因而看上去很有吸引力。这样的假设具有很大意义。加尔腾(1967,307—68)写道：

> 既然一个“假设全域”总能在研究者心中以最少的想像力来构造，这就意味着，原则上所有的数据都应服从统计检验。

也有可能构造所有可想象的世界，并将我们的样本看成这一较高层次总体的仅仅一个单元。结果我们会发现不可能检验假设，因为在若干可想象的世界这一总体中，我们只有一个样本单元(例如这个世界)。这一困难使加尔腾得出结论：

> 有必要规定一个上限，说：“这是我接受我的数据的水平”；然后看到确实有可能根据数据推广到这一水平(以及看到样本在空间或时间中并不聚集……)。

“不像其他科学，地理学可以以同样的方式，发现能应用于地球表面相对较小部分的原理的巨大用途”，因而地理学不得不利用高度地方化的总体和高度地方化的样本。在许多情况中，这些样本与总体本身分毫不差。在这些情形里，可给予地理学统计推断以很多不同的解释。看一下以下 5 种解释，它们都可以置于划分衣阿华州 99 个最大城镇的统计研究中：

(i) 总体是衣阿华州所有城镇的集合，99 个最大城镇是一个样本。因此，从这一样本(它是有偏的，并且不管怎样，差不多总构成了总体)可以推断总体。

(ii) 总体是在与衣阿华州相同的环境中找到的所有城镇的一个集合。在这种情况中，样本由衣阿华州城镇这一子总体构成，假定衣阿华州不管怎样，是在其他国家或州中发现的情况的代表。

(iii) 总体是衣阿华州城镇所有可能格局的集合。在这种情况中，99 个最大城镇给我们提供了城镇可以排列的无限多种方式的一个样本。

(iv) 总体是各处所有城镇的一个想象的假设集合，衣阿华州提供合理的样本来代表城镇的这一假设全域。

(v) 总体是所有度量的集合。这些度量可以根据聚落之间的距离来进行，这里给出了控制分布的规定法则、而扰动则归咎于度量误差。

最后一条好像是达赛 (1966A)在他自己对衣阿华州城镇分布模式研究中给予的解释。他假定此模型是由中心地模型产生的，但实际区位偏离理论上的最优化，这是由可以设想成一种度量误差的某一误差项引起的。有了中心地模型、城镇总数以及衣阿华州的总面积，就可以计算一聚落到任何另一聚落理论上的距离。关于衣阿华州城镇之间距离所做的实际测量，则是对这个距离做的，包含有度量误差项的重复测量。假如模型正确，实际度量值应近似于在理论距离值周围的正态分布。我们已经注意到了达赛关于运用这一检验形式的模型的充分性结论(前文，第 168 页)。

还可以对以上所述的几种解释构筑进一步的变体，但重要的一点是阐明，如果不事先规定总体，如果不把统计推断(对其要应用严格的规则)与真实的推断分开，将如何发生混乱。

一般来说，地理学的统计推断问题(图 15.6 中做了概括)，只能通过仔细评价适用于一些给定情况的检验方法，并结合充分规定在收集和处理数据时所作的假定，才能有效地解决。当然，可行

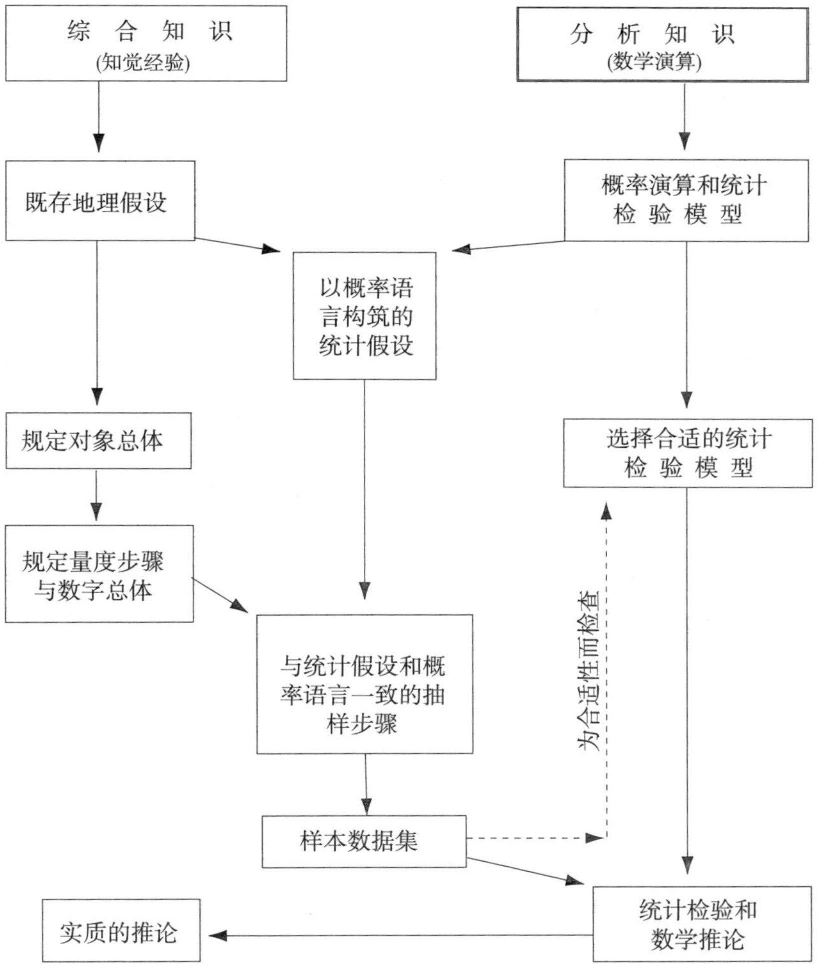

综　合　知　识
(知觉经验)

分　析　知　识
(数学演算)

既存地理假设

概率演算和统计
检 验 模 型

以概率语
言构筑的
统计假设

规定对象总体

选择合适的统计
检 验 模 型

规定量度步骤
与数字总体

为合适性而检查

与统计假设和概
率语言一致的抽
样步骤

样本数据集

实质的推论

统计检验和
数学推论

图 15.6　地理学中应用统计推断所包括的步骤

的各种非演绎语言以及可行的各种检验方法，要内部协调一致，并要严谨地应用。但是将真实问题先验地映射入适于检验的运算中，以及将数学结论逆映射入真实的结论中，只有在作出假定后才可以办到。这里和大多数其他情况一样，也会产生误差和困难。但是作出假设，要比忽略它们的意义所犯的重大错误少。显然，现在是打破曾经统治着地理学推断方法的缄默的时候了。关于地理学推断中包括的基本问题的争论只会有益。这种争论无疑将揭示这样的意义：需要注意雷诺兹当初的预言；也将揭示这样的意义：如加里森(1956,429)认为我们应该做的那样，我们确实可以相信，“科学的逻辑方法是普遍的。”对逻辑学也应作如是观(必须这样，这是本书的一个基本观念)，但应用这种逻辑的问题，在不同情况下是根本不同的。

第 五 编

地理学中的描述模型

第十六章　观测

到目前为止，本书的重点一直偏向于地理学理解的分析和先验方面，我们已详细讨论了公理系统的复杂性、理论结构和模型结构、数学语言等等。就很多地理学工作者的体验而言，这样一种途径大概与他们揭示周围秘密的更为传统的方法、方式还不适应。的确，它可能唬住这样一些人，他们寻求理解是通过钻研地图，通过有创见地和留心地亲临街头和野外，通过研读积满灰尘的档案记录，通过搜查旧报纸中的报道，通过挖掘土坑和钻入石灰岩洞穴深处，通过观察和等待，通过磨炼他们自身的感受经验，通过自我训练来领会。卡尔·苏尔(1963,400)曾描写过野外工作的快乐：

> 我正准备着重说明的是，我确信地理学首先是经过观测而获得的知识，确信经过反省和反复检查他所观察过的事物而使之有条理，确信以洞察力对他的经历的事物进行比较和综合，……重要的是……认识本质和变化、位置和范围、存在和不在、功能和衍生，简言之，要培养形态学的意识。

对苏尔来说，一个地理学工作者的教育本质上是如何去体验的教育，是依靠学生和教师间相互作用的教育：

> 对景观及景观性质进行漫游式的苏格拉底对话，速度应当是缓慢的，越慢越好，应当被悠闲的停顿打断，在有利的地

方坐下来讨论，在有疑问处停下来。徒步、远足、傍晚时坐在营地周围、在各种季节观察土地，这些是加强经验、把印象发展为更好领会和判断的恰当方式。

这样一种地理学的理解方法深深地植根于地理学传统中。“对于地球的法则，我们必须去问地球本身”，李特尔写道（哈特向，1939，55）——这一格言已支配了好几代著名地理学家的地理研究思想。早期地质学家或地貌学家，如吉尔伯特和鲍威尔在美国远西部的经典著作（乔利等，1964）、法国区域地理学家的敏锐观测、S. W. 伍尔德里奇（1956）对“自然史”方法的公开赞扬、洛温撒尔和普林斯（1964）的景观形态美学方法，是这一传统力量的几个突出例子。看来这一传统与句法形式和数学体系的严格逻辑世界可能相去甚远。

但是还有另一种传统，一种较少依赖感性经验而较多地依赖人自身想象的传统。约翰·赖特（1966，88）曾经谈到多种多样的未知领域有待地理学家去探索，他断言：“其中最有魅力的未知领域大概就在人的头脑和心灵中”。洛温撒尔（1961）把这一段引义用作关于“地理学、经验和想象”之间相互作用的一个卓越说明的出发点。洛温撒尔（1961，262）本人总结道：

> 每一个关于世界的图像和观念都是个人经验、学识、想象以及记忆的混合物。我们生活于其中的地方，我们考察和旅行的地方，我们在书本上和艺术作品中所看到的世界，以及想象和幻想的领域，都影响着我们关于自然和人的图像。各种经验，从与我们日常世界有最密切联系的，到看起来最为遥远的，一起构成我们个人关于现实的图画。对每个人来说，地球

表面的形象是通过文化的以及个人的习惯和想象的透镜折射而塑造的。

这一图像世界的一部分是地理学者合理的关心所在，因为它本身就是决定人类居住格局和形式的最有意义的变量。这一图像世界也部分为地理学者的世界，因为地理学者作为人类，其本身要发展图像和概念，用以解译他周围真实世界的复杂性并使之系统化。在这一点上，我们进入了先验的世界，进入除了间接检验以外不易用实验来证实的世界，进入假设的和人工构筑的世界，进入其中难于区分科学幻想与科学理论的世界。这里，我们进入的是理论的世界，在这个世界中，想象力和创造力占最高统治地位。因此我们要回到理论的起点，人类头脑的创造力在这起点上可以发挥出它的最大影响。科学并没有通过否定想象力而形成艺术的对立面，它只是寻求控制想像力，寻求区别纯粹的科学幻想和充分的科学理论。正如几乎每一位科学史家都已指出的那样，如果真是只按照感知心理学家的观点，发现就是某种个人的东西，是一种能够解释的活动。就这一点而论，它与科学方法和逻辑性没有多少或毫无共同之处(汉森，1965)。

地理学家能够希望研究这个复杂世界，他仅仅是通过把个人图像转变成坚固概念这一过程加以形式化来处理这个世界。通过发展具有公认意义的概念，地理学家能够交流和进入论述。洛温撒尔(1961)写道：“在事物性质方面如果没有基本的一致，则既不会有科学，也不会有常识；既无同意，也不会有争论。”某些图像是个人的并且不可交流的，某些图像则凝固为概念，并且写成具有附属于它们内涵意义的词汇。但是词汇的含意也会转移和变化。

正如爱略特[①]所写的：

词　汇　应　力

重压之下是爆裂，有时是破裂，
遭受张力、滑动、崩塌、枯萎，
意义不确切的衰败，将不会驻足，
将不会静止……

公认的意义突然变为有争议的，冲突一段时间后，新的公认意义就出现了。诸如“环境”、“区域”以及“区位”这样的术语，在地理学中都有有趣的历史。它们表明，当一个主题延伸和发展到包含感觉经验的新内容时，观念、定义、含意以及预先假定的图像是如何变化的。格拉肯(1967)追索过从古典时期到十八世纪末人类对其环境的态度变化，指出在具有地理学者偏好的那些人当中，概念是如何变化的，一致的意见是如何转变的。然而没有足够的概念，地理学的理解就不可能发展。为着交流和分析的目的，不管怎样暂时，也不得不给这些概念以某种固定的含意，不得不使它们保持稳定。只有获得足够的概念——经一致同意给予完全限定意义的概念时，实质性的假说才能发展。这里，从科学研究的观点来看，只有以一种先验的方式，实际上是建造先验模型，模拟世界是什么，我们正在寻求理解的地理现实如何形成，它如何运转，我们才能有进展。先验模型不过是世界的形式化图像而已，这个图像，经我们运用分析手段已塑造得连贯而一致。

简单的事实是，没有地理概念就没有地理学的理解；而没有图像就不可能有概念。正如博尔丁(1956)指出的，图像是我们解

① T. S. 爱略特，1888—1965，生于美国的英国诗人和批评家、剧作家。——译者

释一切认识之性质的中枢，科学知识也毫不例外。约翰·赖特(1966，75)也指出："世界上积累起来的智慧中很多是这样获得的，即不是从科学研究的严格应用，而是通过哲学家、预言家、政治家、艺术家和科学家的直觉图像或洞察。"各种分析系统——由公理发展而来的理论，以及符号系统——迄今我们所一直强调的，起着像从假设和概念陈述中提取精髓的机器的作用(前文，第220—223页)。但是从这样一种程序中流出的精髓有多少，最终取决于所建立的概念和假说的内在丰饶性。

要写下或给定地理学中概念的形成过程是困难的。不存在可以自动发展新概念的现成途径；不像从创造性写作的短期过程中能够产生一部伟大的小说。某些地理学家感觉敏锐并富于想象力，他们对周围的自然、社会及思维环境具有非凡的敏感性，在对地理问题应用丰富的想象力上没有什么困难。有些地理学者经过努力移植来学习，如何在有限的环境中思考并充分领悟。还有些地理学者简直冥顽不灵。富于想象力的地理学家大概是天生的而不是训练出的。虽然肯定可以通过富于想像力的教学来培养想像力，但却难以得出产生想象力的法则。或许全部可说的是，最好有某种策略来保证所有感知经验不受约束，但是即便你能把马赶到水边，你也不能迫使它饮水。另一方面，通过强调被一种特定的概念表达所迷惑的危险，却能得出泯灭想象力的法则。这样，我们就可能使自己不至于限制自身的经验，不至于心不在焉地奔忙在严重磨损的路轨上，简言之，不致成为对一种特定的感知方式有瘾的人(前文197—198页)。观念在变化，词汇的含意在变化，新问题出现了，老问题消失了，因此我们所占有的每一种情况都是暂时的。在

正统观念的旗帜下保卫暂时的地位没有什么意义，或者说毫无意义。从我们自身最近的历史中，我们必须学会的一门主要方法论课，大概是不值得把一个人的能力全部用来保卫某种刻板地限定的地位。考虑到社会科学及自然科学目前变化的速度，最好的策略看来是最大限度的灵活性。这里，恰当理解的模型概念为我们提供了确定(即便是暂时的)地认识我们周围地理现象的灵活途径。所以，借助先验模型来形式化地表达先验图像，可能提供了有力而又灵活的地理学方法论的钥匙。

因此，在某些阶段，地理学工作者需要着手勉力对付他自己的想像力，必须全力对付他所得到的支离破碎而且不全面的图像，必须学会组织它们。苏尔的名言“行进应当慢”，可以应用到地理工作者在其自身的想象中徘徊，推翻幻想，寻求新概念表达的灵感的闪光，以便以某种方式帮助澄清以前显然模糊的情况。厚皮革安乐椅和倾析器[①]至少提供一种策略。地理工作者在避免安乐椅形象的焦虑中，已经有理由诉诸朴素经验论。事先的思想和分析可在野外省去很多时间和麻烦。正如张伯伦(1897)很久以前指出的，带着一套多种工作假说进入野外大有便利。这些假说是人为建造的，是按照已得到什么信息和什么显然可疑的想象发展起来的。

但是在某些阶段，安乐椅上的哲理推究必须面对经验，假说必须相对于感知经验来检验和评价。在这方面，地理学者依靠适当的描述方式。描述可以是印象主义的。苏尔(1963，403)写道：

> 除了所有可借助规则来交流的和借助技术来处理的以外，都是个人感知和解译的王国，这就是地理学的艺术。真正

① 作者以此比拟纯粹的理性思辨。——译者

好的区域地理学是优秀的表达艺术，而创造性艺术是不受模式和方法限制的。

科尔里奇[①]的著名诗句：

忽必烈汗在萨纳都颁布了一道庄严的命令：
那里有沃法河，这条圣河
流过人类无法测量的山洞
直下阴暗的大海

根据赖特(1966,119—23)的意见，它被变成一幅充满想象力的再创造的欢迎一个费城植物学家威廉·巴特拉蒙的场面，他在1774年游历佛罗里达时，穿越蓝洞(也可能是鳄鱼潭)、海牛泉和盐泉流。没有人会怀疑这首好诗及其艺术才能，但它作为优秀的地理学作品只可勉强够格。这并不是说我们必须放弃赖特(1966,76)所称的“对我们艺术和诗的冲动的根深蒂固不信任”。据说约瑟夫·韦默已经指出，“描述地理学者只是景观画家和地图绘制员而已”(达比,1962,4)。但是在从“这里是些什么”这样沉闷的散文式罗列，到完全放纵的诗意神游这个连续统一体上的某处，我们必须划一条界线来区分什么可看做优秀的*地理学*描述，什么应看成*在地理学上*是不相宜的。这条线应划在何处，一直意见纷纭。某些人具有强烈的形而上学和唯美倾向，一直设法转达他们所经历的某些感受；另一些人为科学客观性的见解所缠绕，一直力图包罗除开可见的以外的一切。所以，有关景观概念的争论包含多种观点，一些人设法通过诉诸动听的词句、想象和隐喻来表达景观的

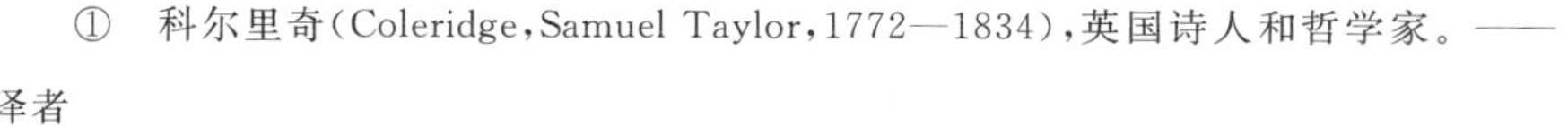

① 科尔里奇(Coleridge,Samuel Taylor,1772—1834)，英国诗人和哲学家。——译者

“灵魂”;另一方面,有些“纯粹派”则要把讨论完全限制在可见景观中那些对象的“客观”说明上(哈特向,1939,149—174)。区域地理学的写作也有类似的差别,从清楚地列举一个个事实,到感知经验通过书面语言的某种格式塔心理学[①]的直觉再现。何处画线的问题,部分是一个平衡的问题,部分是一个避免错误表达的问题。当然,在众多文献里,这个普遍的问题与一个没多大价值但很有感情意义的讨论有关,这个讨论就是,地理学究竟是一门艺术还是一门科学?达比(1962,6)对此提出一种平衡:

> 我们感知的什么事实必须仔细而精确地加以检验甚或测度,在这个意义上,地理学是一门科学;那些事实的任何表述(撇开任何感知)必须是有选择的,因而涉及选择、体验和判断,在这个意义上地理学是一门艺术。

任何科学事业中的艺术都包括评价、挑选和选择,区域地理学家和应用统计学家对特定的实质性假设作适当检验的探索,在这里似乎没有多大区别。显然,地理描述不可能避开选择或价值判断。但是它们的结合并非给予地理学者任其所好的许可证。于是法国区域地理学的经典著作在实际情况的表达和熟练地建造起来的文字说明之间找到一种平衡,其文字说明成功地唤起区域“个性”的图像。同时,也有可能区分实质性事实和直觉印象之间的差别。正是在明显地区分事实和印象方面,地理学者需要最小心地应用描述技巧。在面临具有感知经验的安乐椅形象时,有必要使后者合理地独立于前者。带着直觉印象来面对先验图像,这就不幸地具有同义反复的味道。在承认直觉印象是地理描述的合理部分

① 格式塔心理学(gestalt),又译完形心理学,西方心理学流派之一。——译者

时，潜伏着极大的危险。即使最优秀的地理学家也可能有神秘的偏好，要找寻他想找寻的东西——某种快慰的回忆幻想会使得真实的理解和领会短路。

因此，在寻求适当的描述时，地理学者需要控制——控制信息的收集和选择，控制信息的处理。这方面，地理学者像所有其他科学工作者一样，借助对他们正研究的现象加以定义、度量和分类来进行。地理学者还发展了各种特别的方法来表达现象——地理学者所掌握的最生动的表达技术也许是地图的绘制。遵循这些方法，地理学者正参与着所有其他科学研究领域中都进行的同样过程。因此，不足为奇，为了确保严密性和有效性，对这些方法一直在加以分析、解剖。这样，就能谈论可用于收集、定义、度量、分类以及表达地理资料的一套模型。这些模型并不排斥价值判断、挑选和选择，务必把它们看做是有助于选择和挑选的，有助于确保地理描述的一致性和连贯性的。同样，如果一幅地图内部不一致（例如说，符号在不同的点上表示不同的事物），我们将认为这是不可原谅的。所以我们在定义、度量、收集和分类时要求一致性和连贯性的标准。下面几章将涉及为这些目的而发展起来的各种模型。

第十七章 观测模型
——定义和度量

现实将广泛的信息流提供给观测者。观测技术的作用在于选取信息，并将它加以整理使其能使用和理解。这一过程是一种探索步骤，其中，对从现实接收来的信号加以审查以便得到似乎有某种程度规律性和连贯性的信息。显然，探索现实的方式，我们所使用的一系列特别的滤色镜（一些人可能称之为护目镜），对我们所提问题的性质及我们所能给出的答案性质具有巨大影响。人类头脑接收、贮存和处理信息的能力是有限的，用信息论的行话来说，人的头脑只有有限的信道能力。已知这一基本的事实以后，我们如何决定什么信息要包括进来以及什么信息要撇开呢？如何才能采取拓宽而不是约束我们感知经验范围的策略呢？简言之，如何才能开放我们的头脑而不让信息如此泛滥，以致头脑遭受重压而最终由于过劳而发生故障呢？

在选择和整理感知经验的过程中，我们特别利用各种观测模型。在这里以及下一章中我们要涉及的特定模型有定义模型、度量模型和分类模型。每一种模型都提供了一套滤色镜来整理我们接收到的复杂真实世界的信息。这些程序都是可伸缩的——这大概就是为什么我们可以最好地把它们看做模型的理由，而且显然，程序的具体设计可以依据试验环境以及依据目的而使一种情况不同于另一种情况，换言之，我们可根据需要改变滤色镜的设计。一般而论，我们对这些滤色镜的态度取决于是探索假说的现实，还是以某种适合于验证特定假说的方式来组织接收到的信息。在前一种情况，我们倾向于发展一种灵活的方法；我们改变滤色镜，将它们导向不同目标，并操纵它们，以便找出规则、模式复合系统中的天然突变等等，从而产生有关的假说。然而，在验证假说的情况下，滤色镜的性质更加严格地取决于假说本身的性质，这里的滤色镜指适合于该假说的实验设计方法。显然重要的是，我们要以这样一种方式来设计滤色镜，即我们最终聚集起来的信息全部与给定的假说有关，而且使我们能判断是否存在对那一假说的任何程度的经验支持。这样，对某一假说特别验证的充分性，高度依赖于我们所构造的滤色镜的性质。

因此，这两种很不相同的情况——为假说而探索现实和组织实际存在的事物来验证假说——明显地影响我们使用敞开大门的各种观测模型的方式。区分不了探索和组织的差别，会导致错误的推断和同义反复，这也是方法上更为麻烦的方面之一。例如，已经利用一套滤色镜产生了一系列假说后，再用同一套滤色镜来检验这些假说的适合与否就不恰当了。这样的步骤既多余也明显不合逻辑。一个次要但很麻烦的困难是，头脑中没有特定目的而收集来的信息，常常难于用来检验特定的假说。地理学者寻求利用人口调查数字来检验假说时连连受挫，就充分证明了这点，那些数据要在检验已建立的特定假说中发挥作用，但看起来几乎总是从不适当的单元中收集，并给予不适当的度量和分类。当然，探索和组织的这一区别与研究中所采取的一定策略有关。探索为科学理解提供一条途径;检验先验假说的组织则提供了一条交替的途径(见前文,第44—47页)。

由定义,度量和分类这三种步骤所提供的滤色镜并不是各自完全独立的,它们也没有完全避免讨厌的循环(circularity)。例如,定义就预设了对象的一种类型,使这类定义可应用在那些对象上。虽然按照考斯(1959,7)的观点,“定义无论在历史上和逻辑上都享有对于度量的优先权”,“科学是在自由地实践前者的情形中产生的,而不予后者任何考虑”,但很难设想成熟的可行的定义会不在某些方面与度量发生关系。定义肯定预设了分类,而分类和度量同样预设了定义。然而,这些循环还不是全部,因为循环还可能包含这种情况,即所有的定义都是循环的。无论哪种循环都是无限回归的。阿科夫(1962,170)对这种循环评论道:

> 在某种意义上的确如此,但是定义的作出是在三维而不是二维中发生的。当一个完整的循环完成后,我们是在起点以上,而且已经赋予它较之开始时更为丰富更为准确的意义。实际上,当我们给一个概念下定义时,这一定义阐明了若干它所依赖的概念以及若干依赖于它的概念。

同样,这里所考虑的三种程序也倾向于互相支撑。更好的分类方法有赖于更好的定义,而更好的定义可能有赖于更好的度量。我们的认识和我们的方法都可能是循环的,但也是渐增的。同样,也很难使这些观测模型与地理研究的其他方面分离开来。例如,一个理论概念的定义若不与它是其中一部分的理论关联就不能进行。阿科夫(1962,145)写道:

> 科学定义与定律和事实一样，并不是漂浮在科学之海中的孤岛，而是坚实地固定在科学理论、定律和事实的大地主体上的地块，因而比它们中的任一个更少发生变化。

库姆帕斯(1964,5)对于度量也有类似的看法：

> 基本之点是：我们的结论即便只在度量和标度(它们对理论大厦似乎是如此坚固的基础)水平上，已经是理论的某种后果。度量或标度模型其实就是一种理论。……虽然只在一种雏形水平上得到公认，但仍然是理论。

分类系统同样也表达了关于结构的初步定律(见前文，第44页)，而成熟的分类，也可以直接从理论中派生出来。

因此，不能得出这样的结论：由定义，度量及分类提供的滤色镜在这里是孤立地加以考察的，所以它们可以或者应该看做是研究策略中的独立方法。然而，尽管有这些相互依赖，如果仅仅为了在把现实世界的复杂信息流转换成可理解和可操纵的信息中证明，支配它们的作用和相对效率的一般规律，也值得考虑这样一些滤色镜的独特性质。这样的处理会包括众多“当-如果”似的思考，但它具有高度的启发性。

I. 定义

以尽可能广泛的方式把“定义”定义为“说明含意的任何步骤”，以这样开始大概比较适当。显然，这类步骤，对于理解和信息交流的发展绝对必不可少。但是阿科夫(1962,174)注意到，“下定义是研究过程的一个方面，科学工作者中很少有人极其严肃地对待它”。像其他学科一样，由于采用类似的术语和概念，但用不同的方法来指定它们的含义，地理学中也产生了很多争论。这种语义上的混乱，如果不是有害的话，也是令人为难的。麻烦在于根本没有独一无二的方法来对一个术语指定意义。这样，我们就具有各种各样的方法，而每一种方法都容易给我们一个很不相同的结果。问题在于设法挑选出对一个术语给定含意的“最佳”办法。这一选择结果，依赖于一个人所属的一定“哲学学派”、一定的调查目的、所研究现象的性质，以及可预先获得的信息量。因此，对于我们怎样确定所用术语的含意这个问题，并没有便捷、简单且迅速的答案。

最基本的下定义方式，包括指出一个对象和表达一个词汇。此类定义形式称为直接表示(ostentive)，它对语言本身的演变是首要的。考斯(1965，44)认为这种定义形式是科学中最低级的形式，甚至认为它是预科学的。这并不是说它不重要，因为感知经验能转变为术语的途径还得通过这种指向性行动。直接表示的定义在地理学中很多方面都是重要的——岩石类型的鉴别、景观形态的鉴别等等，常常是从直接表示得到的。地理学训练中野外工作的基本作用之一，归根到底是直接表示定义。

在直接表示的定义里，一个术语的含意通过与某一知觉对象相联系而表达。也可以用另外几个术语来定义一个术语。我们于是可以组织一部地理学术语词典，它将提供一组同义语。这些词典型——有时称为词汇型——定义的特点在于，它们允许用正要定义的术语(定义)来代替已被定义的术语(已下的定义)，而不使包含有原始术语陈述的真实性或不真性受到任何形式的影响。这样，一个术语可能作为某些较长术语的方便速记。现在已有若干部地理术语词典(穆尔,1967;斯坦普,1961;蒙克豪斯,1965)。现在看看从蒙克豪斯词典中取出的下列两个定义(蒙克豪斯,1965,278,326):

> settlement:(i)聚落——任何人类居住的形式,虽然有些包括有单独孤立的建筑物,但通常指一幢以上的房子;(聚落)可以是农村的或城镇的。(ii)殖民——在迄今仍无人烟或人烟稀少的土地上开拓、移民和定居,尤指到一个新国家移民的这些活动。

> water-gap:水口——穿越山脊的低位峡谷,河流流经其中。例如穿过北当斯在盖尔德弗德附近的韦(水口),多京附近的摩尔(水口)。

这后一个定义,部分是直接表示的,因为它指向实例,但基本思想是通过其他术语来描述一个术语的含义。这样,由于应用了已下的定义,定义就描述了一系列必要而充分的情况。因此,定义的词典方法指的是对不同术语间复杂关系的描述,而且这种描述保证了使用的一致性并能消除混乱。但是词典型的定义在很多方面是受限制的。首先,它们假定可提供直接的定义(即可以把已下了定义的词归纳为要下的定义而不损失信息内容);其次,它们假定定义可在一个语言系统内部提供。在第一种情况里,我们会发现有必要提供间接的定义,这些定义在不易(如果不是不能的话)简化为其他术语的理论性术语的关联中特别重要。诸如“水口”这样的术语是可直接定义的,但还有另一些术语如“文化”和“区域意识”则不能以同样的办法来定义。这样的术语是理论术语、观念形式、抽象构词等等,它们在理论构筑中极其重要。这里,定义的作用，从提供同义词变为为一定理论提供相应的规则或主题(见前文，第112—118页)。给理论术语和观念化事物下定义的问题，一段时期来一直是使科学哲学家感到压力的问题。内格尔(1961，98)写道：

> 得不出扎实的结论性证明，大概也得不出这样的证明：即现代科学所采用的理论概念不能通过经验性观念来直接定义，……但是观察一下还没有人已经成功地构筑过这样的定义是恰当的。而且有足够的理由相信，实际使用中的对应规则并没有通过经验性概念为理论概念构成直接定义。

布雷思韦特(1960，77)也作了类似结论：科学理论的理论术语只能根据形成理论本身基础的公设来间接地定义。实际上布雷思韦特进一步认为：这类理论术语“不能借助于以派生惯用语来解译术语而直接定义，那些惯用语没有理论，因而不能发展”。其含义显然是：派生的理论性陈述需要转换为经验性陈述，但这种转换无论如何也不构成直接定义。现在，定义在这种关联中的普遍重要性已加以检查(见前文，第108—110页)，需要牢记的是：理论术语和很多社会科学的观念之间有着至关重要的区别，前者可回过头去与理论公设联系起来，后者却只能直觉地定义(即它们的定义与想象或概念化的观念相联系，因而对科学语言系统本身来说是外在的)。这里，我们对这个问题不作任何更详细的考虑，只指出一种重要的定义方法，它试图通过作出某些假设来解决这些复杂问题。这种方法称为操作主义，它对确定含意这一困难的哲学问题提供了一个解决办法。

一种理论或模型表现出含义只是在“符号和它们所代表的事

物被定义的时候”(阿科夫,1962,141),在充分的对应规则建立起来时(内格尔,1961,90—105),以及设法将抽象的理论陈述转换成实在的结论这一困难任务完成之时(布雷思韦特,1960,53)。操作的定义处理所有这些问题是,通过假设定义“不过是由限定具体操作的任何概念所组成,并由此得到所研究事物的知识”(史蒂文斯,1935,323)。这一定义规则的优点是使间接定义和直接定义的区别消失,而且规定了一种严格的步骤来确定术语的含义。所以阿科夫(1962,175)写道:

> (操作)定义的特性,形式上要求我们确定什么是要观测的,在什么(变化的和不变化的)情况下进行观察,要作什么样的操作,要用什么样的仪器和措施,如何作出和处理观测。

卡普兰(1964,40)也写道:

> 涉及科学地使用的一套操作,与每个概念相对应。了解这些操作,也就是像科学要求的那样充分地理解这个概念。不知道这些操作,我们就不知道这个概念的科学含意是什么,甚至不知道它是否有科学含意。所有操作主义不仅提供了含意的标准,而且提供了发现或显露一个特定概念有什么含义的方法,即我们只需说明决定其应用的操作即可。一句著名的格言说:智力就是由智力测验所度量的东西。

关于这种操作方法价值的意义,人们意见纷纭。阿科夫(1962)、拉波波特(1953)极力赞成,卡普兰(1964)却持怀疑态度。当然,对于赞同在任何可能之处使定义成为操作这方面有很多话可以说。这样,我们可以把蒙克豪斯(1965,257)的词典型“区域”定义——“由其特殊的性质所区别的地表单元地区”换为操作定义——说明区域能够靠什么来鉴别的专门方法(一个好的实例是贝里(1967B)的用多变量分析和组合算法作区划的操作方法)。例如,哈格特(1965A,188—90)讨论了给出“城市聚落”的操作定义,以确保在世界范围内的标准化和可对比性这个问题。然而,地理学中定义的更为操作化方法,尽管其本身可取,却难于解决所有的问题。卡普兰(1964,40—2)讨论了操作主义的一些缺陷,最重要的缺陷是,它假定可以充分说明情况,还假定可以把有关的情况和度量与无关的区分开来。例如,如果我们能相信瓦里士(1965)对因子分析的计算机程序的经验,我们就能预期贝里型区划方法的结果将严重依赖于哪类被使用的计算机程序。操作化定义看起来是极其一致的,但在实践中要保证绝对的一致性却很困难。

然而定义的一致性、严格性和准确性问题也是很有趣的。一方面,地理学理论的数学化要求准确地定义出不含糊的概念(前文,第223—230页);另一方面,在术语的使用和含义中,保留某种卡普兰(1964,62—71)所称呼的“自由”却有一些好处。所以:

> 要求含意确切和术语的定义准确,可能易于产生有害的后果,正如我相信在行为科学中已频繁地产生了这种后果那样。它导致已恰如其分地称为我们思想的过早闭合那种后果。

这一自由的含意可采取各种形式。根据包含它们的理论来定义的术语,在理论发展和扩展时很容易出现变化。有些术语具有相当程度的模糊性——无论就我们不易将其归入某一确定类型的边界情况而言,还是就不易辨别的术语“规范”而言(例如,经济区位论中“理性的人”和“垄断竞争”的真实含义)。当操作方法变化时，当新的情况发生时，术语将要改变它们的含义，这也是很自然的。库恩（1962）指出了科学中普遍存在的很多这种例子，而地理学中诸如“环境”和“区域”这样的术语，在其被使用和被解释的方式上一直显示出惊人的差异。因此，在确定含意的过程中确实需要灵活性和机动性。这种需要，并不一定与在数学化以前提供固定而不含混的术语的要求不相容。即使在发展的早期阶段，也没有理由不建立准确的定义来促进数学化。但在早期阶段，当我们“不知道用术语正确地表示什么，差不多就像我们不知道把论题正确地想成什么一样，这时我们就不能作出聪明的选择”（卡普兰，1964，77）。因此，我们必须认识到，我们正在不断地在理论构造和观测术语，以及理论构造和数学语言之间，建筑临时桥梁。这种桥梁的建筑需要定义的准确性，但是真正的准确性如果可能的话，也是罕见的。或许值得提醒我们自己，桥梁是临时的，对于我们发现自己所处的每一种新情况，对于那些情况所产生的每一个新问题，我们应准备建筑新的桥梁，或至少要使我们自己相信，旧的桥梁仍然坚固得足以继续我们的路程而不产生灾难性后果。卡普兰（1964，66）这样写道：

> 我们术语的含糊性并不导致我们面临这一事实，即不断地“在何处划界线”的问题，但事实上，我们不能事先并一劳永逸地解决问题。要点在于界线划了但并不确定；界线总是为某种目的而划的。在每一特定情形中，根据这个目的来解决该问题；任何决定从来没有很好地对我们的目的起作用；尤其没有任何决定能预期所有未来目的的需要。每一个术语都把一束光照在经验的屏幕上，但这并不等于我们想照亮一切，某

些东西还必然留在阴影里。含糊性具有的特征从来不会比含义的半影更好。

定义就像我们使用的所有其他观测滤色镜一样；指的是根据某些规则来临时整理经验。重要的事情是在任何环境中遵从这些规则，而不要被根据非常特定的环境而建立于头脑中的任何特定定义系统所迷惑。每一次都从第一基层开始可能非常乏味，而且似乎效率很低，但在方法论上这是最为稳妥的步骤。这并不是提倡过多的定义系统作为其自身目的，而是认为密切注视我们正在使用的定义系统性质将是大为有利的。幸好，科学史的特征之一是：随着我们对论题的知识增加，随着理论更为成熟和更为可靠，构筑适当的定义系统也就更容易。所以“严格定义所导致的闭合并不是科学研究的先决条件，而是科学研究的顶点”（卡普兰，1964，77）。

II. 度量

曾以各种方式来定义度量。史蒂文斯（1959，19）称之为“根据规则赋予对象或事件以数字”；阿科夫（1962，77）称之为“我们借以获得可用来表达定义概念的符号的步骤”；纳内尔利（1967，2）则称之为“赋予对象数字以表示属性的数量规则”。所有这些定义和其他定义，都有一个共同的遵从规则的思想，所有这些定义也都承认可以构筑各种各样的规则，但这些规则应当以明晰的公式表示。然而，关于陈述这些规则的方法，关于应用不同度量规则的方式，以及判断是否已经正确应用一套特定规则的步骤，还存在一些重要的分歧。

度量自身并非足取或可取，它仅仅是有用或无用而已。但是，它在科学中具有很多重要作用，而且正如其他观测形式那样，只能通过检查要求于它的特定作用发挥得如何来判断度量。这些作用是各式各样的，从简单的标准化（通过它，我们根据某些度量规则可以对比对象和属性），到寻求更高级的陈述准确性（通过它，可以用诸如温度读数84°F这样相对准确的陈述来取代诸如“热的”这样相对不准确的陈述），直到把一系列特定事件或属性协调为一个符号系统。这里度量系统所起的作用，就像制图时把观测归纳为抽象符号的陈述一样。度量规则在表现这些功能时，可能有用也可能无用。例如，只是在我们能够肯定所作的度量真实地反映出所研究对象的某些性质时，标准化才可能是有用的。如果我们对一个人与另一个人智力不同的方式有兴趣的话，那么采用一套有关前臂长度的度量就是风马牛不相及了。同样，只是在一定研究的目标需要一定水平的准确性时，追求更高级的准确性才是合理的。例如，用高度精确的长度度量来绘制一幅一百万分之一比例尺的地图，就毫无意义。还有，只是在我们对用以决定数量的操作具有信心，而且我们能肯定该数量确实涉及我们正考虑的质量时，准确性才能有真正的增长。例如，把“经济正以令人满意的速度增长”的陈述变为“去年国民生产总值增长4.3%”的陈述，准确性看来就有显著的进步。但是如果我的度量国民生产总值的能力，在任何情况下都在真值的15%以内，那么计量化过程中就没有什么进步可言。在自然科学中，很多这样的问题已经解决，但在社会科学中仍有极大的改进余地。摩尔根斯坦（1965，8）在一本所

有人文地理学者应该必读的经典著作中这样写道：

> 大多数经济统计都不应以这种方式来陈述，即对它们只作一般的报导，还自称有某种精确性，但对这种精确性根本没有做到，而且其大部分都是不需要的。这一点事先就应该清楚。

伪装一种不可达到的准确程度，与其说是阐明结果倒不如说有害。在科学研究中，这种做法恰似把自己的决定等同于月贸易数字或月工业产出指数的投机商。同样，如果不能估计 Y 和 X 的相关度量，而把诸如“土壤水分含量决定小麦产量”这样的陈述转换为“$Y = f(X)$”，也是绝对没有好处的（见前文，第 225—228 页）。只有在度量规则可合理地应用于研究中的经验事件这一点显示出来时，借助度量规则把经验观测和抽象符号表示协调起来才是现实的。

不应把这些对我们度量能力的保留看做对一切计量意图的含蓄谴责。这些保留，仅仅是指出计量化并不容易，重要的是要了解计量技术在什么时候以及怎样才能成功地而不是谬误地应用。这里，了解度量的方法是关键，因为毫无疑问，如果没有充分的度量办法，要促进理解，创造成熟的理论以及以有效的速率推进我们知识的前沿，就没有多大希望。对于那些害怕定量方法要以某种方式取代定性方法的人，正如斯帕特（1960）那样害怕开尔文爵士[①]精神会在地理学中横冲直撞的人（伯顿，1963，回顾过若干反对地理

① 开尔文爵士，19 世纪的物理学家，曾写道：“当你能够度量你正在谈论的东西并用数字加以表达，你才知道有关它的一些事情；但若你不能度量它，不能用数字来表达，那么你的知识就是贫乏的和不能令人满意的。”——作者

学中计量化的争辩）来说，这一简单命题可能像是要把他们革出教门一样。在科学当中，定量并不是定性的对立面——最好把它看做是定性的一种高级形式。在我们全部认识领域中，原则上应该可以用某种形式的计量化来促进定性认识。确实，我们认识领域中有好些方面证明计量化还难以处理，但在这些情况里，看来难处理性源于我们根本缺乏理解；源于我们不能将情况充分概念化，而不是源于情况本身的任何固有性质。所以卡普兰（1964，167）写道：

> 我们能否度量某一事物，并不取决于该事物本身，而取决于我们如何将其概念化，取决于我们对它的认识，尤其取决于我们能实现在探究中派上用场的度量过程的技巧和独创。我相信内格尔是正确的，他说，从一种广泛的观点看，度量可以看成是“我们对事物观念的分界线和确定”。……说某事物是不可度量的，就像是说它只有在某一点上才是可知的，像是说我们对它的认识必然不可避免地具有不确定性。

度量常常成为进行观测的简便方法。的确，在很多情况中，由于规则和程序方法在直观上是明显的，所以没有必要对度量规则加以详细的系统阐述。对道路长度或产品重量的度量几乎不需要专门的规则，因为这些情况中，常规已众所周知并普遍接受，但这些情况是例外，尤其在社会科学中，度量诸如“效用”、“动机”、“集中”、“地方化”等等一类属性的规则远远不是明显的。因此，我们将继续考查某些涉及度量的技术问题。我们将（1）考查能使用的各种规则的性质，（2）考查把所设计的度量方案应用于实际情况的问题，（3）考查如何才能评价这种度量方法的有效性及误差程度。

A. 度量模型

直到目前，量度模型可归纳成不同的四种（另有一两个混合变种），它们都为度量对象及其属性提供了简单的标量系统。不久前，还发展了各种复杂的度量模型——通常称为多维标度模型，但这不过是从上述四种标度系统开始的。这四种标度系统可从实数系统的特征上识别，即它们可借助其数学特征而不是经验应用来识别。史蒂文斯，(1959,24)称这四种标度为名称标度、顺序标度、区间标度和比率标度。

(1)名称标度

首先要明确，名称标度凭其本身的性质是一种度量系统或简直就是一种分类方法，还存在一些争论。托格逊(1958,17)和纳内尔利(1967,11)把名称标度排斥在真正的度量之外，因为它提供的方法只是为对象定名称或分类，而不是度量它们的属性。阿科夫(1962,180)和史蒂文斯(1959,24)则把它包括在最简单的标度形式中。名称标度其实指的是将对象和事件分类以及将它们编号。将号码印在足球运动员的运动衫上，或将不同区域称为 1、2、3…就是实例。使用名称标度毫无进行任何数学运算的意图（例如，我们不能说 8 号区域减去 3 号区域等于 5 号区域）。因此，名称标度除了识别能力外，并无数学能力。然而，如果把名称标度的一种特殊派生——枚举或计数与名称标度本身混为一谈，则会产生混乱。正如阿科夫(1962,182)指出的，计数指的是“将‘1’赋予类型的每一个成员，并将已赋有‘1’的成员相加”。但是，对不同类型箱中的对象数计数和给这些箱以编号，是完全不同的步骤，而且显然，在以这种方法得到的对象数上，可以施行简单的算术运算。

但是这里的标度，适用于对象类型的属性，而不适用于对象本身的属性，而通过枚举来作的计数，可看做是比率标度的一种分离形式。然而要把名称标度与分类分开是很困难的，因此我们在这里不深入考查它。

(2) 顺序标度

顺序标度是这样一种标度，一系列事件或对象在其中可从“最多”到“最少”的次序加以排列，但其中没有把对象或事件分开的与被度量的属性数量有关的信息。顺序标度指以大小顺序将对象或事件排队，这样的排队为我们提供的信息是很贫乏的，因此顺序标度被认为是设计真正的度量标度的最初级方法。然而，对于顺序标度是有很多说法的，阿科夫(1962，184—9)提供了关于这些说法的很好说明，托格逊(1958，25—31)和费希本(1964，第四章)则有另一些说明。区分这些不同类型的顺序标度至关重要，因为混淆它们间的性质会产生灾难性的后果。因此，值得考查某些不同的顺序方式。

例如，托格逊(1958，25—31)区分了具有自然原点和没有自然原点的顺序标度。在某些情况下，在某种独特的自然原点附近排队是正或负可能会有争议。例如对优先选择排队，人们可能能够确定一个中性点(有时称为标度中点)，在某一边将事物按照正的指标排队(如主动的喜欢)，而在另一边将事物按照负的指标排队(如主动的不喜欢)。确定这样一种独特的自然原点会给我们提供很多信息，但它限制了可能导向数据的有效数学变换。一般而言，顺序标度能服从于所用数字的任何单一递增变换(这等于说维持变 换的任何次序都能导向原点数据)，而不会损失任何信息。但是给定一个独特原点后，此类变换就被约束为维持该独特原点的变换了。

顺序标度中隐含的规则各式各样。根据现象的属性度量 x_i 可以考虑以下三种不同的现象排序方法（阿科夫，1962，184—9）：

(a) 完全顺序。这是顺序标度的最彻底形式。它包含以 $x_1 > x_2 > \cdots > x_n$ 的方式将度量 x_i 顺序。不允许两个对象占据标度上的同一点。一般而言，我们可以陈述这一标度是非自反的（元素在其度量中不与任何其他元素相等）、非对称的（x_1 和 x_2 的关系隐含着 x_2 和 x_1 的互补关系，例如 $x_1 > x_2$ 隐含着 $x_2 \ngtr x_1$）、可递的（关系 $x_1 > x_2$ 和 $x_2 > x_3$ 隐含着 $x_1 > x_3$）以及连通的（所有元素 $x_1, x_2 \cdots x_n$，都可放在标度上）。这样，彻底的顺序包含有关所作度量的大量先决条件，但同时也含有大量信息。

(b)弱顺序。包含 $x_1 \geqslant x_2 \geqslant x_3 \cdots \geqslant x_n$ 形式的度量系统。弱顺序与完全顺序的不同在于存在着自反关系，非对称状态被反对称状态取代（这是指只有当 $x_1 \leqslant x_2$ 和 $x_2 \leqslant x_1$ 时才能判定 x_1 和 x_2 是同一的）。弱顺序不必在 x_i 中指定一个独特的排序，而且其特点是包括有等价级别。例如，根据社会经济级别将人们排队，很可能包括次序不确定的度量 x_i 子集。这样一种顺序标度形式，并不包含那么多关于数据性质的先决条件，但它转达的信息较少。

(c)部分顺序。除了非联通性外，基本上与弱顺序相同。我们可以按照社会经济级别把人口作弱顺序，但是人口中可能存在某一组群，我们对它未掌握任何信息，结果它们必然完全处于标度之外。同样，在要求人们将地方和对象的优先选择顺序时，可能会有某些地方或对象，人们根本没有关于它们的信息，因而它们必然处于我们正在设计的标度之外。如果我们询问的人们从来没有品尝过西印度群岛柠檬果，我们就不要指望对柑橘、香蕉、菠萝和西印度群岛柠檬果之间的滋味优先选择作完全顺序或弱排序。

这三个借以设计顺序标度（也可设计若干其他变种）的不同方法的例子，说明了顺序标度规则的不同变种如何产生出不同的度量系统。

然而，各种顺序标度本质上具有类似的数学性质，并且有从属于类似的数学运算形式。这种标度对任何单一递增的变换都是独特的，这意味着我们可以赋予标度任何大小的数字，只要它们不违背顺序。这样，如果我们在度量某种属性时有三个对象 $A>B>C$，我们可使 $A=100$，$B=50$，$C=39$；或使 $A=5$，$B=4$，$C=0$；等等，而毫不改变其基本关系。当开始考查可允许的数学计算种类时，这一数学特性对于顺序标度具有重要的后果。西格尔（1956，23—6）已详细考查了这一重要问题，他列举了对于顺序数据可用的合适的统计手段，这些手段总结在图 17.1 中。这些信息是很重要的，因为它显示出统计运算如何与所用的标度形式相联系，因而指出度量在把观测与抽象数学统计联系起来时的关键作用。

（3）区间标度和比率标度

通常把这两种标度分开来考查，但这看来大部分是由于历史的原因。在区间和比率两种标度中，我们可根据度量的属性将对象排序，但此外我们还能确定它们相互分离的程度如何。换言之，我们能在标度上度量两个对象之间的距离。但是，对于区间标度不能确定自然原点，任何原点都是随意的。度量温度的各种标度——如华氏温标和摄氏温标——就是典型例子，它们可以用来确

标度系统	定义关系	可能的变换	适合的统计方法			
			集中趋势	离差	检验	
名称标度	等于	$x'=f(x)$ 式中 $f(x)$ 为一对一代换	众数	众数的%	x^2 列联系数 古德曼-克鲁斯卡尔 λ Φ 系数	非参数型
顺序标度	等于 大于	$x'=f(x)$ 式中 $f(x)$ 为任何单一递增变换	中位数	百分位数	斯皮尔曼 ρ 肯达尔 τ 科尔莫哥夫-斯米尔诺夫 古德曼-克鲁斯卡尔 $\gamma\Phi$ 系数	
区间标度	等于 大于 已知任何二区间的比率	任何线性变换： $x'=ax+b$ $(a>0)$	中数	标准差	t 检验 F 检验（方差分析） 皮尔逊 γ 点双列（一个变量对分）	参数型和非参数型
比率标度	等于 大于 已知任何二区间的比率 已知任何二标度值的比率	$x'=cx$ $(c>0)$	等比中数	变差系数		

图 17.1　度量的标度系统及其有关方法（数学方法和统计方法）（据加尔腾，1967；西格尔，1956；史蒂文斯，1959）

定读数间的距离，但并不产生绝对度量。这就把可能的数学运用限制在线性转换上（例如我们可利用等式 F＝32＋1.8°C 把摄氏读数转换为华氏读数）。任何这种形式的线性转换，都将信息保存在原始数据中，而较为复杂的转换就会曲解关系。用更简单的话来说，认为 20℃比 10℃热两倍（这意味着我们还必需断言 68℉比 50℉热两倍！）是讲不通的。

但是比率标度的数据却具有自然原点，而且可决定绝对大小。重量、质量、长度等等都可在比率标度上度量。有人还可能说，在开尔文标度上度量的温度也是一种比率标度。这些度量可服从于包括乘法运算的较复杂转换。这样，说 10 英里比 5 英里远两倍就说得通了。

对于区间和比率数据，可以使用广泛的统计手段和程序。统计学中最典型的方法是以最低限度的区间标度为先决条件。所以在区间或比率标度上的量度能力，对于将观测问题转化为可用奈伊曼-皮尔逊统计推断理论来处理的变量，是一个很重要的前提（见前文，第 334—336 页）。对区间和比率标度可用的一些数学操作列在图 17.1 中。

（4）多维标度

到目前为止，我们所考查的标度一直是含蓄地将度量概念假定在单一的一维的基本的关联集上，这种假定对若干度量问题是合理的。但是有些属性显然是多维的。我们已经详细考查了一个这样的属性——空间位置（第 14 章），还有其他一些属性——如颜色——也明显是多维的。另有一些属性我们或多或少觉得是多维的（智力、动机、效用等等）。大多数关于多维标度的创造来自心理学，在心理学中，几乎所有要度量的属性看来都有某种程度的多维性，或用较易懂的术语来说，这些属性是综合的。对于这种情况，托格逊(1958，248)写道：

> 不是考虑用单维(即一维空间)上的点来表示促动因素，而是用多维空间中的点来表示促动因素。不是用单个数字(标度值)来表示一维点的位置，就像在相应的多维空间中存在若干独立的维一样，对每一个促动因素都赋予若干数字。每一个数字都与多维空间轴(维)之上的点的投影(标度值)对应。

如果了解该空间的性质，那么只要能作出某些假设，就可以估计对象间的距离。例如，设想我们正寻求度量像经济发展这样的一种综合属性，让我们假设这个综合属性是二维的(如单位资本的能耗和人口增长率)。如果这两个维各自独立，则我们可用正交轴来表示它们(图 18.4)，并在这个二维空间中划分若干区域。然后就可用毕达哥拉斯定理计算两个区域 p 和 q 的综合属性距离 D_{pq}。

这一简单实例说明了多维标度的原理。可将它扩展为 n 维，因此就有一个确定基本综合属性有多少维的问题。这个问题将在以后联系分类的数量方法考虑。同样，确定各维间的相互关系也是极其困难的。这里，也要记住罗素的名言(见前文，第 236 页)“度量以几何学为先决条件”，因为关于多维综合属性距离的度量整个地依赖确定 n 个维形成的 n 维空间几何特征的能力。那些轴不需要是正交的，我们没有必要利用欧几里德空间来估计关系(除非关系既简单且熟知)。同样，所有那些轴不必具有同一标度特性，这样，我们会发现（不同强度的）顺序标度与区间标度和比率标度混杂在一起。

因此，多维标度的问题在于如何度量处于这一 n 维空间中对象间的距离。于是，托格逊（1958，251）写道：

> 大量不同几何空间中的任一个，都可设法用作多维标度方法的基本空间模型。但是……欧几里德模型是唯一被完全认真地考查过的一个。

但是自 1958 年以来，关于多维标度方法已做了大量工作，特别是在心理学中（卡特尔，1966；克鲁斯卡尔，1964），也考查了其中一些方法对地理学问题的可应用性（当斯，1967）。可是显然，所涉及（尤其在几何方面）的技术问题与度量地理距离时所涉及的完全一样，也要应用同样的基本方法。变换、投影和综合距离度量（见前文，第264—269页），正如可应用于度量关于某一综合属性的距离一样，也可应用于度量地理距离。这样，对由阿德勒（1966，283—4；见前文，第 269—270 页）得出的从欧几里德几何特殊情况所作的距离度量加以推广，就是一个联系距离和投影的一般方程形式，它由托格逊（1958，293）给出：

$$d_{jk}=\left[\sum_{m}^{r}(|a_{km}-a_{jm}|)^{c}\right]^{\frac{1}{c}}$$

其中，该公式给出包括 $m=1,2,\cdots,r$，个正交轴在 r 维空间中两个促动因素 j 和 k 之间的距离，c 呈现变量值。当 $c=2$ 时，就得到简单的欧几里德距离度量；当 $c=1$ 时，就得到由阿特尼夫（1950）设计的一种很特殊的距离度量，它被不同地称作“城市街区”或“曼哈顿格律”。c 可用更大的值，并且不必是整数（克鲁斯卡尔，1964）。

这里对涉及多维标度方法的空间问题不作任何详细研究，对此有兴趣的可参考心理学文献（尤其是托格逊，1958；克鲁斯卡尔，1964）。但是，注意到发生在借助各种促进因素来标度综合属性时的度量问题，与较为传统的地理学发展中类似的情况具有基本的相似之处，是很有趣的。如托布勒（1966A）在构筑地图投影中，就利用了心理学的多维标度技术，而高尔（1967）则利用了对地图投影技术的认识，来将复杂的数据集变换成更易处理的量纲。

B. 度量模型在观测中的应用

从以上讨论中可见，度量就是通过在具有某种指定和限定结构的抽象空间中图示对象并赋予这些对象以数字。还可见：

> 一组对象的顺序是我们强加于它们的东西……这种顺序并不是这些对象本身给出或发现的。（卡普兰，1964，180—1）

不仅如此，每个度量模型都具有特定的数学特性，它限定着可实施的有效数学运算。那么，我们如何才能选定对于给定问题合适的度量模型呢？我们如何才能构筑这些模型呢？

这个问题的答案有赖于对作为经验观测手段的度量作出评价。部分是复杂的哲学问题，部分是纯粹的实践问题。但是哲学思考和实际考虑常常交错在一起，在科学工作者和科学哲学工作者中也常常没有任何共同的协定。

所以现象的内在可度量性一直是某些争论的主题。例如，坎贝尔（1928）把所有度量分成基本度量（其大小不依赖任何其他度量的大小）和派生度量（从基本度量的复合中得出），并认为科学应尽量涉及基本度量。对这样一种观点仍有激烈的争论(阿科夫,1962,201;埃里斯,1966,第5章)。可是大多数作者同意某些性质比另一些性质较易于度量,某些综合属性的度量,常常可以通过把复杂量纲分解为简单的一维属性,然后把它们复合起来以提供综合度量而成功地达到。这归根到底是多维标度固有的方法。但是在很多情况下,直接度量综合属性比度量其分组更容易,在行为科学中看来尤其如此,行为科学中像需求这样的东西比分组度量更容易估计。一般而言,综合的理论概念,如效用、福利、供不应求等等,证明是极难于度量的,这由于我们对这些概念本身的实际含义没有足够的认识。所以理论上的认识使度量更为容易,这部分是因为当时我们准确了解正在度量的是什么东西,部分是因为我们掌握行为法则 ,以帮助设计适当的度量系统。因此,作为一种观测方法的度量有赖于充分的理论,有赖于对运筹化理论概念的适当对应规则的陈述。如果没有充分的理论,我们需要再一次求助先验模型。

充分的理论将可能告诉我们有关被观测事件结构的某些信息。如果我们了解这种结构,就可能得出度量这些事件的某种方法。当基本结构是不连续的时候,尝试采用区间标度的度量显然是毫无意义的了。对于所有种类的问题而言,这个结论可能会有争议;但是考虑到标度的优先选择问题或许是有益的。例如,假设我们参与获取某种对地方效用的度量,我们通过试图度量各式人物对各种地方的优先选择来做到。开始时,我们对“地方效用”所知甚少,因此这是一个定义下得毛病百出的概念。当然,我们并未掌握任何充分理论,那么我们应如何度量它呢?我们可以在名称标度上寻求信息——问“你住在这里吗”或“你不住在这里吗”一类的简单问题。所得的回答不会给我们很多信息，也不会产生能够进行任何精确运算的量。另一方面，它们至少在被度量的量的性质方面作了预先假定。然后，设想我们要求人们根据他们的优先选择给各地方顺序，并因此把各地方图示到一个完全顺序的顺序标度上。这样一种度量就较为精确，也给出了大量信息，而且可以运算。当然，它也作了大量的预先假定，例如，它假定该标度的过渡性——我们真的能够肯定人们关于地方的观点有过渡性吗？即便我们能够肯定在任何一个时刻有过渡性，我们能够肯定在一段时期都有过渡性吗？现在设想我们在区间标度上寻求度量地方效用，信息含量会很大，运算的能力也特别好，而且我们能对这样获得的数据施行精确的数学技巧。当然，这种度量也作了大量的预先假定。关于我们的假定，所有这些可能情况中的数据所反映的，比一个人所认为的地方效用的数据所反映的要多。于是，我们发现自己处于费希本（1964，78）所描写的境况中，在那情况里：

> 当我们从最不准确的度量……进入最准确的度量（区间度量）时，度量步骤中的假设也变得更为需要，而且更不容易准确地把握。

这个例子说明了一个重要的普遍原理，我们的度量方法要求我们作各种假设（这些假设在形式上与把任何对象图示入抽象数学空间的假设根本相同）。我们需要肯定这些假设在实验中能充分满足。因此一般而言，一定度量模型的选择，就是指选择那个为我们提供最多信息细节（和能进行最精确运算）的度量系统，同时也指至少是关于基本结构性质的预先假设。这个预先假设的问题在社会科学里特别重要。在社会科学中，观测者常常与被观测的个人的表现冲突（韦布等人，1966）。因此，这就产生我们如何构筑度量方法并使之运筹化、如何构筑尽量富有意义并尽量客观的方法这个普遍问题。

一种构筑度量的方法是，以某一特定方式把较简单的度量加以复合。这就引出了一种思索度量系统的有趣框架，称为量纲分析（布里奇曼，1922；朗哈尔，1951；埃里斯，1966，第9章）。这为我们提供了“一种规则，它告知我们，当基本度量单位服从规定的变化时，量的数值如何变化”（朗哈尔，1951，5）。它还为我们提供了一种比较不同度量系统并推论这些系统等级的手段。于是我们得以从基本性质的简单度量开始来构筑较为精确的度量。例如，考虑长度的一维度量〔L〕，我们可以把它平方而得到面积的二维度量〔L^2〕，对它立方而得到三维的体积度量〔L^3〕。于是人口密度就有〔P/L^2〕或〔PL^{-2}〕的量纲。我们可以将这种分析形式加以扩展，以便考虑复杂的度量结构。柯里（1967，224）曾这样利用量纲分析来考查社会系统中购物的基本数学性质（量纲）。这种分析的意义在于它让我们发展一种推导新度量，并或许能派生出有趣的新指数的系统方法。人文地理学中使用的大多数指数，如地方化系数、各种经济发展指数、相对增长指数等等，一直是从非系统方法派生的。量纲分析提供了推导度量、比较度量、并从理论上探究结构的一种简捷方法。

将度量模型运筹化是指将对象图示在某种预定标度上而设计一种方法。可发展无限多的方法，可设计无穷多的预定标度。因此，

方法论问题，就是要找出那个根据一定目标对形势作出最大限度判断的方法和标度。当然这不是鼓励寻找过多的标度和方法。的确，从相容性来看，有很多方法和标度有待取得；地理研究的很多领域已采用了一些特别的度量模型，而且相安无事地使用了若干年。但是危险在于某个度量系统将会被认为是理所当然的。当一门学科进入新的研究领域时，对度量中固有的基本问题的无知，"会导致极其无效的研究"（阿科夫，1962，215）。其所以无效是因为度量模型仅仅是滤色镜，我们通过它来检查复杂的信息。经过若干年，这些滤色镜会更精细也会更好地适应我们的需要。但是当我们转向新领域时，我们必须预见到必然要使用新的度量模型。这迫使我们认识到，只有当我们充分认识了要干什么以及为什么要干它时，度量才是一种有用的方法。

C. 度量模型的证实和度量误差的估计

有用的度量是那种预期用来度量事物的度量。即使它确实度量了所要度量的事物，它也可能度量得很糟糕。因此，我们需要认识使用某种特别度量时所包含的误差。证实和误差的估计为我们提供一种检验特定度量模型的手段，为我们提供有关那个特定模型在预期工作中表现如何的信息。

不言而喻，评价一种特定度量的有效性不可能不考虑它的目的。因此，证实就是指关于某一特定度量模型在一定情况下表现如何的经验评价。纳内尔利（1967，第三章）提出检验确实性的三个方法，每个方法所适用的环境大不相同。当度量的目的是为了估计另外的事物时，就涉及预测确实性。入门检验是一个典型例子，它企图度量未来的情况（学校中智力划分的智商检验等）。这种度量的证实，其实有赖于已定度量与某种未来情况度量之间的关联。内容确实性则较难评价，因为既然认为这种度量是关于某种属性的直接度量，这种度量就不能通过与另外事物的关联来检验。在这种情况下，我们不能通过检验度量的结果来证实度量，但是我们可以通过检验涉及所了解的被测对象性质的数学形式和运算步骤来证实它。这是对度量方法设计的彻底检验——一种作为度量先兆的小型实验设计方法。这种证实方法的目的，在于保证度量仅仅与被度量的属性有关（即无任何其他干扰力），并保证以不偏不倚的方式度量属性。构想确实性更难评价，因为在这里我们基本上只涉及度量抽象构想——效用、满足、动机等的问题。这些理论构成物（观念化）适用于一定的行为范围。例如，效用是一个用以包括人们在几个选择对象中挑选一个或者实施这种选择的情况的概念。在度量这种构想时，我们倾向于选出考虑该构想要支配的领域的一个方面，并对它作某种实验，将其结果看做对构想本身的一种度量。例如对于效用，经典方法是企图通过在博弈情况下行为打赌的方式来分析它（冯·诺伊曼和摩尔根斯坦，1964；费希本，1964）。当然，这里有一个巨大的归纳假设，因为假设我们正在度量效用，而不仅仅是在博弈情况中的行为打赌。关于构想本身，我们了解得越多（即我们越能更好地定义其范围），构想证实将越容易，因为那时，对它的范围，我们可以有好多供选择的情况，而且能显示出各种度量的相互关系，可能会出现一两种为我们提供所需信息的方法。但是，构想证实是一件复杂的事情（纳内尔利，1964，83—99），要证实的问题数不胜数。但若无朝这个方

向的某种努力，我们很可能会发现自己曲解了所作度量的含意。对这个问题的详尽说明，可在纳内尔利(1967)、库蒙帕斯(1964)、吉色利(1964)和托格逊(1958)写的参考书中找到。

所有类型的度量都易出误差，而误差的大小影响到度量在特定情况中的可用性。当然，理想的情况是：含有的误差量小到对特定目的可予忽略不理。因此，度量误差的意义不能独立于目的之外。阿科夫(1962,205—14)列举了四种度量误差来源：

(a) 观测者误差。起因于观测者不能完全使自己从度量过程中摆脱出来。在自然科学中，观测者误差主要归因于细微辨别感不足，因此利用误差正态曲线来估计真实度量。但是在社会科学中，各种误差的产生，与调查者在研究其他人时不能使自己摆脱所问的问题有关。观测者常常设想自己处身于度量情形中，因此度量可能含有观测者的偏见(韦布等人，1966)。这种情形中的误差显然不能认为是随机的，相反，它是系统的。

(b) 仪器误差。起因于所用仪器的偏倚性。某只温度表可能没有充分校准，某台天平可能出细微差误，如此等等。没有一台仪器是完美无缺的，因此显然需要有关仪器灵敏度和所含误差等级的信息。

(c) 归因于环境的误差。当环境状况变化，从而影响观测者、影响仪器、影响被观测的事物时产生。温度的变化可能影响长度测量，信贷限制的变化可能改变一个人对地方效用的观点(因为影响了他迁移的可能性)，湿热的日子可能影响观测者和被观测者所感觉到的应力。实验设计的作用之一，就是要控制此类误差，但在非实验性科学中，这种控制是极其困难的。同样，对所涉及的误差也需要有某种估计。

(d) 归因于被观测者的误差。既可由于被观测事物的内在变化性产生(例如人们随时间流逝而改变他们对地方效用的观点,甚至傍晚的想法可能与早晨的想法不同),也可因为被观测事物的行为受观测者行为的影响而产生。后者的典型实例是海森堡系统阐述的物理学中测不准原理。在社会科学中,测不准原理的出现非常普遍,尤其是在询问工作中。既然观测者和被观测者处于一种高度相互作用的情景中,会见者要想不影响被会见者是不可能的。可以采取一些控制措施,但很难使误差消除或成为非系统误差。一个热情的访问者与一个玩世不恭的访问者所得到的结果可能很不相同,而回答者都有一种投访问者所好的扰乱性习惯。

这四种误差来源是任何度量方法都固有的,而且它们可能全部结合起来导致产生相当大的误差。通过仔细的设计和仔细地操作既定度量,有可能减小误差(例如对度量作误差筛选),但很难将误差完全消除,而这种程度的误差必然影响一定度量方法诸使用的可能性。摩尔根斯坦(1965)《关于经济观测的精度》的评论,对经济统计学中涉及的误差多有论述,而且总结道:这种程度的误差多半使若干已付诸使用的度量无效。因此,注意度量误差是极其重要的。正如阿科夫(1962,214)所说:

> 误差的不断减小……是科学的一个主要目标,也是衡量科学进步的主要标尺之一。

D. 地理学中的度量

前面几节中,我们一直集中注意一些度量过程里固有的方法论问题。在地理学研究的若干方面，这些问题可能大不相干，这倒不是因为这些问题不重要，而是由于已经设计出处理它们的适当方法。对用以解决调查中度量问题的方法，没有什么重大的争论。因此，在地理研究的多数传统领域中，已有了很成熟的度量方法。另一方面，在过去几年，重点已有迅速改变的人文地理学里，还没有产生出这样的常规方法。在对区位行为方面——空间感知研究（古尔德，1966；洛温撒尔，1966；唐斯，1968）、区位行为（普雷特，1967）、环境感知（卡特斯，1962；沙阿里林，1966）等等的兴趣正在增长的情况下，清楚地认识我们度量所依赖的基础是很重要的。不可否认，这些研究领域中的度量方法还有大量工作有待完成。这部分归因于涉及度量"想象"、"价值"、"满足"、"效用"等所固有的困难，但也归因于不能抓住基本方法论问题。所以，通过再谈谈度量地方效用（见前文，第 377—378 页）的问题，来结束关于度量的这一节是合适的。

对于度量地方效用，已设计了很多度量方法。但我们不考查其全部，也不设计新度量方法，便利的办法是只提出一个模型并考查其有效性。所以得考虑以下模型。开始时，我们在一个城市里挑选居住状况相对一致的八个区域。让我们假定这些区域可以识别，我们还可赋予它们名称，如"怀特奥克"、"克里夫顿"、"切尔西"等。然后我们通过某种特别方法从居住在该城的人口中选出一组样本，要求他们按照对居住在那八个区域的优先选择，将给他们的八个地名排序。这样一种模型会给我们什么信息呢？

明白地说，这个模型只给我们一种对促动因素的反应。托格逊（1958，46）提出三个可使我们提出这种模型的方法：

(i) 主体中心方法，这种方法中，反应的变化归因于不同的个人（即我们是在度量关于各地方每个个人的效用）。

(ii) 促动因素中心方法或判断方法：这种方法中，反应的变化归因于促动因素的变化（即我们是在度量各人所看到的地方效用）。

(iii) 反应方法，这种方法中，反应的变化既归因于促动因素，也归因于不同个人（即我们是在度量地方效用和各人的效用标度的一种混合物）。

反应方法大概最不令人满意，因为它混合了两种大不相同的事物 。但是正如我们的模型所表明的，它显然在此之列。现在有可能利用抽样设计将这种模型转换为判断模型。例如，假设我们知道关于各效用标度的关键变量是教育程度和收入水平，通过将样本分成具有一致教育程度和收入水平的阶层，我们就能抑制住大型度量中各人效用标度的变化，因而能得到地方效用的度量。现在让我们追随这一特定方法。

我们肯定了正在标度的是促动因素而不是标度人。那么就产生一个问题，促动因素实际上表示什么？人们实际上是如何排列它们的？促动因素包括一系列地名，反应直接与这些地名有关。只要能充分作出某些假设，我们就可继续陈述地方效用（我们在这里卷入了构想证实）。考虑一下人们可能按以下原因来排列地名次序：

(i) 一些地名比另一些好听——这样人们会固执地给“克里夫顿”的评价高于“科尔皮特赫斯（意即煤坑荒地——译者）”，仅仅是因为它作为一个地名更好听。

(ii) 对于要求人们排列的地方,他们可能掌握不等量的信息,于是排序的变化,可能部分地度量出人们掌握信息的变化。在人们掌握的信息量为零的情况下,使用顺序标度就不合适,而部分顺序标度就较好。

(iii) 人们对各地方可能具有不同的"图像"(因为名声,以及其他难以确定的因素),他们会只依据这些图像来将那些地方排序。

(iv) 他们可能根据命名区域中的实际居住状况,以及他们对这些居住状况的偏好来给地方排序。

可能影响结果的原因还不只这四个,这四个原因也不是相互独立的。因此,其结果,我们对提出的促动因素并不掌握任何很有效的控制手段,我们也不能保证得到的结果是真实的度量。如果我们再把这些困难与和人口可变性有关的困难联系起来,我们会发现自己处于一种极端复杂的情况中。在这种情况下,要判断所提出的度量有效性是很困难的,确定误差也同样是极其困难的。的确,很多这样的困难,可以通过稳妥的抽样步骤来部分克服,这些步骤将在第 19 章中考查。

从这种例子中可能会得出这样的议论;不要追求度量这个怪物,我们应当完全放弃度量的打算。确实还存在采纳这种劝告的正当理由,但引起兴趣的事情是:为了有效地度量,我们需要对必要的控制手段和必然产生的误差作深入分析的认识和充分的思考。度量自身不会是满意的结果,但是我们可以相信,为了追求这个结果,我们将面临一些问题和困难,而这些问题和困难的解决将大大促进我们的认识。然而这完全取决于对度量性质和原理的充分理解。没有这样的理解,我们简直就会不知所措。

第十八章　分类

分类大概是一种基本步骤，我们用它来将某种顺序性和一贯性强加于现实世界巨大的信息流上。通过将感官感知的资料组合为各种类型或各种集合，我们把大量信息的杂乱无章状态予以改造，使其能较易于理解也较易于处理。既然“通过我们所采用的每一个普通名称，我们创造了一个类别”（米尔，1950，60），那么分类归根到底是语言的基础。如果将语言仅仅局限于一些专门名称，则交流将成为不可能。因此，分类是我们用于研究周围世界的基本工具之一。

然而，将注意力集中于分类的这一方面会大大丧失分类作为一种理性科学手段的特点。我们可以认为类别是将资料归入其适当分类单无的一套规则，可将这些规则以抽象逻辑术语（集合论中有很多可用于此）的方式加以概念化。但这些规则的应用有赖于目的如何。这样，当借助度量和定义时，分类可看做是一种以假说来探索现实的一种手段，或构筑现实以验证假说。也可将分类看做科学研究的起点或顶点。因此，我们并没有掌握任何手段来独立评价企图要做的工作中某一给定类别的充分性和确实性。在过去很多场合中，地理学家似乎忘记了这一基本事实，于是，在分类所要达到的目的并不总是很清楚的情况下，各种类别就产生了。地理学文献中充斥着城镇、土地利用、气候、区域、形态特征等等的各种复杂分类，但对这些分类的设计，看来在头脑中并无特定的目的，难怪好些这种分类未曾有任何应用。但是近年来，我们被强烈地提醒：目的和类别形式是解不开地联系在一起的（贝里 1958，1967B）。关于分类和组合等步骤的广泛工作，R. H. T. 史密斯（1965A，1965B）的及时提醒：认为城镇分类——一种显然无目的的分类偏好——只能与特定的某种明确目的有关；以及格里格（1965、1967）以分类学原则的眼光对区域概念所作的深入分析，都在相当程度上改善了形势。并非只有地理学家失误，实际上地理学家的过失比之社会学家和政治科学家的过失，看来不过是小巫之见大巫而已，根据布朗（1963，168—71）的说法，后二者对"全然无用的"分类纲要有一种特殊的癖好。所以：

> 当某人制造出一种"庞大系统"时，他还必须回答隐含的问题——"为了什么的一种系统"？他不能只是回答"系统将资料组织起来"。任何标准都将组织资料，都将把各项目整理成类别，但是只有某些分类系统在科学上才是有用的。选择某一领域内"基本实体"的工作与找到对其根本问题的答案的工作是一致的。如果我们只是在已经得出某一系统以后才寻求各种解释，则没有任何理由认为我们会发现它们。

我们称为分类的这种特殊滤色镜的作用是将资料条理化，并且条理得非常综合化。因此，重要的是，我们要将分类看做一种灵活的手段，一种可以变通使之在任何特定情况下都能满足我们需要的手段。危险的是刻板的分类，如果把它们看做神圣不可侵犯的，那么它们最终会僵化，会阻碍而不是促进研究的成功。这并不否认从综合分类中产生的巨大益处，也不否认从此类系统的稳定性中获益。但是，当分类已经明显超越其自身的作用时，我们应当准备修改分类法。然而，应用分类规则时的灵活性，并不排斥必须把规则本身加以公理化并使之具有严密逻辑。

I. 分类的逻辑

所以要规定支配分类系统发展的逻辑规则，是为了保证内在的一致性和连贯性。这些规则也显示出分类系统为何能够形成。可以用普通逻辑的方式陈述这些规则（斯蒂宾，1961，第 5 和第 6 章），或者用集合论（theory of set）表示它们（塔斯基，1965；斯托尔，1961；克里斯钦，1965）。我们将采用集合论的方法。

如果我们将由基本信息部件——称为“比特”[①]——所组成的现实世界中发出的信息流加以概念化，那么我们就能把每一元素及其所拥有的某些属性或性质联系起来，这正如把每一元素与描述各种属性和性质的一系列符号联系起来一样。我们可先用小写字母 a、b、c…来表示这些元素，然后我们定义某种集合，用大写字母 A、B、C…来表示，其中每一组元素都具有某些共同的属性或性质。我们可以根据一个给定元素 x 是否具有必要的性质来确定它是否属于集合 X。如果 x 是 X 集的成员，我们记为 $x \in X$；如果 x 不是 X 集的成员，我们记为 $x \notin X$。某一特定的元素 x 可能属于很多不同的集合，于是，一个公司可以属于生产钢铁的若干公司的集合 A，也可属于拥有一千名以上雇员的若干公司的集合 B，还可属于其股票在证券交易所中开价的若干公司的集合 C，如此等

① 比特（bit），信息量单位。——译者

等。在这种情况下，我们记作 $x \in A$、$x \in B$、$x \in C$，等等。

现在可以用两种方法——枚举和定义来描述集合。用枚举法来描述，就是罗列集合内包含的全部元素，例如用常用的大括号来表示这种方式描述的集合，我们可将集合记为 $\{a, b, c\}$，此集由三个元素 a，b 和 c 构成。我们还可这样表示：$b \in \{a, b, c\}$，而 $x \notin \{a, b, c\}$。然后就能检验 $\{a, b, c\}$ 的组合，以找出 a，b 和 c 所共有的性质或属性。这实际上就是一种直观的组合过程，然后顺着如此组合的各个对象去探索，以便发现它们所共有的性质和属性。用定义法来描述，就是标定某种特定性质必须由集合的成员来满足，而不是由别的。这里，我们从性质或属性以及相应的组合入手。于是，如果我们正考查以如下性质定义的集合 A，即这是一个生产钢铁的若干公司的集合，则记作 $x \in A$（式中，x 是一个生产钢铁的公司）。当我们事先就有关于在给定情况下作分类的有关性质的知识时，这样一种描述集合的方法显然将更为适用。

当集合以某种适当的方式予以描述，然后我们就能够诉诸对集合论的运用，以讨论集合间的相互关系和某些分类系统的演变。对集合之间的相互关系可作如下一些规定：

(i)“如果 A 和 B 是这种相关的集合，即 A 的每一个元素也都是 B 的元素，则说 A 是 B 的子集”（克里斯钦，1955，46）。这种情况将以 $A \subseteq B$ 来表示。按照这个定义，则每一个集合都是其自身的子集。为避免这种问题，将除集合本身以外的任何子集规定为真子集（proper subset），记为 $A \subset B$。如果 A 不是 B 的真子集，则记为 $A \not\subset B$。于是，如果 A 是有 1 百万以上居民的所有聚落的集合，B 是有1千以上居民的所有聚落的集合，则显然集合 B 包含

有集合 A，因而 $A\subset B$。但是，这并不能得出相反的关系，因而 $B\not\subset A$。这就给出了两个集合间等值的情况，即 $A\subset B$，$B\subset A$。

(ii) 我们可以以特定的方式把几个集合联合起来，这种运算在发展分类系统时是很有用的。两个集合 A 和 B 的并集，记为 $A\cup B$，这定义了一个新的集合，它所具有的元素或是 A 的成员，或是 B 的成员，或既是 A 又是 B 的成员(图 18.1A)。两个集合 A 和 B 的交集记作 $A\cap B$，也产生一个一新的集合，其成员既属 A 又属 B(图 18.1B)。余集(complement)则概指泛集(universal set)U(为某种特定讨论目的而定义)中所有那些不是某个指定集合的成员的元素。集合 A 的余集记为 A'(图 18.1C)，它被下式规定：$A'=\{x\in U:\sim(x\in A)\}$，用文字表达就是：集合 A 的余集由泛集 U 中 A 所包含的元素以外的所有元素组成。

a

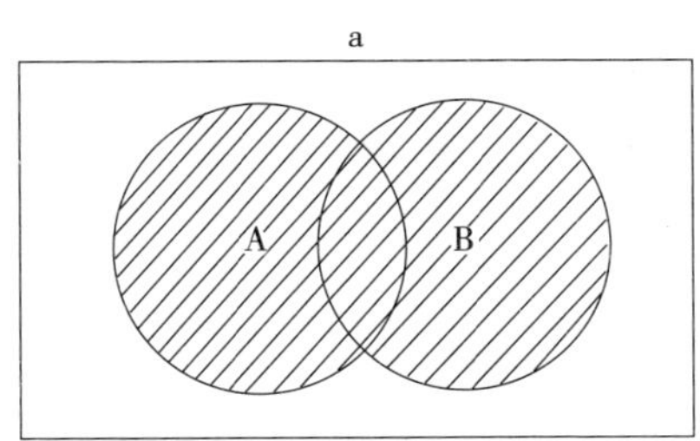

b

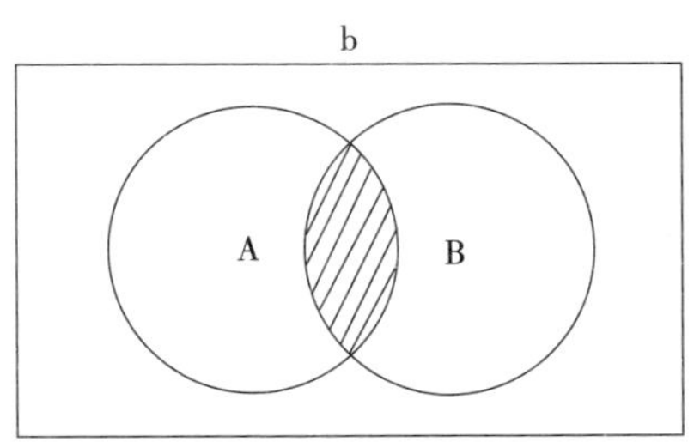

c

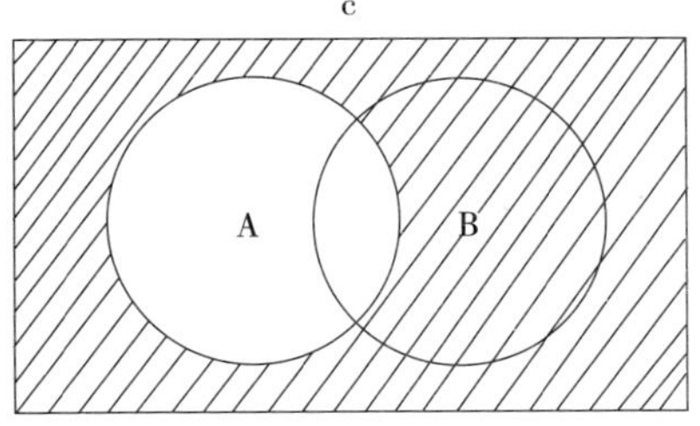

图 18.1　维恩集合论运算图解，A：两个集合的并集(阴影部分)；B：两个集合的交集(阴影部分)；C：集合 A 的余集(阴影部分)

(iii) 为熟练地运算而定义没有元素的空集 ϕ,是很有用的。它所以是空的,可能不过是因为我们不能找出可以放进去的元素(例如 5 千万以上人口的城市),或因为所规定的几种性质相互排斥(例如有 1 百万以下,并有 1 百万以上居民的所有城市)。

用集合论处理分类的作用在于,它使我们能用公式表示门类形成的一致规则。我们基本上可以从两种途径着手,根据某种特定性质划分泛集 U(比如对所有城镇);或把元素组合为集合,再把这些集合组合为更大的集合,如此再组合等(凯梅尼等,1957,第 2 章及第 3 章)。在划分的情况下,我们可以根据某种特定性质划分,以保证 U 的子集都互不连接,并详尽无遗。这样,U 分割为一组集合 $A_1, A_2, \cdots A_n$,而且仅当:

(i)$A_i \cap A_j = \phi$,式中 i 和 j 为任何二个集合,且 $i \neq j$。

(ii)$A_1 \cup A_2 \cup \cdots \cup A_n = U$。

然后才可能以进一步的指标分割 A_i。假设我们将 U 分为 $A_1, A_2, \cdots A_n$,并分出另一部分 $B_1, B_2, \cdots B_n$,以致 A_i 和 B_i 两部分都互不连接并详尽无遗,则能够通过考查 U 的所有 $A_i \cap B_i$ 形式的子集而形成新的部分。我们还可以用这种方式将泛集继续划分下去,在每一阶段都引入新的划分指标。

组合程序则是从不同的方向着手。单个元素 x 可以看做仅仅由其本身而无其他元素所组成的集合$\{x\}$。然后可以根据某些相似性指标组合集合$\{x_1\}, \{x_2\}, \cdots \{x_n\}$。这样,$\{x_1\} \cup \{x_2\}$可能等于 A,$\{x_3\} \cup \{x_4\} \cup \{x_5\}$可能等于 B,如此等等。这样形成的集合又可产生高级的集合,这种步骤能够继续进行,直到集合的最终并集产生出泛集。

这些分类步骤或规则需要某些重要的指标，以保证此种分类系统的一致性。因此，要特别注意指标的详尽性（即若给定泛集U的定义，则无对象遗留在分类系统之外）以及互斥性（即无对象能同时分派给两个不同单元）。然而，在设计一个分类系统时，关于要用一些什么实质性的指标，或这些指标如何使用以及按什么顺序使用，此类逻辑特性并未作出任何回答。这基本上是一个以经验为根据的问题，因此我们又回到将这些抽象逻辑格式实用化的问题上。但是，在详细考查这些步骤以前，先考查分类的一些目的，和选择性质或属性作为分类指标时固有的一些问题，将是有益的。

II. 分类的目的

显然，某一特定分类系统不可能独立于其目的而产生效用。然而分类的众多目的可归为两种。

A. 一般的或“自然的”分类

这种分类试图让一切科学家普遍使用（索卡尔和史尼斯，1963，11—20）。米尔（1950，300—1）详尽地发展了一种“自然”分类的概念：

> 当若干对象形成组群，关于这些组群可得出更多的一般命题，而且这些命题比之关于同一批对象可能归属其中的任何其他组群所能得出的命题更为重要，这时，科学分类的目的才得到最好的回答，这样形成的分类系统才是彻底科学的或

哲学的，也才会公认为自然的，它与某种技术的或人为的分类或排布不可同日而语。

按照米尔的考虑，分类的自然性有赖于解释的因果关系结构，这种结构可在区分各种各样的类型中产生。因此，正如米尔设想的那样，分类的自然形式代表了科学探究的顶点，而且建立在对结构的深思熟虑上。其实，对这种理解，无论是十九世纪还是二十世纪都没有掌握。多数现代观点更是实用主义的，并倾向于把一般的分类看做是执行某种数据储存系统的功能，也看做是为处理经验问题提供一套综合术语。于是，这种分类的适当指标就使数据储存的效率最高（这本质上是一个信息再现的问题），并使为事物命名的效率最高。但是在很多情形里，这些不同的功能是互不相容的，执行一种功能时的功效以执行另一种功能时的无效为代价。所以索卡尔和史尼斯（1963，6）对生物学中目前的分类系统作了这样的评论：

它试图完成的功能太多了，结果都未完成好。它试图在同一时刻做到：①分类，②命名，③指出相似程度（类同性），④表现遗传关系。我们将要说明……这一流行的分类系统，要充分完成这些任务，不仅在实践中而且在理论上都是不可能的。

可以设计出某种一般分类来为很多目的服务，但由于无所不包却水平低下的功效，它很难为所有可能的目的服务。所以索卡尔和史尼斯（1963，7）建议，分类最低限度要分别以相似性（对象表现某些类同性）、同源特征（对象具有共同起源）、共同的遗传系（对象具有相似的演化历史）为基础。

在维持信息和整理信息过程中，维持同样的分类，以保证可比性常常是很重要的。如果标准的工业分类每六个月就变动，则任何形式的科学研究都会无望。虽然稳定性很重要，但从信息量的观点来看，这并不意味着无论花多大代价也不变动。只有一件事比频繁地变动分类系统更糟糕，那就是甚至在分类系统与现实情况已经毫不相干时也绝不做变动。

B. 特殊的或"人为的"分类

这种分类可认为是为某一特定目的而设计的。这样的分类包括有非常多的经验性设计过程，可以发展特定的分类来检验特定的假说，或处理特定类型的问题。这种问题本身就限定了用于此类情况的指标和方法。然而很清楚，在很多情况下，借助一般目的的分类就可大致满足特定的目的，因而利用一般分类的信息比之从头设计一种新的分类系统更为容易。也有很多特殊目的的分类，当它们着手处理广泛的特性和对象时，是很难与一般的分类区别开来的。因此，最好是把分类系统看做是从最小一般性到最大一般性的连续排列。

III. 特性的选择以及分类步骤

一个分类系统在某一阶段包括确定用于将对象分类时有意义的指标，甚至进一步包括按某种重要性顺序排列这些指标。这就是说，我们知道对于将某一给定情形下的对象和事件区别的特性或属性是重要的。因此要锻造把分类和理论结合起来的坚固链环，这样我们才能根据理论确定有关的特性。如果我们所陈述的特性没有特别的理论根据，我们必须预先设想某种理论的存在。这一任何科学研究中成败攸关的基本事实需要认真考虑。分类的力量就建立在这种与理论的坚不可摧的联系上。但这里也潜伏着各种危险，因为很容易在对一种理论一无所知时就预先设想它。

这就产生了一些问题，我们如何确定有意义的特性以便按照它们来分类？一旦确定后，我们又如何使用它们来将对象安排入各类型中去？有关特性的确定实在是一个要害问题，而且除了说说“最重要的特性应得到最大的分量”外，没有一般的规则可用。但是分类和理论之间的相互关系并没有提供一种重要的方法论指导。前文（第108—118页）已经指出，一种理论由它本身的主题与某种特定的环境范围（对象和事件）联系起来。因此我们可以将实在（reality，一种超泛集）构想为被分割的若干域（domain），每一域由一特定理论控制。在现实中，这种分割是模糊不清的，某些域缺乏理论（因为理论尚未发展起来），某些域的控制无效。现在设想一种泛集 U，为某一特定目的（假设我们正研究所有的城镇）而定义，这一特殊的泛集是无处不在的一切对象和事件这个超泛集的一个很小子集。如果我们清楚地知道 U 属于哪一理论域，那么确定有关将对象和事件分类的指标就相对容易了。但是在很多情况下，U 显然同时属于几个不同的理论域，这可能是因为理论发展得不够充分，也可能由于我们试图加以分类的那些对象和事件确实根本上属于不同的理论域。米尔（1950，92）很久前就注意到这一事实，即种类根本不同的对象和事件不能轻易地归入同一分类——这一规则，格里格（1967，486）最近在地理学文献中已重新

陈述。这个问题归结为有效定义的问题。所有城镇可能是一个适当的泛集，但是石头和甲虫，卷心菜和国王，头脑和雪利酒显然不是。然而在很多情况下，决定所要考虑的泛集是困难的。正如理论在发展一样，新的关系也在出现。所以把原来看来风马牛不相及的事件和对象归纳入同一分类系统也是可能的了。甚至卷心菜和国王也同样有新陈代谢，二者都含有很高比例的 H_2O。然后，另一个问题是，在相对空域（relative empty domains），即我们的经验范围内少有或根本没有理论来引导我们的情况下该怎么办。对此，我们必须满怀希望地进行下去，这虽然与流行的格言相背，但在此类域中得出充足的理论总是好事。

这样，据以分类的有关特性的选择就有赖于分类的目的，并有赖于我们把什么当作与这一目的有关的重要特性。在选择这些重要特性时，我们需要所能掌握到的与被分类事件和对象有关的全部信息。

当确定了目的，并得到有关用于分类的指标的充分信息后，我们应如何着手将对象和事件归为类型呢？当然，准确的步骤将依环境而定。于是，有些作者强调严格意义的分类和他们称为排序（ordination）二者之间的区别，在前一情况里，有可能将各元素归成相对一致的类型；后者则包括在一个连续统一体上作若干划分（格雷格-史密斯，1964，158）。在地理学文献中，通常没有认识到这种区别，虽然很清楚；即例如各种气候的分类，指的是排序而不是严格意义的分类。然而，在连续现象上划分类型虽然更为困难，但与对分离对象作归类并无原则区别。这里，我们将在非常广泛的 意义上使用“分类”这一概念，把排序作为一种特殊而困难的情况包括在内。

但是，正如格里格（1965，1967）已指出的，排序造成的特殊困难与确定地理个体（见上文第 260—261 页）有关。在把对象和事件归入它们的分类单元去时，我们至少要求对象和事件是可以鉴别的。对于空间（或时间）上连续分布的变量，除非作出某些假定，不可能鉴别个体。所以我们在某一温度表层的若干点上采样，把这些点上的读数作为个体，然后使用正式的分类步骤。但是这就包括有一个重要的外加假设。从方法论观点看来，要点可能在于：实际上要作的假设与我们自认为已作出的假设不是一回事。这里需要在严格意义的分类和排序之间做仔细的区分。

基本上有两种不同的分类步骤，我们可以说成是“自下而上的分类”——常称为“逻辑划分”或“演绎分类”，以及“自下而上的分类”——常称为“组合”、“归纳分类”等等。此外，我们还可以区别单质分类（它必然与逻辑划分相联系）和多质分类（通常与组合步骤相联系）。因此，我们将详细考察这两种很不相同的步骤。

A. 逻辑划分或“自上而下的分类”

逻辑划分专指根据已为这样一种步骤而建立的逻辑原则，将一个泛集 U 分成若干部分。史蒂宾（1965，1967）对有关的逻辑规则作过详细说明，而格里格（1965，1967）已探索把逻辑划分应用于区域结构。

泛集的划分在一系列步骤中实现，每一步骤使用一种特性或一组特性来区别各类型（图 18.2）。严格而连续的逻辑划分限定着索卡尔和史尼斯（1963，13）称谓的单质分类，它具有这样的特性，即“对于如此定义的组内成员来说，所具有的一套独特性质，既是充分的又是必要的”。然而，所得到的分类的种类，受每一步骤中选定的指标以及采用指标的顺序的强烈影响。因此，按这一思路来发展分类，我们需要按重要性顺序来安排指标，这就有必要要求我们充分了解被分类的现象。换言之，我们要掌握关于结构的充分理论，并能以演绎的方式利用这个理论来鉴别类型。这种方法有其危险性。索卡尔和史尼斯进一步指出：

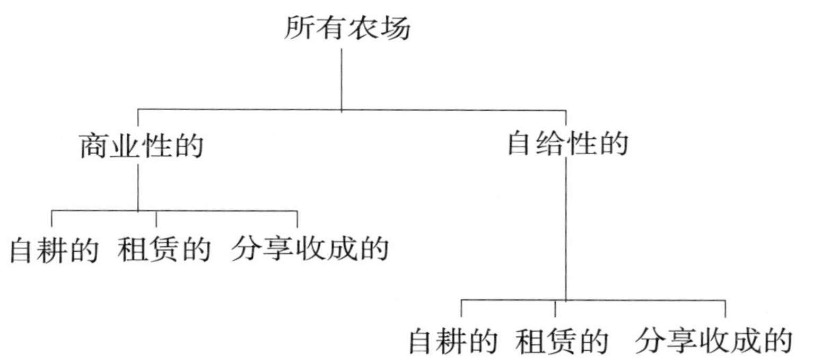

图 18.2　示意图说明逻辑划分的两个阶段，把一个农场泛集分为相互排斥的类型

> 如果我们想要得到自然的共性分类组群，则任何单质系统总会有产生严重错误分类的危险。这是由于某种生物碰巧会在用以作初始划分的特征方面有所畸变，即使它在其他一切特征方面都与自然的同种类相一致，也不可避免地会归入与所要求的位置相去甚远的类型去，……单质组群的优点是容易抓住线索，也易于划分等级。

逻辑划分所涉及的步骤清楚而且诱人地简单，所以多依赖这种步骤。米尔(1950,301)把它看做是现象分类的唯一有效且符合逻辑的方式，十九世纪和二十世纪早期所作的大量工作，都求助于这一步骤。所以格里格(1967,482)指出,世界区域分类几乎全是采用逻辑划分的原则来设计的。但是划分的逻辑明晰性并非总与其实际存在相称,它预先假定对被研究的现象有相当牵强附会的理解,引申出来的分类则可能完全与现实不符,不会比凭灵感猜测来得更好。看来,当分类被看做是科学理论的顶点时,逻辑划分似乎最适宜于作为一种分类方法。这并不否认它可用于其他情况。但当用于我们知之甚少的情形时,却需要充分认识使用中的固有危险。缺乏充足理论的逻辑划分所作的分类,相当于陈述一种先验模式,需要清楚地认识随之而来的方法论困难。把某种先验模式强加于某种分类系统的形式中去后,我们并不能合理地推论该模型构成了理论(如前述,第175—188页)。

可用一个例子来说明这种困难。假设我们希望发现聚落形式中存在着等级,并开始把所有聚落划分为三组——庄(hamlet)、村、镇,然后在某种先验基础上试着看看这些组是否表现出不同的功能特征。这种试验的肯定结果可能会引诱我们作出结论:确实存在等级,它具有三种不同水平。但是这个结论若无进一步的证据,却不是有确实根据的,因为该结论是以先验的分类模型为先决条件的。没有进一步的证据,争论依然是十足的循环论证。另一方面,设想我们掌握着一种成熟而有充分根据的聚落区位理论。该理论认为,在一系列确定的情况下,将存在三种水平的等级,然后我们可用这一理论把给出的聚落都归入该等级中预设的级别上去。以后,为了检验该理论的可应用性,试着看看这样归入的各种聚落是否确实表现出根本不同的功能。在这种情形下的争论就不是循环论证。但是在缺乏理论的情况下,我们要证明已经设想的东西为真，却有巨大危险。这种循环论证的争论形式在地理学中并非不为人知（布鲁什，1954；维宁，1955；贝里和加里森，1958；都提供了恰好关于这个问题的有趣争论）。

B. 组合或“自下而上的分类”

从前面集合论的介绍（第 389—393 页）来看，组合步骤的逻辑性质是清楚的。但是，产生分类的运筹化组合步骤比之逻辑划分中的步骤却要混乱得多。在我们面临大量不确定性的情况下，组合步骤可能得出更为确定的分类。因此，组合常常被看成一种归纳步骤，通过归纳步骤来搜寻被考察现象的规律性和重要的相互关系。所以组合看来特别适宜于我们不知道重要特性为何的情况。但是并无固有的理由说明组合可以不根据理论基础进行。从某种哲学观点来看，组合与逻辑划分的主要区别在于泛集的规范。在组合步骤中，有必要通过枚举来详细说明规范；但在逻辑划分中，它却是由定义来说明的。在逻辑划分中，我们可能会得出若

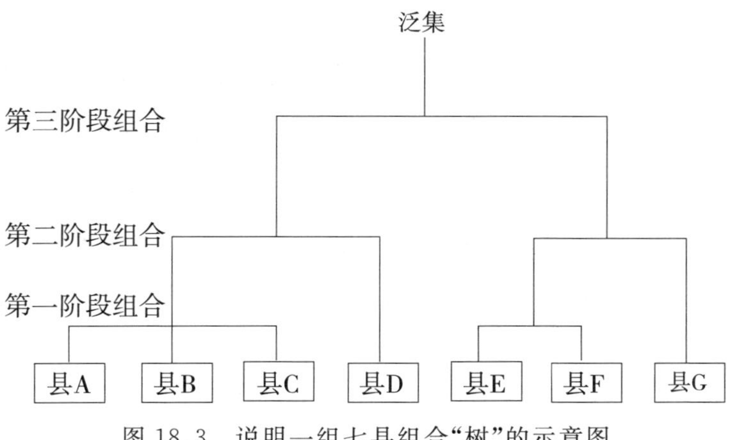

图 18.3　说明一组七县组合“树”的示意图

干没有成员的类型，而这对组合步骤却是不可能的。因此，从组合中得到的任何一般结论，必然要通过归纳进行。图 18.3 中表示出一个典型的组合图式。

在组合时，我们由枚举泛集开始，泛集包含要素 x_n，对其中的每一个我们都列出一系列属性或特性，每一属性或特性都具有在要素 x_i 中作区分的潜力，我们将所有 x_i 都看做是相关的。由此看来很清楚，组合所作的分类并没有摆脱棘手的先验假设，我们特别需要预先选定所要组合的要素（英格兰的所有城镇、英格兰和威尔士的所有城镇、西欧的所有城镇，等等）和作为一个组群我们认为相关的变量（例如就业特征、社会经济特征，等等）。但比之逻辑划分来，所涉及的预先假设却远为少有约束力，而且关于用以区分类型的变量顺序和相互关系，我们尤其无须作任何假设。通过组合形成的分类通常是多质的（索卡尔和史尼斯，1963，13），这意味着这样分出的某一特定类型的要素，将共有若干共同特征。但类型中任何要素，都不一定要具有用以确定该类型的所有特征。这样的分类更为可行，或许还更为符合事实。但是在把要素归入类型（或把它们形成组群）时有一些困难，因为这样的归入取决于类同程度。可能而且常常产生的情况是，某一要素同样可与供选择的以及完全不同的组群组合起来。

由于这些步骤有很多困难，为了鉴定相似性并把要素归入组群，就产生了有关的规范和规则。最近，这些规则借助数学程序而成为更严密的公式，所以分类的计量方法在很多学科中是至关重要的，地理学也毫不例外。五十年代中期以来，分类的计量方法已成为地理工作者方法中的重要部分。起初的工作大部分是由贝里

(1958,1960,1961,1967B)发展起来的,但到了现在,这些技术正广泛应用于地理学研究的所有领域和同性质的学科(如社会学、心理学、地质学、土壤学)中。

既然这些计量方法在当前很重要,既然本文要研究涉及组合的若干程度问题,就有必要详细考察这些技术。

IV. 分类中的计量技术

现象根据其属性得以分类,有关某一对象的某一属性就成为某种度量。由此可见,分类可以是根据得自某种属性的度量来设计的,而不是根据该属性(其本身可以认为简直是名义上的标准)存在与否。度量过的现象属性含有很多信息,如果度量过程中所需要的全部假设得以适当完成,我们就可望根据度量过的属性所设计的分类,比之根据其他方式设计的分类,会含有更多的信息(因而更符合实情)。为了在计量的基础上对现象加以组合,我们需要:

(i) 一套待组合的对象或事件 K_1, $K_2 \cdots K_n$。

(ii) 一套有关的属性或特性 P_1, $P_2 \cdots P_m$。

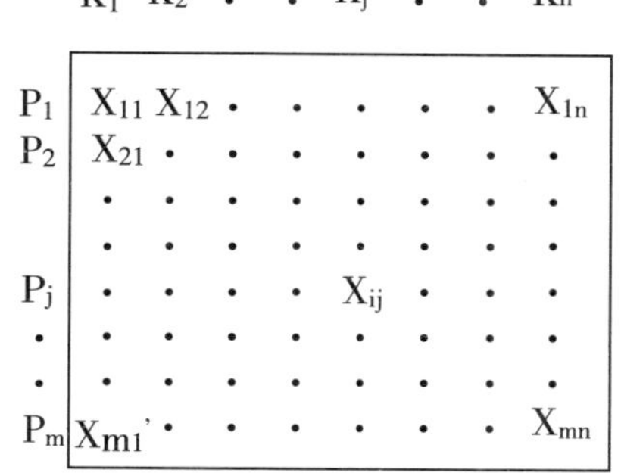

(iii) 一套有关对象属性的度量 X_{ij}(度量可以是名称标度、顺序标度、区间或比率

标度，或某种混合标度）。

然后我们可定义一个由 X_{ij} 构成的 $m \times n$ 矩阵。

分类的计量方法就涉及为适当的组合步骤寻求这一度量矩阵。为此我们需要一个区分组群的规则。最普通的途径是使组群内的变异最小而组群间的变异最大（按照贝里的意见，关于这一规则有很多变体，1968）。组合和分类的这一明晰数学规则，正好与关于分类的一般直觉概念相一致，后者认为各类型相互之间应尽量区别开来，而内部应尽量均质。

但是，为了应用这一规则，我们要能够估计以 m 个变量度量的二个对象之间的距离（有时称为分类学距离）。这里，我们可以参考多维标度（如前述，第 373—376 页）原则，把我们用以分类的 m 个变量形成 m 维空间，每一对象或事件都置于其中。当各对象都位于该 m 维空间内时，我们需要度量它们之间的距离。例如，考虑一个二维正交空间（以 X 为一个城市中从事公用事业的人口百分比，Y 为学龄外受教育的人口百分比），设想我们将六个城市置于这个二维空间中去（如图 18.4），从直观上就很显然，有二个组群 p 和 q 明显地相互分离。分别取两组的均值，我们就可得到二组间的方差以及各组内的均方差。在这个例子中，组合是显而易见的；但在一些不这么显然的情况里（图 18.4B），则只是可能在位于该空间中对象的所有组合关系间搜寻，并选定这样一种特别的组合关系来使组群间的方差达最大而组群内的均方差达最小。

原则上，这样一种方法听起来可能是够容易的了（虽然有点冗长乏味），但仍有很多困难。最严重的困难与m维空间的几何形

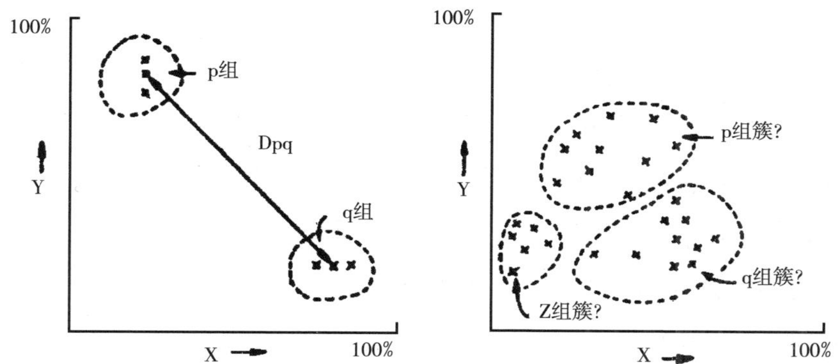

图 18.4 二维正交空间中分类距离的度量:(左)表示六个观察对象组合在两个变量构成的空间中的简单情况;(右)表示难以在该空间中识别组合的复杂情况

状有关。若是欧几里得空间倒无问题,但这等于说属性之间的相关矩阵没有意义上不同于零的表值,即是说所有的属性都是相互独立的。如果这些属性无论如何都是相关的(实际上总是近乎相关的),则该空间为非欧几里得空间,那么我们需要了解该 m 维空间的结构,以便计算对象之间的距离。这就意味着我们还需要了解各属性间的相互关系是什么?现在有两个能使我们了解的方法。如果有关于结构的某种成熟理论,我们就能预定属性间的相互关系应该是什么,因而能从理论上定义 m 维空间。如果我们没有掌握这样的理论,我们可以根据属性在全部 n 个对象中共同变化的方式来寻求属性的组合。这样一种步骤等于是发展一种关于属性间结构关系的一般(但暂时的)理论,然后利用这个信息来定义 m 维空间。这样,对象的组合就依属性间相互关系的某些初始分析而定。最后的结果就涉及我们的基本数据矩阵——属性和对象这两个方面。实际上,同样的分析方式可以用来考察两个方面。遵从常规用法(卡特尔,1965),我们可以区分R方式分析(它考察

m 个属性或变量间的相互关系）和 Q 方式分析（它考察 n 个对象或观测物间的相互关系）之间的区别。

不能把 m 维空间的性质所提出的方法问题看做一种无关紧要的技术困难，不能刚一碰到就把它撇到一边，不能不加努力分析就假设它不存在。实际上分类的极端重要性就集中在这一基本问题上，因为这个问题的解决，就意味着我们对所研究现象的理解显著增加。发展对属性间相互关系的认识是任何研究的基本目标之一。分类作为一种探究步骤的重要性，依靠它提出了这个非常基本的问题这一事实。确实，可以认为解决这一步骤上的困难，意味着建构某种相关理论，它比最后的结果——分类系统本身远为重要。

如果我们掌握有关 n 个对象的 m 种属性的某些度量方法，就能够经由利用已设计好的相似性、联系性和相关性的各种度量，来估计属性或对象间相互关系的性质。可用的度量种类数不胜数，但最好以所用度量系统的性质为根据（名称的、顺序的等等，见图 17.1），以样本的大小为根据（小样本统计通常与大样本统计不同），以分布形式为根据（非正态分布的数据需要非参数的度量，除非可将数据改变为正态分布，在这种情况下可以用参数检验）。这样，我们就可使用从 x^2 列联度量和 φ 系数，列斯皮尔曼的等级相关和肯达尔的 τ 方法，一直到积矩相关系数这样广泛的各种度量；或者我们可以设计一些特别的度量来直接检验联系性（索卡尔和史尼斯，1963，第 6 章；格雷格-史密斯，1964，第 6 章和第 7 章；米勒和凯恩，1962，第 12 章和第 13 章）这些度量在 R 方式中将每一属性与所有其他属性加以比较，在Q方式中将每一对象与所有其他对象加以比较。以后的问题是，给定这一基本信息后，我们将如何组合属性或对象。借助举例的办法，我们将考察很多与鉴别类型的这一技术问题有关的方法。

A. 马哈拉诺毕斯广义距离(D^2)统计

D^2 统计是马哈拉诺毕斯(1927，1936)发展起来的，因而是较早的用来确定不同类型之间类同程度的度量之一。应当强调，该度量应用于已建立的各种类型，陈述它们相互之间如何类似。因此该度量可以用来把类型组合为更一般的类型。这种统计自从被劳(1948，1952)加以发展以来，米勒和凯恩(1962，258—73)又提供了地质学中的应用实例；贝里(1960，1967B)和 L. 金(1966)提供了在地理学中的应用实例，同时斯托恩(1960)提供了区域相似性的距离度量分析实例。这种统计对于相对一致的群体内的辨别尤其有用。劳(1948，183)注意到这种统计的简单形式的应用，有赖于所度量的属性(特征)是独立的。在这种情况里：

> D^2 的公式简化为各种特征的均值差的平方和。但是当各特征相关时……可用一套转换特征来代替它们，这些转换特征是所观察特征的线性函数，并且是互不相关的。一旦获得这些转换特征，D^2 的计算就变为寻求各平方的简单和。

这种转换非常复杂，但在这种情形里，关于它所要注意的重要事情是，它的作用在于把一个 m 维非欧几里德空间转换为一个 m 维欧几里德空间，以利距离的度量。这种摆脱非欧几里德关系所造成的技术困难的途径，是很多计量分类方法的特点。

B. 主分量分析和因子分析

主分量和因子分析提供了地理学文献中计量分类方法的流行方式。它的重大意义无疑归功于贝里的开拓性工作(1960,1961,1962,1965,1966,1967B,1968),这一点已为其他很多地理工作者所接受(例如阿赫马德,1965;凯里,1966;亨歇尔和金,1966;L.金,1966;R. H. T. 史密斯,1965B)。另一些人已将这种方法应用于地理学方面(肯达尔,1939;和哈古德,1943 的早期研究尤其重要),这种方法也已广泛地用于类似学科,如心理学(卡特尔,1965)、土壤学(彼得维尔和霍尔,1964)、植物学(古道尔,1954)、地质学(英布里,1963)等等。莫塞尔和斯科特(1961)对英国城镇的研究以及美国城市的研究(哈顿和波格塔,1965)是地理学方面的主要贡献。

因子分析和主分量分析虽然在很多方面相似,但是不能混为一谈。卡特尔(1965,411)已指出:

> 如果主分量分析的数学目的在语义上与因子分析的试验性目标区别开来,那么就能避免很多把手段和目的混为一谈的混乱和争论。

肯达尔(1957,37)也强调了这种区别:

> 在主分量分析中,我们从观察开始,并寻找分量,希望或许能够减少变量的维数,也希望在某些场合给这些分量以某种物理意义。在因子分析中,我们的工作正好相反,这就是说,我们从一个模型开始,并要求看看它是否适合于数据,如果适合,就估计模型的参数。

从分类的观点来看,这种差别相当于没有任何理论的分类(主分量分析的情况)或有理论的分类(因子分析的情况)。主分量分析和因子分析之间详细的技术性差别无须我们费心,因为可在有关文献中找到充分的说明(卡特尔,1965;库利和洛内斯,1964;肯达尔,1957)。两种方法都直接在数据矩阵上运算,或在属性的(R方式)或对象的(Q方式)相关矩阵上运算。考虑各变量相联系的一个相关矩阵,这将是一个$m\times m$矩阵。主分量分析相当于该m维空间的一个影射,其中,m个变量载入一个r维分量空间(通常$m=r$),这个r维分量空间具有如下性质:每一分量维正交于其他任一分量维,而且第一个分量定义为在基本相关矩阵中抽取了最多方差数的矢量。后续各分量皆正交,且在每一阶段都抽取剩余方差的最大数额。用主分量分析,常常发现开始的几个分量抽取了很大比例的总方差。假设开始的两个分量,从一个25×25的矩阵中抽取了方差的70%,这等于说,两个分量含有25种属性中信息的70%,此外,这两个分量还是相互正交的。从分类的观点看来,这个方法的长处是很明显的。这样就有可能计算n个对象如何在各分量上"得分",分量得分的矩阵形成一个$n\times r$矩阵,它把各对象置于一个r维欧几里德空间中。然后又有可能在这个矩阵中的信息基础上,将对象加以组合。然而,有趣而应注意的是,主分量分析把各种属性也组合起来,因为通过检查分量装载,各属性本身也可能被组合起来,各种相互关系可更好地加以理解,各属性的某种基本结构可得以确定。在技术上没有必要在作分类以前就解释各属性间的相互关系,但是所企求的分类一般性,将依赖所用分量的稳定性(大概还依赖分量的一般性)。

在因子分析中,很多基本的基础量纲是假设的,而且要在数据

矩阵(或在对象、属性间的相关矩阵)中寻找。在这种情况下,就遵循同样的数学步骤,除非最后的矩阵只有 k 个因子(因子的数量由假设决定,并且可能既比 m 种属性也比 n 个对象少得多)。此外,某一属性或对象与其自身的相关,被分解成一个一般部分(称为公因子方差)和一个独特部分(想象为与一般研究无关或是一种随机噪声,或二者兼有)。各因子不必正交(它们可能是非直角的),但要把初始空间变换为一个异常俭省的,已知其结构的空间,这样才有可能在这一基础上进行分类。

然而,当我们常常对属性或对象的基础结构没有明晰的见解时,关于在地理学里应用因子分析技术是有某种问题的。贝里(1966)在对经济开发作区划时使用了因子分析;因子分析在其他情况下,包括估计一个变量与其本身相关的一般(与独特相对)程度。于是贝里估计了相关矩阵主对角线上的公因子方差(一般相关的程度)。L. 金(1966,206)对这种观点持异议,他就城市组合而论,提出"在能有把握地采用这种公因子方差估计以前,看来需要更多地了解城市关系"。

C. 组合步骤

D^2 统计和主分量及因子分析的讨论,已显示出处于一个复杂的非欧几里德空间中的属性和对象如何得以图示在一个欧几里德空间(或一个已知其性质的非欧几里德空间)中,从而方便地计算它们相隔的距离。分类步骤的下一阶段,是利用这些距离度量将对象或属性加以组合。很多研究一直是求助于某种直觉组合,通常借助于检查分量得分的形式(在地理学上用两个分量就可做到)。其他各种无须欧几里德空间的方法也一直采用着,诸如聚类分析、耦合分析、纵剖面分析等等的技术,也能无须主分量或因子分析的转换而使用。索卡尔和史尼斯(1963,第7章)以及米勒和凯恩(1962,第12、13章)对这些技术提供很好的评论。

近来,在多维欧几里德空间中分离或组合总体的数量技术也一直在发展。爱德华兹和卡瓦里-斯费扎(1965)已发展了一种方法,把一个多维欧几里德空间中的点子分离为两个聚群,其标准是使聚群间的平方和达最大(因而聚群内的平方和达最小)。对这样得出的类型再继续分离(它在很多方面具有逻辑划分的性质)。其步骤是重复性的,如果空间里有 n 个元素,则第一次分离需要 $2^{n-1}-1$ 次重复以确定最满意的分离。当然,在这种方式中,后续的分离并不保证若干阶段后,所建立的聚群间也具有最大的平方和差别。一般说来,分离的次数越多,技术的准确性越小。

沃德(1963)和霍瓦德(1966)设计出一种类似的步骤,不过是从全部元素着手,并一步步地将它们组合起来(也就是说他们自下而上组合)。从 p 个组合着手,有可能检验把它们两两结合为 $(p-1)$ 个组合的所有 $\frac{p(p-1)}{2}$ 种方式。照此向上组合,就得到一种特有的联结树(如图18.3)。但是,向上组合若干步后,未必产生最优分类,一般说来,进行的步数越多,技术的准确性越小。

地理学文献中已使用聚类和组合步骤来鉴别类型。贝里(1966,1967B)很好地说明了它们在地理学中的应用。

D. 判别分析

在判别分析中，我们从一系列已知其属性的类型入手。但在多质分类中，可能难于决定某一单个元素在几个可能类型中的归属。在将个体归入预先确定的类型时，我们要能保证“在大量类似情况中所产生的失误尽可能少”，对此，判别分析提供了一套规则(肯达尔，1957，144)。在米勒和凯恩(1962，276—83)、肯达尔(1957，第9章)以及库利和洛内斯(1964，第6章)的著作中，可以找到这种方法的很好说明，而卡塞蒂(1964)已把它用于地理研究中。

我们可想象把m维属性空间分划为两个区域R_1和R_2，使得$R_1 \cup R_2$包括这一空间，以后的问题是以某种方式划出这两个区域的边界，使得在把个体置入区域中去时，这种方式所导致的错误分类可能性最小。在给定两种已知有差别的类型后，线性判别函数提供了一条确定这些区域的途径。我们不需涉及估价线性判别函数的步骤(米勒和凯恩，1962，276—83，提供了极好的说明)。

然而，卡塞蒂(1964)在把这种技术扩展到地理学问题中时已指出，判别分析有可以用来测量某种特殊分类的功效，由此进入重复步骤只有一小步，通过这种重复步骤可以很好地鉴别最优分类。于是，我们能够变换线性判别函数(即改变其参量)，并寻求一个最有效地作组群间判别的线性判别函数。但是，这并非是判别分析的初始目标，判别分析的主要功能是为将对象归入预定类型提供一套计量规则。

分类的计量方法有四方面：

(i) 属性之间或对象之间相互关系的定量分析。

(ii) 把各种相关转换或简化成具有已知性质的几何结构(通常是欧几里得空间)。

(iii) 以这一转换空间中测得的距离为根据,将对象或属性加以组合或聚群。

(iv) 一旦已稳固地确定了类型,则建立规则以将现象归入类型。

计量分类的所有这几方面,都已在地理学中作了尝试,关于它们的作用和限制性,值得作一个简略的评论作为本章的结束。这些技巧的限制性基本上取决于可得数据的性质,以及为了证明哪些数据的数学操作有理而必须作出的假设。例如,众所周知,因子分析中有一些固有的问题(如怎样估计公因子方差和抽样变差下的因子稳定性)。所以米勒和凯恩(1962,295)指出,在因子分析中,由于数学系统中的变动和某一系统中技巧的选择,对几个因子分析结果的综合,如果不是实践上做不到的话,也是很困难的。瓦里士(1965)以及马塔拉斯和赖赫(1967)的研究证实这个论点,虽然因子分析作为一门技巧正在迅速变化这个事实值得注意(卡特尔,1965,1966),各种聚类、联结和组合方法也面临类似的应用困难。基本数据的性质也需要仔细考虑,这里,变量(属性)的选择、数据收集时的抽样设计、被研究现象的适当度量,全都需要仔细斟酌,因为它们必然要影响可处理数据的合理运算。所以,对于区划问题选择矩积相关系数看来就很不合适,因为这种统计的技术要求之一,是观测的独立性。既然区划的目的是产生内部相对均质的连续区域,似乎可以肯定这种观测的独立状态将大受干扰。

简言之，计量技术的使用，需要对方法和数据作某种非常彻底的评价作为分析的开端。即使假定我们对数据、对假设以及对方法都很满意(但我们不得不承认总不能完全满意)，我们仍然需要仔细地评价结果。总之，我们关心找到一般类型和属性间的一般关系，我们关心找到复杂数据矩阵的基本结构，尤其重要的是，我们关心鉴别关于结构的理论，它作为一种解析性的、逆报性或预报性的手段，可以支配我们的信心。各种分类的计量技术，作为探索方法预兆良好，它们能把我们引向新思想、新的分析框架，等等。它们在地理研究中具有巨大潜力，这种潜力能否实现，取决于理智的评价，而不是盲目的应用。

V. 分类——一个结论性评价

地理学中现在已有好多分类方法，其形式多种多样，从以相似性相关或二者兼有的分类(例如区域分类的形态方法、功能方法、综合方法)，从采取形态方法、发生方法、功能方法、成因方法等的分类，到多变量分类以及同时把几种不同方法结合起来的分类。几乎所有地理工作者所研究的现象都在此时或彼时被加以分类，土地利用、城镇、气候、土壤、海岸线、河流、经济，或许最重要的是区域，都已作了各种不同的分类。但分类本质上是达到某一种目的的一种手段，是一种滤色镜，我们为了某种特定目的，通过它把感知感受到的资料加以转换。但是目的与分类形式不是无关的，如果我们不能确定自己的目的，必然指望由所采用的分类系统来左右我们的目的——可能是不知不觉地。我们可以调整手段来适应一定的目的，要不然就无能为力地听任手段来决定目的。把手段和目的分开似乎轻而易举，但分类埋藏在我们思维、说话和写作方式的深处，它形成一套基本术语，有了它我们才能工作，对其成系统的先决条件却常常一无所知。人们或许会诘问，除了根据发生之外，我们怎么能解释冰碛呢？不错，冰碛本身是一个以发生为根据的术语。于是这个问题就相当于问：除了根据起源外，我们怎么能解释按起源分类的对象呢？分类是一种强有力的滤色镜，我们要不是利用它，就是被它利用。克莱恩(1949)写道："一种分类可能不利于将来"。在地理学中，我们近来掌握了分类的健全的基本的方法论。让我们确保不让分类发展到不利于我们的将来，也让我们确保在追求对我们所关心的现象作更深入的理解时有效地应用分类。

第十九章　地理学中数据的收集和表示

当地理学者记录地理现实某些方面的事实时，或当他接受或采用由别人记录的事实时，就获得了地理学数据。可把地理事实看做是比较客观的观测记录，这种记录在相互主观的意义上看是客观的，这意味着由不同的人对同一现象的重复观测，将产生同样的真实陈述；它又是可靠的，这意味着一个观测者对同一现象的多次记录，将得到同样的真实陈述。当然，既然一切记录都是易受某种误差的影响（参看前述第380—383页），这些指标不可能完全实现。但我们基本上可以认为地理事实属于我们对世界的共同感知，而不属于个人的想象和幻想世界，因而是可以交流的（洛温撒尔，1961）。

包含在定义、度量和分类中的方法规则，以某种方式确保地理学报告中的这种客观性。在这一章里，我们将遵循这一途径，讨论某些适用于地理数据的收集、储存和表示的规则。

I. 地理学者的数据矩阵

数据收集指的是为构筑并填充某种数据矩阵而定的一套规

则。这种数据矩阵涉及各种个体(对象或事件),也涉及对这些个体属性所作的各种观测。这样,地理数据就能由个体乘上属性的矩阵来表示(如前述,图 14.5)。当我们观测各种个体在不同时间的多种属性时,这一矩阵就成为一个立方体。这种表示地理数据的方法已被许多作者加以发展(贝里,1964A;乔利和哈格特,1967),并已在前文中提及(第 256—262 页,第 273—276 页,第 403—410 页)。它自然把我们牵涉进鉴别地理个体以及它们那些可度量、可观测的重要属性这一方法论问题。基本的地理个体是以时-空语言来识别的个体,它可能是一个点(零维),一条线(一维),一个平面(二维),一个立体(三维),一个时-空立体(四维),而且并无逻辑上的理由不继续至更多维,虽然这样做的作用,按时-空语言看来尚可怀疑。同样,所作的观测可涉及单维的或多维的属性。数据矩阵(或立方体)方法为着记录目的,有效地把一个非常复杂的空间瓦解为二维或三维。这一步骤中涉及的一些方法论问题已经检验过了,这里,注意力将限制在构筑这种数据矩阵时的某些特殊问题,以及由它们的构筑方法所隐含的一些问题上。

(a) 被观测的个体需要准确而不含糊地加以定义。这对于构筑数据矩阵是必不可少的,其实对一切经验性工作也都是必不可少的(如前述,第 256—262 页)。这里不可能考查确定个体的多种方法,但可以根据二维地理个体即区域单元的重要等级,来论证某些有关的实际问题。适于地理研究的区域单元可以用很多不同的方式来确定,这取决于研究目的和正在调查的对象。例如,可以区分出天然区域单元(以分离的客体如农场、国家、湖泊等等为基础)和人为区域单元(对处理连续的现象如温度、距离等最为重要)。在天然情况下,个体的界线可以参照所研究的现象来决定;但是在人为情况下,界线却不得不强加上去。区分单一区域单元(如单个农场)和集合区域单元(如若干农场组成的区域)也很重要。在作推断时这种区分尤其重要,因为正如前文指出(第331—334页)。在集合的层次上作出的推断不能推广(若无重要的假设)到单一的层次上。

可以使用的区域单元有时能够安排进某种等级结构中去,一个国家包括一系列州,各州都包括一系列县,而每一个县都包括一系列农场。这种等级排列常常是不完整的。一个农场可能分属两个或更多教区,一个城镇可能分属两个州,如此等等。区域单元等级体系比我们对某个泛集作逻辑划分(如前述,第398—401页)而可能构筑的等级体系要松散得多。这种松散的等级排列造成一些概念上和推理上的问题。同一个区域单元可以认为是单一的,也可以认为是集合的。例如,考虑两个县A和B,我们希望就农业活动对它们加以比较。如果我们说A有60%的土地属于耕地,而B只24%,那么这两个县是作为单一区域单元来对待的。如果我们说A中60%的农场属于耕作农场,而和B的只有24%的农场相比,那么这两个县是作为集合区域单元对待的。这一区别很重要,因为这两种陈述在含义上全然有别。若进一步说A中60%的土地在耕作中,相比之下B中只有24%的农场从事耕作,这就是毫无意义的废话了。简言之,我们是在企图对完全不同类型的区域单元作比较。在一系列县的气候状况与耕作土地所占百分比之间建立一种关系,如同诸如在气候状况与耕作农场的百分比之间建立关系一样，都是废话。

在同时研究等级体系中的不同级别时，也存在类似的可比性问题和推论问题，这些困难常常被称作尺度问题。我们从考虑一种特殊情况开始，在这种情形中，可以识别区域单元等级体系中的不同级别，即某一级别上的区域单元可以包括进下一级别上的区域单元中。在这样一种“套入”的等级体系情况下应该观测到：比较只能在相似的个体（即等级体系中同一级别上的个体）之间作出，而关于某一级别上的关系所作的推断，若不作出强有力的假设，就不能推广到任何其他级别上去（麦克卡蒂等人，1956；哈格特，1965B；邓肯等人，1961；哈维，1968B）。这并不是说某一级别上的情况与其他级别上的情况无关，这只是指出：分析的性质是否依照所比较或分析的个体在同一级别或不同级别上而定。有三种情况可鉴别：

(i) 同级别分析，意味着可将各个体直接进行比较，因为它们处于等级体系中的同一级别上。

(ii) 高级别对低级别分析产生一种脉络关系（例如，国家级别上的价格政策和价格补贴形成一种脉络联系，农场生产的变化可在其中加以分析）。

(iii) 低级别对高级别分析产生一种聚集关系（例如，国家的产出由各个公司的产出所组成）。

所有这些情况都很有趣，但每一种情况都需要其特殊的思想方式，附带着也需要特殊的数据收集方法。

在所研究的现象里，这种自然等级系统并非总能确定。对于连续分布的现象，区域单元是强加的而不是自然的，而且显然，任何大小的区域单元都能同样完好地挑选出来。这种专断的区域单元也能排列成等级体系，但是这种排列是强加的而不是自动呈现的。在这种情况下，怎样才能挑选出适当大小的区域单元呢？一种可能的办法是选定某一专断的坐标系统，并在这个坐标系统中确定大小一致的区域单元。例如，我们可以借助坐标方格来收集数据（哈格斯特兰，1967）。也可以利用这样的区域个体，它们作为区域单元对于其他单位数据的收集而言，在某一方面并无联系。这种情形很容易诱使我们把分离的个体，看做对于它可用于第二位目的而言是自然形成的。当然，这种看法靠不住。很久以前，地理学者就发现国家单元不适宜于讨论气候特征（哈特向，1939，41—47页）；同样，对于将县用作讨论农场类型空间变化的单元来说，也毫无“自然”可言。从行政结构的观点来看可作为单一区域个体的行政单元常常被用来收集有关连续分布或小尺度分异的地理现象的信息。在这样一种情形里，关于聚集数据的方式不存在自然的东西；而从在其中所聚集到的数据的角度看来，各行政单位很可能不“相似”或不可比。因此，就产生调整这些区域数据，以适应行政单位本身的面积变化的需要——一种一直没有做过的调整。所以奇泽姆（1960）批评迪金森（1957）关于西德和比利时的交换模式的讨论是在这样的背景上，即迪金森的分析忽略了行政单位大小变化的作用。迁居研究曾经涉及这类问题（哈格斯特兰，1957；库尔多夫，1955），而鲁宾逊（1956）、托马斯和安德森（1965）讨论了在相关分析以前根据区域大小对数据加权的必要性。邓肯等人（1961）和哈格特（1965B）提供了有关这些问题及类似问题的一般论述。

这样，为区域个体构筑基本数据矩阵就面临双倍的困难。首先必须决定数据收集单位的适当大小，其次必须保证这样设计出的单位相互是可比的（或者必须为其中记录下的数据设计另外的某种加权方法）。看来若不作出一些重要假定，这两方面的问题都难于处理。但由于个体和属性之间的相互作用，使这些问题的解决有了几线希望。

（b）被观测和记录的个体属性也要求明确的定义（见前述，第357—364页）。但对目前的问题来说，更为重要的是，还要求从我们所能观测到的无限多可能属性中选出有限数目的重要属性。决定什么属性重要，取决于目标和目的，最终还取决于理论。然而，如果假定地理学者涉及现象的空间变化，那么显然，我们可以把注意力限制在那些在空间范围中变化的属性上。这不能由所选定的分析尺度单独决定。所以，有关各个国家间的空间变化所要观测的重要属性，很可能完全不同于关于各农场单位间的空间变化所要观测的属性，关税政策的变化性在前一种情况里可能是重要的，而在后者则不相干。

我们可以创造性地利用分析尺度与不同属性意义之间的相互作用。例如，考虑对诸如人口分布一类现象的分析，用一套数据来描述人口密度的空间可变性，取决于用以收集人口信息的单位大小。假设我们可用任何大小的单位，那么确定数据中空间变化达到最大值的那种尺度（单位大小）是可以做到的。这种情况里的指标，可能与用于组合步骤（见前述，第401—403页）中的一样，即单位内的变化应为最小，而单位之间的变化为最大。其实，这一整个步骤就是发展一些规则来划定区域界线，以使得出的区域能传达最大量的空间变化信息；同时为了分析目的又保持了相互可对比性。此类规则的一些技术方面以后再展开讨论。

任意决定的区域单位的可比性，也是一个困难问题。过去地理学者们由于其数据（在官方人口统计和调查中）一直是在形状和大小都不相同而且不易对比的各行政单位中收集而大为苦恼。对此的反应曾经是，对在大小一致的单位（如平方公里单元）内收集此类数据以保证可比性的要求增长。这一要求建立在一种欧几里德的空间概念上，它对很多种地理现象的分析并不真正适合（见前述，第249—254页）。建议全部地理数据都应在平方公里单元内收集，意味着其强度在各地不同，而且常具有某种非欧几里德空间形式的社会经济活动以欧几里德框架的形式记录下来——这样，伦敦中心区的一个平方公里，被看做与苏格兰高地上的一个平方公里等同。这并非是要提出一种非欧几里德坐标系统来记录此类数据（虽然这种系统并未超出我们的构筑能力），因为欧几里德框架对于同时记录和处理有关若干不同类型现象的观测，很可能是最为适合的。但我们应警惕，如果某些地理现象的分布是非欧几里德的（有明显证据表明确实如此），那么为了观测它而强加上专断的欧几里德区域单位，将产生的问题会与解决了的问题一样多。保证传统上一直用以记录数据的不同大小行政单位的古怪拼盘，看来可能是极端保守的，但这些单位已经趋向于能适应时间变化，而且其大型社会经济活动范围比之小型经济活动范围趋向于更小（例如，参见哈格特，1965A，169页）。因此，在某些情况下，在旧式行政单位中收集的数据，比在新式的欧几里德一致单元中收集的数据更为合用。当然，对某一确定现象合适的坐标系统，最终

将取决于它所施加的“代理力量强度”。所用坐标系统的性质，以及包含在这一坐标系统内的最适区域单元的大小，就像任何时-空语言的选择一样，是一个经验问题。只有对我们正研究的现象有更充分的了解，才有可能在构筑数据矩阵以及记录想象上客观的地理事实时所遵循的步骤方面，从总体方面减少任意决定。因此，看来可能含混的东西与和时-空语言有关的高度抽象结果（如前述，第259—262页），在这里对实际决定有着明显的关系。在构筑一个数据矩阵时，所要遵循的程序上的规则，再也不必是任意的和直觉的了。某些类似规则将在本章结尾（见后文第456—460页）展开。

II. 填充数据矩阵——抽样

假如已确定了地理个体和选定了所要观测的属性，那么，经过一段时间的观测后，记录地理事实的下一步是填充数据矩阵或数据立方体。当然，这里最简单的办法是在数据矩阵的每一单元中填入一个有关个体属性的度量（该度量可以是任何类型，包括名称标度）。这里，度量规则至关重要（如前述，第364—383页）。把这一矩阵中的每一单元都填满是冗长乏味，而且没有必要的，尤其存在大量要观测的地理个体时。而如果其数量极大任务不可能完成时，地理群体的完全枚举和该群体内所有个体的彻底观测是极少发生的，当不可能这样做时，就有必要诉诸某种抽样设计。

抽样的目的，是在大数据矩阵（或数据立方体）之外形成一个小数据矩阵（或数据立方体），使得小矩阵（或立方体）为一定目的需要所提供的信息，与大矩阵（或立方体）所能提供的信息几乎同样多。样本数据不会提供完全同样的信息，但它们在一定误差限制内能提供总体数据的估计。抽样规则极其重要，所以斯图亚特（1962，9）写道：

> 在任何规模的抽样调查中出现的表格式材料有一种副作用，它常常倾向于使使用者对样本本身的可靠性麻木不仁。但我要说，一个样本的可靠性对于结果的解释即使不是唯一重要的，原则上也是这方面我们所能具有的唯一有价值的信息。

所以，地理学中所有非演绎的推断，都依对一定总体发展起来的适当抽样步骤而定。确定总体以及包含于其中的个体问题已经考虑过了（前述，第 331—334 页；417—421 页），这里的注意力将集中于抽样问题上。没有一定的抽样方法，非演绎推断就很可能无用或简直就会出错，而各种抽样方法又很混乱，因此就一定的研究而言，需要作出评价。一般说来，在很多可能的抽样设计中选择其一，这取决于：

(i)研究的目的。

(ii)被研究对象的性质。

(iii)所设想的推论方式（例如，一定的统计推导形式要求一定的抽样方法）。

(iv)所用成本（时间、人力、经费）。

前三个因素在评价一定抽样方法的合理性时很重要，而第四个因素是决定一定抽样方法的可行性极其重要的实际考虑。

支配抽样设计应用的步骤规则，已由若干作者作了很详细的考察。斯图亚特(1962)提供了一个很好的基本介绍,而科克兰(1953)详细地讨论了抽样理论。与抽样有关的一些实际问题,在亚特斯(1960)有关这个主题的经典著作中作了非常彻底的处理,莫塞尔(1958)及汉逊等人(1953)也提供了很好的说明。对地理学者特别有兴趣的空间抽样这一特殊题目,也已由诸如马登(1960)、克隆本(1960)、克隆本和格雷庇尔(1965,第7章)、格雷格-史密斯(1964,第2章)和基什(1965,第9章)等作者加以考察。地理学文献中的报道由贝里(1962)、贝里和巴克尔(1968)、哈格特(1965A,191—200页)和霍姆斯(1967)提供。鉴于抽样理论和抽样方法的文献浩瀚,我们将把考虑对象限制于几个基本方法问题和地理学方面。

设有几个个体的一个总体以及从这一总体中抽出的N个个体的样本,则样本N的大小有$\binom{n}{N}$种可能;如果N不固定,则从该群体中可抽出2^n种可能的样本(包括N=0和N=n的特殊情况)。抽样的问题是,在这2^n种可能样本中决定“最好的”样本。已设计出一批“标准”抽样方法,以帮助我们处理这一问题。这些方法的一般理论特征,在文献中已作了不同详细程度的检查,它们的精确性、有效性和明确性,也针对一定类型的经验情形作了评价(例如,见斯图亚特,1962;科克兰,1953;汉逊等人,1953)。这样,我们可以谈论有目的的或概率的抽样、有代换或无代换的抽样、简单随机抽样、系统抽样、分层抽样、聚类抽样、多级抽样、多相抽样等等。加尔腾(1967,56)和哈格特(1965A,195)提供了这些抽样方法的简化分类法。加尔腾的分类法(图19.1)确定了12种主要抽样形式,但是正如他们所指出,对于二级抽样,即使这样简化也会

产生 12^3(1 728)种可能的抽样方法。当我们再加上所采用样本的大小不同,在分层抽样中还加上各层内可以选择的抽样比不同时,我们发现即使是“标准的”抽样设计,也为我们提供了范围非常广泛的选择。

不幸,还不存在我们可用以把这个范围简化成在几个选择对象中作相对简单挑选的标准规则。所以“这整个丰富多彩性,本质上是一个人的安排”(加尔腾,1967,58)。因此,某一特别抽样设计的选择,只有在某一特别研究目标的基础上才能作出。正如加尔腾(1967,49)指出的,这看起来可能是个很平常的结论,但事实上它是“一种规定,考虑到只是由于标准办法现成且易于遵循,而遵循标准办法的情况众多,这种规定就不那么平常了”。一种抽样步骤的选择,就像适当的几何选择或任何数学语言的选择一样,是一个经验的问题,它依赖于按照确定目标,对一定设计的合理性、有效性和可行性作出经验估价。多数教科书都讨论了各种指标在抽样设计选择中的应用(例如,汉逊等人,1953,4—11;基什,1965,23—6),但在讨论这些问题以前,必须弄清有目的抽样或判断抽样(对它只存在直觉指标)以及概率抽样(它的指标是可度量的)之间的重要区别。

A. 有目的或判断抽样——地理学研究的“实例研究”方法

有目的抽样或判断抽样可采取多种形式,其中最重要的是根据“典型的”或“代表性”样本的“经验”作出选择。样本的选择依靠该“经验”的判断,而且显然,不同的“经验”可以选出不同的样本,也没有客观地显示样本如何代表总体的办法。这并不是说判断抽

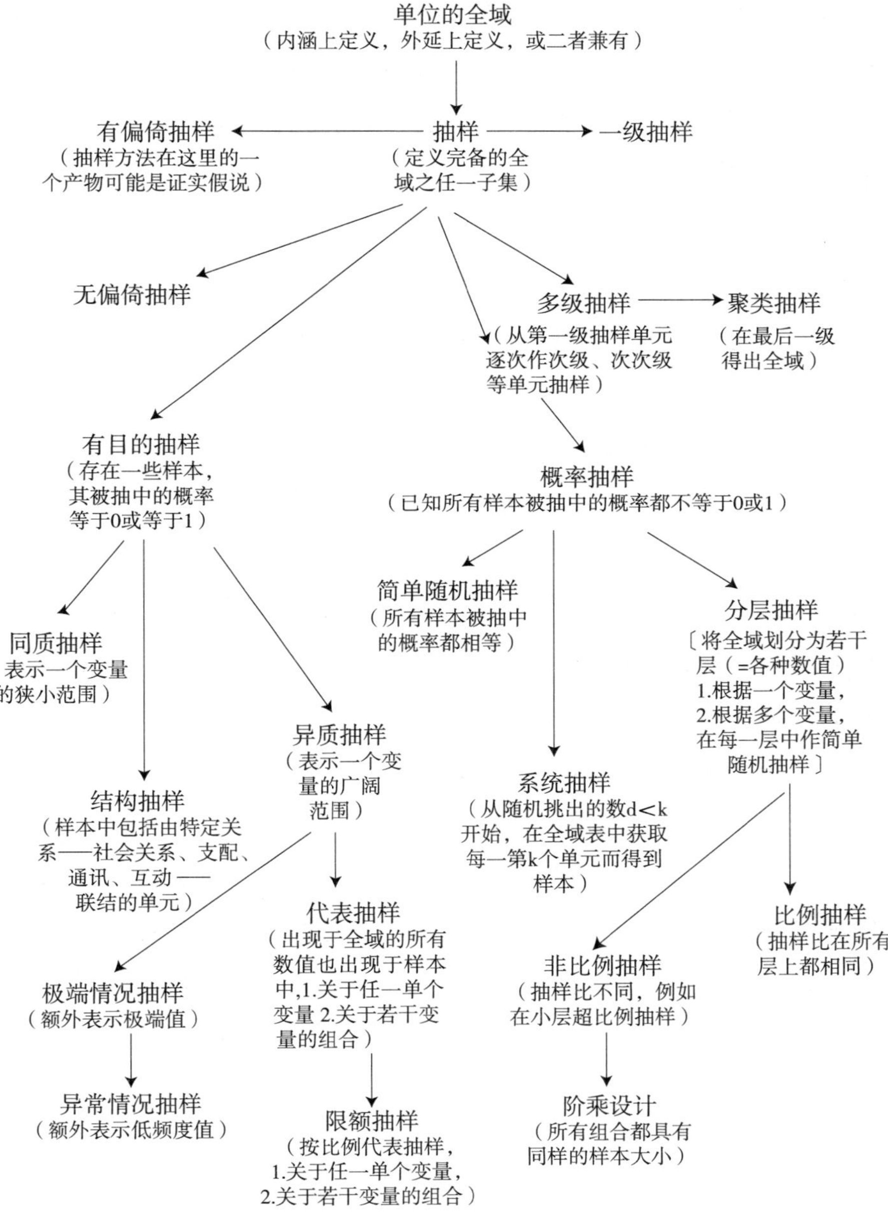

图 19.1　抽样设计的类型(据加尔腾,1967)

样没有价值，因为它具有很重要的作用，尤其是在调查的早期阶段。但是无法了解所选择样本怎样以及在哪些方面有偏倚。亚特斯（1960，9—10）、汉逊等人（1953，5—9），基什（1965，19）等讨论了此类局限性。

判断抽样在地理学中一直具有很大意义，因为正如布劳特（1959）和哈格特（1965A，191）指出的，地理学中的“实例研究”方法就是从总体中选择“典型的”或“代表性的”个体，并从深度上研究该个体。大多数传统研究都是这种形式，直到几年前，我们对地理现象的多数认识还完全依靠从判断抽样的仔细研究得来的分析观察。一个典型城市，一个典型农场，一个典型的气旋扰动，一个典型的河流袭夺，如此等等，都趋向于形成我们认识的真正基础。当然，这些典型例子，趋向于与表达我们对于研究现实以概念化的理想化（或理想类型，见前述，第 112—118 页）有紧密的相互关联。我们倾向于在总体中寻求具有理想化特征的那种特殊个体。在另外一些情形里，理想化由被认为是代表了总体的特殊个体发展起来的。这里要考虑纯粹循环论据的危险。

实例研究方法所面临的共同问题是，它缺乏普遍性。从选出的典型例子中得出的推断不能控制整个总体。这种推断是直觉判断的东西，而在作这些推断时，我们不能依靠正式的非演绎语言。所以我们仍不能肯定这些推断有多客观，有多合理。布劳特（1959）提倡把实例研究方法（它可对结构和关系作仔细研究，因而形成假说）和概率抽样方法（它使结论的普遍性得以评价，或许对于一定总体能正式检验假说）结合起来。这种结合具有充足理由使之成为可取，因为正如我们将要看到的，当我们对正研究的现象结构有充分认识时，概率抽样方法既简单又清楚地陈述一系列要考虑的假说。

在实践中，很多地理研究有赖于判断抽样，从一个典型例子中推断总体的一般特征，就是在一个例子的基础上推断出普遍性（前述，第 336—341 页）。例如，评价一下我们完全依赖只含芝加哥城而别无其他判断样本的有关城市内部结构的知识，到达什么程度是很有趣的。从派克和伯吉斯通过霍伊特到贝里，我们现在发现芝加哥一直倾向于支配我们关于城市结构和形式的知识。从芝加哥的结构（加上从其他地方的偶然确实证据）得出的关于城市形式的一般化（同心带"理论"，多核"理论"等等——它们仅仅是偶然地符合理论应当是什么科学概念）并不一定错误或不合理——它们不过是没有加以普遍证实罢了。一般认为，单凭概率抽样的客观步骤，就可以提供这种具体证实。

B. 概率抽样

概率抽样指的是"以使每一个个体或抽样单位都具有出现于样本的已知机会的方式，从总体中选择一个或多个样本的形式方法。"（克隆本，和格雷庇尔，1965，148—9）假设总体中的每一个体都有已知且非零的概率成为样本，并假设挑选样本的形式方法已设计好，则有可能利用非演绎推断（例如特殊的统计推断）的形式方法，来评价样本和总体间的关系。然后就可能评价与一定目标与最有效的度量有关的不同抽样方案。

在概率抽样中，主要关心的是总体的状况。样本提供了对这些状况的估计。总体状况与样本估计之间的差别称为估价的准确度。当有可能考察全部总体(因此可计算实际状况)时,就有可能评价抽样步骤的准确度。因此,准确的抽样方案,将为我们提供总体值的无偏倚估计。精度指的是样本估计在总体真值周围的展形,它通常由样本估计的方差来度量。在评价抽样方案时,准确度和精度显然提供了两个重要指标。在多数情况下,我们能够直接从样本数据来测量精度,但准确度的估价却困难得多。

正式的概率抽样步骤允许我们把样本-总体关系映入概率的演算。其后还允许我们得出非演绎推断,这些推断从其没有系统偏倚的意义上说是客观的。因此,由于遵循了概率抽样中规定的步骤规则,我们能保证已获得"将尽可能准确地重现总体特征,尤其是那些直接利害特征"(亚特斯,1960,9)的样本。然而,这并不是说所有的概率抽样方法都是同等可行的或同等有效的。已经证明,在由异质组群构成的总体中,使用分层抽样比简单随机抽样远为有效(从用更小的样本可获得一定精度的意义上说),条件是所确定的层次,在层内要充分同质,而各层次之间充分异质。所以分层化指的是一种使组内变异达最小而组间变异达最大的分类方法:因此由某种组合步骤作抽样设计经常是很有用处的。在其他情况下,要实施一个确定类型的抽样方法则证明是不可能的,因为它在操作上不可行(例如在浅滩上任意选一砾石),或因为其代价太高。所以在很多情况下,聚类抽样(有时称为成批抽样或"抓推"抽样)可能证明是最好的方法,尽管它有很多技术的局限。这样,一定抽样方案的选择,就取决于所要求的准确度和精度、一定步骤的有效性和可行性,以及所含的成本。

但是选定的抽样方案,也取决于研究的具体目标,特别取决于

我们对其有兴趣的总体结构或功能特征。显然，这里可能产生很多种情况，但仅仅考虑两种很普遍的情况，并检验抽样方法如何与目标相关，将很有用处。

(a) 估计总体特征的抽样。在采用概率抽样方法的地理学中，是最普通也是最简单的情况之一。这里，其目标是通过抽样方法决定总体的某一（或某些）特别性质。典型的情况是，我们可能重视通过一个样本来估计总体的某些描述统计性质（如均值和方差）。我们可能利用样本估计来试图估计每个家庭的年平均收入，每个零售公司的平均营业额，某浅滩中砾石的平均大小等等，这种方法对地理学者很重要的一种特别情况是，估计用作一定土地利用类型的土地面积比例。这里，整个总体可能被看做是构成总面积的无穷多点，或看做是总面积分割成的有限数量的小面积单元（例如田块）。

概率空间抽样在地理学中特别重要（贝里，1962；贝里和贝克尔，1968；哈格特，1965A，191—200；霍姆斯，1967），它提供了一种很重要的方法来把少量观测推广到更大区域（例如一个国家或地区）中去。这样的空间抽样可以利用：

(i) 点

(ii) 线（导线）

(iii) 面（样方）

来实施。这些形式各有其优点与难处。在野外作点的抽样可能代价太高，所以导线和样方可能较适合。点类型现象的点抽样也非常无效（主要是因为操作上的困难，但一般而言，还因为对出现概率很低的特征加以抽样，实在需要大量的样本，这需要一种一次能

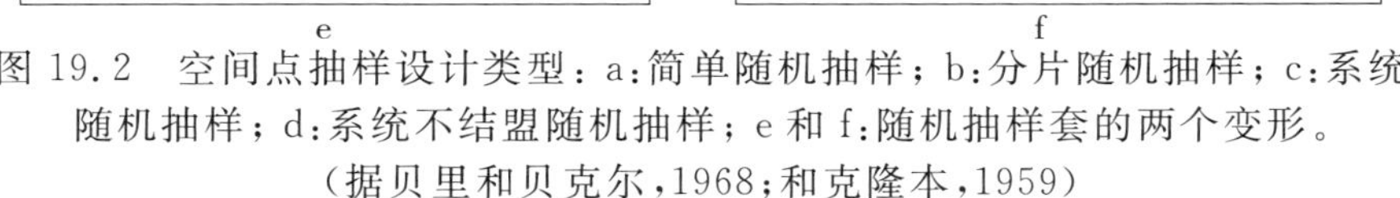

图 19.2　空间点抽样设计类型：a:简单随机抽样；b:分片随机抽样；c:系统随机抽样；d:系统不结盟随机抽样；e 和 f:随机抽样套的两个变形。
（据贝里和贝克尔，1968；和克隆本，1959）

抽取大单元如样方的替代抽样方案)。面状分布现象(如土地利用类型)的点抽样看来相对有效些。样方抽样在很多野外情况下,具有操作简便而且成本低的优点,对于点类型的研究也是非常有用的,但它因有很多困难而蒙受损害。格雷格-史密斯(1964,第二章)详细研究了这些问题,我们将在本章末尾考察它们。

然而,在空间抽样的每一种形式中,都有可能设计多种概率方案。图19—2说明设计点抽样的六种方式。问题是如何在这些可供选择的不同抽样方案中作出选择。贝里和贝克尔(1968,94)指出,在空间抽样的情况中,"对任何现象的抽样方法的选择,取决于该现象如何分布。"他们继而认为,如果正研究的现象是随机分布的,则多数抽样形式都是合适的,因而选择就是挑选最简易者——这在地图上抽样的情形下就是一种系统抽样方案。如果存在分布的线性趋势,则分层抽样将比系统抽样更有效,而系统抽样一般又比简单随机抽样有效。如果现象的分布中存在序列相关(空间自相关,而且恒定地存在一些这种数值),则难以定出简单的规则,因为"抽样步骤的相对精度取决于序列相关函数的形状"。当这个序列相关函数未知时,不能确定最优抽样方案。但贝里和贝克尔认为,分层系统不结盟抽样(图19.2)在这里是一种合适形式。因此,看来只有我们掌握了(或能肯定)有关被抽样现象的大量信息后,才能确定最优抽样方案。

(b) 识别总体中各属性关系的抽样是一个可以利用概率抽样解决的实质性问题。但是要比估计总体的描述统计抽样复杂得多,因为这里的抽样方法是作为一种试验性设计方法,在本质上是非试验性的情形中起作用。地理研究一般都面临同时对付总体内若干属性多重相互关系的问题。我们将在20章中较详细地考察变量的各种集合中复杂因果交互作用。在实验科学中摆脱这类情况的经典办法是建立析因实验设计。所以费舍尔(1966,94)写道：

> 无数可能的因子中，哪一个归根结蒂是最重要的，对此我们常常一无所知，虽然我们有强烈的先入之见，认为其中少数几个特别值得研究。我们常常不了解任何一个因子都将独立地对所有其他可能非常不同的因子施加影响，或者其影响特别直接地关系到其他因子的变化。

这种形势在情况最好的时候也会造成困难，但是在实验科学中，有可能建立实验设计来决定重要的关系，并从物理上控制我们不想要的变量。在地理学者面临的那种非实验情况里，却不可能增加物理控制(除开非常偶然的情况)。这里，正是调查设计和抽样设计本身成为至关重要的事情。基什(1965,394)提出以下任何数据集合中都有的变异源类型：

(i)作为研究对象的说明性变量。

(ii)可能与说明性变量冲突、但可以通过诸如抽样步骤加以控制的变量。

(iii)不能加以控制，因而可能与说明性变量相混淆的变量。

(iv)不能加以控制，但其干扰是随机的(或通过抽样步骤能随机造成的)变量。

(iii)里的变量造成最大困难；而调查设计和抽样设计的目的就是把这些变量重新安置到(ii)或(iv)类中去。有效的分层化可以实现前者，而后者则可以通过随机化来实现。例如，假设我们有志于考察土地、农场规模以及农场收入之间的关系，很可能土地影响农场规模，因此在一系列关系中会有多重共线性。布拉罗克(1964，89)写道：

> 摆脱多重共线性所形成困难的一个办法是，使两个独立变量在样本中完全无关，即使它们在总体中是高度相关的。这很容易通过分层化实现，分层化与试验设计中的控制有某些相似之处。

这样就有可能以同时研究若干相互关系的方式来设计抽样系统。正如费舍尔(1966，102—4)指出，就这类设计从一个调查设计中产生信息来看，它们具有显著的优势。哈格特(1965A，300；图

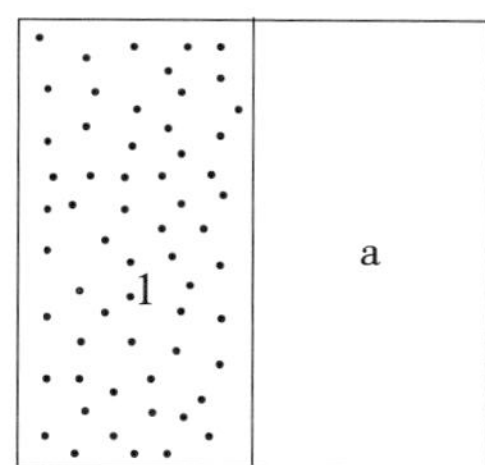

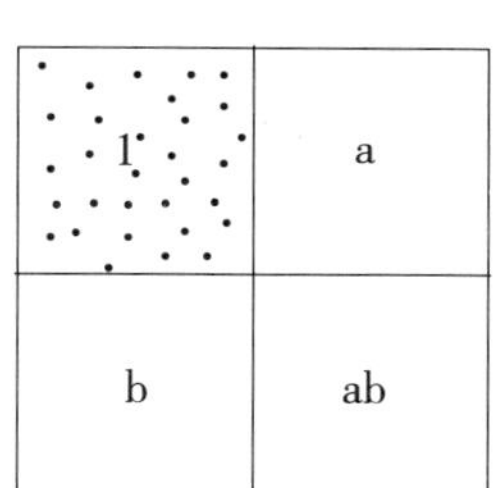

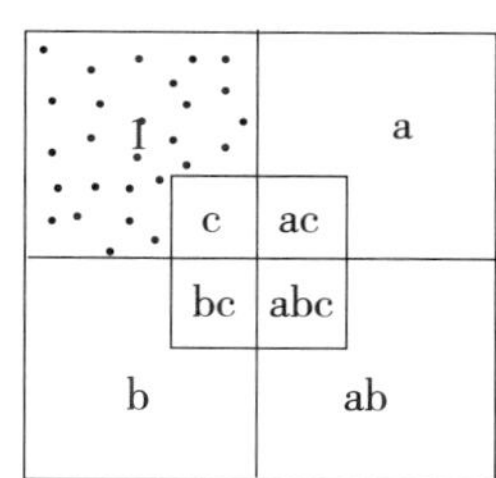

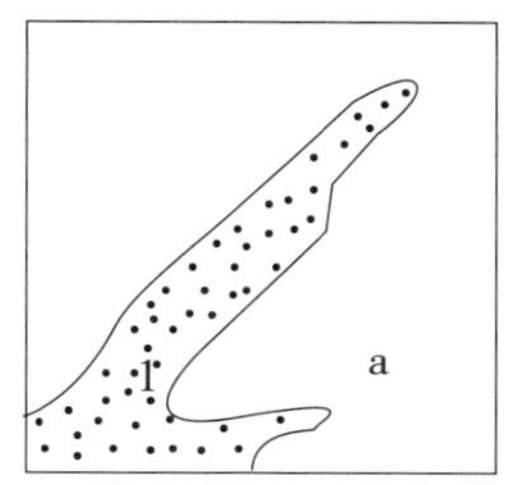

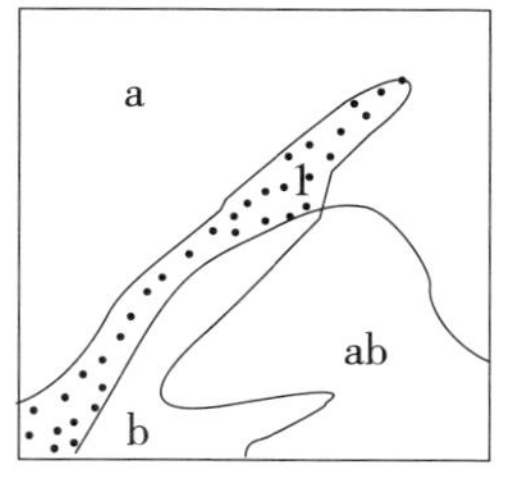

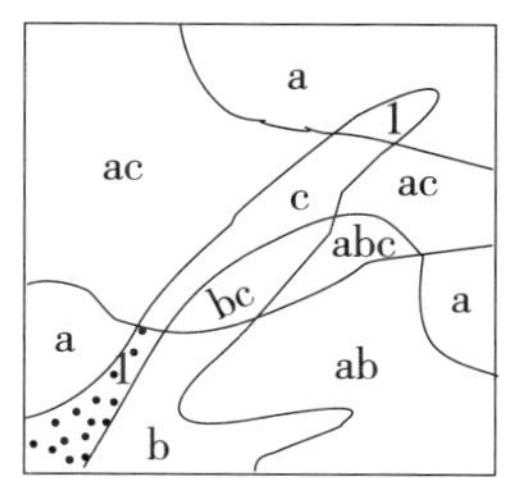

图 19.3　在由多种交互作用影响的总体中，做随机抽样分析因抽样设计的结构，区域在每一步上都由深一层的因素来划分，这时在每一个因素组合的区域内，抽样都是随机的。(据哈格特，1965A)

19.3)通过在土地(a)、土壤(b)、农场规模(c)和农场可进入性(d)

的各种因子结合基础上，分离出16种地理区域，从而提供了此种设计的一个地理学实例。

多目标抽样设计和检验复杂关系内的孤立关系的设计，较难评价。但在非实验科学中，此类步骤显然是很重要的；地理学者们在将来会相当程度地凭借此类设计。然而有关总体中各种交互作用的性质，我们所掌握的信息越多，就越容易设计出适当的抽样方法——而实例研究方法在这里作为一种探索性手段贡献良好。

C. 抽样框架

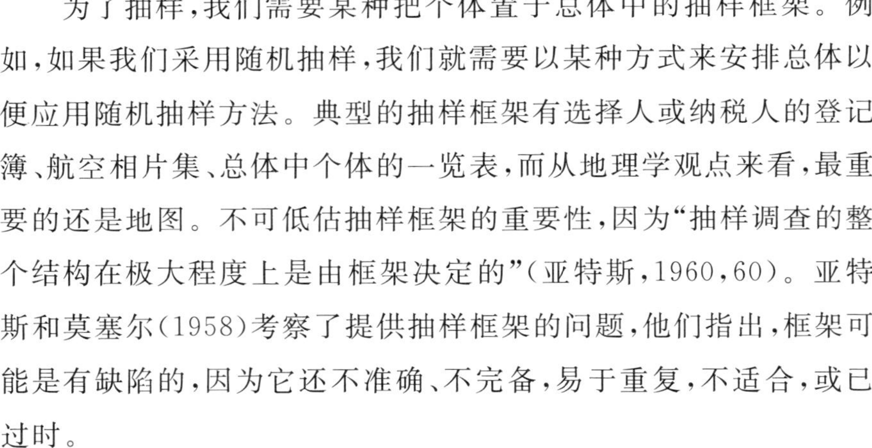

为了抽样，我们需要某种把个体置于总体中的抽样框架。例如，如果我们采用随机抽样，我们就需要以某种方式来安排总体以便应用随机抽样方法。典型的抽样框架有选择人或纳税人的登记簿、航空相片集、总体中个体的一览表，而从地理学观点来看，最重要的还是地图。不可低估抽样框架的重要性，因为“抽样调查的整个结构在极大程度上是由框架决定的”（亚特斯，1960，60）。亚特斯和莫塞尔（1958）考察了提供抽样框架的问题，他们指出，框架可能是有缺陷的，因为它还不准确、不完备，易于重复，不适合，或已过时。

在地理学的很多情况中，提供一个抽样框架极其困难。对人流总体（车辆、人群等）抽样面临相当的困难，同时在时间和空间方面抽样（在数据立方体而不是矩阵中抽样）也同样是相当复杂的。然而更为重要的是研究中得不到全部总的情况（或是因为我们正谈论的是某种假设的而不是实际存在的总体，或是因为在把很多个体安置入总体时有困难）。对此，克隆本和格雷庇尔（1965，

149—53)采用了一种很有用的划分,来区别目标总体(我们需要有关它们的信息,但其成员并非全都可进行抽样)和样本总体(目标总体的一个子集,可加以抽样)。严格说来,概率推断只能从样本到样本总体,但是这些结论以具体的判断为基础,而且仅仅以此为基础推广到目标总体。这种情况在地理学里很普遍。我们可以使用学生样本(因为它们能取得而且敏感)来构筑地区的智力分布图,以实际城镇间隔(因为它们确实存在)的度量作为可能度量的样本,利用气象站(因为它们恰好已建立),如此等等。这经常意味着接受一个不完备(而且可能还是不准确和不适合)的抽样框架来作为抽样的基础。

在地理学的抽样中,地图频繁地起着基本框架的作用。一旦我们获得一套坐标,就可能在其中随机地抽样(例如利用随机数值表)或构筑某种更复杂的抽样设计(图 19.2)。这些方法的成功不应该使我们看不见这一事实,即把地图用作一种抽样框架,意味着在抽样设计中接受地图的全部特征。在把造出来表示物理距离的地图,用作分析社会交互作用的抽样框架时是有一些危险的,这样一种抽样框架之不适当和不充分,只是因为它把对非欧几里德现象的抽样,包括在欧几里德框架中。因此,从技术意义上说,物理地图的适合性,取决于整个地图表面上的自相关函数是否保持为常数或是否系统地变化。当自相关函数的形式是已知时,有可能在欧几里德框架上发展抽样设计来抵消其作用。在抽样以前提供某种从欧几里德到非欧几里德表面的地图变换可能更为恰当。在哈里斯的美国零售销售额统计图(图 14.7)上做随机抽样网格预测,比在美国物理地图上作简单随机抽样能产生更多有关零售贸易的

有用信息。但是，在物理地图上用变量分式（例如对整个总体的比例）作分层（按区域）随机抽样，则可能正好在效果上得到同样的信息。

D. 地理学中的样本数据

在第十七章开头曾提到，观测模型可以被设计来寻求假说的实现，或组织实际存在的事物以检验假说。抽样在观测中的作用，就是减少我们在这两种情形中需要做的观测数量。一般认为，少量精选的观测，对假说提供的证据可以和全部观测一样多（见前文，第 166—167 页）。重要的是掌握一种收集观测的方法，它能确保观测收集过程相对于提出的假说独立性达到最大。概率抽样把观测的选择固定为一种纯粹的机会选择（见前述，第 285—287 页；296 页），从而保证了这种独立性。更为复杂的抽样设计旨在以下述方法控制观测的选择，即它们可以用来检验本质上是多重交互作用情况中的孤立假说。通过采用概率抽样，还可能把推论问题映入概率计算，并利用这一强有力的语言来决定在我们的结果中所能具有的可信水平。另一方面，判断抽样不能用于这种方式，但既然它能对交互作用和各种关系做仔细检查，判断抽样还是很有用的。

然而，无论我们采用什么方法来抽样，认识到所得结论完全取决于所用方法的适合性都属至关重要。诸如地图一类的任何抽样框架与任何抽样方法一样，都有一定的特征，这些特征为我们提供了一系列“凭证”，用斯图亚特（1962）的话说，正是这些凭证，为我们提供了判断其后的运算和结论的合理性的手段。但是一种技术的优秀采用者，在刚一开始调查时，就要问一问其凭证是否适合用来追求特定的目标。

III. 数据表示——地图

地理学者掌握着很多描绘、表示、储存和概括信息的不同技术。在这些技术中，没有哪一种会像地图那样可使地理学者称心如意。哈特向(1939)甚至提出如下文的“大致标准”，来检验任何研究的地理学性质：

> 如果他的问题基本上不能用地图——通常用几种地图来比较——来研究，那么该问题是否属于地理学范围就大可置疑。

伍尔德里奇和伊斯特(1951，64)赞同地援引了 H. R. 米尔的话：

> 在地理学中，我们可以将此话当作公理——不能用地图表示者就不能加以描述。

苏尔(1963，391)写道：

> 如果向我指出一位不经常需要地图、不随手有地图的地理学者，那么关于他对生活是否已作出正确的选择，我将持疑义，……地图破除我们的局限，激发我们的灵感，激起我们的想象，开拓我们的言词。地图打破语言的障壁，有时被看成地理学的语言。

如果地理学者以极大的尊重态度把地图当作描述、分析和交流的工具，那么看到制图学表示法的很多方面仍然未经分析，就

令人有点吃惊了。大部分注意力一直放在解决制图者面临的无数技术问题上。大量的文献都去研究诸如地图投影、地图设计、地图符号之类的问题。由鲁宾逊(1952,1960)、雷兹(1948)编写的教科书和很多论文(波德最近的评论,1967)充分地研究了这些问题。这并不是说所有的技术问题都已圆满解决。例如地图投影问题,依据从球面到平面的投影设计,这个问题好像在十九世纪后期就已解决,但正像我们已经看到的(前述,第264—269页),由于地图转换问题已经产生一种新的而更见困难的形式。然而,与这些众多的技术性文献(必须承认其中有好多只不过指点了如何进行而已)形成鲜明对照的是,对地图作为一种交流方式的逻辑性质几乎完全缺乏考虑。地图是一种非常复杂的工具,所以鲁宾逊(1965,35)写道:

> 现代地图,即使是比较简单易懂的地图,也是非常复杂的图示表达形式,因为除了其可见的复杂性质外,它还是人为事物,包含着在比例尺、形状和符号表示等方面对现实所作的多种变换,而这些都大大超出了多数人的正常经验。

简言之,地图是一种符号系统,它是一种复杂的语言——或许是“地理学的语言”——有关它的性质我们所知甚少。所以达赛(未发表)[①]写道:

> 制图学并没有提供一套形成……制图策略的规则和原理,制图学也没有提供方法论的说明,来把制图中涉及的操作,主要是关于投影、设计和构图技术等操作,与地图在其中起着如此重要作用的概念化过程和研究过程联系起来。例

① 蒙达赛博士允许借用其某些未发表的笔记。

> 如，关于符号的选择，关于符号所代表的信息，关于这些符号用以与地图形迹的解译相联系的方式，都很容易提出很多相应的问题；但是所得到的答案不过是求助约定俗成，诉诸自然的或明显的表达。

达赛还进一步认为，可以在正式意义上——具有实用特性、语义学特征以及句法结构——把地图看做一种语言。这种把地图看做一种特殊语言的观点是有一些有趣的含义的。例如，看到好多科学哲学家在寻求解释科学理论性质时，一直在求助于地图作为比拟是令人惊异的。他们说，地图使你发现现实中所必须熟悉的事务，它使你能谈论有关从未到过的地方的事情；同样地，理论帮助你发现必须熟悉的事务，帮助你谈论有关还未观测过的现象的事情（如前述，第107—122页；204—207页）。这样类比意味着地图和科学理论在某些方面是同形的，两者都可看做是用于讨论有待解释或描述的事实的人工语言。所以，厄尔曼尖刻地作过评论——“地图是地理学者业已接受的一种理论”（邦奇，1966，34）。

地图和理论一样，都是“人脑的自由创造”——很多中世纪的地图就是这样随心所欲。对任何制图者来说要“以假说幻觉的愚行来创造一个貌似明智的体系”，同样不受禁止（如前述，第107—109页）。很多外行人，甚至（敢这样说吗？）很多地理学者一直是此类假设幻觉的受害者。然而地理学者们声称，他们的地图确实表现出与现实有某些关系，他们的地图确实在某些方面忠实地反映和记录了现实，他们能够通过从地图上所得结论而得出有关现实的结论。因此，地图就像科学理论一样，是一些有控制的推测。但是，没有一个分析哲学家告诉过我们这些控制为何物，地图并不会自动成为现实的某种客观再现——虽然某些人看来会作如是观。约翰·赖特(1966,33)写道：

> 所以每幅地图部分是客观现实的反映，部分是主观因素的反映。这在所有关于制图学艺术的著作中，都作为一个心照不宣的事实来处理，但很少明确地单独看做一个问题。

制图者——还应加上读图者——都是人(引用赖特文章的题目)。因此，地图所提出的基本方法论问题是，如何评价一幅地图反映或表现现实的哪些方面，以及如何拟定规则，它们把所表现的现实与我们所理解的符号形式联系起来。当然，这里可能会有争辩：在很多情形下，这个关系是如此不言自明(和如此可以控制)，以致很少用或者根本用不着此类规则(多数地形图就属于这一类)。但是，社会经济活动的地图、流量图、专门图等等却不属于这一类。因为，达赛(未发表)写道：

> 它们所描画的关系“是人类想象的人为创造，把自然现实最终与其符号构成物联系起来的方法，不过是一种概念体系的功能。在这些条件下，从一幅地图上获得的结果完全取决于地图的符号特性，而不依赖现实中存在的任何事物。因此，获得的结果与地图号称的主题所包含的内容，不一定有任何关联或牵连，因此对那些结果的理性解释是模棱两可的。”

只有当支配地图构筑本身的概念体系相对于同一真实世界具有合理性时，地图才(相对于真实世界)具有合理性，因此，地图其实就是关于真实世界结构的一种理论模型。没有明晰理论时构筑一幅地图，就相当于陈述一个先验模型；具有明晰理论时构筑一幅地图，则相当于陈述一个经验模型。然而经验模型只能与其所代表的理论领域有关。利用一定的经验模型来检验它所代表的理论领域以外的现象，也就等于假设该领域可以扩展到原先不包括在该理论中的现象上，或者等于把经验模型作为一个先验模型来使用。看看下面的例子。

地图特别表示了对象在空间的相对位置。大多数地图都是相对于某种欧几里德物理空间而构筑的，所以它们是一种关于真实世界结构的物理理论的经验模型——顺便提及，公认为对象在物理空间的位置的一种理论，成为地理学者关于真实世界结构的不言而喻的理论。这一“明显的”理论以及从中得出的经验模型，后来却用来对复杂的社会经济关系制图。这种用法相当于公设一个欧几里德先验模型。或假设客体在社会经济空间中的相对位置，可以用欧几里德空间结构理论充分描述。但是，空间结构的性质并不一定是先验的，而且对其性质的决定，本质上是一个经验问题。这个问题已加以详细考查（如前述，第十四章），但是对于我们理解地图来说，重要之点直接在于：我们在讨论对象和事物在空间的位置时可使用地图到什么程度，完全取决于把地图结构与真实世界结构联系起来的**主题**的适合性。如果我们全无**主题**，则对真实世界不能作任何推断；如果我们设想某一**主题**，则关于设想的性质我们应当是清楚的，而对真实世界我们在构筑主题时已作了设想的就不应再作推断；如果我们具有某一**主题**，则应准备清晰地陈述它，以便对该主题所未包含的方面不作推断。

这意味着什么？正如达赛（未发表）指出，这是对地图**语义学**的深入讨论。语义问题并非简单地只与几何学的选择有关，还与

用来表示现象的符号有关。对此，达赛认为“符号学”(Semiotics)或符号理论对我们理解地图用以传达不同类信息的方式大有帮助。“通过把地图符号归在普通符号类目之下”，达赛写道，“符号的一般理论的全部实际内容和有关内容，作为研究地图符号的一种基础都是有效的”。这样，我们就能应用形式语义学来认识地图与其设计所表示的现实之间的关系。卡纳普(1942，24—5)认为，任何语义系统的最终目标都是建立真理规则——就是说建立一套规则，使我们能对从某一符号系统(如某种地图)中推导的特定“句子”，确定它是否真实。有了此类真理规则后，就能够把从地图上作出的陈述分类为真或假。卡纳普指出，这种方法要求某些预备步骤。首先，需要对符号分类。其次，要有形成规则来说明如何以及在什么条件下能够从这一初始分类中形成新的记号和符号(这种形成规则的一个简单例子，是在两条已有等值线之间内插一条新等值线——这种情况的规则，说明插入的等值线不应交叉等等)。第三，要有把符号(这里为地图符号)与其他一系列符号联系起来的设计规则。这些设计规则是非常有趣的，因为正如卡纳普指出，在纯语义学中并无实际的主张，只有把一套符号与另一套符号联系起来的惯例。在制图过程中这就意味着地图符号并不直接代表真实世界，而是代表关于真实世界的地理概念。一幅地图作出的实际陈述，是分两个步骤从所描述的现实中转移来的。形式语义学就是讨论地理概念和地图形式中符号表示之间的关系。由此可见，如果地理概念是模棱两可和模糊的，那么地图陈述尽管表面上精确，也将同样是模糊或模棱两可的。所以，一幅关于团块(agglomeration)分布的地图，只能像我们有关某种团块的概念那样准确。这里，定义过程变得特别重要（见上文，第 362 页）。因此真理规则使我们能鉴定必要的真理，事先给我们有关现实的概念化。形式语义学向我们提供一种讨论地理学陈述和地图陈述的逻辑连贯性的方法。只有通过评价地理概念以及这些概念试图讨论的现实之间的关系，才能估计逻辑上为真的陈述，在经验上真的程度。

还可以讨论地图的句法。这里关系到地图陈述的内部结构及其作为一种抽象演算的基本形式。关于非常有趣的地图语言是有某些专门特征的。一般而言，看来否定的陈述在地图语言中是不能表达的（例如，我们只能通过指出缺乏任何肯定的陈述来推断某事物不在某处）。所以地图陈述有很多特点，它们本身就值得加以研究。

达赛（未发表）认为，关于制图的符号实用学（pragmatic），即是“对地图符号与制图者或地图符号与用图者之间关系的研究”。对于我们理解作为一种交流工具的地图，这种关系是非常重要的，因为它关系到诸如用图者感知对传输给他的信息的方法。此外，地理学者理解地图的一个难以理解的特点是，对地图设计和地图解释的一般讨论还没有用分析研究和经验研究来相配合。在仅有的一个例外里，埃克曼等人（1963）已用心理生理（psychophysical）方法研究了地图符号表示的某些方面。这一研究的基本目的是检验输入地图的信息及符号表示，以及解释这些符号所得到的信息之间的关系。该实验特别考查了用体积方式（如球体和立方体）或面积方式（如方形或圆形）来表示信息的相对有效性。该研究“表明对这些符号‘体积’的估计仅仅反映了它们被感知的面积”，因此可以设想，用“体积”类型的符号来表示信息很容易在解释那些信息时导致严重曲解。地理学者早就知道此类问题，正如前文引用鲁宾逊和赖特的评论所指出的。然而这是一个一直在争论却没有清楚地加以研究的问题。从用图者的观点看来，他从一幅地图上获取的信息，是一个对包含于符号中的信息作出感知的问题。从地理形式的观点来看，这就是指辨别图形和把一幅多种要素图分解为其组成部分的能力。简言之，地图是设计出引起某种反应的一种刺激物。作为地图设计者，我们具有驾驭这种刺激物的能力，但若我们对所引出的反应类型没有清楚的认识，这种能力就毫无结果。当然，不言而喻，对所要求的反应若无某种见解，则设计一幅表达清楚的地图是很困难的——换言之，地图需要为特定目的而设计。这并不等于说，我们应该把地图的设计限制为不含糊地转达有限的信息类型这样非常专门的任务。地图长期以来一直强烈吸引着人们，仅仅审视一下地图和带着地图生活，就已经引起了很多有趣的地理假说方案。所以，大概在某种场合，可以设计地图来刺激假说的形成——甚至可能刺激我们的灵感，正如苏尔可能说过的那样。这里，心理学家关于人们对图像反应的工作，告诉我们很多有关地图构筑的事。关于对形状、线条、方向等的感知的简单心理生理实验（埃克曼等人，1963；伯克，1967），在这里为我们提供了某些基本思想，而心理学家们也仔细地研究了对多要素情况中“信息”和“结构”的感知。（见加纳的评论，1962）这些研究所提供的证据表明，含糊性及不确定性以及由此造成的辨别结构的能力，是如何依赖刺激物和正在引发反应的主体的文化背景的。西格尔等人（1966）已证明了在对形状和形式的感知方面存在着明显的交叉文化变异。伯兰(1958)也研究过主体在不同复杂程度的图画方面的偏好,并发现,一般而言,人们看较复杂的图画比之看简单图画更愿久看。但是复杂性越大,不确定程度也越大,因而解释时的含糊性越大。极度复杂性可使人脑的"讯道能力"饱和,因而在引发某种负响应时难以成功。含糊性和不确定性本身并非不可取——如果我们的认识要发展,如卡普兰称谓的某种含义的灵活性(见前文第 361—364 页)是必需的。甚至可以精心设计一些具有适当含糊性的地图来刺激我们的灵感,但要不至于使我们引起反感。对我们中的多数人来说,伦勃朗和塞尚本来会比杰克逊·波罗克[①]培养出更好的制图学者。

地图在过去无疑已提供了此类刺激物。多数地图都含有某种纯诗意的要素,因而含有恩普逊的所有 7 种含糊性,甚至更多。但是地图也设计来传达特定信息,并以这样一种不含糊的方式来进行,以致我们能在以地图为证据的基础上,作出有关真实世界活动的特别决定。地图起着一种交流系统的作用,那么相应地就要问一问该系统可能包含的噪声有多少。地图作出一种稳定的视觉陈述(在边界上色彩的突然变化,等等),而这经常可能是靠不住的。例如,如果我们掌握的资料很少,那么我们怎么能表达地图语言中关于度量误差的概念(见前文,第 17 章)呢?柴诺夫斯基(1959)关于从简单比率度量地图转换为有意义的概率度量地图(图 15.5)的例子,对从输入地图的资料作不同处理中,如何能够产生不同的视觉印象是一个很好说明。一幅地图不会比输入地图时所用的资

① 伦勃朗,十七世纪荷兰画家;塞尚,十九世纪法国画家;J. 波罗克,1912—1956 年,美国画家,抽象表现主义代表人物。——译者

料更好，而对可能是一种重要百分比噪声的地图图形，大概已给予若干理性的解释，想到这点就令人沮丧。含糊性常常很不合需要，如果地图具有高层次的含糊性和噪声，则很少能有助于导航。因此，在地图投影系统和资料可靠性的限度内，可用地图作出关于地理现实某些方面的稳定而不含糊的陈述。认识到很多规划决策都在地图证据的基础上作出，或许是令人忧虑的。因为城镇规划是在这样一些地图上作出的，在这些地图里，对象相互间的配置是在一种物理空间而不是社会经济空间中。如果这两种空间一致，这种方法是合理的；但在很多实例中它们并不一致，而且即使它们一致，重要的是要显示出它们的一致。当存在社会经济空间的互相作用以非欧几里德几何学来制图为最好的显著可能性时，在物理的欧几里德空间系统基础上，决定社会经济活动的未来分布，看来不是一种很理想的研究方法。很多规划失误很容易与这种方法联系起来。大多数城镇规划必定显然适合满足于住在大约 1 万英尺之上高处生活的居民——附带提及，城镇规划者在俯视 6 英寸比 1 英里地图时，就大致会发现自己处于这种地位。

必须认识到地图是一种空间结构模型。在我们能把这种地图作为关于实际空间结构的一种理论加以接受（因而以该理论为基础行动）前，我们需要表明模型对于它企图代表的现象在经验上是逼真的。地图的选择就像几何学的选择一样，本质上是一个经验问题。不能把它确定为先验的，我们也不能用与一个理论领域有关的地图来讨论一个完全不同的领域中的现象，如果不从经验上说明这样处理是合理的话。地图的使用和任何种类的模型的使用一样，提出了很多涉及推导和控制的问题。所以，是明晰而广泛地讨论这些方法论问题的时候了。

IV. 数据表示——图形的数学表示

已经指出，用图人辨别和评价地图里所含信息的能力，不会没有主观因素，地图中所含的信息越多，在对地图的解释方面所容易产生的含糊性和不确定性也越多。但是，度量地图信息的某些方面还是可能的，因而可以发展地图解释的客观方法。对地图信息的这些客观“解释”，实际上为我们提供了有关已制图的较高级别信息。因此，可以把地理信息看做是在不同的概括等级上提供的。正如邦奇(1966,39)提出的，地图在这个等级体系中处于前地图(premap)(以各种方式转达的原始信息)和数学(它提供关于空间信息结构的非常概括的陈述)之间的中间地带。

传统上，地图已成为地理学所掌握的主要资料储存系统。把地图作为一种位置清单或记录的这一用法，现在已受到使用计算机磁带的挑战，磁带在储存更大量的信息上有效得多。这种计算机储存系统的运行还是非常昂贵的，但是很多规划机构正在推荐数据库以储存这类信息，而很多国家级的人口调查现在正在发展这类计划(托布勒,1964;哈格斯特兰,1967)。从这种“低级别”的信息中，可以通过一种计算机加绘图仪自动地作出地图。然而，在提供自动地理信息系统时会产生很多方法论问题。这些问题反过来又与已作过较详细讨论、涉及地理个体和适于讨论地理分布的时空语言发展的那些基本问题有关。与这些问题相联系，存在着很多判读和地图投影的技术困难，托布勒(1964)和考(1963,1967)

已讨论过这些困难，达赛和马布尔（1965，6）利用已讨论过的地图形式的基本语言概念来处理这些方法论问题。他们总结道：

> 地图、数学模型及其空间关系的表现形式都使用一种“语言”，但是这种语言在一些非常重要的方面都不同于日常语言、程序语言或逻辑学者共同采用的形式语言，……一个重要区别是，二维相邻和并置并不是对语言连结的简单概括。相似性启示我们，制图学模型需要涉及更高维数的概念。看来地图语言是一种二维语言，研究这种语言必须考虑到它的二维结构。

达赛（1965B）更进一步考查了这种二维语言的一些方面。但是，这里的问题是，所有形式的地理信息（不论是计算机磁带上的、地图上的，还是数学等式型的）都要求用这种二维语言来分析。在地理学里已发展了一些一维坐标语言（见本章末尾注释以及第259—262页），但问题仍然悬而未决，因为除非发展起二维语言，很多涉及地理信息交流（和解释）的问题将不能解决。这并不是否认一维语言作为交流载体又作为概括手段的巨大成就。迄今为止，我们关于地理学图式的所有基本分析，一直是利用此类一维语言进行的。已经指出，无论直接从数据还是从地图中对空间形式作普通坐标语言（如纬度和经度）的相应概括都是可以的。但是，如果要用这些概括来讨论地理学图式，就有必要依靠采用需要作某些非常固定的假设的数学度量。另一方面，这些数学模型又使我们能对图式作出客观的陈述。这样，就能用某种客观度量来代替聚落图式之类的直觉描述（使用诸如“疏散的”、“集合的”等一类含糊术语）。

用以对图式作抽象概括的数学模型，有赖于我们表达对象或属性在空间分布的方式。地理学中任何数学方法的使用，都需要事先以使数学运算能够进行的方式对地理现实加以明确的概念化。可以认为空间分布现象能采取三种基本几何形式：

(i)点；(ii)线；(iii)面。

对此我们还可加上较高维数的形式，如：

(iv)表面；(v)强度。

(vi)流量；(vii)组合。

通过其中一种方法对地理图式加以概念化，就可以把有关该图式的信息转换为数学语言，并利用这种语言的特性来概括该图式。可以作出此类概括的方式很多，因此，试图在这里涉及图式的每一种普通度量，从地方化系数(the coefficient of localization)和其他简单浓度测量到由光谱分析方法发展而来的复杂度量(哈格特，1965A 第 8 章，评论某些此类度量)，是毫无意义的，但是考察一下对空间图式所作数学概括的某些特点却大有益处，因为这为我们提供了对地理学中一些基本方法论问题有价值的见解。

描述空间图式的数学模型可大致组合为两类(哈维，1968B)：

(a) 一般数学模型力图通过某种数学表达式的途径尽可能多地包含关于图示的信息。于是可以设计一种等式系统，使之概括成某种方式的资料，并使我们能够描述其一般形式。最简单的概括方法大概是利用某种滤色镜来“平滑”空间图式，并得到成为原图式的平滑变体的地图陈述。好多得出概括描述的方法都已化成公式。詹克斯(1963)就这样考察了如何才能从原数据集中得出平滑了的概括地图，而哈格特(1965A，153—4以及第8章)也已总结了很多此类技术。托布勒(1966B)通过对初始数据矩阵应用于一种平滑矩阵而发展了一种更为正式的此类概括方法，结果逐次得到更概括的地图(图 19.4)。正如托布勒指出的，这种方法的优点是，它在转换各图的关系以及从转换应用平滑矩阵中发现初始地图方面是相对简单的。于是，概括表面和初始表面之间的关系就通过平滑矩阵的方法而牢固地确立了。

趋势面分析以其各种形式(见乔利和哈格特，1965B)也使对地图图式的概括陈述发展起来，并使图式的基本特征以参数是经验地决定的数学等式的形式保留下来。这样，就能够拟合这种形式的一个多项表达式：

$$Z=a+bU+cV+dU^2+eUV+fV^2+gU^2+\cdots$$

式中 Z 为在整个空间改变数值的某种变量，U 和 V 为正交的定位坐标。用最小平方对该模型加以拟合就使实际表面分解为线性的、二次的、三次的……组分，随着每一后续组分，得出总图式变化的一个特定量。这一方法已粗略地用以检验地理表面(克隆本和格雷庇尔 1965，第 13 章)，并已在自然地理学和人文地理学中用来描述系统表面(乔利和哈格特，1965B)。然而，此模型是一个纯描述的方法。例如，它假设所有参数都是线性的(一个非常固定的假设)，而且对这些参数若无更进一步的证据，就不能给予任何经验的解释。

一个可资选择的表示空间表面的方法，是借助二维傅里叶分析(哈博和普雷斯顿，1968；卡塞蒂，1966)。这里，模型通过拟合，由包含余弦和正弦的一些项组成的数学表达式来描述。这种数学形式更为复杂，但是在原理上二重傅里叶级数分析与趋势面分析

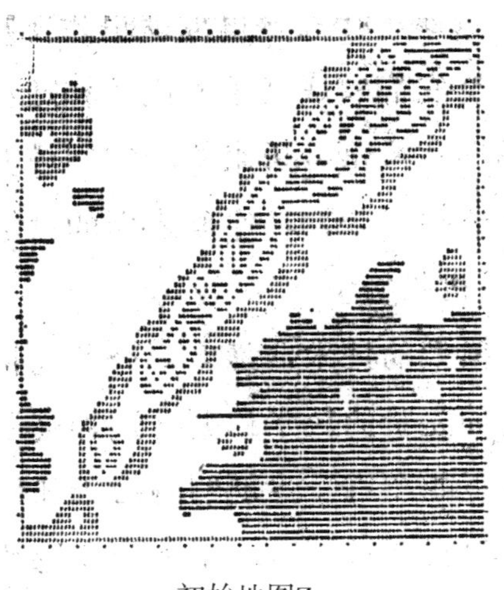

初始地图Z

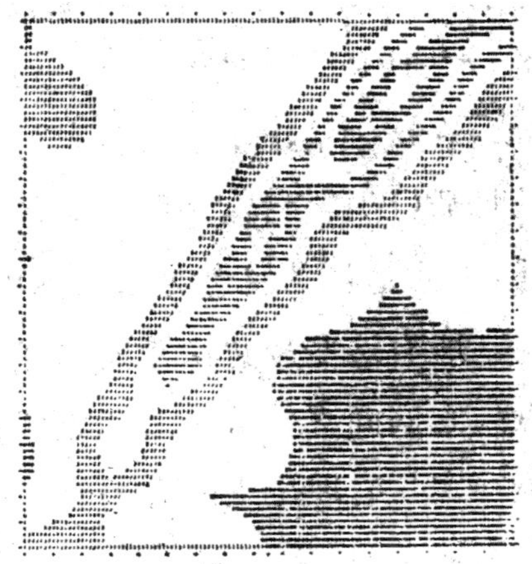

一次平滑图Z*

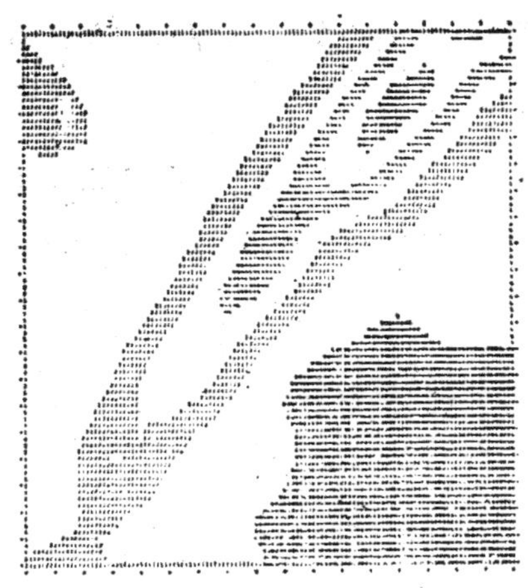

二次平滑图Z**

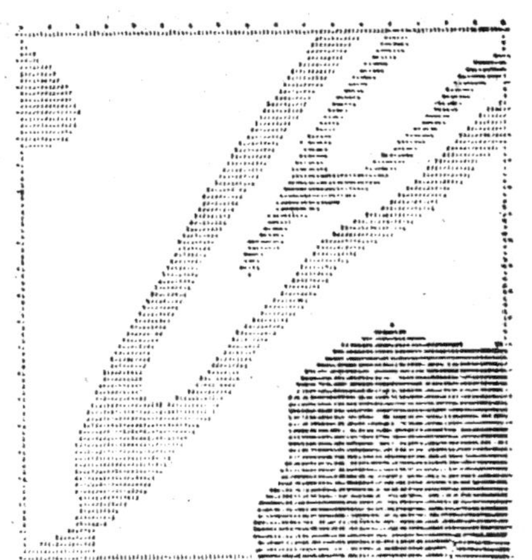

三次平滑图Z***

图 19.4 通过逐次应用平滑矩阵所构筑的地图平滑系列。每一次应用中，地图都变得更为概括。（据托布勒，1966B）

别无二致。它直接把一个表面 z 的高度想象为是两个变量 x 和 y 的函数，这两个变量相互正交并包含周期性正弦和余弦函数的和（哈博和普雷斯顿，1968，223）。因此，认为这个表面是“在两个互相垂直的方向上振荡”。其振幅在二重傅里叶级数里被设想为规则的，并且是周期性的。但是也可以把它们看成是不规则的和随机的。在这种情况下，我们就能够借助二维谱分析来检验空间模型的性质（巴特里特，1964；布赖森和达顿，1967）。空间表面的谱描述，指的是将其概念化为二维平稳随机级数。

所有这些用数学手段描述空间模型的技术，都有一个共同特点：它们简直就是对数据集拟合某种先验的数学模型。这种模型不一定具有理论上的合理性，因而不能在进一步证明时给予任何真实世界的解释。但是，对这些先验模型却可以给予某种理论解释——这是一个经验问题——而即使不能作这种解释，在谨慎地建立模型时，以及很多情况下刺激有关空间图式的概括时，它们仍起着某种有价值的作用。

(b) 特殊数学表示把空间图式与某种建立在关于过程的一些特殊假设基础上的数学模型联系起来。假设的过程通常是随机的。达赛（1964A，559）很详细地解释了其含义：

> 说一种分布在非技术意义上是随机的，就是说该图式毫无可辨的次序，就是说其原因不能决定。在数学统计的术语中，“随机”一词具有准确的含义，它指的是产生一种模型的过程，而随机模型就是一种理论随机过程的实现。

理论随机过程于是就提供了一种规范，依靠这种规范，就能度量某一特定模型。可以利用这一规范来提供对模型的各种客观度量。这种途径已被用于一条线上的活动性序列（格蒂斯 1967A；1967 B）和地图图式，这些图式中，通过利用邻接度量（contiguity measures）可以研究不同“色彩”（色彩代表特别的特征）的区域

(达赛,1968;克里弗,1968)。然而迄今为止,最重要的方法是那些通过最近相邻分析和样方抽样而与点阵度量相联系的方法。

最近相邻分析以一种与空间点阵描述密切相关的方式,把几何学和概率论结合起来(肯达尔和莫朗,1963)。几何概率指的是在空间发现事件的概率。考虑一个模型,其中给定空间里每一位置都具有接受一个点的相等机会。这一模型相当于假设一个给一些点指定位置的随机过程。如果给出区域和所要指定之点的数量,那么就能从概率演算中得出预期的各种度量。顾名思义,最近相邻度量指的是点间距离,而且给定假设的过程后,就能把距离分布计算为第一、第二、第三……最近相邻(如果需要,可以直到 1,2,……k,部分),然后把最近相邻的实际距离度量与随机期望相比较。在由克拉克和埃文思(1954)发展起来的经典最近相邻技术中,构筑起一种从 0(所有点都位于同一点上)经 1(与随机期望一致)到 2.1491(一个极其规则的六边形分布)的标度。最近相邻为度量空间模型提供了一种简单的客观技术。达赛(1962)曾用它来显示出布鲁什(1953)完全依赖目视检查描绘为具有显著规则特征的一个空间模型,实际上与随机期望非常接近。既然布鲁什已把聚落模型的表面规则性,用来作为中心地理论实际应用的肯定证据,这一客观检验就显得尤其重要。最近相邻方法已在地理学中得到广泛的应用,(达赛,1960,1962,1966A;柯里,1964;格蒂斯,1964;都提供了一些实例)。并已用于讨论植物生态学(格雷格-史密斯,1964)和地质学(米勒和凯恩,1962)的一些问题。

而样方抽样则与在一确定面积区域(常称为样方)中发现 0,1,2……个点的概率有关。如果点在研究区中的平均密度已知,

则也可以计算在随机期望下的那种概率。然后可能从随机期望里测量离差，并对模型建立各种度量。由于格雷格-史密斯(1964)提供了详细说明，而格蒂斯(1964)、达赛(1964A)和哈维(1966B)提供了样方抽样在地理学中的应用实例，所以我们无需涉及这些度量的细节。

样方抽样和最近相邻度量都为我们提供了一种客观地描述点阵的某些一般特征的方便办法。这些描述参照某种假设的数学过程而构筑。于是就产生一个问题：这种假设的数学过程能否按照某种地理过程来解释。这种数学陈述能起到一个关于地理过程的先验模型的作用吗？原来在最近相邻距离度量和样方计数中，描述随机期望的特定数学法则就是泊松定律，而且正如我们已注意到的，它特别适合于研究能以随机项方式加以充分概念化的真实世界过程(见前文，第319—322页)。达赛(1964A,559)阐述道：

> 按照地图图式的术语，纯机会表示每一图上位置，都具有获取某种符号的相等概率。既然地理分布，尤其是涉及人类决定的区位模型，很难是相等可能事件的结果，那么对大多数地图图式，只能指望反映出某种系统或秩序。因此，为了证明一种空间过程，地图图式是要加以检验的。探索某种过程可以采取很多不同的途径。一种办法是得出一方面准确地描述地图图式的性质，另一方面提出隐含的空间过程性质的某种概率法则。

按照这一思路，达赛(1964A,1964B,1966A,1966B,等等)曾在各种实验情况下研究了地图图式和假设空间过程之间的相互关系。柯里(1964)和哈维(1966B)也提供了其他的例子。

这种用从某种假设的随机过程中构造的模型来“探索”地图图式的办法,引起一些棘手的推理问题。这些问题多半与我们已确定为尺度问题(见前文,第 418—421 页)的那些有关。牵涉到最近相邻分析和样方抽样的各种模型的度量,并非与点阵于其上得以分析的尺度无关。不同的样方面积得到不同的频率分布,并因此对假设的空间过程提供不同的证明。很小的样方(与点阵密度相对较小)总是得到一种泊松式分布,因此似乎表示空间过程是随机的。对同一点阵较大面积的样方抽样,可能产生负二项分布,并表示不同的空间过程种类。(见哈维,1968A)因此,一般而言,从模型分析中取得的关于过程的推论,并非不取决于分析的规模。最近相邻分析中也产生类似的问题,虽然不太严重。这里的问题在于初始研究区域的确定,k 个部分的数量和定向,以及要度量成顺序相邻的编号。这种情形下的推理问题是,全部 k 个部分到第 j 序聚群(settlements)之距离的随机分布,并不一定意味着全部$k+1$ 个部分到第 $j+1$ 序聚群的距离分布也是随机的。

有可能详细地考虑这些推理问题,并在此过程中以技术性术语来表达一系列基本方法论问题。要考虑推理问题在达到最严格时的样方抽样。样方就是任意强加的区域单位,它被用来收集关于点阵的信息。可以选择任何大小的区域单位(见第 417—421 页)。这样,样方就起着强加于连续分布的点密度表面上的区域个体的作用。现在假定概率模型的种类适合于那个图式,如果要作出关于图式与过程之间关系的推断,则有可能拟定某些样方抽样会满足的条件。例如,在一种简单随机模型中,每一样方必须具有等同而且独立的取得一点的机会。较复杂的模型在等同性意图方面较为灵活，但独立性仍是一个重要标准。这意味着在一定区域个体中得到的(任何类型)读数在统计上都应与任何其他样方中的读数无关。有可能通过考察空间分布总体中自动相关的程度来检验独立性。从技术意义上看，区域单元的最适合规模是，其中滞后1,2,3,……k步的总体自相关不显著大于零。这个条件突出了所测属性性质与所定区域单元大小间的关系。因为它还识别出其各种特征相互独立的总体，空间抽样问题就是有赖于它(见前文，第433页)。

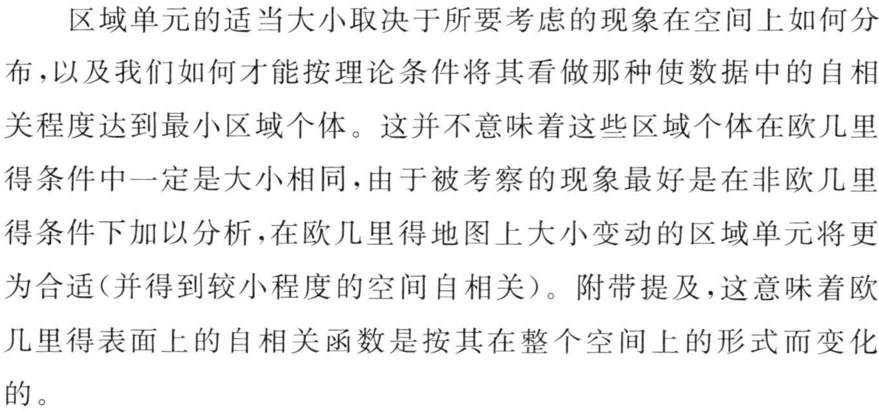

区域单元的适当大小取决于所要考虑的现象在空间上如何分布，以及我们如何才能按理论条件将其看做那种使数据中的自相关程度达到最小区域个体。这并不意味着这些区域个体在欧几里得条件中一定是大小相同，由于被考察的现象最好是在非欧几里得条件下加以分析，在欧几里得地图上大小变动的区域单元将更为合适(并得到较小程度的空间自相关)。附带提及，这意味着欧几里得表面上的自相关函数是按其在整个空间上的形式而变化的。

原来在自相关函数和谱密度函数之间有着一种特殊关系，其中一个是另一个的傅里叶变换。这样就能够把地图图式的一种最一般陈述与我们在此考察的模型的特殊度量连接起来。在我们所有发展空间模式的数学描述的努力中，潜伏着一种企图，要识别不同波长、振幅及频率的空间变异的集成。既然谱分析的目标是识别某一特别频率段在空间图式的全部变化中的作用，我们或许能直接从这些数据中确定对空间变动最为重要的波长(组分)。这些重要波长又确定了在其上可发现有意义的空间自相关的尺度，并因此可以用来确定对于分析连续分布现象和组合分离现象起着基本地理个体作用的区域单元的最宜大小。

偏平表面、规则的几何表面(振荡的和非振荡的)等等，在地理学中相对少见。我们正寻求理解的现象，通常是不规则且杂乱无章地分布于整个“波状”类空间的，这种空间还常常被诸如地形的或政治的那种较大范围不连续界线打断。知识启示我们，不能把这一表面概念化为纯粹随机的——就像信息论称谓的“纯白噪声”。地理空间内存在着一些强烈的有机因素，它们常常能在地图图式中识别出来。但是问题是要在常常呈现完全不规则空间图式的那些事物中识别规则性因素。我们长期以来一直通过审视地图，并希望从中确实是我们所想看见的来寻求直觉地识别这些规则性。现在我们掌握了度量图式的客观方法，这些方法在运算上还与地理分析所面临的某些基本方法问题相联系。然而这一事实的广泛含义已在别处讨论了(哈维，1968B)。

这样，地图图式数学表示的这些技术把三个重要方法问题——尺度问题、空间图式的性质、空间图式及过程间的关系——综合起来。它们为更深入分析这三个问题提供了某种框架。只是在某种活动规模上过程才是有关的，而有关过程又根据所选择的分析尺度而不同。城内移居很可能要用与城间移居相应而又完全不同的变量来解释。过程和空间形式之间的关系，普遍地成为地理学者的基本关心点。我们对空间形式的描述完全取决于尺度，而相关的分析尺度只有根据某一过程的空间变化性及重要性才能决定。因此，在图式和过程间有着密切的相互依赖，我们得以避免纯粹循环论证的唯一办法，就是非常清楚地认识这些相互依赖的性质。

（注释：由于本章前后文中使用了二维(two-dimensional)这个术语，可能会引起某种混乱。每一种简单语言(时-空或物质)都可以有若干维，但在本章情况中，我们通过把两种不同语言汇集为一个信息系统而形成一种复杂语言。）

第六编

地理学中的解释模型

第二十章　因果模型

因果的概念在科学研究史里一直是极其重要的，然而在科学哲学中再也没有别的概念会在其周围引起如此众多的争议。混淆之处众多，因此，为了显示因果能为我们分析地理问题提供有用模型，要对这么众多的争辩一一加以分析是难以做到的。企图对有关因果争辩的历史作详细讨论，或企图对近来涉及这个概念含义的细微差别作全面陈述，都毫无意义。M. 邦奇(1963)所作的详细讨论已谈到了这些问题。但首先澄清与因果有关的某些语义学困难却是有益的。邦奇(1963，3—4)注意到三种主要含义：

(i) 因果关系——把一个特别事件(或一系列特别事件)与一个特别结果(或一系列特别结果)联系起来的因果联系(有时称作因果连结)概念。

(ii) 因果原理——因果语言中特有的定律式陈述(即一种普遍陈述)。

(iii) 因果决定论或因果论——断言因果原则具有普遍合理性的一种学说。

这三种含义是相联系的。如果我们在某些场合能确定存在“因果关系”，则因果定律也能树立。无数因果定律的公式表达(它们全都证明很成功，我们从中获得极大信心)可能引导我们推论出，因果决定论是赖以获得关于我们周围世界的实在认识的唯一原则。我们还可提出，在因果以外，是否有旁的解释形式能为我们所接受？并进一步提出这样的哲学问题：现象世界事实上仅仅是由因果定律支配的吗？

现在不可能追溯所有围绕这些问题的争辩和反争辩。但摆出已陈述过的关于理论和模型的观点，还有迄今已发展起来的有关解释的一般思想，就可能发展一些大多数此类争辩都大大忽视了的因果分析思想。例如，值得注意的是整个因果争论中的主要思想是形而上学的。按照本书的一般方法，我们将把注意力集中在有关的逻辑问题上。

如果我们承认科学解释包括构筑假设-演绎系统，其中的法则（或定理）是从公设（或公理）中演绎出的，那么可望因果将在这类系统中为我们提供一个重要的推理规则。在这个水平上，我们可以把因果归入逻辑推理中的有用规则之列。除此而外，它还能起什么作用，取决于一些对应规则之性质。这些对应规则能将包含因果推理规则的理论结构与我们寻求解释的真实世界情况形成联系。因此，把因果的讨论限制在两个主要问题上看来是合理的，这两个问题是：(i)因果分析系统的逻辑性质，(ii)发展一些对应规则使我们能将真实事件填绘进因果逻辑框架中。

I. 因果分析的逻辑结构

M. 邦奇（1963，第2章）考察了各种形式的因果原则，并把陈述因果原则最满意的方式总结为：

当（且仅当）C 发生时，E 一定因此而产生。

这个陈述可更简单地转换为“一定种类 C 的每一个事件产生一定种类 E 的一个事件”，或更直率地表示为“同样的原因总是产生同样的结果”。因果概念所固有的思想是“产生”。不仅 E 总是随着 C 出现，而且在其关系中还有某种必然性。这样，因果关系和某种经常关联之间的区别，就类似于内格尔(1961)断言存在于正常的和偶然的两种普遍性(见前文，第 124 页)之间显而易见的区别，面对严密的逻辑分析，这种区别也同样难以维持下去。因此，因果原则无非是一种简单但很重要的法则陈述。我们可为因果陈述的运用来辩护，正如以同样方式来为任何所谓陈述“法则”进行辩护一样。这可能意味着某种机制把事件 C 的存在与事件 E 的随后存在连结起来。在其他一些情况里，我们在设想某种机制时是感到理直气壮的。但是，从逻辑观点看来，我们无需关注这种陈述的经验情形。一旦我们写下逻辑关系 $A \longrightarrow B$(读作“A 导致或引起 B”)，并规定以下条件：此关系为非自反，即 $B \not\longrightarrow A$，非对称(B 不能先于 A)，且可递(如果 $A \longrightarrow B$，$B \longrightarrow C$，则 $A \longrightarrow C$)，那么我们就已建立了一套推导规则，可用以描述任何集合变量中的相互作用和关系。存在着三种非常有趣的逻辑外延。如要证实它们，求助于集合论，并把因果模型概括为事件的集合是很有用的。我们可设想一系列事件$(a_1, a_2 \cdots, a_n) = A$，$(b_1, b_2 \cdots, b_n) = B$，以及其他集合 C，D，E 等等。那么可以确定因果模型的若干基本形式：

(i) 直接原因的基本形式 $A \longrightarrow B$

(ii) 因果链形式 $A \longrightarrow B \longrightarrow C \longrightarrow D \cdots\cdots$

(iii) 多重原因结构形式

$$\begin{array}{l} A \longrightarrow B \searrow \\ R \longrightarrow S \nearrow \end{array} (B \cup S) \longrightarrow Z$$

（iv）**多重结果结构形式**

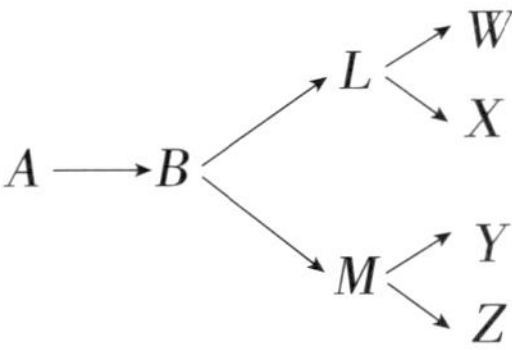

这种逻辑结构至少可以说是迷人的，它们与我们关于一种解释模型应该是什么样的若干直觉概念相符合。除此而外，这类结构的巨大力量启示我们，它们将在模拟性解释和分析性研究中起重大作用。但是这些结构目前在地理思维中的巨大重要性是建立在强有力的推测上，即这种分析的逻辑形式准确地反映着真实世界的机制和过程。这一点是否真实，取决于在抽象逻辑结构和真实世界情况之间可建立的对应规则的程度。

II. 因果模型的应用

因果逻辑在经验研究中的应用问题，归结起来是一个确定因果上相关的变量，以及确定在其中我们可应用因果分析系统的界线问题。邦奇（1963，50—1）遵循罗素（1914，235—5）的观点阐述道：

> 作为法则一样的因果联系，并不适用于一些孤立的事实，而适于属于某些**等级**或种类的那些事实——它们注意个别实例中的变异。

那么问题就在于确定事件集 A（由某一性质或某些性质来定义），它与另一事件集 B 有这种关系，以致我们可以声称 A 引起 B。此类集合的确定并非易事。

因果原则“一般意义”的说法里，隐含着事件集 A 无论如何都不同于集合 B。例如，说因为农夫是酒花种植者，所以他们种酒花，这就很难符合我们有关因果原则的直觉观念。另一方面我们面临着这样的问题：即一旦我们借助因果关系把两个事件集连结起来，我们就能在其间插入一些中间集合，如果我们追索下去的话。例如连续降水⟶小麦产量可以变换为降水⟶土壤水分含量⟶小麦产量。在第一个陈述里，降雨被看成是直接原因，但在第二个陈述里被处理成因果链中的间接原因。所以布拉罗克(1964，18)指出：

> 在任何设想为直接相关的因数之间，通常都有可能插入为数众多的额外变量。我们必须适可而止，并考虑既定理论系统。

这样，一个系统里的直接关系“在另一个系统里可能是间接的，甚至可能表现得不合逻辑。”但是，当插入越来越多的变量时，这些变量相互间的区别将趋于越来越小，例如降水⟶土壤水分含量⟶小麦生长⟶小麦产量。在现实中的很多情形里，我们打交道的是事件的连续系统，这些事件不易相互分离。这样，降水和土壤水分含量之间的关系就可以看做是形成水分循环的连续系统的一部分。但是这里的根本问题是，确定一个系统的方式基本上是一种专断决定，而且在某些场合里，它还包括把连续系统处理为好像它们具备了可在现实中认识的分离状态。在这些情形里，很显然，为了将因果模型应用于经验场合，就包含了大量似乎之类的想法。在能辨别出分离状态并证明有某种因果联系的情况，因果论据就能形成关于现实的某种理论的基础。然而，在大多数情况下，把它看成是分析真实世界相互作用的简便模型，可能更好些。

因果分析的一般应用，还包括对适当的事件集合下定义。这是一个分类问题，正如我们已看到的，分类不是反映了某种理论，就是作为形成理论的一种刺激因素而活动。例如，在根据特性而作分类时，特性的实际选择取决于区别对象和事件这类特性的重要性的假设。在存在精密理论的场合下，这些特性通常都显示出重要性，但有很多情况，分类本身不受经验数据集合的控制——这些分类就形成社会科学以及地理学的若干理想化解释（见前文，第91—96页）。除非通过内省和诉诸直觉，很多此类理想化解释是非常难以证明的。马克斯·韦伯清楚地认识到这个问题。对韦伯来说，社会结构演变的分析包括因果分析，而基本问题在于“证明一定历史个别事件的某些特征与某些经验事实之间存在某种因果关系”。在他看来，只有当这个问题能归纳成一种“概念”与“观念类型”之间的关系（塔尔柯特·帕森斯，1949，610）时，这种证明才是可能的。这里，因果原则变成概念、种类和观念类型之间的一种图解关系，而这种图解表示的适合性，完全取决于所确立的观念类型的适合性。因果模型的可应用性，既有赖于已涉及的类型定义的适合性，也有赖于对将要包括的类型之选择。

给出这个一般结论后，值得指出：没有一种因果结构会具有在一定领域里排它的规则。如果我们愿意解释农夫的行为，我们的做法是，既可引申出涉及气质、动因等等的结构，也可以发展涉及环境控制、市场价格等等的结构。这样，可用几个不同的因果模型来解释同一事件集合，而且这些模型毫无必要相互排斥。

因果模型的条件之一是不可逆性，即若 $A \longrightarrow B$，则 $B \not\longrightarrow A$。这一条件包含着一些识别问题，这就意味着在一系列变量中建立西蒙（1953）所称谓的因果顺序的问题。在多数情况里，很难说究竟是 $A \longrightarrow B$ 还是 $B \longrightarrow A$，或很难说其间是否存在着两种相互作用方式。例如，如果说在肯特酒花种植的发展，是由于小规模自由保有不动产权的农场结构的存在而引起，那么有可能颠倒这个陈述并使之有理。在一些场合中，反向陈述却没有道理。例如，说小麦产量⟶降水就毫无道理。然而，如果反向陈述没有道理，我们就需要有某种办法来决定由哪一变量所引起。有时可以通过建立事件之间的时滞来避免这个问题。若 $A \longrightarrow B$，因果解释要求 B 不能先于 A。但是时滞的建立不过是一种有用的而不是重要的引导，所以如此的原因，可能是事件的复杂序列使得 B 先于 A。考虑我们正试图显示价格水平与一定作物种植面积之间的因果关系这种情况。假设我们发现价格的下跌很有规律地追随作物面积的减少，这种情况并没产生经济上的道理，因为它违背了价格⟶面积变化的普遍期望。但是设想我们插入一个中间项，例如将来价格水平的期望，那么这个系统就可以产生道理了。这里的关键是 A 与 B 间的时滞假定 A 是 B 的直接原因，并假定每一变量在时间上的分布是分离的。而对连续分布的变量若不作出一些稳固的假设，例如前六个月的价格引起后六个月的产量水平，就很难在因果框架中讨论。

西蒙(1953)和布拉罗克(1964)通过分析一个系统中连锁变量的结构抓住了定义问题。西蒙的处理尤其有趣。他指出，如果我们掌握一套联系各变量集合的结构方程，那么当存在唯一的变量因果顺序时，连接变量的系数矩阵将在一定的变换形式下保持不变。如果我们能从经验上显示正在考察的相互关系具有这种性质，那么识别问题和因果顺序的问题就能有效地解决(西蒙，1953，68—9)。这种处理依靠假设关系 $A \longrightarrow B$ 的非对称性，而不依赖在两个事件集之间建立时滞。

说 $A \longrightarrow B$ 意味着若无 A 的发生 B 就不存在，除非还有另外的事件集 Z，它独立于 A 但又能导致 B。这里又有一个复杂的问题，最好集中考虑 B 存在的必要条件和充分条件之间的差别，才加以分析：

(i) 必要条件是若干事情的一种状态，这些事件保证了一个未发生事件的预言。缺乏雨水可以看成是阻止酒花种植在肯特发生的条件(在得不到其他供水手段的情况下)。必要条件是非常消极的，它们实际上规定了一套约束条件。

(ii) 充分条件是若干事情的一种状态，这些事件保证了预测一个事件的发生，因此它是非常积极的；如果 A 是一个充分条件，那么当我们已观测到 A 时，我们会自然而然地期望观测到 B。如果降水是一个充分条件的话，那么我们就应当期望在有降水的地方找到酒花种植了。

布拉罗克(1964，31)识别了四种可能的情况：

(i) A 对 B 的发生是必要且充分的(例如小规模、自由保有不动产权的农场对酒花种植是根本的，并导致酒花种植)。

(ii) A 对 B 来说是一必要的但不是充分的条件(例如小规模自由保有不动产权的农场对酒花种植是根本的,但并不导致种酒花)。

(iii) A 对 B 是充分但不必要的(例如小规模、自由保有不动产权的农场导致酒花种植,但在不存在此类农场的地方可能发现酒花种植)。

(iv) A 对 B 仅仅是部分必要和/或部分充分(如在我们发现酒花种植的大多数场合里,我们都可以把它归因于农场结构的作用;或在我们发现某种特殊农场结构的大多数情况里,我们都将发现酒花种植)。这最后一种陈述形式,等于是因果模型的一种概率论变体。

布拉罗克指出,通过坚持把 A 定义为包含 B 的所有必要条件和充分条件,可以为(ii)、(iii)和(iv)这几种情况重新下定义来与(i)取得一致。这样,在(ii)中发现的情况,就是指在一种多重原因结构中我们正识别出部分原因的那种情况,而该结构中的其他一些部分原因是未知的。这里的全部要求就是鉴定那些集合,例如 A_1 和 A_2,它们的共同出现($A_1 \cup A_2$)导致 B。如果我们把这种许多不同事件集交错的思想加以延伸(因此发展一种高度复杂的多重原因结构),我们就接近于本世纪初法国地理学者探究的基本设想了(勒克曼,1965)。在(iii)的情况里,问题就是联合很多的集来为 A 下定义,以使 A 对 B 来说是必要且充分的。在(iv)的情况里,我们可以把“A 在 60%的场合导致 B”这种形式的概率性陈述当作反映了如下情形,即初始集 A 可以分割为两个子集 A' 和 A'',以使 $A' \longrightarrow B$ 和 $A'' \not\longrightarrow B$,而且 A' 在60%的时间里都发生(诺瓦克,

1960)。以上所有实例都有可能通过为有关系统重新下定义以符合因果框架,从而把因果框架维持其最强有力的形式。但是显然,我们在这样做时,铸造了一些操作定义来适应这种逻辑框架,并以适合于这种逻辑模型的方式把情形概念化。这样一种处置可能是极其有用的,但是显然,在这里因果逻辑对讨论现实起着一种先验模型的作用,而不是关于现实的一种理论。

III. 原因系统

尽管在很多经验的场合里,采用因果分析面临着一些困难,但在分析复杂系统的结构时,却证明其基本逻辑极其有用。当然,由于这种基本模型的性质而使因果系统的讨论部分地成为必需,因为

> 两个变量之间的因果关系,显然不能从经验上来评价,除非我们对其他变量能作出某些简化的假设(例如无环境强制或以未知方式操作的公设特性)。(布拉罗克,1964,13)

只有当我们能假设另一个变量 C 对 B 不起作用(其对 A 的作用可以看成是不相干的),或我们能有效地控制 C 对 B 的作用时,我们才能洞察 $A \longrightarrow B$ 一类的关系。实验设计的作用之一,就是把某一单集的关系使之孤立(并消减来自其他变量的干预),但在地理学研究里,我们只能偶尔在实验室中做实验。这样,我们就面临着收集数据这个困难问题,我们要最大量地获取有关要研究的特别关系的信息。这就包括把干预降至最小,而这又常常通过随机化过程来做到。(见前文,第 433—436 页)

然而，这种变量干预的普遍问题说明，在多数场合里，我们所要对付的是一个复杂的因果系统。而最近已发展起来的趋势是要研究整个系统，而不是它的各个孤立部分。当然，在一个研究中，必须把该系统看做在某方面是封闭的。正如M.邦奇（1963，125—147）指出的，既然“宇宙不是事物的堆积，而是各种相互作用系统所组成的一个系统”，那么几乎任何一项科学研究，都包括子系统的隔离问题。他继续指出：

> 在无数的因素集中总存在着联系，从来不是单个、孤立的事件或性质之间的联系，如因果论所设想的那样……然而由因果思想产生的分拣挑选，虽然从本体论上看有缺陷，在方法论上却是不可避免的；就像在其他任何场合一样，这里的缺点不在于产生误差，而在于抹煞或忽视了误差。

考察一下图20.1A所示的连锁变量的集，这是一个只由六个变量支配的农场经济中各种相互作用的假想模型，只记录了直接原因。可以用从原因到结果的“流程”图来表示这同一个系统。（图20.1B）这是模型的一个特殊种类，它可能出现于特殊情况研究中。在这种情形里，我们仅仅假设其相互关系。在现实中，其实常常很难确定因果结构的准确性质。布拉罗克（1964，第3章）较深入地讨论了评价这种因果结构的方法。该方法从把变量间各种相关的一个矩阵作为基本数据入手。由于这些相关是对称的，又由于间接原因与结果会有高度相关，这些相关不能看做直接因果联系的证据。例如在图20.1A中，到市场的运输费用和每英亩产量之间非常可能存在高度相关，但这是由于这种相关通过价格和肥料投入起作用，而不是作为一种直接原因起作用。然而布拉罗

克认为，在这种情形里，通过检验部分相关系数来评价其结构是做得到的。但是如果我们从递归因果系统的角度来考察的话，这种方法将会更为清楚。

原因↓ 效益→	1	2	3	4	5	6
1　每英亩产量				+*		
2　肥料投入	+*					
3　劳力	+*					−*
4　农户总收益		+*	+*			+*
5　往返市场的运输费用		−*		+*		
6　农机投资	+*		−*			

图 20.1(A)

西蒙(1953)和很多计量经济学者(如沃尔德和杰林，1953；沃尔德，1954；斯特罗兹和沃尔德，1960；约翰斯顿，1963，第 9 章)曾试图借助一系列递归联立方程来分析复杂的因果相互作用。这些方程一般可记为：

$$X_1 = a_1 + b_{12}X_2 + b_{13}X_3 + \cdots + b_{1k}X_k + e_1$$

$$X_2 = a_2 + b_{21}X_1 + b_{23}X_3 + \cdots + b_{2k}X_k + e_2$$

$$\vdots$$

$$X_k = a_k + b_{k1}X_1 + b_{k2}X_2 + \cdots + b_{k.k-1}X_{k-1} + e_k$$

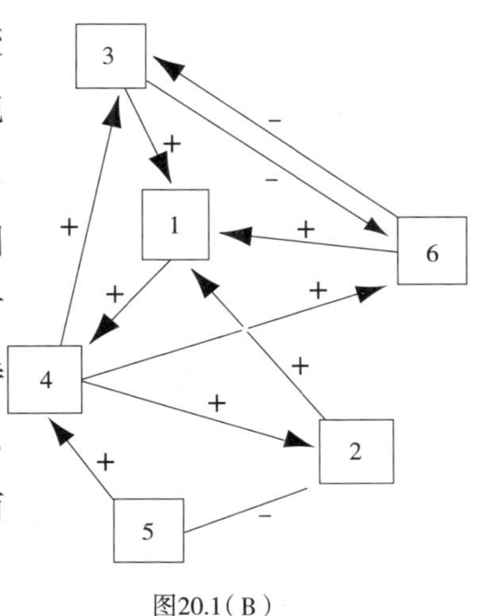

图20.1(B)

图 20.1　A:经过挑选的几个与农场产量有关变量中一套假设因果关系的表列;B:相同关系的图示

这个系统中的系数如果在某些变换形式中保持不变,则将指示出系统里是否存在唯一的因果顺序(西蒙,1953)。但是在很多情况中,不能找到唯一的因果顺序。因此较为简单的方法是考察这种结构方程方法的一种特殊形式。以下内容是将西蒙(1953,58)和布拉罗克(1964)的叙述浓缩而成。

假定我们有以下因果系统,其中逐渐不良的天气(X_1)⟶小麦种植的减少(X_2)⟶小麦价格的上涨(X_3),而且我们假定天气只取决于某一个参变量,小麦种植只取决于天气(加上某种偶然冲击),价格只取决于小麦种植(加上某种偶然冲击)。假定各种关系都是线性的,则我们有以下递归结构方程系统:

$$X_1 = e_1$$

$$X_2 = b_{21} X_1 + e_2$$

$$X_3 = b_{32} X_2 + e_3$$

但是这个系统要求 X_1 除了经过 X_2 外对 X_3 无任何影响,因此可把这个系统看成是下列方程系统的一种特殊情况,其中定 b_{31} 为零:

$$X_1 = e_1$$

$$X_2 = b_{21} X_1 + e_2$$

$$X_3 = b_{31} X_1 + b_{32} X_2 + e_3$$

如果把这一系统中的各个参变都看做部分回归系数，则有：

$$X_3 = b_{31 \cdot 2} X_1 + b_{32 \cdot 1} X_2 + e_3$$

在得到我们提出的这个简单递归模型后，$b_{31 \cdot 2}$应等于零（与抽样变化无关）。这就意味着当 X_2 保持常数时，X_1 和 X_3 之间的相关为零。因此，由显示 $b_{31 \cdot 2}$事实上与零并无显著差别来评价这样一个因果模型将是做得到的。这就形成了布拉罗克评价因果模型的方法基础。当然，这种方法还有一些复杂之处和某些困难，关心者可详细参阅布拉罗克分析的余下部分。

递归因果系统只是结构方程的一种形式，是涉及互逆因果系统分析的另一形式。这里的模型设计是考察各变量间的两路相互作用，但为此就有必要遍及若干时间周期来考察一个系统。于是我们可以建立递归系统的一种特殊形式来处理该形式的互逆相互作用

$$Xt_0 \longrightarrow Yt_1 \longrightarrow Xt_2 \longrightarrow Yt_3 \longrightarrow Xt_4 \longrightarrow \cdots$$

这样的模型看来特别适于检验米尔达耳关于循环因果关系和累加因果关系的概念——普雷特（1966，1967）曾经在地理学领域中相当仔细地贯彻到底的一个概念。

在结束这节因果系统的分析之前，值得评论一下因果系统内部所包含的概率性陈述。当研究可从统计上来处理的事件集合时，可以构筑概率因果模型。在一些情况里，这一概率性要素直接就是从外界进入封闭因果系统的一种误差项或一种干扰。大多数计量经济模型就属这种形式。因此可把这些项划分成一组其相互作用被确定地模拟的变量，和一个包容测量误差、外部干扰等等的

误差变量。在另一些情况里可以构筑因果系统，其中的变量可在系统之内进行概率模拟。考虑一个因果链模型，其中事件 B 追随事件 A 的概率 $p(B/A)$ 是已知的，而事件 C 追随事件 B 的概率 $p(C/B)$ 也是已知的，如果 A 与 C 之间不存在直接联系，则按照乘法定理，事件 C 追随事件 A 的概率由积 $p(B/A) \cdot p(C/B)$ 给出。在这类模型中，可把概率的演绎定理和因果分析的逻辑结构结合起来使用，以便提供一个简便的分析框架。但是，任何较重要的不确定要素都难以与因果逻辑联合，而非演绎方法则肯定不能与之结合。然而把因果分析延伸到概率情况的一般能力具有重要的哲学意义，因为它对认为因与果本质上意味着决定论的形而上学信仰确实提出了某种挑战。道理所以如此需要加以解释。

IV. 因果和地理学中的决定论

如果加以适当规定，则任何因果系统在数学意义中都是确定的。因与果中所采用的逻辑是演绎的，因此结论必须从初始陈述中推出。这个普遍规则适合于概率陈述，就像它适合于确定陈述一样，因为给出一套概率形式的初始陈述后，就能作出确定的演绎，如像在上文提到的概率因果链模型中的那样。然而因果逻辑意味着已采用了确定的解答，以支持更为本质的决定论命题本身。若无进一步的证据，这种延伸是不堪支持的，但是在科学史中，因果逻辑的存在及其在解释中的重要性，一再被用来作为支持决定论这种形而上学立场的直接证据。

然而误以为这种解说迄今已武装了我们可以处理这个复杂问

题，是会走上歧途的。因果观念具有极重要的心理学意义，而且它在我们获得对经验领域的控制的尝试中，看来是一个基本的原始概念。例如，皮亚杰(1930)曾经指出，因果观念在幼儿身上早就产生了。因果概念也深植于语言中，因此如不使用诸如“决定”、“支配”、“招致”、“控制”、“产生”、“妨碍”、“引起”一类的词语，要讨论任何事情都是很困难的，所有这些词语都倾向于隐含某种必要的因果联系。确实，解释的整个观念本身，常被看成是与“确定某事物的原因”同义。所以原因概念是一个非常普遍的概念，但部分地因它如此普遍，也为含义的模棱两可所困扰。认识到这一点至关重要，因为地理学中围绕原因概念的争论，是一种广泛而混乱的哲学争辩的苍白反映。关于因果原则，内格尔(1961,316)这样写道：

> 对它不存在普遍接受的标准公式，关于它也没有证实什么共同的看法。这个原则通常被理解为具有比任何专门因果定律更广泛的范围。另一方面，某些作者尽管断言它是关于渗透进整个自然界的一种性质而不单单是关于一种有限论题的东西，但还是把它当成与特定因果主张等价的一种陈述。另一些人则把它理解为比意义限定的因果定律更高层次的原则；他们坚持认为，该原则关于定律和理论有所主张，而不是关于定律和理论的论题。还有一些人把它当作一种探究的调节原则，而不是事件和过程之间的联系的公式。也有人把它看做是一种归纳概括，有人相信它是**先验**的和必然的，另一些人坚持认为它是一种方便的准则和一种决定的表达。

所以因果对不同的人意味着不同的事，而因果框架的使用，对不同的人也显然意味不同的事。地理学文献中充斥着内格尔描述的所有那些看法(甚至更多)的例子。大多数地理学者认为，他们所研究的形形色色的现象，都以某种方式相互联系。很多人认为这种相互关系就是因果。按照哈特向(1939，67；1959，18)的说法，洪堡和李特尔两人都“假定自然界中所有的个别特性都有因果关系”，而赫特纳也强调了理解形形色色的现象结合在区域综合体中的因果联系之重要性。事实上，因果观念已成为以前地理学中解释的基础，但每一个地理学派和每一代地理学者都一直倾向于按不同的方式来阐明因果原则。对维达尔·德·拉·布拉什来说，解释包括指出某一特别事件如何处于复杂因果链的交接点(勒克曼，1965)，而诸如森普尔和亨丁顿一类的地理决定论者却寻求显示如何才能把人类活动返回(back)(常常通过复杂途径)与最终决定因素——环境联系起来。另一方面，地理或然论者为了不同意决定论者把正确原因和正确结果的论作同一，却似乎不怎么与因果原则交锋。从回顾中似乎看出，对我们现在概念化为复杂二路相互作用的东西，两派都仿佛试图根据一路关系来分析，他们的分歧归根到底是，何为原因？何为结果？然而，决定论、环境论、因果论和因果论点之间存在着的密切联系，常常导致抛弃因果争论的原则，即使在实践中持续不断地利用这些争论也罢(当这种用利从诸如“原因”这样明晰性的措辞变为因素、关系等等一类的含蓄探讨时，符号上有所变化)。普拉特(1948)由于被他本来能够在地理学研究中继续探讨的“复杂类型的决定论”所烦扰，导致他谴责因果论点的“伪科学”使用，并放弃了地理学中的整个解释观念。

地理学中好多此类涉及因果的一般哲学问题，在本世纪五十年代的一系列文章中得到研讨解决。克拉克(1950)、马丁(1951)、

蒙特费奥尔和威廉斯(1955)以及恩里斯·琼斯(1956)的贡献,成为一批非常杰出的文章。它们本来应当把地理学中的因果争论推向前进,不幸的是,这些文章对地理学方法论所作的真正有力的贡献,看来大部分不被理解而付诸东流。但是 H. 斯普劳特和 M. 斯普劳特(1965)最近从政治思想的角度提供了这次争论的一个总结。这一系列文章中的关键论文,无疑是蒙特费奥尔和威廉斯写的那篇,它提供了对马丁观点的批评,并为在地理学中发展因果解释提供了始终如一而又相当严格的专门名词。他们通过从以下三个论题概括马丁的论点入手。

> (i)如果我们完全根据因果说话,那么我们必然是决定论者,但是(ii)我们不得不根据因果说话,因此(iii)我们不得不是决定论者。

马丁用这一论点来表示,决定论应被采纳为人文地理学中一个基本假说。蒙特费奥尔和威廉斯在很多方面反对这一结论,其中首要的方面是涉及可以把事件分别归类为原因和结果的方法。他们按照马丁的评论继续下去,"同样的原因如果确实鉴别出来,并且不仅是相似而已,就必然一定随之以同样的结果,而没有任何怀疑和选择的余地";接着指出,存在某种复杂的选择,因为总可以这样定义事件,使它们确实符合这一特定的选择。他们阐述道:

> 同样的原因必然随之以同样的结果,不过是因为如果没有同样的结果,一个人将拒绝称之为"同样的原因"。那么为了决定一种"原因"是否为同样而提供的标准,很可能与随之而来的结果问题无关吗?当然,在任何给定的情况下这都是可能的,因而产生名副其实的经验假说,而后我们就不再能够

保证这种免疫质能抵抗任何反例。确实，不顾任何实际上能出现的反例，我们总可以退却到开始时拒绝承认原因为同样的立场；但这样一来，我们就要再次放弃主张的经验性质。

一般的结论是，决定论全然不是通常意义上的假说，因为它不能经受住直接或间接的经验检验。决定论本质上是一种工作假设（正如内格尔（1961，606）所指出，而且是一种极重要的工作假设），它象征着“一种决定从来不满足于未经解释的变化，而总是力图在较广泛的普遍性角度中取代这类变化”。蒙特费奥尔和威廉斯接着考察了因果争论的性质，并把这些争论放在一般解释和地理学中特殊解释的背景中。他们的分析建立在必要且充分条件的概念上，并注意到因果是一种逻辑结果，而不是一种普遍的经验假设。抛弃了决定论的一般形而上学问题和常与因果的使用相联系的自由意志后，他们“能够讨论一种语言中的因果影响问题。在这种语言里，很多传统问题自然不再产生”（蒙特费奥尔和威廉斯，1955，II）。他们的一般结论是，因果是一种重要的逻辑原则，经验分析可依靠它得以实施。他们与布拉罗克的观点（1964，6—7）大概相去不远，布拉罗克写道：

> 一个人承认因果思想完全属于理论层次，承认因果定律绝不可从经验上来证实。但这并不意味着：从因果上来思考并发展各种含有可间接验证的因果模型是无益的。用这些模型来工作时，将有必要利用整个一系列不可验证的简化假设，结果是，即使一定模型产生出正确的经验预测时，也并不意味着其正确性可加以证实。

麻烦在于，从因果上思考的地理学者曾经作出过这些简化假设，并（在很多情况下并未认识到）进一步设想模型的良好表现证明了这些假设和这种思考方式有效。其实并非如此。或然论和决定论的整个争论，对于说明当先验模型在不加以必要保证情况下，与关于现实的理论相混淆时会发生什么，是一个极好的例子。（前文，第175—187页；199—200页）这还是地理学中主要方法论争论的一个经典实例，它直接起因于不能区别理论和模型的差异；大约五十年来，这完全由于在地理学思想中应用模型概念不当而引起的。所以不难同意蒙特费奥尔和威廉斯（1955，11）的结论，这个为哈特向（1959，156）完全接受的结论认为，决定论和自由意志的问题，对于工作中的地理学者来说毫无任何实际关联。这是一个信念问题，它对方法论认识或对经验研究都没有什么贡献。然而，若能避开此类形而上学的陷阱，因果模型在追求地理学中的解释时就可以起极其重要的作用。

V. 地理学研究中的因果分析

部分由于复杂的哲学和逻辑问题混乱，因果模型本身大体上曾趋于声名狼藉，尽管它在实践中一直大量使用。但不只是地理学者曾偷偷摸摸地使用因果分析。布拉罗克（1964，38）评论道：

> 统计学文献……在其方法中几乎都患有精神分裂症……在同因果关系问题打交道上，看来存在着显著的术语学混乱和近乎保持缄默的密约。……另一方面，关于经验设计的文献，又充斥着因果术语。人们除去控制变量的影响，还研究相互作用结果，给各种个体指定“处理办法”。

对明确的因果模型从著述中解脱出来大概是或至少是可以理解的，但这很难对证明因果分析形式藏匿在术语变换的单薄外表下，或在某些情况里藏匿在某种功能分析或统计学分析的虚假外衣下的持续趋势是正当的。我们应当清楚地认识到，因果模型曾经是，并很可能仍然是地理学探究中的基本模型。地理学者可能确实经常滥用这种模型。这种滥用大部分根源于不能理解该模型内固有的逻辑结构，以及在把地理问题映射进模型时涉及的经验困难。例如，当包含反馈作用时，常常假设一系列变量中只有一路相互作用。也很少注意模型的识别和闭合问题。

但是这种模型曾为思考地理问题和思考可能的解决办法提供了一个重要的基本框架。多数地理学者所以假设地理分布有其原因，而地理研究的作用正是识别这些原因。这种设想曾经硕果累累。它其实是一种要确定引起其他事件集的各事件集的特定交叉的企图，或企图显示若干个别事件的特定联系如何相交而产生某种新的事件。考虑一下我们可提出来解释一种特别工业区位型式的方法。我们在开始时，可能考察原材料储存的集合(A)，考察成品市场的集合(B)，考察可得到劳动力供给位置的集合(C)，然后认为这些集合的交集(X)引起诸如钢铁行业之类。我们记为：

$$(A \cap B) \cap C \longrightarrow X$$

这种分析方法很有用，并构成我们要发展的理论的许多基础，也构成我们解决经验问题方法的许多基础。几乎任何一本初级的或高级的教科书，都包含有这种分析的实例。确实，对“支配”地理分析的因素的探索，不过是一种想确定形成诸如 $A \longrightarrow B$ 一类独特集合的事件集的交叉的企图。这种研究技术具有很大的纯科学意义，它是研究和解释的一种基本框架。

也使用这种简单因果模型的较复杂形式。因果链、递归系统、互逆递归系统等等都曾使用（常常含蓄地）于地理学研究中。此类模型对于考察随时间而演变的空间系统尤其有用。所以普雷特(1966)关于空间动态的大部分工作，都是按照累加因果相互作用来计算的。同样，过程-反应模型可以看成是延伸为互逆并递归的系统的因果分析的一种形式。当然，在所有这些情况里，必须作出某些假设。这些假设涉及因果顺序、各种变量的识别以及有关系统的闭合。在每一种情况中，我们都强加某些事物在经验形式上。强加此类假设是没有什么问题的，错误产生于作出推断的时候，忽视了考虑已经作出的先验假设。

这样，我们可以总结出，因果为分析地理问题提供一种强有力的模型。我们可以利用这种模型来分析各种个别事件，表明各种有规律的关系，考察动态系统，构筑理论，陈述定律，等等。但是这种模型也有其局限性。在把真实世界问题映入这种模型，而且对经验形势不作太多歪曲时，存在一些关键性问题。无论如何要避免的一个主要错误是，由于这种模型可以相当成功地应用于很多情况，就错误地推断它是允许我们用于分析和解释的唯一模型，并进一步错断真实世界必然独一无二地为因果定理的作用所支配。作出此类错误推断，简直就等于把帮助我们认识现实的一种先验模型与关于现实本身性质的一种理论混为一谈。

第二十一章　地理学中解释的时间模型

上一章所讨论的因果解释具有时间不对称的性质。此类解释形式等于指出，在整个时期内，一个事件必然伴随着另一个事件。从因果解释的这种简单形式到涉及因果链只是相对短暂的一步，最后直到反伸至整个宇宙历史的长链，其中每一个环节都显示出与下一个环节必要而充分的连结。这种因果解释的延伸形式听起来可能很理想，但它肯定是不能实现的。其实，为了使因果解释适当地发挥作用，我们需要指定某种闭合系统。就我们的知识来说，未必能够在最近的将来设计出反伸至整个长时间周期的控制因果解释。但是，有好多将被称为解释的时间方式的东西，确实在寻求建立追溯整个长时间周期的关系，但在某些方面偏离了因果链理想。这些解释的时间方式可能不像我们所希望的那样严格，但它们企图提供唯一的办法来处理与历史条件有关的情况。

关于采用涉及长时间周期或起源的解释形式的必要性，在地理学中曾经有过一些争论。有人认为，任何学科都可以指定将在其中寻求解释的系统的范围。例如，在因果分析中，我们预先假设对系统的闭合性可作某种合理的判断。因此一些地理学者曾经认为，专门关注于空间关系的地理学，不应寻求把解释延伸至太长的时间——换言之，系统应该适当地围绕当前闭合。声称赫特纳是其灵感之主要源泉的哈特向(1939，183—4)这样写道：

> 所以我们可得出结论，在区域地理中阐明个体特征常要求研究者追溯过去时期的地理情况时，根据历史发展来研究区域地理是不必要的……地理学需要发生的概念，但它不能变成历史学。

或许，作为对哈特向相对排斥时间解释的一些主要抨击的结果，《透视》[①]在这个观点上表示了某种修正，虽然仍坚持地理学的基本关注是近期的相互关系。看来不幸的是，似乎是哈特向建议地理学应把自己局限于生态的或功能的解释(将在下一章中考察)，而排斥发生的解释形式。所以，当《性质》[②]发表还不到一年，苏尔(1963，352)就批评了哈特向，因为他没有：

> 追随赫特纳的主要方法论主张，即地理学在其任何分支里必然是一种发生的科学；也就是说，必须解释起源和过程，……但是哈特向把他的辩证法用来反对历史地理学，只是在该学科的外部边缘给予容忍，……或许在将来一些年代里，从巴罗斯的《作为人类生态学的地理学》[③]到后来哈特向关于过程的观点这个时期，将作为大倒退时期留在人们记忆中。

这一赞同发生的解释形式的论点获得有力的支持，支持特别来自受戴维斯影响的地貌学者，以及历史文化地理学者。赞同这一途

① 指哈特向1959年发表的《地理学性质的透视》，已由商务印书馆出版。——译者

② 指哈特向1939年发表的《地理学的性质》，已由商务印书馆出版。——译者

③ 指巴罗斯1923年发表的论文《作为人类生态学的地理学》。——译者

径的有力说明可以在达比(1953)、克拉克(1954)、C. T. 史密斯(1956)以及哈维(1967 A)的著作中找到，虽然并非全都认为发生解释是唯一合适的解释形式。戴维斯学派和某些历史地理学者的论点就倾向于此。苏尔(1963,360)写道：

> 地理学者不能研究房屋和城镇、农田和工厂，如果仅是关于它们在何处和为什么在那儿的问题，而没有问一下它们的起源。如果不了解文化的作用，不了解组群生活在一起的过程，他就不能研究各种活动的分布；除非通过历史重建，他是不能做到这点的。如果目的在于定义和认识区域成长过程中人类的各种联合，我们就必须弄清楚它们如何成为现在这个样子，……所要寻求理解的问题，就是分析起源和过程的问题。这个包罗万象的目的，就是文化的空间差异。这门学科要研究人类并在其分析中应用发生学，就必然要涉及各种世系。

W. M. 戴维斯(1954,279)类似地写道：

> 地理学问题的理性化及现代化研究，要求对地形也像对生命形态那样，按照其演化的观点来研究。

而伍尔德里奇和伊斯特(1951,82)却近乎犯了所谓“发生学谬误”，他们写道：

> 最好的分类，包括地形分类，是发生学分类，即……建立在发生基础上的分类。一般而言，理解任何事物的最好方法是认识其曾经如何演变或发展。

另一些人则企图在解释的发生形式和功能形式之间维持某种平衡。所以索尔(1962,44)陈述道：

> 在自然科学与社会科学——人文地理学归属于它——的组合里，我们采用两种不排斥且互补的解释。无论所观测的现象会是什么样，都要在时间序列里来记录它，它是长期演化的结果，要用一系列的前期状况来解释它。当我们按照这些来描述一种现象时，我们就给予它某种发生学解释；我们说这与它的历史解释本质上是同一个东西，从广泛意义上看，历史学不过是一种演替的复原。然而这同一现象同时又出现于空间联系里，它维持着与其环境的多重联系，从简单并置直到因果联系。……结果从一个事物与其环境的关系——相互关系中得出的解释就有一席之地，因为我们面对着大量复杂的作用、反作用以及相互作用。按照现实论者的说法，这种解释本质上是生态学解释。

C. T. 史密斯(1965)也曾试图使这些方法协调起来。但是，为了证明地理学思维中时间方式的力量和重要性，我们已说得够多了。对用来证明这种方法有理的论点，需要做一些澄清。

发生方法的支持者在某个时期曾认为，发生学解释在诸如地理学这样的学科里，在逻辑上是必需的。有些人甚至认为这是唯一可接受的解释形式。但是，发生学解释的适合性和功用，只能根据一些特定目的来评价。这一点可从苏尔的引文(前文，第487页)里得到证明。关于从历史观点来研究房屋和城镇的论点，简直就是对方法方式的一种偏好。该论点中唯一的逻辑步骤预先假设：其目的是“认识区域成长过程中人类各种联合”，那么很自然，如果牵涉到成长，某种时间解释的形式就是不可避免的。赞同发生学解释的多数逻辑论点，都预先假定了各种发生学目的。这些目的常常是含蓄的。这里，可以轻易地证明术语和分类对以后解释形式的重要性。例如，我们惊奇地发现，地貌学中赞同发生方法的若干托词，都是按照基于发生学的术语对事件和客体分类，以此来证明这种方法的适合性（见前文，第 415 页）。这一论点中的若干循环至为明显。

因此，为发生学解释的辩护，必然有赖于验明要求这样一种解释形式的目的。这样，关于功能解释与发生学解释的争论就归结为目的的争论。所以大致讨论一下这样一些目的在地理学中曾经如何发展起来或许是适当的。一般说来，它们曾经与非常强调时间发展和随时间而变化概念的观点相联系。非常有趣，这就反过来与关于时间本身性质的哲学见解有关。

I. 时间

时间和空间一样，是人类经验的基本形式，虽然梅耶霍夫（1960，1）认为时间经验“比空间经验更为普遍，因为它在印象、情感、观念这样一些没有空间秩序的内心世界中也适用”。关于时间性质和时间发展性质的文献浩如烟海。我们可以用甚至比给予 14 章中空间考察更为详细的方式来考察时间。既然关于空间所得出的若干结论都可推广到时间上，那么这样详细的讨论就会部分地多余了。例如，根据时空语言，除了时间是不可逆的以外（微物理学中例外），似乎没有理由认为 x，y，z 坐标维根本不同于 t 维。时间就像空间一样，无疑最好想象为一种相对数量而不是绝对数量。但是时间除了具有科学含义外，还有感情含义。关于地理学中发生学方法重要性的带有意气的争论已如前述，那么从考察时间概念的心理学和社会学方面入手，或许是有益的。

A. 心理时间和社会时间

每个人都以某种方式经历着时间、领悟着时间，并赋予它以极大重要性。梅耶霍夫(1960,1)陈述道：

> 继续、流动、变化……看来都属于我们经验中最直接的原始资料，而且它们都是时间的各个方面……时间对人来说尤其有意义，因为它与自我的概念是分不开的。我们在时间里，意识到自己生命和心理的成长。只有在构成其传记的时间阶段和变化的背景上，我们称为自我、个人或个体的东西才被体验和了解。……因此，人为何物的问题一律指的是时间为何物的问题。

时间对于我们自我概念和存在概念的重要性，加上显然不可避免的时间流包围着我们直到死亡，似乎无法可想地强加在人类条件上，使得时间的问题成为一个深刻的感情意义问题。时间概念出现于幼年早期，并与个性的发展密切联系；时间的意义深藏于原始神话和宗教思想中，并与社会结构的性质紧密交织在一起(皮亚杰，1930；列维-斯特劳斯，1963,211—2)。有一些曾经试图使时间静止的人要找到某种无时间的世界，要发展一种关于时间以外某种永恒的形而上学、宗教的或其他方面的形而上学。“使之意识并使之不在时间里”，T. S. 爱略特这样写道。有一些人企图表明时间不可流动。齐诺关于箭的“反论”或阿基里斯和乌龟的“反论”企图证明时间流概念是有内在矛盾的，如果运动是从一点到另一点的移动(如何才能相信呢?),那么那支箭怎么能从时间的一点跳到另一点而不通过某种无时间的间隔呢?赖欣巴哈(1956,4)把这种哲学和逻辑学的争辩看成是心理学投射,看做是辩护手法,"企图使引起根深蒂固的感情对抗的物理法则成为不可信"。

另一些人曾寻求信奉时间流,曾企图把时间的经验转换为一种存在哲学。赫拉克里特相信,变易是生活和存在的本质。"一切事物都处于某种流动状态",两次步入同样的河流是不可能的。相信时间流、存在和变易的哲学家们(其中对二十世纪最重要的是柏格森),于是提出了与试图证明时间是幻觉的哲学家相反的见解。二种见解之间有很多差别。康德独特地试图把时间的两个方面归纳入他的唯心主义先验哲学,在这种哲学中,时间和空间一样是绝对的但又是复合的、先验的。

于是个人的、主观的时间经验曾引起对时间含义的多种解释,并保持很深的情感态度——这种态度在本世纪曾通过文学媒介,近来又通过电影媒介加以仔细探索。柏格森认为,"物理时间的概念抛弃了他认为是时间在经验中以及与人的关系中最本质的那些东西"(梅耶霍夫,1960,138)。时间的这些性质曾经是本世纪文学研究的课题,普劳斯特、乔伊士、伍尔夫①、爱略特等人都深深地关注时间在个人经历中的意义,以及存在的时间方面。

个人对时间的感应并非独立于社会和文化概念,这些概念通过语言和社会习俗起作用,使一个人的活动与其他人的活动协调

① 普劳斯特(M. Proust),1871—1922,法国小说家。乔伊士(J. A. Joyce),1882—1941,爱尔兰作家。伍尔夫(A. V. Woolf),1882—1941,英国小说家。——译者

起来。时间的这些社会方面建立在哈罗维尔(1955,216)称谓的“定形参照点(formalized reference points)”周围,过去、现在、将来都能与这些参照点联系起来。可以用日历和时钟、季节、生活周期等等方式来表示这些定形参照点。但是,可以规定它们:

> 没有定形参照点就不可能描绘任何人类社会。根据个人的经验,这些参照点是定向的。个人的时间概念根据它们来建立;个人借助它们取得其时间方向,其时间感知在它们的影响下发挥作用。不可能设想人会带着任何天生的“时间感觉”降临于世,他的时间概念总是在文化背景上形成的。

所规定的参照点还在各社会之间有所不同,甚至在社会内部也不同。格尔维奇(1964)企图对某些此类差别加以分类,并对可以发展的社会时间种类加以概括。例如他指出,农业社会中的时间概念像束缚在季节韵律上的社会一样,而在工业社会里技术变化本身就促成了远为先进的时间概念,这两个社会里的时间概念是根本不同的。所以格尔维奇强调时间概念和时间尺度极为多种多样。列维-斯特劳斯(1963,103)类似地复述了荷比家族系统的例子,那里“需要至少三个不同模型作时间尺度”。因此,从社会人类学和社会学的观点来看,时间是一种与生活过程相连的度量,而时间尺度就如生活过程本身一样多变。

关于我们理解时间的心理和社会方面的这些评论,是企图阐明地理学中处理时间时,所涉及的实质问题和方法论问题的背景。

(a) 实质问题围绕以下基本事实,即地理学者要研究人类决定的后果,而这些决定又部分依赖于作出决定的个人对时间的感知。在普遍要求长期投入的社会(要求有前进的时间观点)和短期态度盛行的社会之间，常有显著区别。例如，对于农业土地利用的短期考虑产生的农业类型，根本不同于长期考虑所产生的农业类型。社会情况对我们要研究的地理现实的几乎所有方面，都有普遍而深入的影响，而时间观念是社会结构所固有的。例如，想一下对于结婚的“合适”时间——社会时间尺度的一个重要侧面——不同观点的复杂分异；想一下不同社会中甚至社会内部赋予时间的价值（不论如何度量）。所以规定一个适当的时间效用功能是成本-利润分析面对的基本问题之一。在地理分析中不能忽略个人的和社会的时间感知。但这并不意味着我们在时间上研究社会的及个人的活动时，永远注定要采取某种无定形的相对主义。然而我们应当知道，只有根据社会过程和社会时间尺度，才能理解这些活动，在探索对特定地理事件作适当解释时，我们是不能忽视这些尺度的。我们可以把时间放进我们的方程中去，但时间是一种要从社会情况的角度来估计的参数，而不是某种由格林尼治钟点来度量的数量。

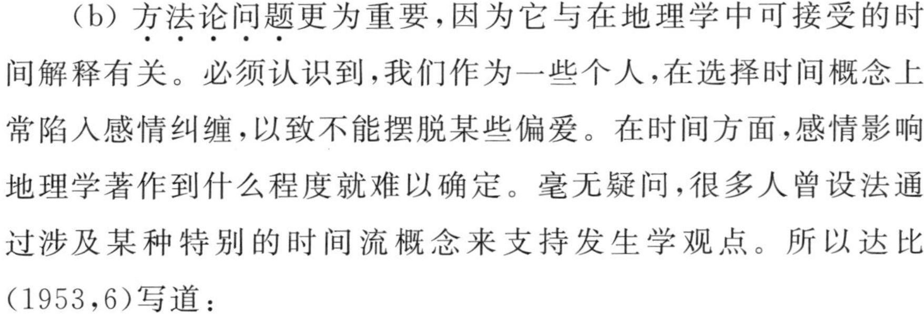

(b) 方法论问题更为重要，因为它与在地理学中可接受的时间解释有关。必须认识到，我们作为一些个人，在选择时间概念上常陷入感情纠缠，以致不能摆脱某些偏爱。在时间方面，感情影响地理学著作到什么程度就难以确定。毫无疑问，很多人曾设法通过涉及某种特别的时间流概念来支持发生学观点。所以达比(1953,6)写道：

> 我们能在地理学和历史学之间画一条线吗？答案是“不”，因为形成过程是一个过程。一切地理学都是历史地理学，只是或隐或现而已。

苏尔(1963,360—1)持类似观点：

> 回顾和展望是同一序列的不同端点。因此今天不过是一条线上的一点，这条线的发展可从其开端重建，这条线的投射则可进入将来。……只有把当今的情况理解为一个移动点，一个有始终行动的片刻，才能获得人类进程的知识。

这里苏尔似乎否认无时间真理的哲学可能性，而信奉柏格森和赫拉克里特所主张的存在和形成的哲学。然而这些论点是主观的，它们很容易引起感情的而不是理智的反应。这并不否认在目的选择方面有最终的价值判断规则。但它确实认为，我们需要在心理学和哲学的背景上，来评价关于发生学解释对地理学是否重要的方法论争辩。只有我们准备认识自己的个人偏爱为何物时，理性的争论才是可能的。

然而对时间很难不带主观性。这种主观性会带来方法论上的危险，因为我们很容易把作为对自己个人经验的反应而发展起来的时间观念，强加于社会的和文化的现象上，而这些现象可能会也可能不会符合那种经验。一种先验的时间模型必须这样或那样地从经验上来评价，这曾经一再证明难以做到。完成地质过程需要数百万年的时间，这就含有地球年龄的意思；而现在能如此容易接受的人类的古代，以及人类的世系，则只是十八和十九世纪深切关注的事情；注意到图尔明和古德费尔德(1965)称作《时间之发现》的那本书只是最近的事，的确令人惊异。文艺复兴时期关于人类和自然的图画基本上是静止的。牛顿力学提到了时间，但其方程式把永远旋转的世界描述成一个无变化的世界。笛卡尔提出一种诉诸无时间真理的哲学。对人类历史的一种盛行态度是，认为发展不过是一种幻觉。西欧思想中流行的范式是静态的,从本质上开始改变这种观点还只是十八世纪的事。到十九世纪时,发生学的解释方式已显然流行起来。地理学者对发生学解释的态度不会不受这些思想方式变化的影响。因此,要在作为一个整体的科学中考察这种时间的发现才是合适的。

B. 科学中时间的发现

十七世纪莱布尼兹就已提出了后来称为时间因果理论的思想,这种思想要在物理学背景上提出一个准则,来证实时间有序并因此需要涉及某种级数。但是他的思想一直被完全忽视。维科同样也在关于人类历史的观念中提供了一个转折点,他以发展的观点来反对盛行的静止观点。但他的观点开始时也没有获得信任。十八世纪末叶最有影响的是康德的宇宙论:

> 宇宙永不结束和完成,它其实是在不断地开始,将永远不会停止。它总是忙于创造新的自然景象、新的客体以及新的世界。它所完成的工作与扩展于其上的时间有关系。它要求的唯有永恒,来使具有无数量无终端的世界且无限延伸的空间之无垠范围充满活力。(图尔明和古德费尔德,1965,133)

部分由于经验研究的冲击,部分由于借助于随时间而增长及发展的形而上学概念的哲学成长,此类发展的观点在各种科学中迅速传播开来。所以不久后赫顿就宣布了他在地质学经验研究中得到的著名结论:

> 因此我们现在的探究结果是,我们找不到一个开端的痕

迹，也展望不到一个终端。（乔利等，1964，46）

不久，莱伊尔又积累了充分的经验证据使赫顿的结论成为不容置疑。从生物学观点来看，地质学所提供的历史记录是不能忽视的，生物学在赫顿结论以前的一段时间里，曾经对发展方法采取不认真态度。化石证据与野外证据和医学证据都是不容忽视的，而1859年问世的《物种的起源》可能是十九世纪最有影响的著作，并且对社会思想和政治思想，以及很自然地对地理学产生了巨大的冲击（斯托达特，1966，1967A）。

不能漏掉哲学和历史学。先进的政治哲学，其实还有政治事件，尤其是美国独立战争和法国革命，看来全都与信奉随时间而发展和变化的精神有联系。历史学中的辩证方法——命题、对立面、综合的概念——主宰着黑格尔和马克思著作中的历史描述；显然在德国编史者中存在某种反对意见，但这是涉及反对必然性、历史决定论和历史循环论概念，并未对随时间本身而发展的概念提出挑战。到了1900年，社会学、经济学、心理学，其实每一科学学科都不得不在某种程度上接受随时间而发展、进化和变化的观念。

从地理学观点看来，这些普遍的发展在很多方面都很重要。首先，地理学很难会，或很难能在这种思想性质的大动荡中仍置身事外。李特尔在1833年指出了地理学中历史透视的重要性（哈特向，1959，83）；而地质学的历史透视，对自然地理学产生了显著的影响。到这个世纪结束时，戴维斯和拉采尔分别在他们的景观形态研究和扩散研究中都采取了进化观点，这种进化观点后来支配地貌学达半个世纪之久，并通过亨丁顿、格里菲思·泰勒、苏尔和其他一些人的工作，对人文地理学产生了深远的影响。其次，在地理学内还可望发现过分的“时间变化”思想学派。此类过分常以多种名目出现，如发生学谬论——认为某事物的意义只有通过涉及其起源才能评价（维多利亚时代的作者特别倾心的一种观点），还有历史循环论——认为某事物的性质可以在其发展中完全认识（巴勒克拉夫，1955，1）。这样一些陈述在地理学中并不是个别的，甚至诸如苏尔、伍尔德里奇和伊斯特这样受人尊敬的学者（参见第439页的引文）在这方面也有过失。这种谬论甚至假设发生学方法是唯一可用的方法，它产生出全面而彻底的知识。

但是，关于在发展的思想中这些“背景”特征的最重要之点，或许是常常难以区分时间的主观（或简直就是假定）性质与那些可从经验上识别的性质之间的不同。一般而言，历史学的时间体系（周期的、直线的、摆动的等等）都是假定的，甚至斯宾格勒和汤因比广博的经验研究，对历史时间的性质也是假定而不是证实。在自然科学里情况更不清楚。可以建立起时间变化和演化过程，这在生物学中看来是采取不可逆分支过程的形式，但主要由于难以区别机制——一种最终由孟德尔遗传学提出的和发生理论随后发展所提出的机制，而存在明显的不确定性。摆脱主观和客观因素的这种纠缠，要理智地挑选一种有条有理的进化和发展变化观点常常是很困难的。所以，正像斯托达特（1966）那篇作为关于地理学思考方式和一般思想方式之间相互作用的难得文章所指出的，地理学中的进化思想深受达尔文《起源》一书中某种必要的进化概念的影响，但却莫明其妙地丢掉了偶然机制的观念（必须承认，部分是由于达尔文本人在将偶然突变作为合适机制的态度上摇摆不定）。因此，尝试建立某种客观的时间理论是很重要的。这种理论并不

否认作为一种主观经验的重要性和意义(柏格森和詹姆士·乔伊士已澄清了这一点),但它会成为处理外部世界中时间问题的某种客观概念图式。这种理论建立在物理学基础上,因为正如赖欣巴哈(1956,16)指出:

> 除了通过物理学外,再也没有解决时间问题的其他办法了。……如果时间是客观的,那么物理学家必然已揭示了这个事实;如果存在形成,那么物理学家必然知道它。但是如果时间只是主观的,形成是无时间的,那么物理学家必然能够在他对现实的构筑中忽略时间,并且在描述世界时无须借助时间。巴门尼德声称时间是一种幻觉,康德认为时间是主观的,柏格森和赫拉克里特认为流动就是一切,所有这些都是根据不充分的理论。他们都没有考虑物理学对时间的看法,……如果对时间的哲学问题存在某种解决办法的话,那一定是用数理方程表达的。

这些方程给出的东西并不是完全不容置疑的,对所解释的一切方面也没有完全一致的意见。所以关于时间的性质,格伦勃姆(1913)发现很多与赖欣巴哈(1956)不一致的地方。但是,对于我们的目的来说,注意到宏观物理学方程所提供的两个最重要结论,即时间具有顺序和方向就足够了。第一次对时间作详细的经验研究是通过把时间顺序与因果顺序联系起来,以得出时间的因果理论达到的。赖欣巴哈阐述道:

> 时间顺序可简化为因果顺序。因果联系是各种自然事件之间的一种关系,可以用客观术语来系统阐述。如果我们根据因果联系来确定时间顺序,那么我们就将自然实体的专门

特征反映在时间结构中了，并对模糊的时间顺序概念给出了一种解释。

莱布尼兹所预料的时间因果理论成了相对论的核心，并在现代物理学中作为宏观物理层次而普遍接受。当然，要对时间顺序作出严格的经验解释，还得依赖因果关系的时间不对称性。按照热力学第二定律，时间是具有方向的。热力学第二定律建立了某些不可逆过程，这就提供了从经验上研究我们的经历的一种方法，它表明过去是不能拉回来的。然而，波尔兹曼所建立的方程是一些统计方程。因此可把时间看做从某一特定事件的结果不确定状况，向结果已知的状况所做的运动。根据第二定律规定的那种形式的封闭系统，于是时间朝着最大熵（系统中的无序状态）行动。赖欣巴哈（1956，55）阐述道：

物理过程的方向，以及随之而来的时间方向，于是就被解释为一种统计趋向：形成的行动是分子从不可能构型向可能构型推移。

所以物理学教导我们，就时间具有顺序和方向来说，只在与过程联系起来时才有它们；因此不存在绝对的时间度量，有的只是无限数的此类度量，每种度量都与一套特别的过程相联系。这就提出了一个有关时间实际度量的有趣问题。使用某种有规律的周期性过程（钟摆的摆动、某种放射性物质的衰变速率、地球的自转）更好些。可供选择的这类过程和时间度量多得不计其数（而且确实有几种不同的度量是适用的——如恒星时间、天文时间等等）。我们应当选择哪一种呢？内格尔（1961，180）认为：

我们将寻求这样的周期性历程作为时钟，即它们使我们能够将其各自的周期与一个逐渐广泛的过程范围相对比、相区别，并能使我们越来越准确地建立关于这些过程的持续期和发展的一般法则。

对一种过程所限定的时间度量，在多大程度上能应用来考察其他过程，于是就成为一个经验问题。有一些约定俗成的时间标度（日历等）用来确定事件的时间，但值得一问：对于考察倾向于与自然韵律截然不同的社会过程，这些标度是合适的吗？甚至于创造我们自己的时间标度（资源枯竭时间、分期偿还时间、侵蚀时间等等）以及把时间从一种标度转换为另一种标度（哈维，1967A，559）也证明是有益的。与物理学和天文学提供的各种后验（a posterior）模型相比较，我们关于时间的多数概念都近乎是些先验模型（它们是直觉的和主观的）。使用这些先验模型需要常常小心和“永远警惕”。

II. 时间解释模式

我们可将前面的讨论概括如下：

(i) 时间解释模式（通常称为地理学中的发生学或历史学解释）在地理学里是重要的；如果此类模式适合我们的目的，则还提供一种有用的但不是唯一的方法模式。

(ii) 时间解释模式需要对时间有认识。

(iii) 我们可发展客观时间度量的唯一途径是根据某种过程。

(iv) 由此可得出，若不考虑过程，则不能发展严格的解释模式。

时间解释有很多种模式。简单叙述是最差的一种，进化（有或没有某种机制）模式、周期（有或没有某种机制）模式等等则提供了另一些中等严密性的模式，最严密的是通过“过程”这个术语的科学应用而确定的，因此，我们最好从较详细地考察各种过程解释入手。

A. 过程

“过程”这个术语的技术含义与其日常理解相当不同。在日常意义中，我们常用“过程”来指各种事件在时间方面的任一序列。从解释的前后联系来看，这种用法并不怎么值得推荐，因为它不能区分事件的任一序列（不能把它看成特别解释了任何事物）和由某种规定的机制所联系的一定序列（可把它看成解释性的）之间的差别。因此，有可能把时间序列中在各个阶段之间显示了必要而充分联系的序列，与那些不能发现此类联系的序列区别开来。从科学意义上看，借助于我们对因果系统的逻辑结构所作分析而得出的某些结论，可以为一个过程下一较为严谨的定义。所以一个过程法则有赖于如下规定：

(i) 过程法则在其中起作用的系统（一个封闭系统）。

(ii) 系统的各种相关状态。

(iii) 系统内相互作用的相关变量。

(iv) 支配各变量之间的相互作用及相互作用方向的参数。

只有在这些特征能加以规定的范围内，过程法则才能在解释时成功。所以伯格曼（1958，93，117）对科学的过程模型赋予以下公式形式：令 $C=(c_1, c_2, \cdots, c_m)$ 作为系统的描述，$S^t=(x_1{}^t,$

$x_2{}^t$，…，$x_n{}^t$）作为系统在时间 t 时的状态描述；那么在给定 C 和 S^{t1} 后，根据过程法则可以推知 S^{t2}，但也可以作出逆向推测（即知道了 S^{t2}，我们就可推知 S^{t1} 时的系统状态如何）。于是“如果系统是已知的，则借助过程法则就可将其任意二种状态作相互推断。”这样，过程法则就定义了我们以后将称作“动态系统的轨线”的那件事（见下文，第 552 页）。

这一逻辑纲要以其严格科学意义说明了过程的含义。这种含义以马尔可夫过程为典型，在马尔可夫过程中，识别了系统的状态，给出了初始状态，而转移概率矩阵又提供了必要的过程法则（见哈维，1967A，对地理学联系中此类结构的初步说明）。在经验工作里，这种过程观点意味着过程法则只限于把经验情况与具有这些特性的某种逻辑纲要看做是等型的，并因此可以映射进逻辑纲要中，才能胜任“解释”。这种转换面临一些困难。确定所要考察系统的界限（即封闭它）和识别相关状态与相关变量，都绝非易事；而知道了这里的每一件事，也就是了解了相关变量之间的相互作用。在可控制的情况里（例如在实验条件下），这些困难不是不可克服的，但是在地理研究的多数领域中，这种纲要就需要一些有力的假设。伯格曼（1958，127）认为，从严格意义上讲，过程法则还不能在社会科学中确定，因为此类法则起作用所必要的条件还不曾确定。但是对过程作一严格的规定具有很多方便：

(i) 它为在地理学中系统地阐述过程型理论提供了一个模型框架。它还使我们能为预测或实验目的建立了各种过程型模型。例如，我们可以建立移居或区域开发的马尔可夫链模型，并从分析上探究它的特性，或者我们可以建立河流类型、城市增长等等的类似模型(参见哈维,1967A,对此类过程模型的评论)。在每种情况中,我们要建立的模型虽然在经验上不一定现实,但都具有明显的分析作用。在某些情况里,此类模型可以产生有价值的短期预报,且还能导致理论的确立。

(ii) 过程法则的严格规定,使我们能够建立某种标准。按照这个标准,我们可以评价地理学中运用陈述某种时间顺序的事件序列来作解释的各种试图。这种评价是重要的,因此我们将较详细地尝试一下。

B. 时间解释

地理学中有很多采用时间方法来描述和解释的例子。这种方法有时称为发生学方法,但这种称法可能引起误解。因此我们用了时间解释这个短语来概指所有那些包含时间关系的解释形式。这种解释有很多形式,因此要以任何首尾一贯的方式将它们归类是困难的。例如,我们可以按以下根据归类:

(i) 纯粹发生学解释——即根据起源来解释。

(ii) 进化的或发展的解释,企图用前面的事件来解释某一事件。

(iii) 发生和进化的解释,涉及起源也涉及后来的发展。

另一方面,也可以根据以下情况来考虑时间解释模式:

(i) 不假设机制。

(ii) 假设了某种机制(它可能是或然性的或必然性的)。

(iii) 表示了某种机制并有详细的经验证据。

同样还可以根据对时间的处理来归类;这里把时间处理为:

(i) 连续的(即无天然间隔)。

(ii) 离散的(即可确定一些分离的阶段)。

实际上,地理学中的解释对所有这些特征都有体现,因此很难把它们约束住。在关于历史地理学性质的讨论中,已鉴别了很多不同的方法(哈特向,1959,第8章;达比,1953;C. T. 史密斯,1965)。很难从中作出明确的选择来说明地理学中时间解释的某些基本特点和缺点。所以下面将讨论很多类型,但每一情况里,我们只研究某种"理想类型",因为不可能对所有已在地理学中实行的时间解释形式都作考虑。

(1) 叙述性解释

通常不认为平淡的历史叙述与解释有什么关系。叙述的目标常常是按照时间范围描述事件的发生。所以历史叙述对时间关系所起的作用,就像地图对空间关系所起的作用一样。历史叙述的目标可以是纯描述性的,但它也脱离不了解释因素。首先,事件的选择常常按照某些重要标准作出。某些事件被看做是重要的因素而纳入描述之中,其他一些事件则视为不相干的而被删掉。每一代人都倾向于根据不同标准作出选择。中世纪的历史学者可能简单地记录一下大风暴和灾害,十九世纪的历史学者则记录君王统治时期,二十世纪的历史学者记录重要发明的日期。其次,历史叙述中很难避免在关系、联系甚至必要而充分的连接方面做一些暗示。像"河道淤塞,接着拉伊港衰落",这样的陈述就显示了某种因果联系。在另一些场合,对虽然有点含糊却普遍的法则似乎作了渲染,于是有"没有什么比布利斯托尔在十六世纪的成长更能说明历史契机的力量了"。还有另外一情况涉及某种更具体的假设法则:

"一旦布利斯托尔已经建成，它所形成的经济规模会赋予它很多功能"。或者可能暗示了某个法则："兰开夏具有湿润气候，棉纺织工业发展迅速"。

历史叙述很少不用解释性的句子。但大多数历史叙述都由一些必要而充分的偶然关系连结起来，并伴以找不到此类联系的跳动，以及根本很难与任何解释性论点联系起来跳动。所以叙述提供的，是松散、解释无力、不严谨的时间解释模式。如果历史资料缺乏（在很多例子中不可能了解必要且充分的联系是什么），那么在很多例子中叙述是最好的（和最合适的）解释方式。因为缺乏资料，历史学者和历史地理学者常常被迫提供相对无力的"解释性概略"。当资料不足以使解释形式有充分根据时，要使它严谨就是无稽之谈。但是必须承认，按照严谨、首尾一致和连贯性的理想，叙述是远远不够的，结果只能勉强作为一种描述方式，它的解释作用看来是薄弱的、附带的。

（2）根据时间或阶段作解释

叙述把各个事件置于时间尺度上。但是可以把时间本身看做某种强迫变量。考虑一下 W. M. 戴维斯的经典说明：

> 所有不同的土地形态都取决于三个变数，或如数学家所说的，是三个变数的函数。这三个变数可称为结构、过程和时间。

这里把时间看做某种独立变量，它本身在因果上就是有效验的。而正如前面的讨论已指出，既然时间是一种估计出来的参数而不是独立变量，这种时间观点就会使人误解。对时间的这种误解，在地理学中很普遍。所以斯托达特（1966，688）认为，"地理学者按照随时间而变化来解释生物革命，对达尔文认为是一种过程的东西，对戴维斯和其他一些人就成了历史”。但是在很多情况下，要限定适当的时间度量证明是困难的；因此就建立了某种任意的时间标度，它大概反映了某个未知过程。戴维斯这样建立的循环时间标度，包括幼年、壮年、老年这些不同阶段（附带提及，这是一个人对时间的经验投射进完全不同的事件范围的有趣实例）。这里的解释等于把一种特定的景观置于这种时间标度上，因为一旦这样安置，我们就可设想前期情况的一般性质；而且如果我们愿意就可反映将来。这是一种非常普遍的解释模式。根据考古学阶段、经济增长阶段（例如由罗斯托（1960）提出的那些）、人口增长阶段（这里，所谓的人口统计变迁是一个很好的例子）的解释，都是来自其他学科的这种模式的例子。在地理学中，格里菲思·泰勒（1937）所用的“带-层”技术、德温特·惠特尔西（1929）提出的“相继占有”概念，以及布罗克（1932）在其圣克拉拉河谷土地利用变迁的经典研究中采用的“文化阶段”方法，都是很好的例子。在很多此类研究中，并无明显的解释目的，但它们都含蓄地作了解释。通过建立一系列的阶段，就意味着所有的地区必然要经历这些阶段，在某些场合，还意味着这些阶段本身就是某种机制的结果。在戴维斯的系统里，侵蚀过程大概提供了这种机制；在带-层方法中，技术变化（一种学习过程）可能提供了这种机制。但是从解释的观点来看，这些机制仍然常常是假设的或含糊的，主要强调的还是作为解释性变量的阶段本身。

这种解释模式相比之下较为粗糙，而且常常陷入困境。但只要能明确地把现象置于标度上，看来解释至少是有效的。问题在于常常很难按照现象，在某种图解的进化过程中的阶段来安置它们。例如，罗斯托（1960）发现，某些国家同时处于经济增长的两个阶段。对历史发展的检验表明，某些地区曾错过一般认为是必然经历的阶段（这样，关于石器时代——青铜器时代——铁器时代这样过渡的考古学思想显然应改变）。这种问题中最有趣的例子是由剥蚀年代学提供的，它曾经被迫承认循环里有中断，为了应付实际景观的复杂性，它也曾企图在周期中确定周期、亚期等等，由于考虑到上升和侵蚀的相对速率，直至可能会完全抛弃幼年期、壮年期、老年期这一整套术语。因此，这样一些阶段解释其实是提出一种理想的时间序列，它们常常苦于总是不能从经验上确定。

把时间或阶段处理为一种解释性变量，本身并非不合理，条件是要了解过程，按照过程来度量时间。但在很多情况下并非如此。在这些情况中，总想假设某种机制，并想表明有说明它的某种证据。机制是全部重要性所在，并相当于一种完备的成长理论，因此不能以傲慢的态度来对待它。但是实际上，很多阶段解释简直就相等于某种*先验*时间模型和某种*先验*机制模型的应用。在一些场合里，这些模型建立在类比的基础上，特别是借用了我们对时间的心理经验，借用了我们所知道的关于生物的生活。所以就直觉地借助（有点朴素的拟人化）诸如幼年期、壮年期、老年期这样的术语来思考时间中的成长。于是，在我们自己的生命中似乎是事件的必然序列，就被设想为景观发展或城镇发展中的必然后果。把这种必然性投射进景观演化的领域，就显著地说明了一个*先验*模型的某一方面，如何可以（不合理地）成为景观演化理论的必然特征（见上文，第177—178页）。斯托达特（1966，1967A）提

供了一个关于有机体类比在地理学思维中作用的极好例子，它表明我们在探求发生学解释时是如何频繁地犯这种错误的。

根据时间阶段作出的解释，苦于某种方法论的困难。问题并不在以这种方式提到时间和阶段错了（确实，如果这样，那么方法论问题就非常简单了），而在于这样处理的有效性完全取决于：

(i) 提供必要的机制，这也包括充分地确定过程，根据过程，时间本身才得以度量。

(ii) 明确地限定阶段，以便我们能根据这些阶段安置任何特殊情况。

这是一些经验问题或操作问题，在克服它们以前，按照阶段或时间序列所作的解释都将缺乏有效性。不幸，这类模型都有直觉上的吸引力。诉诸我们对时间流、对形成以及对我们自己生理存在中变化的必然性的感觉是太容易不过了，从前面引用的达比和苏尔的陈述恰恰是这样做的。这并不是说景观不在形成或地理世界不在变化。从解释的观点来看，我们需要指出它如何变化、以什么速率变化，以及需要指出各种引起时间流的过程性质（按科学意义设想）。满足于事物必然随时间而变化，因而时间本身的流逝引起变化这样的观念，就是把我们的分析安放在幻想上。因此，就我们要试图解释的现象而论，根据时间序列所作的解释，实际上等于我们认识时间本身性质的能力。

(3) 根据假设的过程作解释

不是假设时间本身的特性（仅注意流逝或部分参照过程），而是假设一个特殊过程，并在给定过程后创造一种人为的时间标度，把事件置于这个标度上因而解释了事件，这是可能做到的。这已成为有时称之为“历史的”解释的一个特征。这些解释常常假设了一套“历史的”法则来规定某种必要而充分的进程。黑格尔主义和马克思主义的辩证法就是历史学中这种方法的经典例子——常常被认为是极端的宿命论和历史循环论解释模式(波珀,1957)。

然而在地理学思想中的典型实例是环境决定论的解释模式,尤其是那种多少刻板的本世纪初期形式。亨丁顿和格里菲思·泰勒大概是盎格鲁-美洲地理学传统中的最好代表。在这种实例里所假设的机制,仅仅是人类实现自然的意志,并调整社会型式以符合自然的“愿望”(不管是什么)的这种必然性。存在走向这种结局的不可避免的演化。在这种实例中,其实正如在马克思主义辩证法中那样,机制从属于演化的某种最终状态。这种解释框架通常称为“目的论”,这将在下一章中讨论。然而,不论某种目的论假设具备与否,都可以制定某种历史法则,来支配现象从一个状态向另一个状态的转变。此类历史法则在许多重要方面都与科学过程法则不同:

(i) 不可能假设(就像对物理过程常常假设的那样):法则本身不会变化,因而完全能从对现在情势的观察中检验法则。赫顿能够以充分的信心假设,可以根据现在能观察到的过程来认识陆地的演变。但至少在我们目前的认识阶段不可能对文化演变作同样的假设。

(ii) 因此这些历史法则要完全求助于由历史本身提供的证据。所以建立这类法则等于是在历史记录中辨别某种型式。当然,简单地鉴别型式,就是陈述上一节所讨论的时间序列类型。这里的意思是,有可能在历史中寻求一种模式,它能使先验上建立的特别机制合法化。对历史的解释常常正好包含这点。问题是历史所讲的只是一件事(除开无数已经写成的外)，因此要使各种历史法则合法化，或要使某种假设机制的存在合法化，都是特别困难的。

在任何情况下，历史解释的复杂性都是一个激烈争论的课题(见前文，第五章)，这里我们暂不去考虑它。但是必须认识到，借助某种假设的历史机制来作解释是一件危险的事情。人文地理中空间型式的演化，可能会是人类在一定技术水平下对某种自然环境不断适应的结果。但要证明这样一种假设的机制却异常困难(要反驳它也几乎同样困难)。因此，这类假设的机制取决于个人的偏好，取决于一定学科里研究者之间哲学见解的一致。如果还没有深入研究所有这些细节，那么通过把想象的机制和过程的决定论模式与或然论模式作比较来证明这点是有益的。

关于机制和过程，十九世纪后期盛行的思考模式是决定论模式，或有时称作机械论模式。无可置疑，当时的这种观点，很大程度上是受了牛顿力学的启发。在牛顿力学中，行星的运行可毫无差错地从一套基本微分方程中预测。这种机械论方法，在黑格尔和马克思的历史辩证法以及斯宾塞的社会学中尤其明显。在地理学中，拉采尔、亨丁顿、格里菲思·泰勒等人的研究，都以一个基本假设为特征，即支配空间型式演化的基本机制是一种决定论机制。这些作者无需设想他们已经鉴定了正确的机制或他们关于发展的论点在经验上是正确的。他们忙于为某种假设的机械论过程寻找证据。所以他们对支配空间型式演化的某种假设机械论过程的研究，常常成为特别的辩护。

也可以根据或然性来考虑过程和机制。十九世纪后期，主要来自牛顿那里的决定论观点统治着社会科学，而这时波尔兹曼已经指出最好把时间顺序看成是从可能性较小的结构向可能性较大的结构转移，一种不可逆的转移，发现这点是很令人惊异的。达尔文也曾提出，生物进化的基本机制是偶然的转变，所有的社会进化论者，包括那些从有机体类比中汲取灵感的地理学者，看来都故意忽视了这一点（斯托达特，1966）。在目前更为时髦的，是假设某种或然性机制，而这种假设比起对于决定论来说，虽远不符合需要，但应用上更见灵活。所以戴维斯所建立的用来解释景观演变的决定论框架（其进程中有某种偶然的意外中断），已为一种或然论模式所取代，后者把自然景观想象成一系列不可逆步骤的最终结果，而步骤被一种向最大熵发展的机制所支配；这种发展过程符合热力学第二定律的程度，比符合牛顿方程系统的程度更大（乔利，1962）。对于人文景观的演变，柯里（1966A）已发展了一种类似观点。

这种或然论观点提出了一个问题。通常认为地理学者（和历史学者）关心特殊事件，即现象的特殊结构。而现在或然性论点的一个特征是（见上文第十五章），一系列初始条件连同或然性法则的陈述，对于所要推导的结果来说，不是一个必要而充分的条件。唯一可推导出这种结果的情况是，我们所要研究的是可以根据频数概率来使之概念化的若干事件的大规模集合体。然后可以确定均衡状态（例如马尔可夫链迁移模型中的那种），并决定这些均衡状态的各种特性。现在，由维达尔·德·拉·布拉什的研究，进入地理学过程的概率概念仅应用于个别事件而不是集合体。在这种情况下，可能做的一切就是为一个特别事件的发生陈述某些必要（但不充分）条件。然而，有可能采用一种概率论的主观观点以更为理性的方式来讨论个别事件（内格尔，1961，563）。这样，设想或然性机制就面临一些困难柯里（1966A，45）这样写道：

> 概率推理为研究地理中的历史过程提供了一种新观点。如果景观的发展是一系列偶然事件，那么在一定意义上，历史记录的研究不能揭示很多过程的普遍性。当然，某些特殊地方的发展要求作个别的历史说明而无须普遍性的概念。食物、祠庙、城堡、煤田、新教伦理观、大海，看来都有助于以正确的关联来解释泰恩河上的纽卡斯尔城，而解释另外的城镇则用另一套因素……
>
> 但是，如果我们非常广义地对事件作分类，那么以前认为是不同种类的事件，现在只有程度的不同罢了。当我们能够说明这些不同程度发生的概率时，我们就能写出一个随机过程，以上描述的真实历史将只是这个过程的一个可能样本。……显然，这是一个合理的方法，它是否有用，取决于人们向景观提出的问题。

这样一来，设想或然性机制就把我们牵涉进某些概念上的难点中去了。一般来说，它丝毫未增加解释特殊情况时的严密性，只有当我们准备付出把要研究的纷繁现象用概率计算来映射的代价时，它才能增加严密性。决定论机制的假设就不牵涉这个问题，但它又与很多其他的困难相联系。

然而在两种情况里都很重要的是，要记住机制是假设的。可以把选择看成两种不同类比——一方面是牛顿力学而另一方面是热力学第二定律——之间的选择。但是在两种情况下，解释的真正难点，来自要显示假设机制（或类比模型）与真实世界机制之间的同型性，而后者可为通过时间变化所产生的特殊情况来确定。

(4) 根据实际过程作解释

在这一节里我们将专心考虑与过程解释的科学含义相一致的那些解释。让我们设想，我们有了说明一定机制存在的有力经验证据，因此我们准备接受它作为一定范围内的运算对象（operant，疑为operand——译者）。让我们再设想具有那种稳定地处于所确定的过程范围内的形势。那么就可以根据该过程来解释这个形势。进化生物学在目前接近于这么做，因为关于支配遗传的实际机制，已建立起大量的信息，而且有理由设想这个过程在整个时期中一直保持不变。这样，就可以根据过去的特征，加上已知的这一机制（它其实是或然性的）来解释现在的特征。地貌学中更为深入的研究过程同样地正在开始揭示出大量信息，它们大概将对过程作出越来越丰富的假设。人文地理学的现状不那么令人振奋，我们对过程不甚了了，仍然在假设机制而不是研究机制。人文地理学中这种水平的时间解释模式无疑是低级的，因为我们能以充分的信心指出，我们知道适用并因而可用来解释现象特殊结构的那套过程的情况还不多，如果不是完全没有的话。这必然部分归因于最近几十年中人文地理学内普遍缺乏一种动态观点（哈维，1967A）。所以近几年人文地理学内又回头去考察过程，这是一个受人欢迎的发展。于是关于感知、学习、探求、序列决策、环境行为等等的研究，就与这种回头去仔细考察实际过程紧密联系起来。对过程的理解是时间解释模式的关键，这至少指出了一种受欢迎的

现实化。把莱利在1940年作为对戴维斯系统的批评所讲述的以下言论放在心上，并把这些责难应用到人文地理学上或许是有益的：

> 戴维斯的严重错误是，他假设我们知道地形发展中涉及的各种过程，其实我们不知道。而直到我们知道以前，我们对地形发展的一般过程还是一无所知。（伍尔德里奇、1951，167）

C. 时间问题和地理学中的解释

因果解释和过程型解释都具有时间不对称的性质。但可能有人会争辩说（其实有时就是如此）：所有的解释在时间上都是不对称的，因为解释应该涉及从一系列初始条件和某种过程法则中演绎出某种现存条件。这种观点与本书中对"解释"的广义说明不一致。然而地理学中有一大类解释涉及时间不对称性，而且普遍同意这类解释是非常重要的。可以建立这种时间上不对称解释的严格模型，并可以显示能够发展逻辑严谨的纲要，用先前状况来联系现存状况，通过回归还可联系到发生。但是，在把这种逻辑严谨的模型应用到实际的历史演替上去时，却面临一些尖锐的问题。

这些问题，本质上与那些历史学本身纠缠在解释上的问题是同样的，而且在诸如地质学一类的所有历史科学中都有表现。历史学者和历史地理学者看来肯定不会试图以严格的意义作解释，他们已发展了他们自己特别意义的"解释"，他们有时声称这种解释与科学意义上的解释是有区别的，甚至完全不同的。这个有争议的问题，我们已在第5章中比较详细地考察过了。在那里指出，不能拒绝科学模型，但把这类解释形式应用于历史学领域时，无论在概念上和操作上都有许多困难。本章的目的一直是说明时间解释模式在某些方面与科学模型相一致，说明可以将此类解释看成为由于情况的偶然性所必需的、基本科学模型的近似方法。这样，科学模型就精心构成了一种逻辑纲要，对于要从先前状态中预测的一定状况，这种纲要显示出一些必要而充分的条件。历史地理学的大多数解释，都关心建立必要条件。这种解释的显著特征是，主张"对于该事实如无……，则 x 不会发生"。所以我们喜欢把纳菲尔德爵士的自行车车间和作坊指定为纳菲尔德爵士工厂在牛津发展的一个条件，喜欢指定一定工业发展的环境条件，喜欢把港湾的存在指定为港口发展的条件，如此等等。而考虑到充分条件却较为罕见。

历史解释中这种缺乏充分条件的情况具有严重的含义。首先，它把这类解释贬降为科学过程模型的一种低级变体。这件事或许并不像把必要条件实际上看成充分条件的趋势那样严重。正如蒙特费奥尔和威廉斯(1955)指出的那样，地理学中关于环境决定论的很多问题，终归还是这种根本性误解，因此，满足于必要条件看来是不明智的，而无论如何是不能令人满意的。确定充分条件可能非常困难，尤其在历史时期中，特别是在我们认为应根据个别决策者的理智、气质和动机作解释时。然而确定充分条件也就是确定过程法则，这个结论是逃避不了的。没有这样的过程法则，我们就很容易将必要条件和充分条件混为一谈，容易以历史演替的形式或借助假设的机制建立虚假的过程法则，一般也容易误解我们要说明的"历史"解释的真实性质。因此把大多数时间解释形式看成与真正科学解释不同或许是明智的。但它们仍然是科学解释的形式，并可以按科学解释形式的术语来评价。

涉及时间不对称性的解释在地理学里非常重要，因为它们属于我们所掌握的最有说服力的解释形式之列。地理学者们要掌握时间的概念和时间隶属的意义这也重要。但是在寻求追溯整个时期的解释时，我们可以在各种各样的模式中作选择，从逻辑上严密的过程模型到简单的叙述。现在，若坚持认为科学上严谨而且客观的解释是唯一可接受的解释形式，看来是毫无用处了。但是我们应当准备承认在应用不够严谨的时间解释模式时固有的那些问题。所以问题不在于我们不能在科学上严谨和客观，而在于我们拒绝承认已不得不对这种理想妥协的那些方面，因而不能区分一定逻辑形势下容许的推断与不容许的推断之间的差别。

第二十二章　功能解释

人们有时主张功能解释（或与其密切相关的目的论解释）可以替代前几章所讨论的因果解释或各种时间解释模式。有时还认为这种解释形式特别适宜于解释诸如生物有机体、文化、经济学等一类复杂功能“总体”内某种因素或部分过程的发生。因而主张诸如人类学、社会学、心理学以及生物学的某些学科，必须诉诸不同的解释形式，它们在方法论上是完全不同的学科。对地理学来说，虽然功能解释在地理分析中无疑极其普遍，但还没有明白无误地作出这种主张。对伦敦的解释可以根据它作为国际金融中心、作为都城、作为制造中心、作为港口等等的功能；对聚落的解释可以根据它们在中心地系统中的功能。城镇、区域、通讯系统等等都可以根据它们的功能来“解释”。在地理学里，有时还主张“功能方法”是地理学研究法中可替代因果方法和发生学方法（在一些人的著作中甚至认为是更重要）的一种方法。前一章中已经评论了这些方法之间的不同。但是，再考虑一下菲尔布里克（1957，300—2）的陈述：

> 不正是通过为人与人之间所建立的功能联系，种族才作为一个整体发展了植根于特定地方的区位和内部的组织吗？……因此对人文地理学来说，探索社会的固有区域组织不是基本的吗？区域中人类占用的功能组织不是人文地理学的基

本论题吗？……

如果“功能方法”在地理学中无疑很重要，对地理现象的功能解释无疑很频繁，在某些其他学科中也非常强烈地主张功能解释，那么澄清“功能解释”的含义，并在这个过程中对功能思想在地理学中的作用提出某种评价，看来是绝对必要的。为了方便起见，分三个阶段来分析这个问题：

（i）功能解释的逻辑形式。

（ii）作为一个普遍假说的“功能主义”。

（iii）作为一个工作假说的“功能主义”。

I. 功能分析的逻辑

在强烈主张功能解释的情况下，看到它一直在寻求逻辑分析就不足为怪了。对此，布雷思韦特（1960，323—41）、布朗（1963，第9章）、亨普尔（1951）、莱曼（1965）和内格尔（1961，第12章）都作了较详细的考察。从这些分析中可得出一个共同结论，即对于作为一种与众不同的解释形式的功能解释，生物学者、人类学者和社会学者提出的主张是不能从逻辑分析方面来证实的。这些分析并不否认功能陈述可以提供某种解释。有些人（如布雷思韦特和布朗）认为功能解释对很多情况可能很适合，并能对问题提供合理的答案。另一些人（如亨普尔和莱曼）则认为功能分析只能提供非常微弱的解释形式。但是，他们全都否认功能解释与其他解释形式属于不同类型。显然，最好将它看做**近似**于更为有效的解释形式——由于所研究的现象复杂性，常常需要一种近似法。

亨普尔(1959,278)对功能分析的性质赋予如下特点:

> 功能分析所要解释的现象类型是比较典型的重复活动,或者是以个体或组群方式的行为模式,例如,它可以是一种生理学机制,一种神经病特性,一种文化型式,或一种社会体制。而这种分析的主要目标,是展示行为模式对于维持和发展它发生于其中的个体或组群所起的作用。所以功能分析寻求认识行为型式或社会文化体制,根据它们把一定系统保持在适当工作秩序中,并因而将其维持为运转着的事物时所起的作用来认识。

用地理学例子来代替亨普尔的心理学、人类学和社会学例子是有益的。因此,可以考虑一个中心地或一个市场。它们在"经济"(这就是系统)中具有某种功能,因为市场和中心地满足某种需要,即以某种有效方式来分布商品和服务。它们起着把经济保持在"适当工作秩序"中的功能。对市场和中心地的功能还可以发展一种更为深入的分析。于是默顿(1957)区分出明显功能和潜在功能——各个中心地的存在表面上促进了商品和服务的交换,但它们实际上可能是满足了参与社交的人们当中某种基本的心理和社会要求。如果能如此表达,则交换功能就是明显功能(有点像求雨仪式),而社会功能就是潜在功能(就像通过参加求雨仪式而强化了团体本体)。现在,对这类问题毫无疑问地可能导致有趣的探究线索。但是,这里我们所关心的问题是,此类问题是否也导致不同的解释模式。因此,假设我们企图解释一个系统 s(如经济)中在某一时间 t 的一定特性 i(如一个市场),亨普尔表达了下面这种解释:

(i) s 于 t 时在某种环境 c(c 定义为一套环境条件和内部条件)中充分发挥功能。

(ii) 只有某种必要条件 n 满足时,s 才在 c 中充分发挥功能。

(iii) 如果 s 中出现特性 i,那么作为一种结果,条件 n 会得到满足。

(iv) 因此,t 时特性 i 必须出现于 s 中。

亨普尔继续详细考察了这类分析形式里固有的逻辑困难。例如他指出,只有当(iii)说明唯一的一定特性 i 能满足于一定要求 n 时,才能获得(iv);换言之,这只是惟有通过市场才能分配商品和服务。这种主张是含糊的,而大多数功能分析都乐于承认有可供选择的功能、代替功能或等同的功能。一般而言,有一系列的特性 $i_1, i_2, \cdots i_n$,它们全都能满足一定要求。上述论点的一些前提,并没有为我们提供可超出这一供选择的范围之外所指望的任何特定 i 的根据。于是亨普尔总结道:功能分析"对于指望 i 而不是它的一个代替品,无论从演绎上还是从归纳上都没有提供充分的根据"。由于功能分析表明一系列特性中必然存在着至少有一个特性以满足一定要求,所以它提供一种微弱的解释。这是一个相当暗淡的结论,因为它等于说各种商品和服务必然要以这种或那种方式分布于一种经济中,否则这种经济将不会发挥功能。亨普尔认为功能分析的吸引力,部分是由于事后认识的好处,在这种事后认识中,我们已经知道市场是确实存在的。功能分析为确定中心地存在的某些必要条件提供了一种简便的方法,但它显然不能为解释诸如中心地发生这样的一定特性提供必要而且充分的条件。

对功能解释之逻辑缺陷的这种分析,无论如何无损于在解释

中使用功能陈述。同某些其他专门条件一起，功能陈述确实可以用在提供解释的过程中，在使用像“重复活动”、“正常工作秩序”等这样的用语时，已经暗示出了这些专门条件。布朗（1963，110）认为功能关系是一种次级的因果关系：

> 这两种关系之间的区别是，功能关系只存在于某种特殊系统——自持续系统——内的各种特性之间，而因果关系一类要宽广得多，它包括这些关系，也包括其他一些关系，……所以功能关系是在自持续系统内运行的一种因果关系。

于是布朗指出，“功能”解释在自持续系统和自调节系统的前后联系中可以化为某种更有效的“非功能”解释（看来内格尔也接受这种观点，内格尔，1961，402—6）。这就从看问题的角度上自动地消除了功能解释的特别性质，但同时又使我们陷入对自调节系统性质的考虑中——确实，发展一种适当的功能解释模式的全部责任，就是详述自调节系统。内格尔（1961，406—21）提供了对这种自调节系统（或像他称谓的目标指向系统）广泛的一般分析。最简单的实例是对水加热时恒温器的安排，恒温器在其中的功能是指示水温的任何变化，并采取相应行动来将温度保持在同一水平上。此类系统的一般特征是负反馈现象。当然，地理学中可以观察到此类现象（例如起着维持现状功能的任何形式的适应行为）的例子很丰富。但是这种不严密的陈述还不足以为我们辩护要在解释中利用功能陈述。在我们能够实际上利用这类陈述以前，需要说明自调节系统的准确性质，并借助经验检验来显示这种说明是理由充足的。所以，亨普尔（1959，290）阐述道：

> 如果对于特别系统类型的自调节作了准确假设，那么就

能直接在关于先前必要条件的信息基础上解释，并明确地预告某些功能必要条件的满足程度，而该假说又能由对其预告的经验检查来客观地检验。

不仅如此，正如莱曼(1965)坚持认为的，我们需要对处于“正常工作秩序”或“适当发挥功能”之系统的概念赋予准确的含义。例如，我们可以把一种经济看成是处于良好工作秩序的途径很多；而如果我们具有某种效率指标(如费力最小的一种解决办法)，就能够显示市场地的必然发生。因此，只有与已知其性质(这应包括该系统内所能容纳的信息)的自组织系统联系起来，才能讨论一种功能。但是给出这种信息后，就无需诉诸功能解释了，因为此类解释直接是运行于系统范围内的各种因果法则解释所构成的。所以莱曼(1965，16)认为，各种功能陈述有从生物学中被排除的趋势，因为它们只是学科发展早期阶段的特征。

必须强调，关于功能分析逻辑的这些观点，只与由亨普尔定义的那种功能分析叙述有关。这种分析形式有好多变种，其实，关于功能分析逻辑的一部分不同见解，必须认为是对“功能”这个术语本身的不同解释所引起的。这个术语非常含糊，例如内格尔(1961，522—6)就讨论了至少可赋予它六种含义。亨普尔的用法与内格尔赋予的第六种用法符合——某一项目的作用有助于维持某一特定系统。但还可以把功能说成是一种关系(例如一种数学关系或一种明显连接两个变量的规律性)，某事物功用的一种指示物，如此等等。这本来不会引起有关功能解释的混乱；混乱也不是由于对功能的解释，可能产生多种功能解释形式这个事实。所以亨普尔把功能解释看成为*目的*论解释的一种形式，同时内格尔和布雷思韦特二人都分别从功能解释角度来讨论目的论解释，而值得注意的是，他们的做法非常相似。

目的论解释本身是一个模棱两可的用语。布雷思韦特（1960，324）满足于把它定义为因果解释的一种形式，其中的原因在于将来或在于可能是将来或现在的某一结局。功能解释正如迄今我们一直认为的那样，就是这样的一种特殊形式。赞同目的论解释的争辩可以采取多种方式。我们可以坚持认为：

（i）存在着上帝赋予的或天赐的“最终原因”。这是一种形而上学的主张，它不能从经验上检验，与经验认识毫无关系。

（ii）在个体和客体方面存在某种程度的有意图行为。于是我之所以待在布利斯托尔可能与我这方面要完成本书写作的意图有关。对于个体来说，这种有意图行为似乎是关于个人的合理的主张，但很多人会坚持认为：声称文化具有意图、经济具有意图等等则是不必要的拟人化了。

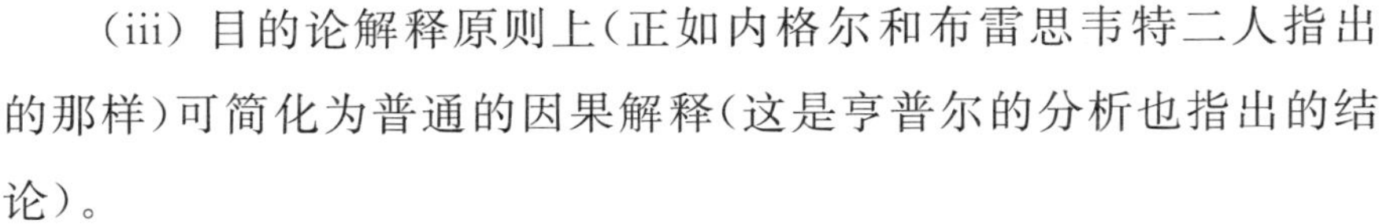

（iii）目的论解释原则上（正如内格尔和布雷思韦特二人指出的那样）可简化为普通的因果解释（这是亨普尔的分析也指出的结论）。

在这当中，我们必须否认（i）成为非科学的（这并不是说非真实的）解释形式；防止（ii）为我们提供一种非常微弱的解释形式（见上文，第173页）；（iii）的问题在于这种简化的情形一般不是已知的。布雷思韦特于是总结道：

> 一般说来，不可简化的目的论解释不比普通的因果解释更少值得信任，……对履行了科学解释的两种功能特征——能使我们理解各种联系并预测将来的陈述，否认它具有解释

的资格是荒唐的。

布雷思韦特的结论除故意承认目的论解释非常近似于某种较为严格的科学解释形式外，与其他一些分析者得出的结论并无出入。一般同意不能把目的论解释和功能解释看做与其他解释种类不同的类型，那么看来对于这些解释形式，我们唯一需要作出的重要决定是，在什么情况下我们才愿容忍这种非常的近似，以及容忍多久。粗略的功能解释和目的论解释，很可能是我们在这个特定认识阶段上所能获得的最好解释。但是原则上我们看来没有理由不诉诸更完备的解释形式。即使这样，功能解释和目的论解释仍然可以起某种作用，因为正如莱曼(1965)总结的，它们常常能够提供一种快而好的方法来回答特种问题。

II. 功能主义哲学

逻辑分析指出：不能把目的论解释和功能解释看成为与其他科学解释形式不同的种类。但是认为它们不同的主张在过去曾经很普遍。这些主张等于陈述了某种先验的功能哲学或目的论哲学。根据某种预想结果来阐述的各种目的论哲学在科学思想史中曾经是极其重要的，它们在地理学中也并不陌生。据哈特向(1939，59—62)说，李特尔把地球看成是由神计划的，因而人类活动的目标就是实现这个计划。格里菲斯·泰勒的决定论强调自然的计划，也有与此类似的目的论口气。此类哲学的要点是，不能从经验上检验它们，因而对于我们认识世界毫无用处，而且由于设想其解释的功效不可能显示是真实的而可能确实贬低了它。既然科学讲究的是经验上可检验的陈述，那么显然，可以或不可以证实（根据个人的体验）目的论哲学，无论如何都与地理学中的解释毫无关系。

然而一般说来，对各种目的论哲学的这种否定，并非必然是对我们将称之为功能主义的一种特殊形式的目的论哲学也一起否定。功能主义并没有为我们提供关于真实世界性质的简明、一贯的哲学，但为我们提供了一个包含无遗的方便术语，用它来突出多少有点差别，但又具有某些共同之处的观点。在一些学科中，功能主义的一种特殊变体已被树立为正统哲学，但在每个学科中呈现不同的姿态。功能主义在本世纪已有助于反对拙劣因果决定论和十九世纪实证论的行动。它曾寻求用强调相互关系的语言来取代因果语言，并企图提供另外一种解释模式以代替具有物理学特征的机械论解释形式。这种趋势在生物学中最为显著。生物学指出，只有依据“不可分的总体”才能分析复杂的有机体，在把这些总体分开来分别考察它们的组成部分时，会丢失某些东西。这种主张比“纯”目的论有着更多的实质性内容。在纯目的论中的很多情况，都难于从经验上显示某事物不会由于被分离而受损害。所以有很多现象看来最好根据“不可分的总体”来描述。因此，从这个意义上看，功能主义似乎在诸如生物学这样的学科中，提供了一个合理的哲学假设。

这种哲学证明对其他学科也有吸引力，借助有机体类比，功能的思想模型渗透到若干行为科学中。所以马利诺夫斯基在人类学中信奉功能主义，并阐述了功能主义哲学。他把功能主义看成“冲破十九世纪历史循环论的约束，避免绝望地陷入经验细节的泥沼”（李奇，1957，136）的一种途径。与他同时代的人类学家拉德克里费-布朗同样信奉功能主义，虽然他对它有非常不同的解释。值得将拉德克里费-布朗(1952，178—80)的观点看做社会科学中此类功能思想模型的一个实例。他以认识“应用于人类社会的功能概念，以社会生活与生物生活之间的某种类比为基础”入手，对这种类比加以详细讨论后，总结道：

> 这里所定义的功能概念，包含一种由统一实体中一系列关系组成的结构的概念，结构的持续性由各组成单位的活动构成的一种生命过程来维持。
>
> 如果头脑中有了这些概念后，我们着手从事对人类社会性质和社会生活的系统研究，我们就会发现面对三组问题。第一组是社会形态问题——有哪些社会结构种类？它们的相似处和区别是什么？如何将它们分类？第二组是社会生理学问题——各种社会结构如何发生功能？第三组是发展问题——新的社会结构类型如何得以存在？

当然，以这种方式来规定问题，对提供答案时要采用的解释形式已有了部分的先入之见。如果我们问答这种社会结构如何发挥功能，那么我们可能指望那种包含支配各因素在该社会结构中发挥功能时，它们之间相互关系的法则式陈述的答案。我们甚至可能准备称这样陈述为功能法则。这种结构-功能方法在人类学中已经很普遍，而且间或已上升到正统地位。然而拉德克里费-布朗把功能主义看成是一种工作假说，他并未陷入可称为功能谬论的那种观点——这种观点认为社会中的每一事物都具有某种功能，因此只有根据这些功能才能认识社会。但是对所要研究的社会结构或社会制度，不可避免地要做一些陈述。简言之，由于以功能主义语言的方式提出问题，对研究中的系统性质方面就不可避免地作出某些断言。方法论功能主义和哲学功能主义之间的本质区别是，后者在先验的形而上学基础上作出这种断言，而前者（正如亨普尔在前文521—522页引用的那段文字中指出的那样）依靠的那些断言，可用某种度量经验地和客观地予以评价。

我们的关注并不是要去追溯功能思想运动，也不是评价所有那些附属于功能主义的细微差别。但很有意义的是，功能主义已成为社会学中一种明确的哲学，尤其是在默顿（1957）和塔尔柯特·帕森斯（1951）的影响下，（他们观点的不同，正如马利诺夫斯基与拉德克里费-布朗的不同）；功能主义者的方法在心理学和经济学中也很流行（见马丁德尔文中的评论，1965）。简言之，功能主义已成为本世纪学术气氛中一个非常重要的因素。同样很有意义的是，所有学科中目前情况一般说来与大约30年前的情况看来有很大差别。这种普遍变化的原因，寻找起来并不遥远。最初认为功能主义对于机械决定论的哲学地位是一种较为合适的代替物。功能分析似乎展示了这种前景，引导详细研究并且不用诉诸因果语言和后来与之相联系的因果决定论，就能构筑理论，以后又把功能主义重新评价为一种哲学，以及社会或有机体实际上如何运转的一种理论。之所以如此，部分是由于我们已考察过的那种逻辑分析的结果，但也反映了各学科对于功能主义见解的变化气氛。现在常把功能主义看成是一种方便的方法（它产生丰富的成果），而不是一种必须的哲学。同时这点已经清楚，因果分析可以与作为一种哲学的因果决定论区别开来，过程模型可以自由地使用，而并不含有历史循环论的意义，因此把功能主义视为因果决定论或历

史循环论的另外一种哲学的压力也较小了。

地理学从来没有以人类学和社会学中所具有的那种方式，为自己主张一种功能主义哲学。但地理学中很多经验研究，在形式上完全可以看做是功能主义的，而有无数方法论陈述看来都将功能主义信奉为一种哲学。维达尔·德·拉·布拉什(1926,7—9)认为，“人文地理现象与地球统一体有关，单单借助这个统一体就可以解释那些现象”。他通过阐明生态学方法继续研究人类与环境之间的相互关系。白吕纳(1920,14—15)同样强调某种复杂系统内的相互关系：

> 人们不能满足于就事实本身来观察事实或满足于观察一系列孤立的事实。在这种最初的观察以后，重要的是要把这一系列事实放回它们的自然背景中去，放回它们在其中产生和发展的各个事实的复杂总体中去。

里格利(1965,15)已经注意到法国地理学者与诸如马利诺夫斯基这样的功能论人类学者之间，在哲学观点上的普遍相似。这种相似部分，根源于反对决定论和实证论这个共同基础，因此发现“或然论”和“功能主义”有许多共同之处就不足为怪了。看看里格利(1965,8)对维达尔·德·拉·布拉什将重点放在人与环境之间的两路相互作用上的方法是如何描绘的：

> 人与自然年复一年地相互影响，这有点像蜗牛和它的外壳，而其联系之密切甚至有过之而无不及，以至于不可能将人对自然这一方向的影响与自然对人那一方向的影响分解开来。这两方面形成一个复杂的混合物，……一个地方在其中的人和土地之间的密切联系，已在若干世纪中以这种方式发

展起来，就形成了一个单元、一个区域。……

这与马利诺夫斯基的功能主义相似，这种功能主义：

目标在于解释所有发展水平上的人类学事实，通过这些事实的功能，通过它们在文化整体系统内所起的作用，通过它们在该系统内相互联系的方式，还通过该系统与自然环境相联系的方式来解释。（内格尔，1961，521）

对马利诺夫斯基来说，文化形成了一个不可分割的总体，就这个总体而论，各种事件是可以解释的；对维达尔·德·拉·布拉什来说，区域形成了类似的“总体”，就这个总体而论，各个部分是可以解释的。两种分析形式都强调平衡状态和适应行为。这种共生平衡的概念，在法国区域地理学中非常发达，在采用“生态”方法的那些人的著作中，在像福特（1934）那些人的著作中，把眼光跨越地理学和人类学，并明确地把后者的很多功能方法和哲学观点带给前者都非常发达。这种观点最为有趣的应用，大概是区域概念化为一个“功能总体”。“区域”这个术语，在地理学中长期而混乱的使用期间，已呈现了多种多样的内涵，但有些场合，无疑把区域看成是大于其各部分的单纯总和的某种“事物”。这样将区域作为一种功能单位“具体化”，与文化、社会、政治单位等等的那种具体化并无不同。一旦区域、文化和政治状况被看做是“事物”，就可以赋予它们行为，尤其可以通过生物类比的方式来谈论它们，仿佛它们是活的有机体。哈特向（1959，136）提供了关于这种方法的很好说明：

在决定一个地区是一个功能区域时，研究者正把一个现存的地区综合体重建……到这种程度，即一个地区就是一个功能单位，它组成为一个整体；因为它的统一性具有总体结

构，即大于其各部分的总和，……就它是一个功能单位而论，但仅仅就此而论，它在现实中表现出要由地理学者来发现和分析的地区特征。

当然，并非所有功能区域的讨论都采取这种特殊方法，因为这种方法牵涉到作出的断言不能从经验来检验。也可以把区域看成是各现象之间复杂的相互作用的囊括，而无须赋予它“总体”性质。这样，从把区域看成比其各部分总和更大、看成是与众不同的事物的立场上作这种撤退，与心理学中从格式塔形而上学撤退、与社会学和人类学中以“总体”形而上学撤退是一致的。生态概念和更后来的系统概念的结果之一，就是促成了这种撤退。

在地理学思想里，功能主义哲学曾倾向于保持含蓄而不是公开明朗。地理学者不时使用“功能”这个术语，而且常常求助于功能分析模式。可能把方法论功能主义与哲学功能主义区别开来，但常常很难说地理学研究中是否已作了这种区别。确实，地理学史研究者完全可以把苏尔认为具有大倒退特征的1920—1940年期间，看成是方法论功能主义时代，如果不是哲学功能主义时代的话。哈特向(1939)的讨论肯定也具有强烈的功能主义倾向。所以后来的评论家们，如C. T. 史密斯(1965，130)曾经把苏尔与哈特向在四十年代见解的冲突，看做是功能主义哲学与发生学哲学的冲突，是要求我们表明蜗牛随着时间的演变对其外壳如何塑造的那些人与关心描述区域相互联系(用区域系统来表达)的那些人之间的冲突。把这些见解的交叉倾向和解释的细微差别区分开来，仍将是对地理学史研究的一种挑战。

III.“总体”

在上文引用的关于功能区域的那段文字中，哈特向认为一个功能单位组成了一个总体，它以某种方式大于其各部分的总和。这样，他涉及一个曾经引起研究有机体的生物学和心理学中重大争论的一般哲学问题（心理学中，格式塔心理学由于信奉存在某些不可分的单位而提供了一个总体思想学派）。于是功能主义有时就与一种“总体性”信条联系起来。这种信条在地理学思想中还不曾处于核心地位（哈特向，1939，260—80），虽然它曾经通过把有机体类比较粗糙地应用于例如区域总体或政治总体上而产生了某种影响。也曾经把它与格式塔概念联系起使用，以便描述人和环境之间的反作用和关系（基尔克，1951；哈特向，1939，276）。后来有机体总体或功能总体的概念曾经通过把系统思想应用到地理学中而升格为一种很新而且多少有趣的形式。对这些概念加以较详细考察或许是有益的。

内格尔（1963，380—97）指出，“总体大于其各部分之和”这种陈述的准确含义是不能确定的，这直接是因为“总体”、“部分”、“和”这些术语被作了多种解释，因而是模棱两可的（例如他列举了可赋予“总体”这个术语的八种含义）。在这种模棱两可的情况下，要证明或否认确实大于其各部分之和的客体或系统事实上存在都是不可能的。这样的主张，在某种程度上是一种先验观念，因此属于形而上学范畴远胜于逻辑范畴。然而有无数场合都在普遍谈论这种功能总体。这些场合的显著特征是，不是系统中的各个个体因素决定系统的行为，而是系统本身（即总体）固有的性质决定各个个体因素的行为。这样，各个个体因素可能显示出高度的相互依赖，但是从经验上证明这点并不等于证明总体决定部分。而某些作者曾经认为，对任何显示出高度内部组织的系统都应认为是一个功能总体。所以内格尔（1961，393）总结道：

> 虽然不可否认存在着具有各部分相互依赖的独特结构的系统，但还是没有提出能够以绝对的方式来鉴定与“纯粹总和”系统不同的“真正功能”系统的共同标准。

现在，可以看成是其各部分之和的系统能够根据这些部分来分析，内格尔称之为“加法”分析形式；如果存在功能整体，就需要某种“非加法”分析形式。于是内格尔继续考察了加法分析形式的适合性，并将经典力学的粒子物理学与电动力学的场论方法作了对比。这个例子非常有意思，因为根据影响场、腹地等等来进行思考，在地理学中是很普遍的，同时心理学的场概念（它在精神上与格式塔心理学有密切关系）最近已明确地介绍到地理学理论中（沃尔珀特，1965；贝里，1966；哈维，1967B）。这样，是否应将这些场现象看成是不能作加法分析的功能总体这个问题就很重要了。内格尔对这个问题并没有提供明确的答案。他指出，把场现象处理为功能总体，并发展非加法的分析方法来研究它们可能是方便的。这并不意味着对场现象必须如此看待；它们确实还可以以某些方式作加法处理而不会损失任何信息。

所以不能用逻辑分析来解决功能总体、不可分单位等等的问题。然而这种分析使内格尔（1961，397）以充分理解作出坚定的主张，“正如这样多的有关现存文献所设想的那样，以一种全盘而且先验的方式不能解决”问题。关于这类功能总体，我们所采取的立场可能不能得到充分的经验支持，但也不能忽视经验分析和逻辑分析的结果。所有这些都表明，把被认为是功能总体的单位与被认为是总和单元的单位之间的区别，看成是程度的不同而不是类型的不同，这可能是最保险的。

IV. 方法论功能主义

无论对功能解释的逻辑或是将功能主义作为一种先验假说作何议论，对把功能主义采纳为一种工作假说而获得实质的成就和见识，都是不容置疑的，所以抨击作为一种哲学的功能主义并不等于抨击作为一种方法论的功能主义。曾经认为形成功能主义方法基础的启发作用极其有用，而且既不需要与功能主义哲学也不需要与功能解释形式相联系（贾维，1965）。由此看来，我们或许应该接受菲尔布里克（1957）关于在地理学中更多地采用功能方法的建议。

功能主义方法论的力量，其实在于它把重点放在复杂组织结构或系统中的相互联系、相互作用、反馈等等上面。这种解决问题的方法，在它摆脱了形而上学内涵的地方一直受益匪浅。所以探究中心地如何在经济中发挥功能，看来极有价值，这直接是因为它提出了一系列问题，如果我们能作出合理的答案，就将使我们对要研究的现象得到较深刻的理解和较有效的控制。这个世界显然是一个复杂之地，而功能主义的启发力量在于它把我们的注意力引导到这种复杂性上。作为一种哲学，它设想这种复杂性本质上不能分析为组成部分——这种观点看来是不科学的，因为它以启示性的或貌似有理的（谁能分得清呢？）形式为采纳直觉主义提供了许可证。作为一种方法论，它为我们提供了一系列关于复杂系统内相互作用的卓越的工作假说。但是正如前两节的分析已表明的那样，功能主义既不足以成为哲学，也不足以成为逻辑分析形式。在一个仍然严重依赖"初级近似法"的学科里，对于将方法论功能主义作为一个启发工具来较充分地利用，甚至对根据功能所作的解释，可能要制定一个保险箱才行。但是，初级近似法在某一阶段大概必须让位给成熟的理论。这里，我们无论如何必须避免的危险是，对一个先验功能模型既不了解，而且没有必要的确实证据，就把它上升为成熟理论，这在推理上是不可饶恕的大罪。

第二十三章　系统

在前一章中曾指出，功能陈述的有效使用完全取决于对某一系统的客观详述（前文，第 519—520 页）。这个结论至关重要，因为它表明任何一种解释类型的表现，都可以依对系统的详述而定，因而我们对解释过程本身的理解，可以依我们对系统的概念的理解而定。古尔德纳（1959,241）在以社会学为背景的文章中这样表达：

> 在社会学中，功能论的理智基础是“系统”概念。功能主义如果不对作为更大的行为系统和信念系统一部分的社会型式加以分析，就一无价值。因此社会学中对功能主义的理解，归根结蒂需要对“系统”概念的来源有所理解。这里，正如其他萌芽学科中的那样，一些基本概念还是很不明确的。

任何解释都要把某些事件和条件孤立开来，都要应用某些法则（或法则式）陈述来表明，如果发生另一些事件或条件，则所要解释的事件必然发生。把各个事件或条件按这种方式孤立开来，就等于规定了一个封闭系统。例如，亨普尔的演绎解释模型与阿席比（1966,25—6）称为“状态决定”系统的东西是一致的，在这种系统中，“一定的环境条件……和一定的状态唯一地决定将发生什么变迁”。某一系统的闭合与解释之操作的这种关系，是一种很重要的关系。哈肯（1961,145）这样写道：

> 为了能用于分析，一个系统必须是“封闭的”。一个与其

环境相互作用的系统是一个“开放”系统，所以一切“真正活着”的系统都是开放系统。但是为分析起见，在理智的构筑时，需要假设与环境的接触被切断，因而系统的运转仅为环境以前建立的条件所影响，而且在分析时并无变化，再加上系统的各个因素之间相互关系影响。

所以，没有抽象和没有闭合，就不能进行系统分析。正如阿席比(1966,16)指出的，任何真实的系统都将具有“无穷多变量”的特征，“不同的观察者(带着不同的目的)可以从这无穷多变量中，合理地作出无穷多不同的选择”。在现实中任何系统都是无限复杂的，我们只有在已经对真实系统加以抽象后，才能分析某个系统。系统分析与抽象化发生联系而不是与现实发生联系。因此不是把系统看成现实的事物，而是看成方便的抽象事物，它具有促进某种分析方式的作用，这是可取的。现在，在因果分析(前文，第467页)和过程解释(前文，第501页)两方面，都已注意到抽象化和闭合的必要。于是因果分析的严谨应用，就需要限定某种特别的封闭系统。例如，当我们写下 $A \rightarrow B$ 时，我们在假设 A 与 B 是有区别的因素，它们处于一定的相互关系中，而且再无其他因素来干预这种关系(即围绕 A 和 B 的系统是闭合的)。在真实世界情况中，使用因果分析的主要困难之一，是从复杂环境中将结果和原因孤立出来，这种环境要以某种方式干预我们准备努力考察的简单关系。所以设计实验步骤的作用，就是努力创造各种被合理地与其环境分离开的系统，以便能进行必要的封闭系统分析。但是在非实验情况里，我们却寻求对从不能在操作上控制对变量的干预这种形势下得到的数据，强加一种封闭系统分析模式。这里，统计因

果分析就变得特别有用，因为它使我们能将来自环境的干预表示成随机噪声。例如，在回归因果分析中，这种干预就包含在等式 $Y=a+bX+e$ 中的误差项里。把 e 看做是代表围绕 X 和 Y 封闭的某一系统的环境，这是有益的。对于各种过程模型及近似于它们的各种时间解释模型，也可作同样的说明。

解释概念（无论是按因果的、过程的或功能的术语来设想）和系统概念之间的一般关系，对考察系统性质提供了一个有力的论证。阿席比（1966，28）曾经注意到“被状态所决定的性质对于想要克服其环境影响而掌握每一个种有机体的人文科学工作者来说，必然是非常重要的”。

把系统看做解释的关键的进一步论证出自本世纪该概念在所有经验研究领域内的广泛应用。因此，无论从方法论观点或是从经验的观点来看，系统概念绝对是我们在地理学中认识解释的关键。

在这一章里，我们将考察系统这个术语的含义。建立在系统概念基础上的分析框架，在作为一个整体的科学中已迅速发展起来，系统分析将证明是本世纪后半叶主要的方法论之一，这一点看来没有什么疑问。然而，尽管系统思想在所有学科中都有萌芽和发展，系统概念仍然是相当模糊的。尽管模糊，但没有它们又几乎寸步难行。在地理学看来正趋向于采用一种新的“以系统为基础的范式”时，仅仅由于这种模糊性，对系统概念作出某种评价看来就加倍重要。此外，系统理论，尤其是普通系统论中作出的解释，已被一些人欢呼为统一一切科学思想的基本框架。曾经有一些时候，普通系统论似乎准备宣称自己是一种逻辑上必须的宇宙观——这很像因果决定论、历史循环论和功能主义在此以前宣称的那样。所以以**普通系统论**为基础的一种形而上学，对某些人就有着它的吸引力。但是多数系统分析的工作，是把系统分析看成一种纯粹的而且简单的方法论的那些人作的。无论如何，澄清某些可能产生误解之处，并对把**普通系统论**作为统一一切科学思想，尤其是地理学思想的框架的主张作出某种评价是有益的。但是，在进而考察这些广泛的哲学问题以前，我们将从讨论系统分析及其在地理学中的应用入手。

I. 系统分析

系统概念无论怎么说都不是新概念。牛顿写过关于太阳系的文章，经济学者们写过关于经济系统的文章，生物学者们写过生命系统，植物生态学者和人类生态学者们曾用过系统概念，而地理学者们甚至从该学科起源时就肯定地大量使用了系统概念。虽然系统概念非常古老，但它一直倾向于停留在科学兴趣的初步阶段上——几乎是作为一些约束[①]起作用，而不是深入细致研究的课题。当代把系统强调为一个明确的（而且确实是核心的）分析项目，这可以看成是把重点从放在研究没有什么相互作用的非常简单情况，变为放在有着很多变量间相互作用的情况这种普遍变化的一部分。有些人曾经指出（冯·贝塔郎费，1962，2；阿席比，1963，165—6），经典科学几乎完全是涉及简单线性因果链或无组织的复杂事物（例如热力学第二定律中表现的特征）。确实，阿席比（1963，

① 原文为 Contraints，疑为 Constraints 之误。——译者

165)认为过去大约二百年来，科学的成功必然归因于它所开拓的“若干有趣系统，而其中相互作用都是小规模的”。我们已经注意到，在行为科学和生命科学中相互作用的复杂性方面如何提出了一些经典方法应用的特殊问题——确实，功能主义者们固执己见，认为经典科学概念不适宜于研究复杂系统。本世纪中对这些复杂系统的兴趣已迅速增长起来，但是若无某些概念和技术上的突破，它们所提出的问题看来很难驾驭。掌握系统的必要技术手段，已由于通信工程、控制论、信息论、运筹学等的数学发展而稳固地建立起来。所以：

> 自1940年以来……借助于这些新技术，已作了一系列尝试来努力解决既大且内部联系又丰富的动态系统问题，结果相互作用的影响不再被忽视，而且事实上常常成为兴趣中心。……这样就产生了系统论——它企图发展一些科学原则来帮助我们解决具有高度相互作用部分的动态系统问题。(阿席比，1963，166)

系统之间密切联系的分析和复杂结构的分析，使得这种方法对那些研究高度相互连接现象的学科具有非常的吸引力。既然大多数地理学问题都具有多变性质，那么系统分析为讨论这些问题提供了一种吸引人的框架，就不足为怪。

A. 系统的定义

通过考察“系统”这个术语本身的定义，就能很容易地了解系统思想的性质特征。我们可以以很多方式下定义，但既然最好把系统看做一种抽象物，那么看来合乎逻辑的是先下一个句法的或数学的定义，然后对该数学定义中所用的抽象术语寻求操作解释时所产生的各种问题，再进一步讨论。克里尔和瓦拉克(1967,27—54)利用集合论作工具下了一个数学定义。于是包括在某个系统 S 中的对象(由一系列对象属性来确定)之集合可以表达为若干元素的集合 $A=\{a_1,a_2,\cdots a_n\}$。对此我们还可以加上一个额外元素 a_0 来代表环境。然后我们可以引入一个集合 $B=\{a_0,a_1,\cdots a_n\}$，它包含了该系统中的所有元素，还加上一个代表环境的元素。然后就能考察这些元素之间的相互作用和关系。如果令 r_{ij} 表示任一元素 a_i 和 a_j 之间的关系(例如，若 $r_{ij}=0$，则 a_i 对 a_j 无任何作用)，那么我们可以用 R 来表示所有 $r_{ij}(i, j=0,1,\cdots n)$ 的集合。于是，系统的定义就包含在如下陈述中，即每一个集合 $S=\{A,R\}$ 就是一个系统。

这样，此种定义就为我们提供了关于系统的严格定义，我们一般可把它解释为包括：

(i)与若干对象各自具有的变化属性一致的一系列元素。

(ii)对象之各种属性间的一系列关系。

(iii)这些对象属性与环境之间的一系列关系。

对系统的这种抽象解释具有很多重要优点。例如，它允许发展一种不囿于任一个特定系统或一套特定系统的抽象系统理论。这种理论为我们提供了大量关于可能存在之结构、行为、状态等等的信息(可以设想这种情况是会出现的)，并且为我们提供研究复杂结构内相互作用的各种必要技术手段。于是系统理论就与某种抽象数学语言联系起来，这与几何学和概率论有点相似，可以用它来讨论经验问题。但是为了用这种语言处理经验问题，我们需作大量的假设，并对我们关于实质问题的看法作概念上的调整，以便完满地转换为系统理论所提供的抽象语言。因此，系统理论在这里面临着与利用任何先验模型语言来讨论实质问题时所面临的同样问题（前文，第 184—188 页；192—195 页）。

（1）系统的结构

给定系统的定义后，就能稍微详尽地阐述它的结构了。系统结构基本上由元素以及元素之间的联系构成。

（a）元素是系统的基本单元。从数学的观点来看，元素是一个未加定义的原始术语（与几何学中点的概念很相像）。这样，无须进一步考虑元素的性质，就能进行数学系统分析。但是使用数学系统理论来处理实质问题，完全依赖于我们将现象以如下方式概念化的能力，即我们能够将现象当作一个数学系统中的元素来对待。换言之，这取决于我们对数学元素能找出实质解释的能力。找出这种能为我们一致同意的合理而明确的解释并非易事。这里有两个基本问题。第一是不得不面对尺度问题，对一个元素作实质解释不会与尺度无关，我们是在一定尺度上设想系统之运转的。例如，可以把国际金融系统概括为包含国家这些元素，一种经济可以认为是由若干公司和组织组成，组织本身可以认为是由部门组成的系统，部门可以看做由单个人组成的系统，每一个人又可以看成是一个生物学系统，如此等等。因此元素的定义取决于我们构想系统的尺度，或像克里尔和瓦拉克（1967，35）称谓的解析水平：

从相应解析水平（系统 S 限定于其上）的观点来看，每一个元素由于形成了我们对其结构既不能也无需解析的不可分

单元而独具特征。但是如果我们以适当方式增加解析水平,……则又可分化元素的结构。结果是原来的元素丧失了意义而变成相对不同系统,即成为在更高解析水平上所规定的系统的新元素来源。

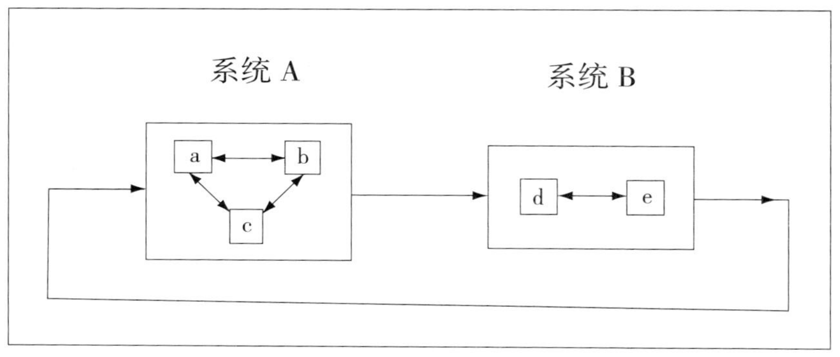

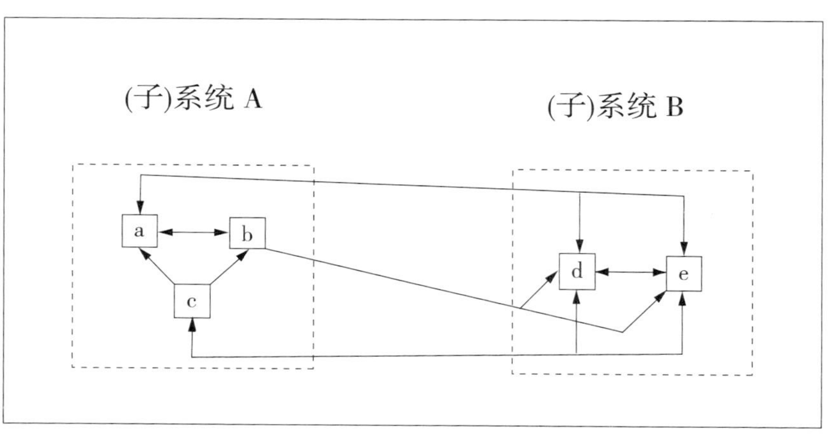

图 23.1　关于系统间相互作用的两种不同观点。上图表示系统 A 和系统 B 作为两个单元相互作用,而每一系统内又进行着较小系统的相互作用。下图表示系统 A 和 B 在较低水平上的相互作用。(据布拉罗克 1959)

因此,用实质性词语来说,我们面临的问题是可以将系统嵌入众多系统之中,而我们在一个分析水平上选定为一个元素的东西本身，在较低分析水平上就可组成一个系统。一辆车可以是交通系统中的一个元素，但也可以认为它组成了一个系统。系统分析的这一特点带来了某些问题。布拉罗克(1959)指出，在系统等级的较高水平上，我们可以用两种方式来构想一个元素。可以把它看成作为一个单元起作用的不可分单元(例如我们可以想象一个公司的决定或反应)，或可以把它看做某种较低层次元素的不明确形象(例如一个组织内的个体与另一个组织内的个体相互作用)。这两种解释如图 23.1 所示。布拉罗克指出，由于不能区别这两种观点，可能会导致严重的混乱。他认为社会学中关于“社会系统”之性质的重大争论，几乎完全可以归因于围绕这两种不同方法而产生的语义学困难。尽管有这些困难，系统嵌入系统之中以致无穷的思想还是很有吸引力的。它不会面临数学上的困难，因为我们可以将元素简单地组合为“类型”等级，每一较高层次的类型形成较高层次系统中的一个元素(这方面对于前文第 389—390 页中概述的集合论方法大有用处)。它还为处理由于尺度问题本身影响到地理学方法上的那类复杂性，提供了一种合适的方法论。长期以来我们一直知道有这个尺度问题，而在尺度方面灵活的系统方法就为分析的过程提供了一个合适的框架。我们知道在对空间变化的作用里，过程是不会与尺度无关的。(前文，第 418—421 页；456—460 页)

在我们寻求对元素的数学概念作出某种解释时，很重要的第二个问题就是识别问题(这也是我们以前曾遇到过的问题，见前文第 259—262 页；417—421 页)。在某一尺度上限定一个系统后，我们如何才能识别其中的元素呢？从地理学观点来看，这就是

(1) 连续关系

(2) 平行关系

(3) 反馈关系

(4) 简单配合关系

(5) 复杂配合关系

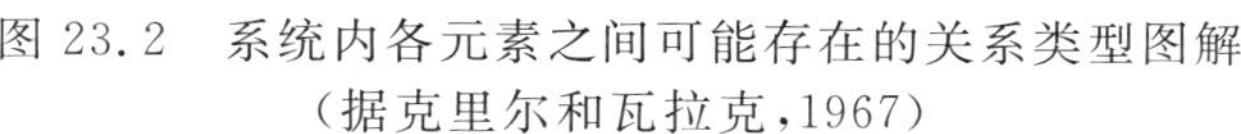

图 23.2　系统内各元素之间可能存在的关系类型图解
(据克里尔和瓦拉克,1967)

指在一定尺度上确定个体这个问题在某些场合(例如连续分布的现象)是很难解决的,而在另一些场合(例如农场和其他分离现象)却是显然可解决的。但是从数学系统理论的观点来看,一个元素就是一个变量,所以由此而来的是,当寻求在地理学背景上转换数学元素时,我们必须把元素看做是某个确定个体的一种属性,而不是个体本身。(库恩 1966,50)于是阐述道:

系统的元素是事物的状态或情况，而不是事物本身。在包括一些个人的系统中，元素不是个人，而是个人的饥饿状况、他的交友愿望、他的信息状况，或某种其他与系统有关的特性和品质。

因此在确定和识别元素时，我们不仅需要确定个体，而且需要具有某种度量其属性的有效方法（见第十七章）。

（b）元素之间的关系或联系提供了系统结构中的另一组成部分。关系的基本形式可确定为三种（图 23.2）。连续关系最为简单，具有元素由不可逆联系来连结的特征。这样 $a_i \rightarrow a_j$ 就形成一种连续关系，可以看出这是传统科学已经研究过的特有的因果关系。平行关系类似于多重影响结构，其中 a_i 和 a_j 二者都受一个元素 a_k 的影响。反馈关系是一种新近引入分析结构（主要通过威纳，1961，和其他人所发展的控制论分析）的联系，它描述了一种元素自我影响的情况。这样，赋予一个对象某一属性值就受该值自身的影响。可以将这些关系以很多方式联合起来（见图 23.2）以至于两个元素可以同时以各种不同方式相连结。于是这些联系就形成一种以不同方式连结元素的“配线系统（Wiring system）”。这种强调元素之间的联结性，可以根据拓扑关系来讨论，因此发现图论是系统结构分析中一种重要的描述手段就不足为怪了。

（2）系统的行为

当我们谈论某个系统的行为时，我们直接指的就是组成系统结构的“配线系统”内，在进行着什么。因此行为必须随各种流、各种刺激和响应，以及输入和输出等等作出。我们既可考察某一系统 的内部行为，也可考察它与环境的相互作用。前者的研究，指的是研究上一章讨论的连结系统各个部分中行为的功能“法则”。然而，多数行为分析倾向于注意后一方面，而这里将从这个意义上来考察它。考虑一个系统，其元素中有一个或多个与环境的某一方面有关系。假设环境正经历着变化，那么系统中至少有一个元素要受影响，而其作用会通过该系统传达开来，直到系统中所有相关的元素都受到影响。这就构成一个没有反馈到环境的简单刺激——响应或输入——输出系统：

刺激(输入) ⟵ [系统] ⟶ 响应(输出)

可以很容易地确定行为的数学含义。我们可以规定一个输入向量 $X=(x_1, x_2, \cdots x_n)$，它对系统作部分刺激的作用；还可规定一个输出向量 $Y=(y_1, y_2, \cdots y_n)$，这指的是某一系统的响应。然后可将系统的行为一般地表达为向量 X 向向量 Y 的变换 T：

$$Y=T(X)$$

换言之，行为可由把输入向量和输出向量联系起来的等式(决定论的或概率论的)来描述(克里尔和瓦拉克，1967，31—2)。经济的投入-产出分析就提供了这方面的最简单实例，其中的最终需求(例如从出口、国内消费或其他中导出的需求)向量与该经济中各个部分里的最终输出向量相联系。在这种情况里，系统由该经济中所有的内部产业联系所组成，其影响在产生最终产出的整个经济中都可追踪到。在这种情形下，系统就由技术系数矩阵来表达。

这里并不深入考察系统行为的数学方面，但是提及受数学运算可行性影响的某种实际限制是有益的。一般说来，处理线性系统是最容易的，因此很多关于系统行为的文献都涉及线性系统，而实践证明有必要将真实世界关系概括(或度量)成好像它们是线性的,即使它们不是线性的也罢。这种限制并非原理方面的限制,它直接与处理非线性方程大系统的相对困难有关。在实践中,我们可能以表格形式记录输入和输出来观测这种变换,但却不能确定适于那种变换的任何数学函数。阿席比(1966,21)认为实践中很难找到简单的数学函数。因此,在我们能从分析上处理行为的情况,与我们只观测到输入和输出的情况之间加以区分是有益的。

(3) 系统的界线

只有在首先确定某一系统的界线的情况下,才有可能研究该系统的结构和行为。在数学上这不成问题,因为界线是通过规定某些元素处于系统之内和另一些(有关)元素属于环境来确定的。然而为了利用系统分析的数学特性,我们需要某种确定界线的运筹方法,这并非易事。在某些情况下,界线本身就相当明显(特别是,当我们研究的系统是分离的并与其环境有很确定的联系时,例如一种经济内的一个公司)。在另一些情况下,我们却不得不以某种方式强加上界线,而这样做时,就要利用我们自己的判断来确定系统的起讫。福雷斯特(1961,117—18)指出,这种判断决定,并不意味着这种选择缺乏"事实基础或与现实的联系"。把这种选择归因于研究的目标以及我们对此类系统的经验,就可以评价系统界线的选择。但是界线的选择,对从系统分析中获得的结果有显著影响。经济投入-产出分析就提供了一个很好的例子,其中的最终需求(刺激)可以以多种多样的方式来概括。例如,如果只把它处理为出口,则国内部分和劳力投入就成了经济系统内相互作用网络的一部分。但是在某些研究中,国内需求也当作最终需求的一

个组成部分来对待，因而被置于系统之外（伊萨德，1960，第 8 章）。最终产出的预报，将根据作出哪一种选择而不同。两种方法都是合理的，而作何选择，主要取决于哪个可行以及我们想研究哪个。

（4）系统的环境

用一般的话说，某个系统的环境可以看做是存在的一切事物。但发展一种更为严谨的环境定义是有益的。环境是较高层次的系统，正在考察的系统是它的一部分，其各元素的变化，将引起正在考察中的系统所包含各元素之值的直接变化。看来还是没有规定环境的客观方法，以使每一个人都同意某一特别的环境定义是正确的。从操作的意义上看，为环境下定义与为包含其中的系统下定义，所面临的困难不相上下。这并不是说环境的定义完全是武断的。或许解决这个问题的最好办法是，问一问环境中与某个系统运行相关的元素是什么？这样我们就可以隔离出某种“变形系统”（meta-system），它由与研究中的系统相互作用着的有关环境元素组成。然后再抛弃环境中无关的元素（而他们在数量上大概是无穷的）。在能进行任何分析以前，我们还必须抽象并封闭我们的模型。在大多数情况里，关于环境的一致定义能够多么容易地得出，例如经济构成一个公司的环境，如此等等，这实在令人惊异。在另一些情况里，环境则由与正研究的系统相交叉的两个多少不同的系统组成，例如一个农场系统，就其环境而言可能具有生物圈和经济体系。系统分析中，这种环境概念的灵活方法对地理学特别有用。地理学曾经广泛地采用环境概念，但却倾向于以相当刻板的方式使用它。在这种关头，澄清“开放”系统和“封闭”系统这些术语的一般意义是有益的。前者指与环境相互作用而混合在一起

的模型，而后者指与环境不发生任何相互作用而建立的模型。既然任何情况下的分析，都需要对变形系统加以闭合，这种命名法就有点差强人意了。

（5）系统的状态

一般而言，可以把系统的状态看成是在任一特定时间点上，各个变量在系统内呈现的值。现在，变量可能呈极大的数值，以致经常在更严格意义上把"状态"这个术语用来指"任何非常确定的、若再发生就能被识别的状况和特性"（阿席比，1963，25）。因此，区别瞬变状态和具有显著特征的各种均衡状态是有用的。这将在以后加以考察。关于状态概念一个更进一步的要点是，变量所呈现的值与输出相应，"状态和输出的概念因而倾向于合而为一，而交替使用这两个术语并无不对，至少对于启发式研究目的来说是这样"（罗森，1967，167）。

（6）系统的参量

某些变量可能不受系统运转的影响，这些变量所呈现的值可能由环境或由其他系统的输出来决定，因此它们起着系统基本输入的作用，而且它们一直不受系统内进行的相互作用的影响。这些输入通常被称为系统的参量，在运算系统模型中，常常要求从理论考察，或从对系统与其环境之间相互作用的经验研究中来估计它们。在被视为一种极简单系统的引力模型中，可以根据先验基础把距离参量设置为 2，或可以从实际行为中加以估计（见前文，第 134—136 页）。

B. 对系统的研究

在前一节中发展了很多概念，这使我们能对系统一般地谈点什么。系统分析已能洞悉复杂相互作用现象的结构特征和行为，因此系统概念为处理实质性的地理学问题提供了一个合适的概念框架。考察某些从对系统的研究中产生的一般概念将是有益的，这种考察在以下三个标题下进行：系统的类型、系统内的组织和信息、系统内的理想状态。第四个重要论题，即系统模拟，将留待后面一节去讨论。

（1）系统的类型

我们用来对系统分类的方式是多种多样的。我们可以区分出封闭系统和开放系统、人为系统和天然系统，如此等等。但我们不想作系统的尽善尽美分类，我们将把注意力集中在那些关于复杂相互作用的分析能告诉一些新义的系统类型上。因此，诸如简单作用系统（库恩，1966，39—40）的那些系统，它们在系统框架中表现的有如因果分析那样的传统分析方式，在这里将不予考虑。系统分析中的大多数新东西，必须与顺势稳定系统、自调节系统、适应系统，尤其是与结合某种反馈形式的系统一起才能得到。

(a)顺势稳定系统是“在外部随机波动情况下”保持“一种恒定运转环境”的系统（罗森，1967，106）。这种系统能抵御环境状况中的任何变动，并在这种变动以后，表现出逐渐恢复到均衡或稳定状态的行为。例如，弹簧的位移将伴随而来一系列振荡，直到弹簧终于回复到静止状态。这个例子中的现象称为“衰减”。来自环境的可变压力可能意味着弹簧将永不静止，但也意味着大规模压力将随着时间被衰减，直到弹簧处于稳定状态，对来自环境的正常压力的反应，则是非常轻微的振荡。当然，对顺势稳定系统的这种最新解释，只适用于开放系统分析，而且要与稳定状态这个重要概念联系起来，稳定状态是在流水过程和其他地貌过程的研究中具有极大意义的概念(乔利，1962；利奥波尔德和朗本，1962)。

某些顺势稳定系统具有负反馈机制，以使它们得以回复到均衡或稳定状态。在此类系统中，初始扰动越大，则系统回复其稳定状态时所使出的力量也越大。罗森(1967，113)认为在这里可以研究两类机制。第一类是“伺服机制(servo-mechanism)”，为跟踪系统的一种，它监察环境中的变化，并把信息传递给作相应行动的系统。第二类是“调节器”，在环境出现变动时保持系统内的行为正常运转。伺服机制和调节器在很多方面都是相似的，因而这里把它们相提并论。此类负反馈极其重要，“对一切生物和人类行为来说都是基本的”(福雷斯特，1961，15)。空间竞赛过程就提供了一个经典实例，它导致超额利润的累进缩减，直到空间系统处于均衡状态。任何扰动(例如人口和市场需求的增加)都会诱发出反应直到系统再次处于均衡。在现实世界中，竞赛过程运转得并非如此完美，但是空间系统研究的大多数分析方法都联系了此类负反馈效应，并假设了某种形式的均衡状态。

(b)适应系统在很多方面与顺势稳定系统都相似，但又具有某些独特的特点。罗森(1967，167)提出如下定义：

> 适应系统是这样一种系统，对每一种可能的输入，在它都存在一套或更多的合意状态或合意输出。系统的适应特征意味着，如果系统最初不处于某种合意状态，那么系统将如此行

动，以致改变状态直到达到一种合意状态。

对这种系统的研究，提供了一种通常当作前一章讨论的那种意义上的“目标寻求”或“目的论”方法方式。为了达到这种合意状态，此类系统显然要依赖某种反馈机制。这种反馈能以多种方式进行。大多数分析性研究，通过假设反馈影响环境状况，因而改变输入直到取得预期的响应（或合意输出），而将这个问题概念化。另一种可能性是反馈影响系统本身的参量。看来后者发生的情形是很多的，而这种反馈却很难对付（罗森，1967，168）。地理学中通过参量反馈的最好例子，是相互作用模型中的可变距离函数。在这种情况下，例如上班路程系统的合意状态，是各种雇用机会上劳动力的需求，靠来自居住区供应的劳力来满足的那种状态。如果房屋计划使居住区进一步远离雇用机会，那么系统就通过改变距离函数的参量来适应。所以适应系统在地理学中是很有趣的，但在研究适应系统时，我们需要明确“合意状态”及其遗留下来的那些东西的意义。

(c) 动态系统可以看做一种单独的系统类型。围绕“动态”这个术语存在某种混乱，尤其是在社会科学里（哈肯，1961）。顺势稳定系统和适应系统在向稳定或合意状态运动时，都随时间表现出某种状态变化。然而在真正的动态系统中，由于反馈的作用，而使系统状态经由常称为系统的轨线或行为线的一连串不重复状态以保持不断变化（阿席比，1963，25）。例如，反馈可以引起需要识别的新合意状态（这是学习过程本身的一个特征）。诸如循环模型和累积因果模型那样的经济增长模型，就可看成是动态系统。根据可能表现出的一个系统的行为，我们可对多种动态力加以分类。在某些场合里，我们能够识别出振荡行为；但在另一些场合里，行为线则可能完全不稳定，这种情况下的系统可能变成爆发性的。例如理查森(1939)考察了军备竞赛的逐步升级，并成功地识别出系统变得如此不稳定，以致要爆发战争的形势。

(d) **控制系统**是那些其中的算子(operator)对输入具有某种程度控制的系统。当然，此类控制系统在系统工程中是很有兴趣的，也是控制论的主要关注点(威纳，1961；阿席比，1963)。系统控制理论提供了对系统行为的大量洞察，而在地理学中应用于实质性问题也不是不相干的。特别在规划领域里，政府在国家和地方两个水平上控制着对经济系统的某种投入，并为了尝试和取得某种预期水平的产出而操纵着这些投入。于是就利用金融政策和预算政策来刺激或削减国内需求；而在地方水平上，由地方政府控制的道路、公用事业、民房等方面的投资，则提供了为达到某种目标(产出)而改变投入的一种重要手段。多数城市模型的构筑，都曾经涉及探究控制某些投入的可能性，以能取得一系列预期目标的方式来指导城市系统的增长。在多数情况下，我们对某些输入能加以控制，而在另一些情况里要操纵它们是不可能的，或是代价太大。例如，为了寻求最大的农业产出，我们或许能够通过灌溉来控制水的投入；但在生物圈的其他方面依然不受控制的情况下，我们则必须这样做。这样，部分控制系统就是非常有益的了。或许将来的应用地理学，将根据控制系统模型的发展，来证实空间系统如何能够通过操纵几个关键调节器而组织起来。

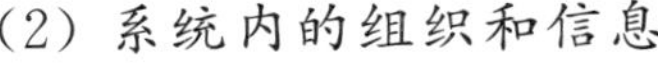

组织和**信息**这一对孪生概念在系统分析中极端重要。它们为

以某种普通而客观的方式来讨论系统行为的某些方面，提供了必要的概念。最好通过实例方式来考察组织概念。考虑一个含有 n 个元素的系统，它以如下方式运转，即如果我们知道了系统中一个元素的值，那么我们就能够预测所有其他元素的值，这种系统是高度组织的。考虑一个类似系统，我们即使知道其中 $(n-1)$ 个元素的值也不能预测第 n 个元素的值，这种系统是无组织的。信息"可以看成是系统中组织性（随机性的反面）值的度量"（克里尔和瓦拉克，1967，58）。信息论开始是联系到通信工程发展起来的，但从那以后，它已扩展到去研究心理学（阿特尼夫，1958）、生物学（科斯特勒，1965）、经济学（泰尔，1967）以及无数其他自然科学和社会科学中的问题。由于把信息看做类似于熵的量，信息论事实上利用了以热力学第二定律中得出的基本数学概念。熵的增加等于是某种自然系统内以较高组织状态向较低组织状态的变化。当熵达最大值时，系统的组织程度最差。这种熵的概念在信息论中被广义化了：

> 正如在信息论中的用法那样，熵与它在物理学中确定的用法毫无关系，而对它只引入一个抽象的统计学定义。在 n 个事件当中，如果每个事件发生的概率是 $p_1, p_2, \cdots p_n$，这里 $\sum_{i=1}^{n} p_i = 1$（即给出的事件中有一些必然要发生），则表达式 $H = -\sum_{i=1}^{n} p_i \log a p_i$ 就称为熵（克里尔和瓦拉克，1967，61）。

当所有的 p_i 相等时，H 达最大值；这直接意味着当所有事件同样可能时将发生最大的熵。这就导致了使熵函数达最大值的基本数学运算。在某种特定系统中，我们可以发现 H 的极大值（这显然取决于上式中 n 的大小），可以以多种方式利用这个值。假设我们指定一个系统，其中不论初始输入是什么，输出变量都能呈现某些同等可能的离散状态。现在我们已经指定了一个其中的 H 为极大值的理论系统，这一理论系统的行为与一个观测系统的行为之间的任何偏离，就用来指示观测系统中行为的规律性，然后又可以用这个规律性来推导观测系统中某种程度的组织性。在这个例子中，我们把熵函数当作一种随机期望模型，用它来比较被观测的行为。然而我们还可以寻求另外的解释。如果所有的事件都同样有可能，那么关于某一系统的行为，我们有最大的不确定性。当 $H=0$ 时，我们有绝对的确定性。这里可以引入熵的概念来度量我们的不确定性程度。既然科学常常被看成为减少不确定性，那么这种度量就有某种作用。泰尔（1967）曾经用它来估价经济预报技术的功效，还可用它来回答诸如“我们从预报中获得多少信息”？或“预报将我们的不确定性减少了多少？”这样的问题。熵函数的一个有趣性质是，它力图在达最大值时使所有结果的可能性相等。假设我们建立一个具有某种组织程度的系统，如果我们要力图使这个系统行为的熵达最大值，那么只有在观测已置于该模型内的各种强制因素时才能做到。在这种情况下，使熵函数达最大值就是指对于该系统最有可能的行为获得正确估价的方法。利奥波尔德和朗本（1962）在用这种概念来确定一条河流最有可能的剖面时，就用的这种方法；而威尔逊（1967）最近在城市系统领域内也用了同样的方法，而且指出可将引力模型看做带着某些基本强制力运转的区域系统的最有可能的结果。

从这一讨论中，我们可以作出结论：诸如熵、组织和信息这些术语的含义，系根据我们所指定的模型种类而改变，所以我们在使熵函数达最大时，发现对同一数学运算会有几种不同解释，这里熵的概念与任何其他数学概念并无不同。

(3) 系统内的理想状态——开度量(allometric)法则

系统分析中非常重要的第三个方面，是系统内理想状态的概念。我们在前文注意到功能解释，有赖于对在某种意义上处于良好工作秩序的系统下定义(第518—519页)。而通过发展关于系统内理想状态的概念，就能定义良好的工作秩序。理想状态曾经是科学的一个重要假设。罗森(1967)认为，“自然在其一切活动中都追求经济，这个思想是理论科学最古老的原则之一”。理想状态原则并不是简单的权宜信条，已显示出物理系统是根据这类原则运转的。而齐普夫(1949)对人类行为中“最小努力”原则的广泛研究表明，此类原则在社会系统研究里也并非全然不合适。还可对理想状态原则的探究提出更深刻的理论基础。在生物学中，自然选择机制对生物体的结构、功能和行为施加了一种压力，逐渐迫使它们与理想状态原则相符。罗森(1967,7)写道：

> 在自然选择的基础上，在相当长的时期内，置于一套特定环境状况中的生物有机体，将会倾向于呈现各种适宜环境状况的特征。这意味着生物体逐渐呈现的那些特征，能保证在特定环境中相对于与它们竞争的其他生物体，将不会有选择缺陷。

在涉及竞争、适应和幸存的那些人类活动的方面，也能详细阐述类似的论点来证实理想状态原则的作用。在资本主义社会，若干公司竞争着，他们幸存、适应或停业。按照空间组织来说，正是空间竞争（在若干位置内）提供了寻求理想状态原则的正当理由。

在这些情况里，澄清理想状态的含义至为重要，只有出现某类竞争结果，而且每一结果都付出了一些代价，才能给理想状态赋予意义。从数学的观点来看，有无数的技术（从包括熵函数在内的数学函数之极大极小理论，到博弈论和线性规划）都能用来解决这类问题，如果知道必要的信息的话。在识别所有合理的竞争结果和识别与之相联系的代价时，显然存在着很多运算上的困难。但是即使识别实际理想结果有运算上的困难，在一个系统中建立理想状态原则也还常常是有益的。因为若没有关于理想状态的某些概念，则不论某一特定系统是否处于良好工作秩序，我们都不能作任何陈述。理论上我们可以把理想状态看成一个代价最小（或按照经济学是利润最大）的问题。这种理想状态的观点，对我们认识顺势稳定系统和适应系统是极其有用的。例如，顺势稳定系统中的负反馈现象，就涉及使"衡量系统的预期行为及其实际行为之间差别的一个或多个特定量"达到最小（罗森，1967，114）。适应系统也可以类似地看成是寻求某种合意状态与实际状态之间差别的最小值。对使熵函数达最大的数学运算的一个解释是，它模拟了一种使某一系统的组织状态为最小的级数。因此理想状态原则，构成我们认识大多数系统类型的行为的基础。

对于分析系统的状态和结构而言，已没有篇幅对理想状态原则的其他含义作任何详细的考察了。但是考察一个实例却是很有好处的。这部分是为了证实理想状态在形式上确实有某些含义，部分是因为这个例子本身很有趣。如果我们在一个系统的某些部分上作各种测量，并将它们与该系统其他部分上（或整个系统上）作的测量相比较，我们常常会发现一个表现良好的基本数学关系，即开度量法则，其形式为 $y=ax^b$。这个法则是罗森（1967）称为形式函数的一个例子，也是功能法则所意指的那些东西的一个好例子。生物研究和物理研究的很多领域中，曾经显示出开量度法则所描述的形式函数是经常出现的。例如它出现于不同的物种躯干长度与宽度之间的关系中，出现于生物体随着时间的增长中。这后一个开度量法则的例子说明，在系统的一部分上得到的度量如何必然按比例地变为整个系统的增长。这种开度量法则最近已介绍到地理学中，并且由诺德伯克（1965）、沃尔登贝格和贝里（1967）及其他一些人证明是人文地理系统和自然地理系统的特征。开量度法则可望成为地理学理论的组成部分，因为它可用来解释诸如人口密度梯度、等级大小标准等现象。诺德伯克指出，根据开量度法则，一个城市的范围与它的总人口有关，这就指出了整个时期的增长过程可以在数学上与空间大小联系起来。如果一个城市的大小受到抑制，那么它的总人口也要受抑制。这里，时间过程和空间形态之间的函数关系（见前文，第 155 页）得到非常清楚的证实。那么，这就提出了要解释开度量法则本身这一基本问题。罗森（1967，80—6）认为这个功能法则及其他功能法则可以按照理想状态的词语来表达，而在最优化和开度量法则之间有着密切的关系。因此，等级大小标准可以是社会组织某种优化原则的一个表达式。这个原则的准确性质至今仍然不清楚，但是罗森所得出的这些普遍结果之引人发生兴趣，足以使我们要追究下去。

理想状态原则被很好地证明并稳固地建立起来，它在我们力图对付复杂系统时大有用处。这不是说一切系统都处于就其环境而论的最理想状态，它们显然不是这样。但是很多系统都普遍潜伏着向最优效能运动的趋势，这却不容置疑。在很多情况里，各种最优化技术似乎对我们展示了判断一个系统是否工作良好的唯一标准，因此在我们寻求严谨的解释时，它们是至关重要的。理想状态原则大有用处，而在力图把系统分析应用于地理学时，若不非常仔细地研究它，那么我们将是不明智的。

C. 地理学中的系统分析

正式应用系统的概念已成为地理学研究的一个较新特点。既然大多数地理学者都要研究复杂事物和相互作用，那么很难设想我们怎么能避免使用特别为研究这种复杂事物和相互作用而发展起来的技术和术语。然而系统概念对地理学思想来说无论如何不是新东西，它大概已有很久的历史，就像系统概念在整个科学史中的历史那样。地理学中系统思想的这种久远历史表明，很多实质性地理学问题，很自然地尽力按照系统术语来作详细阐述，这是鼓舞人心的。

地理学中系统思想的历史，紧密地与功能方法、有机体类比、作为复杂相互联系整体的区域概念以及地理学的生态方法相联系。在诸如李特尔、维达尔·德·拉·布拉什、白吕纳、苏尔等等地理学家的著作中，都可以找到系统思想的因素。但是正如在其他学科中一样，系统概念曾倾向于停留在地理学思想的外围而不是处于其核心。在最近几十年间，兴趣中心已有改变，结果使系统概念有了更大的意义。功能分析（和因果分析）中的逻辑考虑导致了系统概念，地理学思想的各种各样途径看来也同样不可避免地要导致系统思想。其中最明确的或许是那些人的途径，他们在本世纪初就力图通过把地理学解释为人类生态学的一种形式来赋予地理学思想新的兴趣中心；还有一些人现在力图以生态系统的术语来解释地理学。这个道路绝不是笔直的。维达尔·德·拉·布拉什含蓄的生态方法（前文，第528页）与哈伦·巴罗斯（1923，3）关于地理学是人类生态学的主张有所不同，巴罗斯的观点与埃尔和琼斯（1966）或布鲁克费尔德（1964）所阐述的生态学观点又不一样，而斯托达特（1966，1967A）则批判了所有这些解释。“生态”和“系统”这些术语在地理学中显然富于含糊性，正如它们在其他科学领域中那样。在很多情况下，地理学中的含糊性，部分是从不同科学领域中攫取灵感的结果。人文地理学者常常指望人类生态学中发展起来的概念（施诺尔，1961）；但甚至在人类生态学内也已有了明显的变化和各种思想（塞奥多森，1961）。还有一些地理学者曾指望生物学者和植物生态学者。斯托达特（1967A，524）在将生态系统的概念发展为地理学中的基本组织概念时，就从坦斯利那里获得重要的灵感，他声称，生态系统之所以有吸引力，是因为：

> 首先它是一元论的，它在一个框架中把环境、人和植物以及动物世界汇集在一起，在其中的各组成成分的相互作用可加以分析。当然，赫特纳的方法论强调这种统一思想，法国学派的区域专著中也达到了某种综合，但这里的统一性是美学上的而不是功能上的，……其次，生态系统是以或多或少有序、合理而且可理解的方式构筑的。对地理学来说，这里的根本事实是，一旦认出了结构，就可在与地球及其作为有机体或

有机整体区域的超验性质的尖锐对比中，对它们加以调查研究。……第三，生态系统活动着……它们包含着物质和能量的不断输送。举一个地理学的例子，系统不仅包括流通网络，也包括流通其间的商品流和人流。一旦确定了这种网络，就可能对各组成部分之间的相互作用和交换确定数量，而至少在简单的生态系统中，可以定量地确定整个综合体，……第四，生态系统是普通系统的一种类型，它具有普通系统的属性。按普通系统的术语说，生态系统是一种开放系统，它遵循开放系统热力学定律趋向某种稳定状态。

如果地理学者们能用系统术语将他们所研究的问题充分概念化，那么显然，系统分析的全部威力都可用来解决这类问题。地理学中的系统分析在告诫我们依据系统来思考这个阶段以外，多半还不曾有太大发展。所以布劳特（1962）、乔利（1962）、阿克曼（1963）、贝里（1964A）以及斯托达特（1967A）的阐述，曾把我们的注意力引向按系统术语重新说明地理学目标的需要上——这种观点，在美国几乎通过国家科学院关于地理学的通报（N. A. S，1965）取得官方的支持。在一些场合中，系统概念已用来开发地理学中新的理论阐述。乔利试图根据开放系统热力学来重新阐述地貌学思想；利奥波尔德和朗本（1962）用熵和稳定状态来研究流水系统；贝里（1964B）借助空间形式中组织和信息这一对孪生概念，试图为研究“作为城市系统内的系统的城市”提供一个基础，这些都是这一过程的例子。最近，沃尔登贝格和贝里（1967）曾用系统概念来分析中心地和河流型式，而柯里（1967）也曾试图以一种系统框架来分析聚落区位型式。一般而言，地理学中对空间组织主

要方式的探究，可以从系统分析尤其是从信息理论中学到很多东西，它们能够区分组织程度（偏离随机性的程度），因而能提供各种对型式的客观度量和某种型式识别的技术。那些把注意力集中在空间组织上的地理学者毫无例外地要涉及系统分析，正如哈格特（1965A）在人文地理学中说明区位分析所证实的那样。

然就系统概念和系统分析的利用看来，似乎还没有在地理学中取得起重要作用的地位。这必须部分归因于系统分析本身的复杂性，如果要充分利用系统分析，则要涉及多数地理学者所未能掌握的数学技巧。当然，地理学者多学一些数学是解决这种困难的办法，但是这说来容易做来难。然而还有其他困难。运算化系统分析涉及关于系统之闭合、元素之定义、关系之确定等等方面的评价判断。我们关于某一问题的经验越多，我们所掌握的信息也越多，以某种程度的自信作此类评价判断也就越容易。我们一般缺乏系统分析的经验，加上理论发展相对薄弱，这使我们不能以任何程度的自信作此类评价，除开那些我们能容易地对某种系统的结构和行为作些假设的情况而外。简言之，在力图将系统概念应用于地理学时，我们实在还处于利用先验模型的阶段。但是诸如经济学（例如奥克特等人，1961）、心理学（米勒，1965）、政治学（多伊奇，1966）、城市经济学和城市规划（梅尔，1962）、商业经济学（福雷斯特，1961）等等这样一些同性质的学科里的经验表明，利用系统概念是值得一试的，即使仅仅由于它能提出与地理学者们所对付的“组织复合体”的研究似乎特别有关的那类问题提供必要的框架。但是如果我们对一切要加以揭示的地理学论题，仅仅要求挥舞系统分析这枝魔棍，那我们将是愚蠢的。正如哈肯曾经指出的，

在能够看出如何以及为什么要联系和应用系统分析以前，每一学科都必须通过它们自己的实质问题来探索自己的道路：

> 这就是为什么每个学科都在缓慢而迟疑地重新发现在很久以前别的学科就已发现的关于方法的概念——例如，为什么经济学笨拙而痛苦地探索过通向边际生产力概念的道路，而结果只是认识到它对自己的问题不过施行了基本的运算而已……

所以，系统分析为我们提供了一种便利的运算来考察地理学问题，但为了利用这种运算，我们需要一些地理学概念，它们能使我们在地理学背景上为这种运算找到某种解释。

II. 系统模拟和普通系统论

> 如果我们对自然界的各种系统加以比较，我们常常会发现，从某种观点上看是彼此相像的一对对系统。在这种情况里，我们有时可以把这些系统中的一个看成是另一个的模型，并可以以这种功能充分地利用它。……自古以来，人类就在科学和艺术中自觉地利用了不同系统之间的相似性。而现在科学无论在理论意义上，……或在模型的实际应用上，都对这一领域发生越来越浓的兴趣。（克里尔和瓦拉克，1967，92）

我们知道很多天然系统彼此相似，我们可以经常使用同一分析框架（如微积分或概率论）来研究根本不同的现象，我们还知道科学史充斥着这样的例子：一些学科曾经探索它们达到公式化的道路，而那些公式在很久以前就被其他更先进的学科发现了。于是就产生了这样的问题：如果能设计出适用于各种系统间同型性的某种基本理论，再如能发展一些准则来冲破学科界线，使思想和公式得以传递，科学的进步是否会更有效些呢？对这种理论的呼唤已由于一般系统理论的发展而得到回答。这种理论已被一些人发展为通常所称的普通系统论，它试图通过使用一般系统概念来统一科学知识和方法。一般系统的这种最近用法，等于为作为一个整体的科学提供一种基本哲学（与方法论相对），而且涉及为科学思想中的新范式打基础。然而重要的是要从各种观点来评价一般系统概念。因此我们将从考察系统模拟问题开始，进而讨论作为一种方法论的一般系统，再以考察作为一种哲学的普通系统论结束。

A. 系统模拟

考虑两个系统 S_1 和 S_2，已知它们的结构和行为。凭这一点我们认为能确定每一系统中的元素、联系、输出等等。给定这种信息后，就能确定 S_1 和 S_2 在哪些方面相似，并确定在什么条件下可将 S_2 用作 S_1 的模型，反之亦然。它们可能会在结构、行为、元素组成、关系的数学形式等等方面表现出相似性，因此重要的是突出我们对该系统所要模拟的那一方面，例如我们是模拟它的结构、它的行为，还是模拟作为一个整体的系统。我们将首先考察最一般的情况，然后再考察系统模拟的较专门方面。

（1）系统模型

克里尔和瓦拉克（1967，108）指出，模拟 S_1 和 S_2 的原理是以等形和同形的概念为基础的。如果 S_1 中的元素可以唯一地指定

给 S_2 中的元素，反之亦然；而且如果对于 S_1 中的每一种关系(γ_{ij})在 S_2 中都存在一种精确地相同的关系，反之亦然，那么这两个系统是等形的。两个系统之间的等形关系是对称的、反射的和转移的。所以水流流经其中的系统可以成为电流流经其中的系统之等形。当 S_1 中的元素可以唯一地指定给 S_2 中的元素，但反之不然，而且 S_1 中的关系也可唯一地指定给 S_2 中的关系，但反之不然时，两个系统是同型的。同型关系的一个典型例子是地图和农村之间的关系，地图上的每一个元素都可以指定给农村中的一个元素(但农村却包括很多地图上没有记录的元素)；标绘在地图上的每一种几何关系也呈现在农村中(这是就物理距离而论)，但是有很多几何关系实际上存在于农村中，而并未标绘在地图上。在这些系统中，它们之间的关系就是不对称的、不反射的、不转移的。我们可以把地图当作农村的模型来对待，但我们不能把农村当作地图的模型对待。

在我们能够构筑所有系统的等形模型的场合，它们就特别有用，因为一种系统(例如电流)比另一种系统(例如供水系统)构筑和使用起来容易得多，这是常有的事。但大多数关系却倾向于是同形的，这就牵涉到更多的控制问题。在这方面，把原始系统(农村)映入另一个系统(地图)就出现了某些困难，因为我们必然需要肯定；模拟系统的输出也是原始系统的输出特征。这就把我们带到不完全模型的问题上。

(2) 系统的不完全模型

考虑下面这种情况，即 S_1 的结构和行为不能与 S_2 的结构和行为关联(由于无知或无能)，那么可以取得一个系统的某些方面，例如其输出，并寻求直接根据该系统的这一方面用 S_2 模拟 S_1。这种系统模拟最普遍的情况，是那种依赖对各系统的行为作对比的模拟 。因此，我们在这里将把注意力限制在系统模拟这一方面。考虑两个系统 S_1 和 S_2，我们输入完全相同的刺激，并且无论我们怎样改变这个刺激都得到完全相同的响应。S_1 和 S_2 表现出相同的行为，如果我们只是关注行为，即使我们对它们的结构一无所知，也可以把 S_1 用作 S_2 的模型，反之亦然。但是我们很少能确定可输入完全相同刺激的系统，在多数情况下，我们需要把一种输入刺激（例如充电）转换为另一种输入刺激（例如供水），并以同样的方式转换输出响应。这就涉及有时称谓的“输入和输出映射”，用这个来意指把进入 S_1 的某种输入变换为进入 S_2 的另一种但类型相等的输入，也指输出的相同变换。用此类不完全模型来解决问题、预测和解释，都需要某种程度的控制（或是借助理论，或是借助校准和实验），以便我们能肯定使用模型所获得的结果，是被模拟系统的特征。一般说来，这需要对同等行为下某种定义（克里尔和瓦拉克，1967，105—7）。只要给予必要的控制，不完全模型无疑就极有价值。

（3）系统模拟中的黑箱和白箱

系统分析常常使用黑箱概念，这是一个其内部特征（结构和功能）未知的系统，但可以详细研究它的刺激——反应特征。如果我们知道某一黑箱输入-输出关系的特征，那么就可能找到该系统的某个模型，其结构是已知的，它准确地完成同样行为。然后常常作出这样的推理：黑箱实际上具有（或至少可以认为它具有）与模型（通常称为白箱）相同的结构，从而合理地进行下去。以这种方式用白箱代替黑箱(并力图从行为推导结构),是系统分析的一个极重要部分。我们在关于系统分析方法的一般讨论中避开了这一点,因为它涉及系统模拟问题。但是在寻求用白箱当作原为黑箱事物的替身时,常常使用关于系统组织的某种形式数学理论。于是科斯特勒(1965)在他力图尽力对付生物行为和生物组织的那些复杂方面时,讨论了控制论系统、博弈论、决策论和通讯理论,这些白箱或许能代替生物学家所面临的很多黑箱。在这种场合,系统模拟就涉及建立某种成功的像原先结构那样行动的人工数学结构。当然,这是强调机器智能、基础组织理论等等的控制论所关注的。在我们所知甚少或证明不销毁有机体就不能辨别它的结构的那种复杂情况下,系统模拟的黑箱方法将具有重要的作用。然而正是为了有效地发挥这种作用,我们需要对两种系统的相似性有某种控制方法。

B. 作为方法论的普通系统论

完全地或不完全地用一个系统来模拟另一个系统的过程,自古以来就已在科学(和地理学)中进行了。这种系统模拟的广度直到不久前还一直未引起注意,当然也未成为详尽的方法论研究的集中点。冯·贝塔郎费(1951,1962)的研究,曾注意到设计来处理非常不同领域的几个系统之间的等形性程度。他的方法大都是经验的-直觉的。他考察了若干不同学科中确定的各种真实系统,并指出许多这样的系统都具有非常惊人的相似性,简言之,我们关于各种事件的多样化知识,可以非常俭省地通过几个系统概念组织起来。不仅如此,还可以利用关于一个真实系统性质的信息来说明另一个真实系统（假设知之甚少）的性质，可以用一个系统模拟另一个系统，可以借助一个真实系统得出关于另一个真实系统的结论。这就导致了普通系统的概念，这个概念把各种各样真实系统的特征归纳起来，因而使我们能在一个统一的分析框架中讨论系统问题。普通系统是对各单独学科已确定的多种真实系统的一种高度概括。这种普通系统的概念本身就具有重要性，但冯·贝塔郎费把它用作试图统一科学的一种工具。冯·贝塔郎费论点的后一方面，把我们牵涉进哲学问题中去，我们将在下一节中讨论它。这里我们将把注意力限制在普通系统的方法论方面。

米沙罗维克（1964，4）对普通系统论赋予如下特征：

> 因为可以主张科学和工程学二者都涉及真实系统及其行为的研究，那么由此得出普遍理论，应该涉及普通系统的研究。……现在的讨论足以把普通系统看成是某种真实系统的抽象类比或模型。那么普通系统论就是一种关于普通模型的理论。

由于普通系统论将为讨论构成科学理论的各种语言，提供某种较高层次的语言（超语言，a meta-language）（见前文，第217—220页），米沙罗维克后来用语言学术语继续考察了这种理论。现在从米沙罗维克的定义中可以清楚，在他使用这个术语的那种意义上，普通系统论不仅只涉及系统分析中的等形性和类比，而且牵涉到建立某种可以从中演绎出各种各样系统特征的普通理论。这与系统分析概念的演绎统一有关。所以它寻求对系统分析，作克莱因对几何学所做过的那些分析的事（前文，第247—248页）——即为把各单个系统和各种系统类型在一个统一的等级结构内联系起来，提供一个框架。这种等级结构很有用，就在于它使我们能更好地认识存在于不同系统类型之间的关系，能明确地陈述一个系统近似于另一个系统的条件，并能确定那种即使我们还没有找到与之匹配的真实系统，但对我们仍然很有用的系统类型。按照米沙罗维克的解释（这种解释在控制论、数学系统分析等中非常流行），普通系统论将为我们提供充分发达的句法结构，这就是说，如果我们能将适当的系统语言来描绘实质问题，那些句法结构就准备促进关于实质（地理学）问题的讨论。普通系统论还将为我们提供以控制方式进行系统模拟的必要准则。这种普通系统研究的分析——演绎方法，与冯・贝塔郎费的方法是大异其趣的，虽然在某些方面目标一致。但是，目前普通系统研究并没有为我们提供认识系统的统一演绎框架，而是为我们提供了对某些种类的系统，例如顺势稳定系统、适应系统以及动态系统的更深认识；还提供了对诸如稳定状态或动态行为那种循环系统状态性质的一般认识。因此无论是冯・贝塔郎费的经验-直觉方法，或是米沙罗维克的分析-演绎方法，在将系统概念应用到实质性地理分析上都为我们提供了非常重要的方法论观点。

C．作为哲学的普通系统论

通过概括关于系统分析已有的一些一般论点，来开始对作为一种哲学的普通系统论加以考察或许是有益的。这些论点有：

（i）一切解释都依可在其中进行分析的某种封闭系统的定义而定。

（ii）既然在很多情况下，都可能以充分程度的确定性将系统概念运筹化，那就可以借助系统分析来寻求我们对现象的认识。

(iii)系统分析特别适于研究复杂的相互作用现象，而且当把分析框架扩展到那些相互作用如此复杂，以致借助传统科学技术还一直未能分析它们的学科(例如地理学)上时，系统分析包括了对传统科学的系统阐述。

(iv)在设计来研究极为不同的现象领域的系统之间，存在很多等形性。

(v)一般系统理论对统一我们关于系统的很多思想，以及对理解系统之间的等形性，提供了一种归纳和分析方法。

(vi)系统分析的广度和精致程度，被围绕系统概念的模糊性这一巨大因素所减低，尤其是在应用于社会科学的那些方面。

关于系统分析的这些陈述看来无可指责。因此，这会引诱我们去主张一切解释都必须用系统术语作出，主张只有到了我们能用系统术语将现象概念化的程度，我们才能认识现象，主张普通系统论对统一科学提供了根本的关键。此类主张包含着逻辑上的错误，其错误方式与“发生”方法或“功能”方法的论点一样包含着谬误的论据。以后几代人终归会清楚地鉴别某种“系统谬误”，就像我们现在能鉴别某种发生谬误或功能谬误一样(前文，第497页；533页)。因此需要对作为一种哲学的**普通系统论**加以仔细的评价。

冯·贝塔郎费建议用普通系统方法把科学出于分析的目的因而肢解了的那些现实之碎片，再回头来捏在一起。他认为科学曾趋于陷进日益严重的专门化，而这种强烈的专门化已导致学科孤立发展。然而每一学科都倾向于发展相同的解释结构，倾向于确立相同的系统结构，还倾向于对相同的系统公式化来“摸索自己的道路”。受到可证实存在于各单独领域内确立的系统间的无数等形性的冲击后，冯·贝塔郎费进一步建议把普通系统论作为解释此类等形性（并鉴别其他等形性）的关键理论，因为它能为我们认识自然和周围现实提供一个统一框架。根据冯·贝塔郎费的说法，普通系统论是一种关于现实的理论——一种带有解释的演算——它具有阿科夫（1964，58）称作超理论（metatheory）的那种东西的性质——“一种解释各学科理论的理论”。现在应该清楚，我们将称为普通系统论（GST）的这种看法，与米沙罗维克和另一些人发展的一般系统理论的句法途径是非常不同的，前者提出了一种关于现实的理论，后者则提供一个统一框架来讨论用于模拟真实系统的各种句法结构。冯·贝塔郎费的表现总是不能摆脱模棱两可状态，有时还似乎采取了两种观点。但是看来正是普通系统论而不是一般系统理论曾遭到最猛烈的批判。布克（1956）说它是“幼稚的思辨哲学”，而奇泽姆（1967）则说它的特征与地理学“风马牛不相及”。这两种意见中都有一种倾向，即通过提出反对普通系统论的论点而将一般系统理论也作为不相干的东西抛弃了——这种方法显然是荒谬的。例如，奇泽姆似乎把米沙罗维克（1964）和冯·贝塔郎费的看法看做“等形的”，其实并非如此。既然有这些批评，那么明确普通系统论的真正性质，并评价接受它或反对它的真实理由就见得重要了。阿科夫（1964，54）力图反对普通系统论，但在这样做时却澄清了由冯·贝塔郎费发展起来的普通系统论的性质：

贝塔郎费以接受当前分学科的科学结构作为起点。通过

> 在多种不同学科所建立的法则之间寻求结构等形性，他希望发现一种比任一学科所能产生的理论更加普遍的理论。这样，贝塔郎费就含蓄地假设自然界的结构与科学的结构等形。从这种信条出发，就得不到任何进展。自然界并没有分学科，自然界对我们提出的现象和问题是不能分为学科门类的。我们把科学分工强加给自然界，自然界并没有把各种学科强加给我们。我们对自然界提出的**疑问**——与自然界向我们提出的问题不同——可以分为物理的、化学的、生物的等等门类；但这并非现象本身的门类。

冯·贝塔郎费试图把科学所产生的各种事实、法则，以及理论的主体统一在一种综合理论之下。这种理论带来一个问题，即：

> 它的合理性将依赖于由它而来的那些分科理论的可推断性，因而，反过来又依赖这些分科理论的合理性。于是它两次脱离了科学的经验方面和应用方面。

第二个问题是，理论必须以这种或那种方式来解释存在于形形色色领域中发展起来的系统结构之间的等形性。米沙罗维克的句法方法，根据那些我们可最方便地拿来对付现实的分析性构成物解释这种等形性，而不是根据现实本身的结构。但是冯·贝塔郎费力图根据现实本身解释这种等形性。这是一个很重要的区别。米沙罗维克寻求构筑一般模型的理论——即一种解释科学构成物的理论，或一种解释我们似乎是关于现实思想的理论。冯·贝塔郎费则寻求构筑关于现实本身的一般理论。现在很清楚，台球和原子不是同一物，人和分子也不是同一物。因此冯·贝塔郎费探究关于真实系统之间相似性的较深理论，并把普通系统理论设想为可能与这种理论相像的一种先验模型。这种方法对于科学中的等形性和类比，对于附属于类比的意义，以及对于这种类比的必要性都产生了某些重要结果。一些人曾因此严厉地批评了冯·贝塔郎费的方法。例如亨普尔(1951,315)写道：

> 对我来说，……承认法则之间的等形性，并没有添加或加深我们对所涉及的两个领域中现象的理论认识，因为这种理解是通过把现象归纳在一般法则或一般理论之下而获得的；而某套理论原则对于一定的现象门类的可应用性，仅仅用经验研究就能弄清，无需通过纯系统理论。

布克(1956)和奇泽姆(1967)对普通系统论的批评，等于是对发现等形性有一种“这是什么?”的反应，正如对比不当会搅混辩论一样危险。

冯·贝塔郎费(1962,8—9)回答了布克的批评，他指出等形性和类比在科学中极其重要，若无类比，科学就几乎成为不可能。在这点上很清楚，争论已转变为关于解释本身的哲学争论。例如，亨普尔属于演绎预测学派(前文，第22—23页)，他借助系统模型来为反对某种解释方式争辩；但是另一些人，如沃克曼(1964)，则大概会完全或部分地支持借助等形性和类比来回答问题(前文，187页)。这种争论本质上是不会有结果的，除非根据我们自己的信仰。这是一个哲学问题，而不是一个方法论问题。因此，一般说来，我们对普通系统论所采取的特殊态度，取决于我们自己的信仰，取决于我们自己的哲学，取决于我们自己的“世界映象”，正如库恩(1962)称呼的那样。这并不是说普通系统论的优点不能说服人们。最有说服力的论点大概是由博尔丁(1964)发展的那些；他力图证明采纳普通系统论为一种观点——一种基本的工作假设——的好处，因为它打开了学科之间交流的通道（多数人会把这看成一件好事），它用统一的眼光提供了科学努力，它为系统阐述我们向周围复杂世界提出的问题提供了一个富于想像力的概念框架。然而像任何哲学一样，普通系统论也有其危险。错误类比的危险是非常固执的——博尔丁（1964，36）认为对此的医治法"不是不类比而是正确类比"。确实，普通系统论为我们提供了一个关于真实世界结构的很深刻的**先验**模型。有很多人都抵制这个**先验**模型，尤其是如果假设它排斥其他可能的模型时。然而即使我们采纳普通系统论作为一种**先验**模型，我们也需要观测支配所有这类**先验**模型在真实世界中应用的方法论规则。关于系统分析已做的好多工作——尤其是关于等形性和同形性问题所做的工作——有助于明确系统模型在真实情况中的应用。此外，系统结构的方法论分析为我们提供了一些准则，来评价可在多大程度上用一个系统来模拟另一个系统。

所有支持普通系统论的论据中，最有说服力的大概是通过研究成果、新的认识等等，把它的效用积极地表现出来。这里，冯·贝塔郎费的思想看来还不够丰富。科学中还没有广泛地采纳普通系统论（虽然在某些地理学者的圈子中它显然很时髦），在成果方面它还没有多大收获。但是十分类似普通系统论的运动无疑已产生很多成果。跨学科研究的强大潮流——尤其是社会科学中更加统一的趋势（以库恩（1966）的方法为代表）——与普通系统论有许多共同一致的地方。同样，阿科夫（1964）注意到运筹研究技术——例如存储控制理论和排队论——提供了具有系统方向和多学科间特征的基本理论。在生物学里，科斯特勒(1965)设想的黑箱-白箱转换已非常有用了，并显示出作为一种解释方法模式的系统模拟的功效；而控制论也抓住这种转换的优势，为自动装置发展了精致的控制系统。系统分析比之较为传统的科学方法，在应用上具有远为广泛的现象领域，从这个意义上说，系统分析本身就显然为我们提供了最尖端的解释和认识方法模式。

系统分析、一般系统理论和普通系统论在科学研究中是比较新的发展方向，其交流过程中若无含糊性、无混淆、无误解、无失误是不可思议的。在地理学或任何其他学科里，关于系统分析的争论中，重要的是要弄清我们所批评的概念的准确性质，普通系统论可能会如奇泽姆(1967)所认为是"风马牛不相及"，但若由此而推断一般系统理论并不相干，或推断将开放系统热力学概念应用于地貌过程(如乔利(1962)那样)是不可能或误入歧途，则是愚蠢的。所有各别的问题都必须如此对待。无论我们的哲学见解是什么，在方法论上，系统概念对发展充分的解释都是绝对重要的，这一点已经很清楚了。如果我们放弃了系统概念，就是放弃了已创造出来获得所面临的关于周围复杂世界问题满意答案的最有力工具。因此，问题不在于我们是否应在地理学中应用系统分析或系统概念，而在于考察我们如何才能最大限度地应用这种概念和这种分析方式。在方法论分析以及经验研究和经验调查两方面，对此仍有好多事情要做。本章已力图为系统概念的方法论分析提供一个基础，并希望这种分析在将系统分析技术应用来指导经验探究时，将起防止错误论争和错误推断的作用。

第二十四章　地理学中的解释——总结评论

人们总盼望在一本书的结论中有关于某个巧妙玩笑或好故事的妙语，这种趋势是非常一致的。详细的方法论总结包含在本书的主体中，这里看来没有多少必要概述它们了。但本书中有一些重复出现的主题，在本总结评论中，我需要讨论这些主题的相互关系，并讨论我们怎样才能用方法论来促进更简洁的地理哲学。

我在本书里力图做到的是，对将来的方法论分析提供一系列跳板，我也希望为引导地理学的经验研究提供一些粗略的和成熟的方针。这些跳板中有些看来本身并没有多大弹力；另一些则看来成为某种智慧蹦床，若无适当的控制，它会使一个人盘旋上升到轻率的抽象化中，只有经受痛苦的砰的一声才着陆在地理现实的大地上。然而各种思想、映象、抽象观念、概念等等的世界就像直接经验世界一样，同样是地理学者未知领域的一部分。若不作些冒险，若不从某种思想跳板上做一个跳跃（虽然我们不知道跳板外安排了什么东西），我们就不能探索这世界。因此方法论者的作用不是约束思索，不是诋毁形而上学，也不是束缚想象，虽然很多人由于害怕方法论者力图做所有这些事，或者更糟而会抨击他。但是在某一阶段，我们必须牵制我们的思索，必须把事实和设想分开，把科学和科学幻想分开。方法论者的任务就是指明可用以完成这个工作的工具，并评价这些工具的功效和价值。在这样做时，方法论者必须有批判精神。但是危险在于方法论者的言论可能成为正统观念，在于方法论（而不是方法论者）可能约束思索、阻抑直觉，使地理想象迟钝。我曾试图通过尽可能地把地理学中的思辨哲学与方法论分开来避免这种危险。我自己的目标曾经是在地理学者选择目标方面，在相信地理学一直是并将永远是那些自称为地理学者的人作何选择方面，给地理学者以自由支配。不幸，把哲学和方法论分开并非总能做到，因为在很多地方二者是如此紧密结合，以致有效地合而为一。因此我不能声称已写了一本关于方法论而又未被哲学污染的书。然而，有很多方法可以独立于哲学含义来评价。当我们考察某些解释形式的句法时尤其是这样，因为我们可以表明某种特别的逻辑形式——如因果分析或系统分析——具有一定的性质，可以用它们来完成一定的任务而与研究者的哲学观点无关。在我看来，这种方法论上的自由非常重要，它在我们研究地理现象的方法方面给我们极大灵活性，也为合理而客观地讨论地理学问题提供了必要的语汇。

但是仅仅选择某种逻辑上连贯的方法论是不能解决地理学问题的，还需要一些更多的东西。这个“更多的东西”指的是适当的地理哲学。既然我们在任何研究中都需要作出假说，我们就不能摆脱它。在决定什么问题要假设排除，以及什么问题要研究时，就涉及一个非常重要的价值判断。此外，对一定研究的目的对象，若不作出预先的哲学决定，就常常不可能作出好的方法论决定。这个主张也适用于理论构筑、模型使用、合适语言的选择、分类、度量、抽样等等。因此应当清楚，适当的方法论为解决地理学问题提供某种必要条件，哲学则提供充分条件；哲学提供操舵机制，方法论提供动力使我们接近目的地。没有方法论我们将躺着不动，没有哲学我们会无目的地乱转。我曾经主要关注动力装置的性质，这种装置对我们是有用的。但我愿以回到方法和哲学的交接面上来结束。

我通过为解释建立一种简单结构着手，在这种结构中把初始条件和覆盖定律放在一起，能以演绎来解释事件。在操纵这种结构时的主要困难是，我们需要一些适当的法则（我们可能宁愿避开法则这个术语，而谈论普遍化、原理、法则式陈述等等，但为说明起见，我们将从现在起把这些陈述都称为法则）。然后就产生了关于我们怎样才能发现和控制法则陈述的使用这个问题。一般同意法则是在经验上合理的，相互之间是一致的。有人还希望法则是有力的（非常普遍的），因为如果我们掌握更带普遍性的陈述，解释就将是一种胜任得多的过程。一般同意我们通过构筑理论并使之合法化来探讨这个问题。理论都是思辨构成物，而思辨不管我们喜欢与否，是一种形而上学和哲学的事业。因此，若对所面临要思索的是东西没有某种清楚的概念，地理学者就不能进行工作。即使我们选定把理论看成是一种抽象句法结构（一种演算或一种特别构筑的语言）的观点，我们仍然必须面对借助某一主题来解释那个理论的问题，该主题在其他一些事情之中，把那个理论与一定事件的领域联系起来。其哲学含义是，地理学者需要鉴定他所特别关注的一定领域（或一系列领域）。但是，方法论的考虑导致我下这种结论：当我们掌握了充分明确表达的而且非常合理化的理论时，

鉴定这个领域(或一系列领域)是再容易不过了。因此,一门学科的性质可以通过考察它所发展的理论来辨别,这种评论(第157—158页)是很有意义的。这样,地理学观点体现在地理学理论中,其论题是通过这些理论的主题来鉴定的,这些理论又把其主题与一定领域联系起来。关于地理学理论的性质,我作过一点思索,认为我们关于空间形式有自己的理论,关于时间过程有衍生理论,而地理学的一般理论指的是考察时间过程和空间形式之间相互作用的理论。这种建议无疑会引起争议,并且将被很多人反对。但我们还是准备把它当作地理学思想的一个基本信条。既然科学活动经常牵涉到分工,那么各个单独的地理学者可以专门研究这个一般理论的各种不同方面,而有些人则可能不关心他们正在作出贡献的那个一般结构。这种地理学一般理论的见解,帮助我们去约束地理学家的观点,但在建立地理学思想的领域方面却帮不了大忙。我发现难于以任何肯定性来陈述地理学的领域,但是后面几章中出现的若干结果,至少对我们如何才能着手解决这个问题提供了某些线索。例如,在各种不同的地方都出现了关于方法论分析的三个相互关联的问题,只有通过作出某种预先的哲学决定才能解决它们。这些问题是关于:

(i)地理个体的性质。

(ii)地理群体的性质。

(iii)尺度问题。

前两个问题,若对地理学研究的领域没有加以明确限定,就不能解决。我觉得第三个问题甚至有更大的意义。在关于系统的那一章里,我们想出一个非常说明问题的主意。在那章中提出,系统

是由一些个体(或元素)组成的,但是如果我们愿意改变所谓的解析水平,那么这些个体本身就可看做是包含较低层次个体的系统。这里的哲学含义是,个体的定义取决于我们选来用于研究的一定解析水平或尺度。我想,对地理学者的典型解析水平做一点思考是有益的。地理学者不会关心雪花里结晶的空间型式(这种解析水平是太高了),他们不关心宇宙中星球的空间型式(这种解析水平太低了),虽然从抽象数学观点看来,二者对他都可能是有兴趣的。地理学者们倾向于选择介于这二者之间的解析水平。地理学者们特别倾向于研究"区域"水平上的人文和自然分异,虽然难以任何准确性来限定这个水平。我试图要说的,用技术语言来说就是:地理学者倾向于滤去小尺度变化和大尺度变化,而把他的注意力集中在具有区域解析水平意义的那些个体系统上。地理学者的领域,或许最好是通过分析他用于研究的一定解析水平来达到,而不是通过考察他所讨论的论题种类。例如,最近我觉得人文地理学在解析水平方面是很不舒服地夹在微观经济理论和宏观经济理论之间(虽然所幸地理学的理论结构看来非常不同)。但如果典型解析水平永远都保持不变,那是令人惊异的,因为新的学科在出现,而老的学科要改变其独特的解析水平。所以我觉得,地理学正在进入一个整个解析水平范围上较少徘徊的阶段,主要是因为其他一些学科已经占领了。国际贸易和文化之间的差别已稳固地掌握在经济学者和人类学者手中,关于住宅区的社会相互影响已是社会学者的稳固领域。现在要确定地理学者的解析水平大概比约三十年前要容易些。但我们仍在这里思索,我准备建议,地理学思想的另一个基本信条是,根据区域解析水平来确定其领域。在那种解析水平上表现出重要变动的任何现象，都可能是地理学者的研究课题。

于是可以用尺度问题来领会关于地理个体和地理群体性质的某些哲学问题。但是正如我已指出的，地理学领域的准确定义必须是随充分明确表达且充分合理化的地理学理论而产生的。既然地理学理论的发展还薄弱，那么就产生了如何才能最好地探索创造一个适当的地理学理论主体这个战略问题。这里，模型的作用，特别是数学模型的先验利用是主要的兴趣所在。数学为我们提供了无数已构筑好的演算，我们可以把这些演算用作先验模型来探索地理学理论。我曾力图强调利用先验模型的危险，但如果避免了这些危险，那么我相信我们可以普遍采用的一个最有效策略是，为我们认为有趣和适当的数学演算找到可能的解释。几何学和概率论在这里显然是两个候选者，但还有很多其他候选者，我们或许可以通过考察在研究各种系统时通常采用的数学类型来轻而易举地鉴别它们。但是在地理概念化这一方面和句法数学系统那一方面之间的复杂关系，对我们提出了 一系列挑战性问题。我在关于几何学和概率的那些章节中力图指出所涉及问题的种类。例如，对于讨论在一定表面上运转的一定过程的合适几何是什么？我们对地理学中的概率论抽样空间能作何解释？我们怎样才能在地理学中应用统计推断技术？我们假定要从中抽样的群体是什么？这些问题，还有其他一些问题，对方法论分析并不是简单的事情，虽然形式句法对我们理解地理概念和数学结构之间的关系显然贡献良多。还涉及哲学决定。例如，如果我们愿意在某些方面改变地理思维的性质，我们就能想象一定数学演算（比如说概率论）的广泛应用。这种改变是可接受的吗？我们发展用来把数学

演算与真实世界相匹配的那些新概念是合理的吗？这些都是方法论无能为力的哲学问题。这类问题要求我们在能创造理论结构的基础上，推出一种更积极的新地理哲学，这种哲学又将给我们的学科以它目前如此迫切需要的特性和方向。没有理论，我们就不能指望对事件作出有控制的、始终如一的和合理的解释。没有理论，我们就很难声称了解自己学科的本体。因此对我来说，在一种广大而富有想像力的规模上构筑理论，必然是今后十年中我们首要的目标。正视这个任务需要勇气和独创性。但这并没有越出当代地理学者的才能和智慧，我对此充满信心。或许七十年代，我们应写在研究壁垒上的口号是：

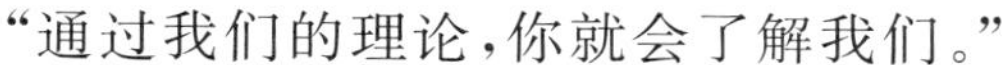
“通过我们的理论，你就会了解我们。”

参考文献

Abel, T., 1948, 'The operation called verstehen', *Am. J. Social.* **54**, 211—18.

d'Abro, A., 1950, *The evolution of scientific thought*(Dover, New York).

Achinstein, P., 1964, 'Models, analogies, and theories', *Philosophy Sci.* **31**, 328—50.

Achinstein, P., 1965, 'Theoretical models', *Br. J. Phil. Sci.* **16**, 102—20.

Ackerman, A. E., 1963, 'Where is a research frontier?' *Ann. Ass. Am. Geogr.* **53**, 429—40.

Ackerman, R., 1966, *Nondeductive inference*(London).

Ackoff, R. L., 1964, 'General systems theory and systems research: contrasting conceptions of systems science', in Mesarovic, M. D. (1964).

Ackoff, R. L., with Gupta, S. K. and Minas, J. S., 1962, *Scientific method: optimizing applied research decisions*(New York).

Adler, I., 1966, *A new look at geometry*(London).

Ahmad, Q., 1965, 'Indian cities: characteristics and correlates', *Res. Pap.* No. **102**, Dept. of Geog., Univ. of Chicago.

Aitchison, J. and Brown, J. A. C., 1957, *The lognormal distribution*(London).

Anderle, O. F., 1960, 'A plea for theoretical history', *History and Theory* **1**, 27—56.

Anscombe, F. J., 1950, 'Sampling theory of the negative binomial and logarithmic series distributions', *Biometrika* **37**, 358—82.

Anscombe, F. J., 1964, 'Some remarks on Bayesian statistics', in Shelly, M. W. and Bryan, G. L. (eds.), (1964).

Apostel, L., 1961, 'Toward the formal study of models in the non-formal sciences', in *The concept and role of the model in mathematics and natural and social sciences* (Synthese Library, Dordrecht).

Arrow, K. J., 1951, *Social choice and individual values* (New York).

Arrow, K. J., 1959, 'Mathematical models in the social sciences', in Lerner, D. and Lasswell, H. D. (eds.), *The policy sciences* (Stanford).

Ashby, W. R., 1963, *An introduction to cybernetics* (Wiley Science Editions, New York).

Ashby, W. R., 1966, *Design for a brain* (London).

Attneave, F., 1950, 'Dimensions of similarity', *Am. J. Psychol.* **63**, 515—56.

Attneave, F., 1959, *Applications of information theory to psychology* (New York).

Bagnold, R. A., 1941, *The physics of blown sands and desert dunes* (London).

Ballabon, M. G., 1957, 'Putting the "economic" into economic geography', *Econ. Geogr.* **33**, 217—23.

Bambrough, R., 1964, 'Principia metaphysica', *Philosophy* **39**, 97—109.

Barker, S. F., 1964, *Philosophy of mathematics* (Englewood Cliffs, N. J.).

Barraclough, G., 1955, *History in a changing world* (Oxford).

Barrows, H., 1923, 'Geography as human ecology', *Ann. Ass. Am. Geogr.* **13**, 1—14.

Barry, R. G., 1967, 'Models in meteorology and climatology', in Chorley, R. J. and Haggett, P. (eds.), (1967).

Bartlett, M. S., 1955, *An introduction to stochastic processes* (Cambridge).

Bartlett, M. G., 1964, 'The spectral analysis of two-dimensional point processes', *Biometrika* **51**, 299—311.

Beach, E. F., 1957, *Economic models* (New York).

Beck, R., 1967, 'Spatial meaning and the propertics of the environment', in Lowenthal, D. (ed.), (1967).

Bell, E. T., 1953, *Men of mathematics* (Penguin, Harmondsworth).

Bergmann, G., 1958, *Philosophy of science* (Madison).

Berlyne, D. E., 1958, 'The influence of complexity and novelty in visual figures on orienting responses', *J. Exp. Psychol.* **55**, 289—96.

Berry, B.J.L., 1958, 'A note concerning methods of classification', *Ann. Ass. Am. Geogr.* **48**, 300—3.

Berry, B. J. L., 1960, 'An inductive approach to the regionalization of economic development', in Ginsberg, N. (ed.), 'Geography and economic development', *Res. Pap.* No. **62**, Dept. of Geog., Univ. of Chicago.

Berry, B. J. L., 1961, 'A method for deriving multifactor uniform regions', *Przegl. Geogr.* **33**, 263—82.

Berry, B. J. L., 1962, 'Sampling, coding, and storing flood plain data', U. S. Dept. of Ag., Farm Econ. Div., *Agric. Handbook* **237**.

Berry B.J.L., 1963, 'Commercial structure and commercial blight', *Res. Pap.* No. **85**, Dept. of Geog., Univ. of Chicago.

Berry, B.J.L., 1964A, 'Approaches to regional analysis: a synthesis', *Ann. Ass. Am. Geogr.* **54**, 2—11.

Berry, B.J.L., 1964B., 'Cities as systems within systems of cities', *Pap. Reg. Sci. Ass.*, **13**, 147—63.

Berry, B.J.L., 1965, 'Identification of declining regions,' in Wood, W. D. and Thoman, R. S. (eds.), *Areas of economic stress in Canada* (Kingston, Ontario).

Berry, B.J.L., 1966, 'Essays on commodity flows and the spatial structure of the Indian economy', *Res. Pap.* No. **111**, Dept. of Geog., Univ. of Chicago.

Berry, B.J.L., 1967A, *Geography of market centres and retail distribution* (Englewood Cliffs, N. J.).

Berry, B.J.L., 1967B, 'Grouping and regionalizing', in Garrison, W. L. and Marble, D. (eds.), (1967).

Berry, B. J. L. and Baker, A.M., 1968, 'Geographic sampling', in Berry,

B. J. L. and Marble, D. (eds.), (1968).

Berry, B. J. L. and Barnum, H. G., 1962, 'Aggregate relations and elemental components of central place systems', *J. Reg. Sci.* **4**, No. 1, 35—68.

Berry, B. J. L. and Garrison, W.L., 1958, 'The functional bases of the central place hierarchy', *Econ. Geogr.* **34**, 145—54.

Berry, B.J.L. and Marble, D. (eds.), 1968, *Spatial analysis* (Englewood Cliffs, N. J.).

Berry, B. J. L. and Pred, A., 1961, 'Central place studies: a bibliography of theory and applications', *Reg. Sci. Res. Inst., Biblphy. Ser.* No. **1**.

Beth, E. W., 1965, *Mathematical thought* (Dordrecht).

Bidwell, O.W. and Hole, F. D., 1964, 'Numerical taxonomy and soil classification', *Soil Sci.* **97**, 58—62.

Blache, P. Vidal de la, 1926, *Principles of human geography* (English edition, London).

Blalock, H.M., 1964, *Causal inferences in non-experimental research* (Chapel Hill).

BlalocK, H. M. and Blalock, A., 1959, 'Toward a clarification of system analysis in the social sciences', *Philosophy Sci.* **26**, 84—92.

Blaut, J. M., 1959, 'Microgeographic sampling', *Econ. Geogr.* **35**, 79—88.

Blaut, J.M., 1962, 'Object and relationship', *Prof. Geogr.* **14**. 1—7.

Board, C., 1967, 'Maps as models', in Chorley, R. J. and Haggett, P. (eds.), (1967).

Boulding, K.E., 1956, *The image* (Ann Arbor).

Boulding, K.E., 1964, 'General systems as a point of view', in Mesarovic, M. D. (ed.), (1964).

Braithwaite, R.B., 1960, *Scientific explanation* (Harper torchbooks, New York).

Bridgman, P.W., 1922, *Dimensional analysis* (New Haven).

Brodbeck, M., 1959, 'Models, meaning, and theories', in Gross, L. (ed.), *Symposium on sociological theory* (Evanston).

Brock, J.O.M., 1932, *The Santa Clara Valley, California : a study in landscape changes* (Utrecht).

Bromberger, S., 1963, 'A theory about the theory of theory and about the theory of theories', *Del. Semin. Phil. Sci.* **2**,79—106.

Brookfield, H., 1964, 'Questions on the human frontiers of geography', *Econ. Geogr.* **40**, 283—303.

Bross, I. D. J., 1953, *Design for decision* (New York).

Brown, L., 1965, 'Models for spatial diffusion research', *Tech. Rep.* No. **3**, Spatial Diffusion Study, Dept. of Geog., Northwestern Univ.

Brown, R., 1963, *Explanation in social science* (London).

Brunhes, J., 1920, *Human geography* (English edition: London).

Brush, J.E., 1953, 'The hierarchy of central places in southwestern Wisconsin', *Geogr. Eev.* **43**, 380—402.

Bryson, R. A. and Dutton, J.A., 1967, 'The variance spectra of certain natural series', in Garrison, W. L. and Marble, D. (eds.), 'Quantitative geography, Part II', *NWest. Univ. Stud. Geogr.* No. **14**.

Buck, R. C., 1956, 'On the logic of general behaviour systems theory', *Minn. Stud. Phil. Sci.* **1**, 223—38.

Bunge, M., 1963, *Causality : the place of the causal principle in modern science* (Meridian books; New York).

Bunge, W., 1966, 'Theoretical geography', *Lund Stud. Geogr., Series C* No. **1** (second edition, Lund).

Burton, I., 1963, 'The quantitative revolution and theoretical geography', *Can. Geogr.* **7**,151—62.

Campbell, N. R., 1928, *An account of the principles of measurement and calculation* (New York).

Carey , G.W., 1966, 'The regional interpretation of Manhattan population and housing patterns through factor analysis', *Geogrl Rev.* **56**,551—69.

Carnap, R., 1942, *Introduction to semantics* (Cambridge, Mass.).

Carnap, R., 1950, *Logical foundations of probability* (Chicago).

Carnap, R., 1952, *The continuum of inductive methods* (Chicago).

Carnap, R., 1956, 'The methodological character of theoretical concepts', *Minn. Stud. Phil, Sci.* **1**, 38—76.

Carnap, R., 1958, *Introduction to symbolic logic and its applications* (New York).

Casetti, E., 1964, 'Multiple discriminant functions', and 'Classificatory and regional analysis by discriminant iterations', *Tech. Rep.* **11** and **12**, ONR Research Project, Dept. of Geog., Northwestern University.

Casetti, E., 1966, 'Analysis of spatial association by trigonometric polynomials', *Can. Geogr.* **10**, 199—204.

Cassirer, E., 1957, *The philosophy of symbolic forms : vol. 3, the phenomenology of knowledge* (English edition: New Haven).

Cattell, R. B., 1965, 'Factor analysis: an introduction to essentials, Parts I and II', *Biometrics* **21**, 190—215, 405—35.

Cattell, R.B. (ed.), 1966, *Handbook of multivariate experimental psychology* (Chicago).

Caws, P., 1959, 'Definition and measurement in physics', in Churchman, C. W. and Ratoosh, P. (eds.), (1959).

Caws, P., 1965, *The philosophy of science* (Princeton, N. J.).

Chamberlin, T. C., 1897, 'The method of multiple working hypotheses', *J. Geol.* **5**, 837—48.

Chapman, J. D., 1966, 'The status of geography', *Can. Geogr.* **3**, 133—44.

Childe, V.G., 1949, 'Social worlds of knowledge', *L.T. Hobhouse Memorial Trust Lecture* No. **19**.

Chisholm, M. D. I., 1960, 'The geography of commuting', *Ann. Ass. Am. Geogr.* **50**, 187—8, 491—2.

Chisholm, M. D. I., 1962, *Rural settlement and land use* (London).

Chisholm, M.D.I., 1967, 'General systems theory and geography', *Trans. Inst. Br. Geogr.* **42**, 45—52.

Chorley, R. J., 1962, 'Geomorphology and general systems theory', *Prof. Pap., U. S. Geol. Surv.* **500-B.**

Chorley, R. J., 1964, 'Geography and analogue theory', *Ann. Ass. Am. Geogr.* **54**, 127—37.

Chorley, R. J., 1965, 'A re-evaluation of the geomorphic system of W.M. Davis', in Chorley, R. J. and Haggett, P. (eds.), (1965A).

Chorley, R. J., 1967, 'Models in geomorphology', in Chorley, R. J. and Haggett, P. (eds.), (1967).

Chorley, R. J., Dunn, A. J. and Beckinsale, R.P., 1964, *The study of landforms* Vol. Ⅰ (London).

Chorley, R. J., and Haggett, P. (eds.), 1965A, *Frontiers in geographical teaching* (London).

Chorley, R.J. and Haggett, P., 1965B, 'Trend-surface mapping in geographical research', *Trans. Inst. Br. Geogr.* **37**, 47—67.

Chorley, R.J. and Haggett, P. (eds.), 1967, *Models in geography* (London).

Choynowski, M., 1959, 'Maps based on probabilities', *J. Am. Statist. Ass.* **54**, 385—8.

Christaller, W., 1966, *Central places in Southern Germany* (American edition, Englewood Cliffs, N. J.).

Christian, R. R., 1965, *Introduction to logic and sets* (New York).

Churchman, C.W., 1948, *Theory of experimental inference* (New York).

Churchman, C.W., 1961, *Prediction and optimal decision* (Englewood Cliffs, N. J.).

Churchman, C.W. and Ratoosh, P. (eds.), 1959, *Measurement; definitions and theories* (New York).

Clark, A. H., 1954, 'Historical geography', in James, P. E. and Jones, C. F. (eds.), (1954).

Clark, K.G.T., 1950, 'Certain underpinnings of our arguments in human geography', *Trans. Inst. Br. Geogr.* **16**, 15—22.

Clark, P.J. and Evans, F. C., 1954, 'Distance to nearest neighbour as a measure of spatial relationships in populations', *Ecology* **35**, 445—53.

Clarkson, G. P. E., 1963, *The theory of consumer demand: a critical appraisal* (Englewood Cliffs, N. J.).

Cliff, A., 1968, 'The neighbourhood effect in the diffusion of innovations', *Trans. Inst. Br. Geogr.* **42**, 75—84.

Cline, M.G., 1949, 'Basic principles of soil classification', *Soil Sci*, **67**, 81—91.

Cochran, W.G., 1953, *Sampling techniques* (New York).

Cohen, R. and Nagel, E., 1934, *An introduction to logic* (New York).

Coleman, J.S., 1964, *Introduction to mathematical sociology* (New York).

Collingwood, R. G., 1946, *The idea of history* (Oxford).

Cooley, W. W. and Lohnes, P. R., 1964, *Multivariate procedures for the behavioral sciences* (New York).

Coombs, C.H., 1964, *A theory of data* (New York).

Coxeter, H.S.M., 1961, *Introduction to geometry* (New York).

Cramer, H., 1954, *Mathematical methods of statistics* (Princeton, N. J.).

Cramer, H., 1955, *The elements of probability theory ; and some of its applications* (New York).

Curry, L., 1962A, 'The geography of service centres within towns: the elements of an operational approach', in Norborg, K. (ed.), *I. G. U. Symposium in Urban Geography* (Lund).

Curry, L., 1962B, 'Climatic change as a random series', *Ann. Ass. Am. Geogr.* **52**, 21—31.

Curry, L. 1962C, 'The climatic resources of intensive grassland farming: the Waikato, New Zealand', *Geogrl Rev.* **52**, 174—94.

Curry, L., 1964, 'The random spatial economy: an exploration in settlement theory', *Ann. Ass. Am. Geogr.* **54**, 138—46.

Curry, L., 1966A, 'Chance and Landscape', in House, J.W. (ed.), *Northern Geographical essays* (Newcastle-upon-Tyne).

Curry, L., 1966 B, ' Seasonal programming and Bayesian assessment of

atmospheric resources', in Sewell, W. R. D. (ed.), 'Human dimensions of weather modification', *Res. Rep.* No. **105**, Dept. of Geog., Univ. of Chicago.

Curry, L., 1967, 'Central places in the random spatial economy', *J. reg. Sci.* 7, No. 2 (supplement), 217—38.

Dacey, M.F., 1960, 'A note on the derivation of nearest neighbor distances', *J. reg. Sci.* **2**, 81—7.

Dacey, M.F., 1962, 'Analysis of central place and point patterns by a nearest neighbor method', in Norborg, K. (ed.), *I. G. U. Symposium in Urban Geography*, 1962 (Lund).

Dacey, M. F., 1963, 'Order neighbor statistics for a class of random patterns in multidimensional space', *Ann. Ass. Am. Geogr.* **53**, 505—15.

Dacey, M. F., 1964A, 'Modified Poisson probability law for point pattern more regular than random', *Ann. Ass. Am. Geogr.* **54**, 559—65.

Dacey, M. F., 1964B, 'A family of density functions of Lösch's measurements on towns distribution', *Prof. Geogr.* **16**, 5—7.

Dacey, M. F., 1964C, 'Individuation in substance and space-time languages', and 'Carnap's classification of rules of designation and positional coordinates', *Memo, GSI* (mfd) **1** and **2**, Reg. Sci., Univ. of Penn. (Philadelphia).

Dacey, M.F., 1965A, 'The geometry of central place theory', *Geogr. Annlr Series B* **47**, 111—24.

Dacey, M. F., 1965B, 'Some observations on a two-dimensional language', *Tech. Rep.* No. **7**, *ONR Task* No. 389—412, Dept. of Geog., Northwestern Univ. (Evanston).

Dacey, M. F., 1966A, 'A probability model for central place location', *Ann. Ass. Am. Geogr.* **56**, 550—68.

Dacey, M. F., 1966B, 'A county-seat model for the areal pattern of an urban system', *Geogrl Rev.* **56**, 527—42.

Dacey, M. F., 1967, 'An empirical study of the areal distribution of houses

in Puerto Rico', unpublished paper, Dept. of Geog., Northwestern Univ. (Evanston).

Dacey, M. F., 1968, 'A review on measures of contiguity for two and k-color maps', in Berry, B. J. L. and Marble, D. F. (eds.), (1968).

Dacey, M. F. (undated), 'Some assumptions of geographic mapping', unpublished ms., Dept. of Geog., Northwestern Univ. (Evanston).

Dacey, M. F. and Marble, D. F., 1965, 'Some comments on certain technical aspects of geographic information systems', *Tech. Rep.* No. **2**, *ONR Task* No. 389, 412, Dept. of Geog., Northwestern Univ. (Evanston).

Darby, H. C., 1953, 'On the relations of geography and history', *Trans. Inst. Br. Geogr.* **19**, 1—11.

Darby, H. C., 1962, 'The problem of geographical description', *Trans, Inst. Br. Geogr.* **30**, 1—14.

David, F. N. and Barton, D. E., 1962, *Combinatorial chance* (London).

Davis, W. M., 1954, *Geographical essays* (Dover, New York).

Deutsch, K. W., 1966, *The nerves of government; models of political communication and control* (New York).

Devons, E. and Gluckman, M., 1964, 'Modes and consequences of limiting a field of study', in Gluckman, M. (ed.), *Closed systems and openminds* (Edinburgh).

Dickinson, R. E., 1957, 'The geography of commuting: the Netherlands and Belgium', *Geogrl Rev.* **47**, 521 —38.

Dodd, S. C., 1950, 'The interactance hypothesis: a gravity model fitting physical masses and human groups', *Am. Soc. Rev.* **15**, 245—56.

Dodd, S. C., 1953, 'Testing message diffusion in controlled experiments: charting the distance and time factors in the interactance hypothesis', *Am. Soc. Rev.* **18**, 410—16.

Dodd, S. C., 1962, 'How momental laws can be developed in sociology', *Syntheses* **14**, 277—99.

Donagan, A., 1964, 'Historical explanation: the Popper-Hempel theory reconsidered', *History and Theory* **3**, 3—26.

Downs, R. M., 1967, 'Approaches to, and problems in, the measurement of geographic space perception', *Semin. Pap. Ser. A.* No. **9**, Univ. of Bristol (Bristol).

Downs, R. M., 1968, 'The role of perception in modern geography', *Semin. Pap. Ser. A* No. **11**, Univ. of Bristol (Bristol).

Dray, W. H., 1957, *Laws and explanation in history* (Oxford).

Dray, W. H., 1964, *Philosophy of history* (Englewood Cliffs. N. J.)

Duncan, O. D., Cuzzort, R. P. and Duncan, B., 1961, *Statistical geography; problems in analyzing areal data* (Glencoe, I ll.).

Dury, G. H. (ed.), 1966, *Essays in geomorphology* (London).

Edwards, A. W. F. and Cavalli-Sforza, L. L., 1965, 'A method for cluster analysis', *Biometrics* **21**, 362—75.

Einstein, A., 1923, *Sidelights of relativity* (New York).

Eisenstadt, S. N., 1949, 'The perception of time and space in a situation of culture-contact', *H R. Anthrop. Inst.* **79**, 63—8.

Ekman, G., Lindman, R. and William-Olsson, W., 1963, 'A psychophysical study of cartographic symbols', *Geogr. Annlr* **45**, 262—71.

Ellis, B., 1966, *Basic concepts of measurement* (Cambridge).

Eyre, S. R. and Jones, G. R. J., 1966, *Geography as human ecology: methodology by example* (London).

Feller, W., 1957, *An introduction to probability theory and its applications*, Vol. **1** (New York).

Fishburn, P. C., 1964, *Decision and value theory* (New York).

Fisher, R. A., 1936, *Statistical methods for research workers* (Edinburgh).

Fisher, R. A., 1956, *Statistical methods and scientific inference* (Edinburgh).

Fisher, R. A., 1966, *Design of experiments* (Edinburgh).

Forde, C. D., 1934, *Habitat, economy, and society* (London).

Forrester, J.W., 1961, *Industrial dynamics* (Cambridge, Mass.).

Freeman, D., 1966, 'Social anthropology and the scientific study of human behaviour', *Man*, New Series, **1**, 330—42.

Freeman, T. W., 1966, *The geographer's craft* (London).

Galtung, J., 1967, *Theory and methods of social research* (Oslo).

Garner, W.R., 1962, *Uncertainty and structure as psychological concepts* (New York).

Garrison, W. L., 1956, 'Applicability of statistical inference to geographical research', *Geogrl Rev.* **46**, 427—9.

Garrison, W. L., 1957, 'Verification of a location model', *NWest. Univ. Stud. Geogr.* No. **2**, 133—40.

Garrison, W. L. and Marble, D. F., 1957, 'The spatial structure of agricultural activity', *Ann. Ass. Am. Geogr.* **47**, 137—44.

Garrison, W. L. and Marble, D. F., 1965, 'A prolegomenon to the forecasting of transportation development', *Transportation Center Report*, Northwestern Univ. (Evanston).

Garrison, W. L. and Marble, D. F. (eds.), 1967, 'Quantitative geography, Parts I and II', *NWest. Univ. Stud. Geogr.* Nos. **13** and **14**.

George, F. H., 1967, 'The use of models of science', in Chorley, R. J. snd Haggett, P. (eds.), (1967).

Getis, A., 1963, 'The determination of the location of retail activities with the use of a map transformation', *Econ. Geogr.* **39**, 14—22.

Getis, A., 1964, 'Temporal analysis of land use patterns with the use of nearest neighbor and quadrat methods', *Ann. Ass. Am. Geogr.* **54**, 391—9.

Getis, A., 1967A, 'A method for the study of sequences in geography', *Trans. Inst. Br. Geogr.* **42**, 87—92.

Getis, A., 1967B, 'Occupancy theory and map pattern analysis', *Semin. Pap. Ser. A.* No. **1**, Dept. of Geog., Univ. of Bristol.

Ghiselli, E. E., 1964, *Theory of psychological measurement* (New York).

Glacken, C. J., 1967, *Traces on the Rhodian Shore* (Berkeley and Los

Angeles).

Golledge, R., 1967, 'A conceptual model of the market decision process', *J. Reg. Sci.* 7, No. 2 (supplement), 239—58.

Goodall, D. W., 1954, 'Objective methods for the classification of vegetation: III, and essay in the use of factor analysis', *Aust. J. Bot.* **2**, 304—24.

Goodman, L., 1959, 'Some alternatives to ecological correlation', *Am. J. Sociol.* **64**, 610—25.

Gould, P., 1966, 'On mental maps', *Mich. Int-Com. Math. Geogr.* No. **9**.

Gouldner, A. W., 1959, 'Reciprocity and autonomy in functional theory', in Gross, L. (ed.), *Symposium on sociological theory* (Evanston).

Gower, J. C., 1967, 'Multivariate analysis and multidimensional geometry', *The Statistician* **17**, 13—28.

Gregg, J. R. and Harris, F. T. C. (eds.), 1964, *Form and strategy in science* (Dordrecht).

Greig-Smith, P., 1964, *Quantitative plant ecology* (London).

Grigg, D.B., 1965, 'The logic of regional systems', *Ann. Ass. Am. Geogr.* **55**, 465—91.

Grigg, D. B., 1967, 'Regions, models, and classes', in Chorley, R. J. and Haggett, P. (eds.), (1967).

Grünbaum, A., 1963, *Philosophical problems of space and time* (New York).

Gurvitch, G., 1964, *The spectrum of social time* (Dordrecht).

Hacking, I., 1965, *The logic of statistical inference* (Cambridge).

Hadden, J.K. and Borgatta, E.F., 1965, *American cities: their social characteristics* (Chicago).

Hagen, E., 1961, 'Analytical models in the study of social systems', *Am. J. Sociol.* **67**, 144—51.

Hägerstrand, T., 1953, *Innovationsförloppet ur korologisk synpunkt* (Lund).

Hägerstrand, T., 1957, 'Migration and area', in Hannerberg, D., Häger-

strand, T. and Odeving, B. (eds.), 'Migration in Sweden — a symposium', *Lund Stud. Geogr. Ser. B*, No. **13**.

Hägerstrand, T., 1963, 'Geographic measurements of migration', in Sutter, J. (ed.), *Human displacements: entretiens de Monaco en sciences humaines* (Monaco).

Hägerstrand, T., 1967, 'The computer and the geographer', *Trans. Inst. Br. Geogr.* **42**, 1—19.

Haggett, P., 1965A, *Locational analysis in human geography* (London).

Haggett, P., 1965B, 'Scale components in geographical problems', in Chorley, R. J. and Haggett, P. (eds.), (1965A).

Haggett, P., 1967, 'Network models in geography', in Chorley, R. J. and Haggett, P. (eds.), (1967).

Hagood, M. J., 1943, 'Statistical methods for delineation of regions applied to data on agriculture and population', *Social Forces* **21**, 288—97.

Haight, F. A., 1967, *Handbook of the Poisson distribution* (New York).

Hallowell, A.I., 1942, 'Some psychological aspects of measurement among the Saulteaux', *Am. Anthrop.* **44**, 62—77.

Hallowell, A.I., 1955, *Culture and experience* (Philadelphia).

Hansen, M.H., Hurwitz, W.N. and Madow, W. G., 1953, *Sample survey methods and theory* Vol. 1 (New York).

Hanson, N. R., 1965, *Patterns of discovery* (Cambridge).

Harbaugh, J. W. and Preston, F. W., 1968, 'Fourier series analysis in geology', in Berry, B. J. L. and Marble, D. (eds.), *Spatial analysis* (Englewood Cliffs, N. J.).

Harris, B., 1964, 'A note on the probability of interaction at a distance', *J. Reg. Sci.* **5**, No. **2**, 31—5.

Harris, C. D., 1954, 'The market as a factor in the localization of industry in the United States', *Ann. Ass. Am. Geogr.* **44**, 315—48.

Hartshorne, R., 1939, *The nature of geography* (Chicago).

Hartshorne, R., 1955, 'Exceptionalism in geography re-examined', *Ann.*

Ass. Am. Geogr. **45**, 205—44.

Hartshorne, R., 1958, 'The concept of geography as a science of space, from Kant and Humboldt to Hettner', *Ann. Ass. Am. Geogr.* **48**, 97—108.

Hartshorne, R., 1959, *Perspective on the nature of geography* (Chicago).

Harvey, D. W., 1966A, 'Theoretical concepts and the analysis of land use patterns', *Ann. Ass. Am. Geogr.* **56**, 361—74.

Harvey, D. W., 1966B, 'Geographical processes and point patterns: testing models of diffusion by quadrat sampling', *Trans. Irst. Br. Geogr.* **40**, 81—95.

Harvey, D. W., 1967A, 'Models of the evolution of spatial patterns in human geography', in Chorley, R. J. and Haggett, P. (eds.), (1967).

Harvey, D. W., 1967B, 'Behavioural postulates and the construction of theory in human geography, *Semin. Pap.*, *Ser. A.* No. **6**, Dept. of Geog., Univ. of Bristol (Bristol). (Forthcoming in *Geographica Polonica.*)

Harvey, D. W., 1968A, 'Some methodological problems in the use of the Neyman Type A and negative binomial probability distributions in the analysis of spatial series', *Trans. Inst. Br. Geogr.* **43**, 85—95.

Harvey, D. W., 1968B, 'Pattern, process, and the scale problem in geographical research', *Trans. Inst. Br. Geogr.* **45**, 71—8.

Hempel, C. G., 1949, 'Geometry and empirical science', in Feigl, H. and Sellars, W. (eds.), *Readings in philosophical analysis* (New York).

Hempel, C.G., 1951, 'General systems theory and the unity of science', *Hum. Biol.* **23**, 313—22.

Hempel, C.G., 1959, 'The logic of functional analysis', in Gross, L. (ed.), *Symposium on sociological theory* (Evanston).

Hempel, C. G., 1965, *Aspects of scientific explanation* (New York).

Henshall, J. D. and King, L. J., 1966, 'Some structural characteristics of peasant agriculture in Barbados', *Econ. Geogr.* **42**, 74—84.

Hesse, M. B., 1963, *Models and analogies in science* (London).

Hilbert, D., 1962, *Foundations of geometry* (English edition, La Salle).

Hilbert, D., and Cohn-Vossen, S., 1952, *Geometry and the imagination* (English edition, New York).

Holmes, J., 1967, 'Problems in location sampling', *Ann. Ass. Am. Geogr.* **57**, 757—80.

Homans, C., 1950, *The human group* (London).

Howard, R. N., 1966, 'Classifying a population into homogeneous groups', in Lawrence, J.R. (ed.). *Operational research in the social sciences* (London).

Howard, I.P. and Templeton, W.B., 1966, *Human spatial orientation* (New York).

Hughes, H. S., 1959, *Consciousness and society* (London).

Huxley, J., 1963, 'The future of man: evolutionary aspects', in Wolsterholme, G. (ed.), *Man and his future* (London).

Imbrie, J., 1963, 'Factor and vector analysis in programs for analyzing geologic data', *Tech. Rep.* **6**, *ONR Project* 389—435, Dept. Geol., Columbia Univ., New York.

Isard, W., 1956, *Location and the space economy* (New York).

Isard, W., 1960, *Methods of regional analysis* (New York).

Isard, W. and Dacey, M. F., 1962, 'On the projection of individual behavior in regional analysis, Parts I and II', *J. Reg. Sci.* **4**, No. **1**, 1—34, No. **2**, 51—83.

Iwanicka-Lyra, E., 'The delimitation of the Warsaw agglomeration', *Pol. Acad. Sci. Stud.* **17**, 163—72.

James, P. E. and Jones, C. F., 1954, *American geography: inventory and prospect* (Syracuse).

Jammer, M., 1954, *Concepts of space* (Cambridge, Mass.).

Jarvie, J. C., 'Limits to functionalism and alternatives to it in anthropology', in Martindale, D. (ed.), *Functionalism in the social sciences*

(Philadelphia).

Jeffrey, R. C., 1965, *The logic of decision* (New York).

Jenks, G. F., 1963, 'Generalization in statistical mapping', *Ann. Ass. Am. Geogr.* **53**, 15—26.

Johnston, J., 1963, *Econometric methods* (New York).

Jones, E., 1956, 'Cause and effect in human geography', *Ann. Ass. Am. Geogr.* **46**, 369—77.

Joynt, C. B. and Rescher, N., 1961, 'The problem of uniqueness in history', *History and Theory* **1**, 150—62.

Kansky, K. J., 1963, 'Structure of transportation networks', *Res. Pap.* No. **84**, Dept. of Geog., Univ. of Chicago.

Kao, R., 1963, 'The use of computers in the processing and analysis of geographic information', *Geogrl Rev.* **53**, 530—47.

Kao, R., 1967, 'Geometric projections in system studies', in Garrison, W. L. and Marble, D. (eds.), 'Quantitative geography, Part II', (1967).

Kaplan, A., 1964, *The conduct of inquiry* (San Francisco).

Kates, R. W., 1962, 'Hazard and choice perception in flood plain management', *Res. Pap.* No. **78**, Dept. of Geog., Univ. of Chicago.

Katz, J. J., 1962, *The problem of induction and its solution* (Chicago).

Kemeny, J. G., 1959, *A philosopher looks at science* (Princeton, N. J.).

Kemeny, J. G., Snell, J. L. and Thompson, G. L., 1956, *Introduction to finite mathematics* (Englewood Cliffs, N. J.).

Kendall, M. G., 1939, 'The geographical distribution of crop productivity in England', *Jl R. Statist. Soc.* **102**, 21—48.

Kendall, M. G., 1957, *A course in multivariate analysis* (London).

Kendall, M. G., 1961, 'Natural law in the social sciences', *Jl R. Statist. Soc. Ser. A* **124**, 1—16.

Kendall, M. G. and Moran, P. A. P., 1963, *Geometrical probability* (London).

Kendall, M. G. and Stuart, A., 1963—7, *The advanced theory of statistics*, Vol. I (2nd edition, 1963), Vol. II (2nd edition, 1967), and Vol. III

(1966), (London).

Keynes, J. M., 1962, *A treatise on probability* (Harper torchbooks, New York).

King, C. A. M., 1961, *Beaches and coasts* (London).

King, C. A. M., 1966, *Techniques in geomorphology* (London).

King, L. J., 1961, 'A multivariate analysis of the spacing of urban settlements in the United States', *Ann. Ass. Am. Geogr.* **51**, 222—33.

King, L. J., 1966, 'Cross-sectional analysis of Canadian urban dimensions: 1951—1961', *Can. Geogr.* **10**, 205—24.

Kinsman, B., 1965, *Wind waves* (Englewood Cliffs, N. J.).

Kirk, W., 1951, 'Historical geography and the concept of the behavioural environment', *Indian Geogr. J.*, Silver Jubilee Edition.

Kish, L., 1965, *Survey sampling* (New York).

Klein, F., 1939, *Elementary mathematics from an advanced standpoint: geometry* (English edition, New York).

Klir, J. and Valach, M., 1967, *Cybernetic modelling* (English edition, London).

Kluckhohn, C., 1954, 'Culture and behaviour', in Lindzey, G. (ed.), *Handbook of social psychology*, *Vol. II* (Reading, Mass.).

Koestler, A., 1964, *The act of creation* (London).

Koopman, B. O., 1940, 'The axioms and algebra of intuitive probability', *Bull. Am. Math. Soc.* **46**, 763—74.

Koopmans, T. C., 1957, *Three essays on the state of economic science* (New York).

Körner, S., 1955, *Conceptual thinking* (Cambridge).

Körner, S., 1960, *The philosophy of mathematics* (London).

Körner, S., 1966, *Experience and theory* (London).

Krumbein, W. C., 1960, 'The geological population as a framework for analyzing numerical data in geology', *Lpool Manch Geol. J.* **2**, 341—68.

Krumbein, W. C. and Graybill, F. A., 1965, *An introduction to statistical models in geology* (New York).

Kruskal, J. B., 1964, 'Multidimensional scaling by optimizing goodness of fit to a non-metric hypothesis', *Psychometrika* **29**, 1—28.

Kuhn, A., 1966, *The study of society: a multidisciplinary approach* (London).

Kuhn, T. S., 1962, *The structure of scientific revolutions* (Chicago).

Kulldorff, G., 1955, 'Migration probabilities', *Lund Stud. Geogr., Ser. B*, No. **14**.

Kyburg, H. E. and Smokler, H. E. (eds.), 1964, *Studies in subjective probability* (New York).

Langhaar, H. L., 1951, *Dimensional analysis and theory of models* (New York).

de Laplace, 1951, *A philosophical essay on probabilities* (English edition, Dover, New York).

Leach, E. R., 1957, 'The epistemological background to Malinowski's empiricism', in Firth, R. (ed.), *Man and culture: an evaluation of the work of Bronislaw Malinowski* (London).

Lee, T. R., 1963—4, 'Psychology and living space', *Trans. Bartlett Soc.* **2**, 9—36.

Lehman, H., 1965, 'Functional explanation in biology', *Philosophy Sci.* **32**, 1—20.

Lenneberg, E. H., 1962, 'The relationship of language to the formation of concepts', *Synthese* **14**, 103—9.

Leopold, L. B. and Langbein, W. B., 1962, 'The concept of entropy in landscape evolution', *Prof. Pap.* **500**A, U. S. Geol. Survey.

Leopold, L. B. and Wolman, M. G., 1957, 'River channel patterns: braided, meandering, and straight', *Prof. Pap.* **282-B**, U. S. Geol. Survey.

Leopold, L. B., Wolman, M. G. and Miller, J. P., 1964, *Fluvial processes in geomorphology* (San Francisco).

Levi-Strauss, C., 1963, *Structural anthropology* (English edition, New York).

Lewis, P. W., 1965, 'Three related problems in the formulation of laws in geography', *Prof. Geogr.* **17**, No. 5, 24—7.

Lewis, G. M., 1966, 'Regional ideas and reality in the Cis-Rocky Mountain West', *Trans. Inst. Br. Geogr.* **38**, 135—50.

Lindley, D. V., 1965, *Introduction to probability and statistics*, Vols. I and II (Cambridge).

Lösch, A ., 1954, *The economics of location* (English edition , New Haven).

Lovell, K., 1961, *The growth of basic mathematical and scientific concepts in children* (London).

Lowenthal, D., 1961, 'Geography, experience, and imagination: towards a geographical epistemology', *Ann. Ass. Am. Geogr.* **51**, 241—60.

Lowenthal, D. (ed.), 1967, 'Environmental perception and behavior', *Res. Pap.* No. **109**, Dept. of Geog., Univ. of Chicago.

Lowenthal, D. and Prince, H. C., 1964, 'The English landscape', *Geogrl Rev.* **54**, 304—46.

Lowry, I., 1964, 'Model of metropolis', *Rand Corporation Memo* RM—4035—RC.

Lowry, I. S., 1965, 'A short course in model design', *Jl Am. Inst. Planners* **31**, No. 2, 158—66.

Luce, R. D. and Raiffa, H., 1957, *Games and decisions* (New York).

Lukermann, F., 1965, 'The"calcul des probabilités"and the École française de Géographie', *Can. Geogr.* **9**, 128—37.

Mahalanobis, P. C., 1927, 'Analysis of race mixture in Bengal', *Jnl Ass. Soc. Bengal* **23**, 301—33.

Mahalanobis, P.C., 1936, 'On the generalized distance in statistics', *Proc. Natn. Inst. Sci.* (India), **12**, 49.

Mandelbaum, M., 1961, 'Historical explanation: the problem of covering laws', *History and Theory* **1**, 229—42.

Martin, A. F., 1951, 'The necessity for determinism', *Trans. Inst. Br. Geogr.* **17**, 1—12.

Martindale, D., 1965, *Functionalism in the social sciences* (Philadelphia).

Massarik, F., 1965, 'Magic, models, man, and the cultures of mathematics', in Massarik, F. and Ratoosh, P. (eds.), *Mathematical explorations in behavioral science* (Homewood, Illinois).

Matalas, N. C. and Reiher, B. J., 1967, 'Some comments on the use of factor analysis', *Wat. Resour. Res.* **3**, 213—23.

Matérn, B., 1960, 'Spatial variation', *Meddelanden fron Statens Skogsforskningsinstitut* **5**, No. 3 (Stockholm).

McCarty, H. H., 1954, 'An approach to the theory of economic geography', *Econ. Geogr.* **30**, 95—101.

McCarty, H. H., Hook J. C. and Knos, D. S., 1956, *Tme measurement of association in industrial geography* (Dept. of Geog., Univ. of Iowa).

McConnell, M., 1966, 'Quadrat methods in map analysis', *Discuss. Pap.* No. **3**, Dept. of Geog., Univ. of Iowa.

McCord, J. R. and Moroney, R. M., 1964, *An introduction to probability theory* (New York).

Medvedkov, Y. V., 1967, 'The concept of entropy in settlement pattern analysis', *Pap. Reg. Sci. Ass.* **18**, 165—8.

Meier, R. L., 1962, *A communications theory of urban growth* (Cambridge, Mass.).

Melluish, R. K., 1931, *An introduction to the mathematics of map projections* (Cambridge).

Merton, R. K., 1957, *Social theory and social structure* (Glencoe, Ill.).

Mesarovic, M. D. (ed.), 1964, *Views on general systems theory* (New York).

Meyerhoff, H., 1960, *Time in literature* (Berkeley and Los Angeles).

Mill, J. S., 1950, *Philosophy of scientific method* (edited, Hafner editions, New York).

Miller, J. G., 1965, 'Living systems: basic concepts', *Behavl Sci.* **10**, 193—

237.

Miller, R. L. and Kahn, J. S., 1962, *Statistical analysis in the geological sciences* (New York).

Monkhouse, F. J., 1965, *A dictionary of geography* (London).

Montefiore, A. C. and Williams, W. W., 1955, 'Determinism and possibilism'. *Geogrl Stud*. **2**. 1—11.

Moore, W. G., 1967, *A dictionary of geography* (London).

Morgenstern, O., 1965, *On the accuracy of economic observations* (Princeton, N. J.).

Moser, C. A., 1958, *Survey methods in social investigation* (London).

Moser, C. A. and Scott, W., 1961, *British towns: a statistical study of their social and economic differences* (London).

Nagel, E., 1939, 'Principles of the theory of probability', *Internat, Encyclopedia of Unified Sci*. **1**, No. 6.

Nagel, E., 1949, 'The meaning of reduction in the natural sciences', in Stouffer, R. C. (ed.), *Science and civilisation* (Madison).

Nagel, E., 1961, *The structure of science* (New York).

N. A. S. (National Academy of Sciences), 1965, 'The science of geography', *Natn. Res. Coun.* — *ad hoc* committee on geography (Washington).

Neyman, J., 1939, 'On a new class of "contagious" distributions, applicable in entomology and bacteriology', *Ann. Math. Statist.* **10**, 35—57.

Neyman, J., 1950, *First course in probability and statistics* (New York).

Neyman, J., 1960, 'Indeterminism in science and new demands on statisticians', *J. Am. Statist. Ass.* **55**, 625—39.

Nordbeck, S., 1965, 'The Law of allometric growth', *Mich. Int-Com. Math. Geogr.* No. **7**.

Nowak, S., 1960, 'Some problems of causal interpretation of statistical relationships', *Philosophy Sci*. **27**, 23—38.

Nunnally, J. C., 1967, *Psychometric theory* (New York).

Nye, J. F., 1952, 'The mechanics of glacier flow', *Jnl Glaciology* **2**, 82—93.

Nystuen, J. D., 1963, 'Identification of some fundamental spatial concepts', *Pap. Mich. Acad. Sci., Arts and Letters*, **48**, 373—84.

Oakeshott, M., 1933, *Experience and its modes* (London).

Obeyesekere, G., 1966, 'Methodological and philosophical relativism', *Man*, New Series, **1**, 368—74.

Olsson, G., 1965A, 'Distance and human interaction: a bibliography and review', *Reg. Sci. Res. Inst., Biblphy Ser.* No. **2**.

Olsson, G., 1965B, 'Distance and human interaction: a migration study', *Geogr. Annlr Ser. B.* **47**, 3—43.

Olsson, G. 1967, 'Geography 1984', *Semin. Pap., Ser. A.* No. **8**, Dept. of Geog., Univ. of Bristol.

Olsson, G. and Persson, A., 'The spacing of central places in Sweden', *Pap. Reg. Sci. Ass.* **12**, 87—93.

Orcutt, G. H., Greenberger, M., Korbel, J. and Rivlin, A., 1961; *Microanalysis of socioeconomic systems* (New York).

Pahl, R. E., 1967, 'Sociological models in geography', in Chorley, R. J. and Haggett, P. (eds.), (1967).

Parsons, T., 1949, *The structure of social action* (Glencoe).

Parsons, T., 1951, *The social system* (London).

Parzen, E., 1960, *Modern probability theory and its applications* (New York).

Pearson, E. S., 1962, 'Contribution', in Savage, L. J., *et al.*, (1954).

Philbrick, A. K., 1957, 'Principles of areal functional organization in regional human geography', *Econ. Geogr.* **33**, 299—336.

Piaget, J., 1930, *The child's conception of physical causality* (English edition, London).

Piaget, J. and Inhelder, B., 1956, *The child's conception of space* (English edition, London).

Plackett, R. L., 1966, 'Current trends in statistical inference', *Jl R. statist. Soc. Ser. A* **129**, 249—67.

Platt, R. S., 1948, 'Determinism in geography', *Ann. Ass. Am. Geogr.* **38**, 126—32.

Poincaré, H., 1952, *Science and hypothesis* (Dover, New York).

Popper, K., 1952, *The open society and its enemies*, Vol. Ⅱ (London).

Popper, K., 1957, *The poverty of historicism* (London).

Popper, K., 1963, *Conjectures and refutations* (London).

Popper, K., 1965, *The logic of scientific discovery* (Harper torchbooks, New York).

Pred, A. R., 1966, *The spatial dynamics of U.S. urban-industrial growth* (Cambridge, Mass.).

Pred, A., 1967, '*Behavior and location, Part I*', *Lund Stud. Geogr. Ser. B*, No. 27.

Quastler, H., 1965, 'General principles of systems analysis', in Waterman, T. H. and Morowitz, H. J. (eds.), *Theoretical and mathematical biology* (New Yowk).

Radcliffe-Brown, A. R., 1952, *Structure and function in primitive society* (London).

Radcliffe-Brown, A. R., 1957, *A natural science of society* (Glencoe, Ill.).

Raisz, E., 1948, *General cartography* (New York).

Ramsey, F. P., 1960, *The foundations of mathematics, and other logical essays* (edited by R. B. Braithwaite, Paterson, N. J.).

Ramsey, I. T., 1964, *Models and mystery* (London).

Rao, C. R., 1948, 'The utilisation of multiple measurement in problems of biological classification', *Jl R. statist. Soc., Ser. B*, 159—203.

Rao, C. R., 1952, *Advanced statistical methods in biometric research* (New York).

Rapoport, A., 1953, *Operational philosophy* (New York).

Rapoport, A., 1960, *Fights, games, and debates* (Ann Arbor).

Reichenbach, H., 1949, *The theory of probability* (Berkeley and Los Angeles).

Reichenbach, H., 1956, *The direction of time* (Berkeley and Los Angeles).

Reichenbach, H., 1958, *The philosophy of space and time* (Dover, New York).

Rescher, N., 1964, 'The stochastic revolution and the nature of scientific explanation', *Synthese* **14**, 200—15.

Reynolds, R. B., 1956, 'Statistical methods in geographical research', *Geogrl Rev.* **46**, 129—32.

Richardson, L. F., 1939, 'Generalized foreign policy', *Br. J. Psychol., Monographs Supplements* **23**.

Robbins, L., 1932, *An essay on the nature and significance of economic science* (London).

Roberts, F. S. and Suppes, P., 1967, 'Some problems in the geometry of visual perception', *Synthese* **17**, 173—201.

Robinson, A. H., 1952, *The look of maps* (Madison).

Robinson, A. H., 1956, 'The necessity of weighting values in correlation of area data', *Ann. Ass. Am. Geogr.* **46**, 233—6.

Robinson, A. H., 1960, *Elements of cartography* (New York).

Robinson, A. H., 1965, 'The potential contribution of cartography in liberal education', in *Ass. Am. Geogr.*, Commission on College Geography, *Geography in undergraduate education* (Washington).

Rogers, A., 1965, 'A stochastic analysis of the spatial clustering of retail establishments', *J. Am. Statist. Ass.* **60**, 1094—103.

Rogers, E. M., 1962, *Diffusion of innovations* (New York).

Rosen, R., 1967, *Optimality principles in biology* (London).

Rostow, W. W., 1960, *The stages of economic growth* (Cambridge).

Rudner, R. S., 1966, *Philosophy of social science* (Englewood Cliffs, N. J.).

Russell, B., 1914, *Our knowledge of the external world* (London).

Russell, B., 1948, *Human knowledge: its scope and limits* (New York).

Ryle, G., 1949, *The concept of mind* (London).

Saarinen, T. F., 1966, 'Perception of the drought hazard on the Great

Plains', *Res. Pap.* No. **106**, Dept. of Geog., Univ. of Chicago.

Sauer, C. O., 1963, *Land and life* (edited by Leighley, J. B., Berkeley).

Savage, L. J., 1954, *The foundations of statistics* (New York).

Sawyer, W. W., 1955, *Prelude to mathematics* (Harmondsworth, Middx).

Schaefer, F. K., 1953, 'Exceptionalism in geography: a methodological examination', *Ann. Ass. Am. Geogr.* **43**, 226—49.

Scheidigger, A. E., 1961, *Theoretical geomorphology* (Heidelberg).

Schneider, M., 1959, 'Gravity models and trip distribution theory', *Pap. Reg. Sci. Ass.* **5**, 51—8.

Schnore, L. F., 1961, 'Geography and human ecology', *Econ. Geogr.* **37**, 207—17.

Segall, M. H., Campbell, D. T. and Herskovits, M. J., 1966, *The influence of culture on visual perception* (Indianapolis).

Shelly, M. W. and Bryan, G. L., 1964, *Human judgments and optimality* (New York).

Siegel, S., 1956, *Nonparametric statistics for the behavioral sciences* (New York).

Simon, H. A., 1953, 'Causal ordering and identifiability', in Hood, W. C. and Koopmans, T. C. (eds.), *Studies in econometric method* (New York).

Simon, H. A., 1957, *Models of man* (New York).

Simpson, G. G., 1961, *Principles of animal taxonomy* (New York).

Simpson, G. G., 1963, 'Historical science', in Albritton, C. C. (ed.), *The fabric of geology* (Reading, Mass.).

Sinnhuber, K.A., 1954, 'Central Europe—Mitteleuropa—Europe Centrale', *Trans. Inst. Br. Geogr.* **20**, 15—39.

Skilling, H., 1964, 'An operational view', *Am. Scient.* **52**, 388A—96A.

Smart, J. J., 1959, 'Can biology be an exact science', *Synthese* **11**, 359—68.

Smith, C. T., 1965, 'Historical geography: current trends and prospects', in Chorley, R. J. and Haggett, P. (eds.), (1965A).

Smith, R. H. T., 1965A, 'Method and purpose in functional town classification', *Ann. Ass. Am. Geogr.* **55**, 539—48.

Smith, R. H. T., 1965B, 'The functions of Australian towns', *Tijdschr. Econ. Soc. Geogr.* **56**, 81—92.

Sokal, R. R. and Sneath, P. H. A., 1963, *Principles of numerical taxonomy* (San Francisco).

Sorre, M., 1962, 'The role of historical explanation in human geography', in Wagner, P. L. and Mikesell, M. W. (eds.), *Readings in cultural geography* (Chicago).

Spate, O. H. K., 1952, 'Toynbee and Huntington: a study in determinism', *Geogrl J.* **118**, 406—24.

Spate, O. H. K., 1957, 'How determined is possibilism', *Geogrl Stud.* **4**, 3—12.

Spate, O. H. K., 1960, 'Quantity and quality in geography', *Ann. Ass. Am. Geogr.* **50**, 377—94.

Spector, M., 1965, 'Models and theories', *Br. J. Phil. Sci.* **16**, 121—42.

Sprout, H. and Sprout, M., 1965, *The ecological perspective on human affairs* (Princeton, N. J.).

Stamp, L.D., 1961, *A glossary of geographical terms* (London).

Stebbing, L.S., 1961, *A modern elementary logic* (London).

Stevens, S.S., 1935, 'The operational basis of psychology', *Am. J. Psychol.* **47**, 323—30.

Stevens, S.S., 1959, 'Measurement, psychophysics, and utility', in Churchman, C. W. and Ratoosh, P. (eds.), (1959).

Stewart, J.Q., 1948, 'Demographic gravitation: evidence and applications', *Sociometry* **11**, 31—57.

Stoddart, D. R., 1965, 'Geography and the ecological approach', *Geography* **50**, 242—51.

Stoddart, D. R., 1966, 'Darwin's impact on geography', *Ann. Ass. Am. Geogr.* **56**, 683—98.

Stoddart, D.R., 1967A, 'Organism and ecosystem as geographical models', in Chorley, R.J. and Haggett, P. (1967).

Stoddart, D.R., 1967B, 'Growth and structure of geography', *Trans. Inst. Br. Geogr.* **41**, 1—19.

Stoll, R.R., 1961, *Sets, logic, and axiomatic theories* (San Francisco).

Stone, R., 1960, 'A comparison of the economic structure of regions based on the concept of distance', *J. Reg. Sci.* **2**, No. 1, 1—20.

Strotz, R.H. and Wold, H., 1960, 'A triptych on causal systems', *Econometrica* **28**, 417—63.

Stuart, A., 1962, *Basic ideas of scientific sampling* (London).

Suppes, P., 1961, 'A comparison of the meaning and uses of models in mathematics and the empirical sciences', in *The concept and role of the model in mathematics and natural and social sciences* (Synthese library, Dordrecht).

Swanson, J.W., 1967, 'On models', *Br. J. Phil. Sci.* **17**, 297—311.

Tarski, A., 1965, *Introduction to logic* (New York).

Taylor, C., 1937, *Environment, race and nation* (Toronto).

Taylor, G., 1951, *Geography in the twentieth century* (London).

Theil, H., 1967, *Economics and information theory* (Amsterdam).

Theodorsen, G.A., 1961, *Studies in human ecology* (New York).

Thomas, E.N., 1962, 'The stability of distance-population-size relationships for Iowa towns from 1900—1950', in Norborg, K. (ed.), *I.G.U. Symposium in urban geography* (Lund).

Thomas, E.N. and Anderson, D. L., 1965, 'Additional comments on weighting values in correlation analysis of areal data', *Ann. Ass. Am. Geogr.* **55**, 492—505.

Thompson, d'Arcy W., 1961, *On growth and form* (abridged edition, Cambridge).

Tissot, M.A., 1881, *Mémoire sur la représentation des surfaces* (Paris).

Tobler, W., 1961, 'Map transformations of geographic space', *Doctoral*

dissertation, Dept. of Geog., Univ. of Washington.

Tobler, W., 1963, 'Geographic area and map projections', *Geogrl Rev.* **53**, 59—78.

Tobler, W., 1964, 'Automation in the preparation of thematic maps', *Jl Brit. Cartographic Soc.*, 1—7.

Tobler, W., 1966A, 'On geography and geometry', *Unpublished ms.* Dept. of Geog., Univ. of Michigan (Ann Arbor).

Tobler, W., 1966B, 'Numerial map generalization', *Mich, Int-Com. Math. Geogr.* No. **8**.

Torgerson, W.S., 1958, *Theory and methods of scaling* (New York).

Torgerson, W. S., 1965, 'Multidimensional scaling of similarity', *Psychometrika* **30**, 379—93.

Toulmin, S., 1960A, *Reason in ethics* (Cambridge).

Toulmin, S., 1960B, *The philosophy of science* (New York).

Toulmin, S. and Goodfield, J., 1965, *The discovery of time* (London).

Tukey, J. W., 1962, 'The future of data analysis', *Ann Math. Statists* **33**, 1—67.

Tuller, A., 1966, *An introduction to geometries* (Princeton, N. J.).

Van Paassen, C., 1957, *The classical tradition of geography* (Groningen).

Vining, R., 1955, 'A description of certain spatial aspects of an economic system', *Econ. Devt. and Cult. Change* **3**, 147—95.

Von Bertalanffy, L., 1951, 'An outline of genera systems theory', *Br. J. Phil. Sci.* **1**, 134—65.

Von Bertalanffy, L., 1962, 'General systems theory: a critical review', *Gen. Syst.* **7**, 1—20.

Von Neumann, J. and Morgenstern, O., 1964, *Theory of games and economic behavior* (Wiley science editions, New York).

Wallis, J. R., 1965, 'Multivariate statistical methods in hydrology — a comparison using data of known functional relationship', *Wat. Resour, Res. Pap.* **1**, 447—61.

Ward, J. H., 1963, 'Hierarchical grouping to optimize an objective function', *J. Am. Statist. Ass.* **58**, 236—44.

Warntz, W., 1965, 'A note on surfaces and paths and applications to geographical problems', *Mich. Int-Com. Math. Geogr.* No. **6**.

Warntz, W., 1967, 'Global science and the tyranny of space', *Pap. Reg. Sci. Soc.* **19**, 7—19.

Watkins, J. W. N., 1952, 'Ideal types and historical explanation', *Br. J. Phil. Sci.* **3**, 22—43.

Watson, J.W., 1955, 'Geography: a discipline in distance', *Scott. Geogr. Mag.* **71**, 1—13.

Watson, R. A., 1966, 'Is geology different?' *Philosophy Sci.* **33**, 172—85.

Webb, E. J., Campbell, D. T., Schwartz, R. D. and Sechrest, L., 1966, *Unobtrusive measures: non-reactive research in the social sciences* (Chicago).

Weber, M., 1949, *The methodology of the social sciences* (English edition, Glencoe, Ill.).

whitehead, A.N. and Russell, B., 1908—11, *Principia mathematica* (Three volumes, Oxford).

Whittlesey, D., 1929, 'Sequent occupance', *Ann. Ass. Am. Geogr.* **19**, 162—5.

Wiener, N., 1961, *Cybernetics* (Cambridge, Mass.).

Wilson, A.G., 1967, 'A statistical theory of spatial distribution models', *Transpn. Res.* **1**, 253—69.

Wilson, E. B., 1955, 'Review of scientific explanation', *J. Am. Statist. Ass.* **50**. 1354—7.

Wilson, N. L., 1955, 'Space, time, and individuals', *J. Phil.* **52**, 589—98.

Winch, P., 1958, *The idea of a social science* (London).

Wisdom, J. O., 1952, *Foundations of inference in natural science* (London).

Wold, H., 1954, 'Causality and econometrics', *Econometrica* **22**, 162—77.

Wold, H. and Jureen, L., 1953, *Demand analysis* (New York).

Woldenberg, M. J. and Berry, B. J. L., 1967, 'Rivers and central places: analogous systems?' *J. Reg. Sci.* **7**, No. 2, 129—39.

Wolpert, J., 1964, 'The decision process in spatial context', *Ann. Ass. Am. Ceogr.* **54**, 537—58.

Wolpert, J., 1965, 'Behavioral aspects of the decision to migrate', *Pap. Reg. Sci. Ass.* **15**, 159—69.

Woodger, J.H., 1937, *The axiomatic method in biology* (Cambridge).

Wooldridge, S.W., 1951, 'The progress of geomorphology', in Taylor, G. (ed.), (1951).

Wooldridge, S.W., 1956, *The geographer as scientist* (London).

Wooldridge, S.W. and East, W. G., 1951, *The spirit and purpose of geography* (London).

Workman, R.W., 1964, 'What makes an explanation', *Philosophy Sci.* **31**, 241—54.

Wright, J. K., 1966. *Human nature in geography* (Cambridge, Mass.).

Wrigley, E. A., 1965 'Changes in the philosophy of geography', in Chorley R. J. and Haggett, P. (eds.), (1965A).

Yates, F., 1960, *Sampling methods for censuses and surveys* (London).

Zetterberg, H., 1965, *On theory and verification in sociology* (Totawa, N. J.).

Zipf, G. K., 1949, *Human behavior and the principle of least effort* (Cambridge, Mass.).

人名译名对照表

A

Abel, T.　阿贝尔
d'Abro, A.　阿勃诺
Achilles　阿基里斯
Achinstein, P.　阿钦斯坦
Ackerman, A. E.　阿克曼
Ackerman, R.　阿克曼
Ackoff, R. L.　阿科夫
Adler, I.　阿德勒
Ahmad, Q.　阿赫马德
Aitchison, J.　艾奇逊
Anderle, O. F.　安德尔
Anderson, D. L.　安德森
Anscombe, F. J.　安斯库姆
Apostel, L.　阿波斯蒂尔
Arrow, K. J.　阿罗
Ashby, W. R.　阿席比
Attneave, F.　阿特尼夫

B

Bacon, F.　培根
Bagnold, R. A.　巴格诺尔德
Baker, A. M.　贝克尔
Ballabon, M. G.　巴拉邦
Bambrough, R.　班布鲁
Barker, S. F.　巴克尔
Barraclough, G.　巴勒克拉夫
Barrows, H.　巴罗斯
Barry, R. G.　巴里
Bartlett, M. G.　巴特里特
Bartlett, M. S.　巴特里特
Barton, D. E.　巴顿
Bartram, W.　巴特拉姆
Bayes, T.　贝叶斯
Beach, E. F.　比奇
Beatles　比阿特雷斯
Beck, R.　贝克
Bell, E. T.　贝尔
Bergmann, G.　伯格曼
Bergson　伯格森
Berlyne, D. E.　伯兰
Bernoilli　伯努利
Berry, B. J. L.　贝里
Beth, E. W.　伯斯
Bidwell, O. W.　彼得维尔
Blache, P.　布拉什
Blalock, A.　布拉罗克
Blalock, H. M.　布拉罗克
Blaut, J. M.　布劳特
Bluster, P. T.　布勒斯特
Board, C.　波德
Boltzmann, L.　波尔兹曼
Bolyai, J.　波里埃
Boole　布尔
Borgatta, E. F.　波格塔
Born　波恩
Bossett, K.　巴塞特
Boulding, K. E.　博尔丁
Boyle, C.　波义尔
Braithwaite, R. B.　布雷思韦特
Bridgman, P. W.　布里奇曼

Brodbeck, M.　布罗德贝克
Broek, J. O. M.　布罗克
Bromberger, S.　布朗伯格
Brookfield, H.　布鲁克费尔德
Bross, I. D. J.　布洛斯
Brown, J. A. C.　布朗
Brown, L.　布朗
Brown, R.　布朗
Brunhes, J.　白吕纳
Brush, J. E.　布鲁什
Bryan　布赖恩
Bryson, R. A. 布赖森
Buck, R. C.　布克
Bunge, M.　邦奇
Bunge, W.　邦奇
Burgess, E. W.　伯吉斯
Burton, I.　伯顿

C

Campbell, N. R.　坎贝尔
Carey, G. W.　凯里
Carnap, R.　卡纳普
Cartesian　卡特森
Casetti, E.　卡塞蒂
Cassirer, E.　卡西列尔
Cattell, R. B.　卡特尔
Cavalli-Sforza, L. L. 卡瓦里-斯费扎
Caws, P.　考斯
Cézanne　塞尚
Chamberlin, T. C.　张伯伦
Chapman, J. D.　查普曼
Childe, V. G.　蔡尔德
Chisholm, M. D. I.　奇泽姆
Chorley , R. J.　乔利
Choynowski, M.　柴诺夫斯基
Christaller, W.　克里斯塔勒
Christian, R. R.　克里斯钦
Churchman, C. W.　丘奇曼
Clark, A. H.　克拉克
Clark, K. G. T.　克拉克
Clark, P. J.　克拉克
Clarkson, G. P. E.　克拉克森
Cliff, A.　克里弗
Cline, M. G.　克莱恩
Cochran, W. G.　科克兰
Cohen, R.　科恩
Cohn-Vossen, S.　科恩-沃森
Coleman, J. S.　科尔曼
Colenutt, B.　科尔努特
Coleridge, S. T.　柯尔里奇
Collingwood, R. G.　科林伍德
Coltrane, J.　科尔特腊恩
Comte, A.　孔德
Cooley, W. W.　库利
Coombs, C. H.　库姆帕斯
Coxeter, H. S. M.　考克思特
Cramer, H.　克拉默
Curry, L.　柯里

D

Dacey, M. F.　达赛
Danagan　达纳甘
Darby, H. C.　达比
Darwin, C.　达尔文
David, F. N.　大卫
Davis, W. M.　戴维斯
Descartes, R.　笛卡尔
Deutsch, K. W.　多伊奇
Devons, E.　德文斯
Dickinson, R. E.　迪金森
Dilthey, W.　迪尔萃
Dodd, S. C.　多德
Donagan, A.　多纳甘
Downs, R. M.　唐斯
Dray, W. H.　德雷
Duncan, O. D.　邓肯

Dury, G. H. 杜里
Dutton, J. A. 达顿

E

East, W. G. 伊斯特
Edwards, A. W. F. 爱德华兹
Einstein, A. 爱因斯坦
Eisenstadt, S. N. 艾森施塔特
Ekman, G. 埃克曼
Eliot, T. S. 爱略特
Ellis, B. 埃里斯
Empson, W. 恩普逊
Euler, L. 欧拉
Evans, F. C. 埃文斯
Eyre, S. R. 埃尔

F

Feller, W. 费里尔
Fermat, P. 费尔玛特
Fishburn, P. C. 费希本
Fisher, R. A. 费舍尔
Forde, C. D. 福特
Forrester, J. W. 福雷斯特
Fourier, J. 傅里叶
Frank 弗朗克
Freeman, D. 弗里曼
Freeman, T. W. 弗里曼
Frege 弗里奇
Freud, S. 弗洛伊德
Frey, A 弗雷

G

Galton, F. 高尔顿
Galtung, J. 加尔腾
Garner, W. R. 加纳
Garrison, W. L. 加里森
Gauss, K. 高斯
George, F. H. 乔治
Getis, A. 格蒂斯
Ghiselli, E. E. 吉色利
Gilbert, G. K. 吉尔伯特
Glacken, C. J. 格拉肯
Gluckman, M. 格拉克曼
Golledge, R. 戈里吉
Goodall, D. W. 古道尔
Goodfield, J. 古德费尔德
Goodman, L. 古德曼
Gould, P. 古尔德
Gouldner, A. W. 古尔德纳
Gower, J. C. 高尔
Graybill, F. A. 格雷庇尔
Gregg, J. R. 格雷格
Greig-Smith, P. 格雷格-史密斯
Grigg, D. B. 格里格
Grünbaum, A. 格伦勃姆
Gurvitch, G. 格尔维奇

H

Hacking, I. 哈金
Hadden, J. K. 哈顿
Hagen, E. 哈肯
Hägerstrand, T. 哈格斯特兰
Haggett, P. 哈格特
Hagood, M. J. 哈古德
Haight, F. A. 黑特
Hakluyt 哈克路特
Hallowell, A. I. 哈罗维尔
Hansen, M. H. 汉森
Hanson, N. R. 汉森
Harbaugh, J. W. 哈博
Harris, B. 哈里斯
Harris, C. D. 哈里斯
Harris, F. T. C. 哈里斯
Hartshorne, R. 哈特向
Harvey, D. W. 哈维
Hegel, G. F. 黑格尔

Heisenberg, W.　海森堡
Hempel, C. G.　亨普尔
Henshall, J. D.　亨歇尔
Heraclitus　赫拉克利特
Hereford　赫雷福德
Hesse, M. B.　赫西
Hettner, A.　赫特纳
Hilbert, D.　希尔伯特
Hole, F. D.　霍尔
Holmes, J.　霍尔姆斯
Homans, C.　霍曼斯
Hopi　荷比
Horton, R. E.　霍顿
Howard, I. P.　霍瓦德
Howard, R. N.　霍瓦德
Hoyt, H.　霍伊特
Hughes, H. S.　休吉斯
Humboldt, A. von　洪堡
Hume, D.　休谟
Huntington, E.　亨丁顿
Hutton, J.　赫顿
Huxley, J.　赫胥黎

I

Imbrie, J.　英布里
Inhelder, B.　英海尔德
Isard, W.　伊萨德
Iwanicka-Lyra, E.　艾华尼卡-里拉

J

Jake　杰克
James, P.　詹姆斯
Jammer, M.　詹默
Jarvie, J. C.　贾维
Jeffrey, R. C.　杰弗里
Jenks, G. F.　詹克斯
Johnson, D. W.　约翰森
Johnston, J.　约翰斯顿
Jones, C. F.　琼斯
Jones, E.　琼斯
Jones, G. R. J.　琼斯
Joyce, J.　乔伊斯
Joynt, C. B.　乔因特
Jureen, L.　杰林

K

Kahn, J. S.　凯恩
Kansky, K. J.　康斯基
Kant, I.　康德
Kao, R.　考
Kaplan, A.　卡普兰
Kates, R. W.　卡特斯
Katz, J. J.　卡茨
Kelvin, Lord　开尔文爵士
Kemeny, J. G.　凯梅尼
Kendall, M. G.　肯达尔
Kennedy　肯尼迪
Keynes, J. M.　凯恩斯
King, C. A. M.　金
King, L. J.　金
Kinsman, B.　金斯曼
Kirk, W.　基尔克
Kish, L.　基什
Klein, F.　克莱因
Klir, J.　克里尔
Kluckhohn, C.　克鲁克洪
Koestler, A.　凯斯特勒
Kolmogorov, A.　科尔默戈罗夫
Koopman, B. O.　库普曼
Koopmans, T. C.　库普曼斯
Körner, S.　柯勒
Krumbein, W. C.　克隆本
Kruskal, J. B.　克鲁斯卡尔
Kuhn, A.　库恩
Kuhn, T. S.　库恩
Kulldorf, G.　库尔多夫

Kyburg, H. E.　凯伯格

L

LaGrange, J. L.　拉格朗日
Lambert, J. H.　兰伯特
Langbein, W. B.　朗本
Langhaar, H. L.　朗哈尔
Laplace　拉普拉斯
Leach, E. R.　李奇
Lee, T. R.　李
Lehman, H.　莱曼
Leibniz, G. W.　莱布尼兹
Leighly, J. B.　莱利
Lenneberg, E. H.　伦内伯格
Leopold, L. B.　利奥波尔德
Levi-Strauss, C.　列维-斯特劳斯
Lewis, G. M.　刘易斯
Lewis, P. W.　刘易斯
Lindley, D. V.　林德利
Lobachevsky, N. I.　洛巴切夫斯基
Lohnes, P. R.　洛内斯
Lösch　廖什
Lovell, K.　洛维尔
Lowenthal, D.　洛温撒尔
Lowry, I. S.　劳里
Luce, R. D.　卢斯
Lukermann, F.　勒克曼
Lyell　莱伊尔

M

Magna, T.　马格纳
Mahalanobis, P. C.　马哈拉诺毕斯
Malinowski, B.　马林诺夫斯基
Mandelbaum, M.　曼德尔鲍姆
Marble, D. F.　马布尔
Marcia　马西亚
Martin, A. F.　马丁
Martindale, D.　马丁德尔
Marx, K.　马克思
Massarik, F.　马萨里克
Matalas, N. C.　马塔拉斯
Matern, B.　马登
McCarty, H. H.　麦克卡蒂
McConnell, M.　麦克康内尔
McCord, J. R.　麦克卡德
Medvedkov, Y. V.　梅德威德科夫
Meier, R. L.　梅尔
Melluish, R. K.　梅卢伊什
Mendel, G. J.　孟德尔
Mercator, G.　墨卡托
Merton, R. K.　默顿
Mesarovic, M. D.　米沙罗维克
Meyerhoff, H.　梅耶霍夫
Mill, H. R.　米尔
Mill, J. S.　米尔
Miller, J. G.　米勒
Miller, J. P.　米勒
Miller, R. L.　米勒
Minkowski, H.　明科夫斯基
Monkhouse, F. J.　蒙克豪斯
Montefiore, A. C.　蒙特费奥尔
Moore, H.　穆尔
Moore, W.　穆尔
Moran, P. A. T.　莫朗
Morgenstern, O.　摩尔根斯坦
Moroney, R. M.　莫罗奈
Moser, C. A.　莫塞尔
Myrdal, G.　米尔达耳

N

Nagel, E.　内格尔
Newton, L.　牛顿
Neumann　诺伊曼
Neyman, J.　奈伊曼
Nordbeck, S.　诺德伯克
Nowak, S.　诺瓦克

Nunnally, J. C.　纳内尔利
Nye, J. F.　奈伊
Nystuen, J. D.　尼斯杜恩

O

Oakeshott, M.　奥克肖特
Obeyesekere,G.　奥贝塞克
Olsson, G.　奥尔森
Orcutt, G. H.　奥克特

P

Pahl, R. E.　帕尔
Pareto, V.　帕列托
Park, R. E.　派克
Parmenides　巴门尼德
Parsons, T.　帕森斯
Parzen, E.　帕曾
Pascal, B.　帕斯卡
Peano, G.　皮亚诺
Pearson, E. S.　皮尔逊
Peet　皮特
Penck, A.　彭克
Persson, A.　珀森
Philbrick, A. K.　菲尔布里克
Piaget, J.　皮亚杰
Plackett, R. L.　普莱克特
Plato　柏拉图
Platt, R. S.　普拉特
Poincaré, H.　彭加勒
Pollock, J.　波罗克
Popper, K.　波珀
Powell, G. K.　鲍威尔
Pred, A. R.　普雷特
Preston, F.　普雷斯顿
Prince, H. C.　普林斯
Proust, M.　普劳斯特
Ptolemy　托勒密
Purchas, S.　珀切斯

Q

Quastler, H.　科斯特勒

R

Radcliffe-Brown, A. R.　拉德克里费-布朗
Raiffa, H.　雷伐
Raisz, E.　雷兹
Ramsey, F. P. 拉姆赛
Ramsey, I. T.　拉姆赛
Rao, C. R.　劳
Rapoport, A.　拉波波特
Ratoosh, P.　拉土什
Ratzel, F.　拉采尔
Reichenbach, H.　赖欣巴哈
Reiher, B. J.　赖赫
Rembrandt　伦勃朗
Rescher, N.　雷思切尔
Reynolds, R. B.　雷诺兹
Richardson, L. F.　理查森
Rickert, H.　里凯尔特
Riemann, G. F.　黎曼
Ritter, K.　李特尔
Robbins, L.　罗宾斯
Roberts, F. S.　罗伯茨
Robinson, A. H.　鲁宾逊
Robinson, W. S.　鲁宾逊
Rogers, A.　罗杰斯
Rogers, E.　罗杰斯
Rosen, R.　罗森
Rostow, W. W.　罗斯特
Rudner, R. S.　拉德纳
Russell, B.　罗素
Ryle, G　赖尔

S

Saarinen, T. F.　沙阿里林

Sauer, C. O.　苏尔
Savage, L. J.　萨维奇
Sawyer, W. W.　索耶
Schaefer, F. K.　谢弗
Scheidigger, A. E.　施爱迪格
Schneider, M.　施奈德
Schnore, L. F.　施诺尔
Scott, W.　斯科特
Segal, M. H.　塞加尔
Semple, E. C.　森普尔
Shelly, M. W.　谢利
Siegel, S.　西格尔
Simon, H. A.　西蒙
Simpson, G. G.　辛普森
Sinnhuber, K. A.　辛哈伯
Skilling, H.　斯基林
Smart, J. J.　斯马特
Smith, C. T.　史密斯
Smith, R. H. T.　史密斯
Smokler, H. E.　斯莫克勒
Sneath, P. H. A.　史尼斯
Snell　斯内尔
Sokal, R. R.　索卡尔
Sorre, M.　索尔
Spate, O. H. K.　斯帕特
Spearman, C.　斯皮尔曼
Spector, M.　斯佩克特
Spencer, H.　斯宾塞
Spengler, O.　斯宾格勒
Sprout, H. & M.　斯普劳特
Stamp, L. D.　斯坦普
Stebbing, L. S.　斯蒂宾
Stevens, S. S.　史蒂文斯
Stewart, J. Q.　斯图尔特
Stoddart, D. R.　斯托达特
Stoll, R. R.　斯托尔
Stone, R.　斯托恩
Strack, C.　斯特拉克
Strotz, R.　斯特罗兹
Stuart, A.　斯图亚特
Suppes, P.　萨珀斯
Swanson, J. W.　斯旺森

T

Tansley, A. G.　坦斯利
Tarski, A.　塔斯基
Taylor, G.　泰勒
Templeton, W. B.　坦普尔顿
Theil, H.　泰尔
Theodorsen, G. A.　塞奥多森
Thomas, E. N.　托马斯
Thompson, d'Arcy, W.　汤普森
Tissot, M. A.　蒂索特
Titus　泰特斯
Tobler, W.　托布勒
Torgerson, W. S.　托格逊
Toulmin, S.　图尔明
Toynbee, A.　汤因比
Tukey, J. W.　图基
Tuller, A.　图勒

U

Ullman, E.　厄尔曼

V

Valach, M.　瓦拉克
Van Paassen, C.　冯·帕森
Venn, T.　维恩
Vico, G. B.　维科
Vining, R.　维宁
von Bertalanffy, L.　冯·贝塔朗费
von Neumann, J.　冯·诺伊曼
von Thünen, J.　冯·杜能

W

Wald, A.　瓦尔德

Wallis, J. R.　瓦里士
Ward, J. H.　沃德
Warntz, W.　沃恩茨
Warwick, D.　华维克
Watkins, J. W. N.　沃特金斯
Watson, J. W.　沃森
Watson, R. A.　沃森
Webb, E. J.　韦布
Weber, M.　韦伯
White, R.　怀特
Whitehead, A. N.　怀特海德
Whittlesey, D.　惠特尔西
Wiener, N.　威纳
Williams, W. M.　威廉斯
Wilson, A. G.　威尔逊
Wilson, E. B.　威尔逊
Wilson, N. L.　威尔逊
Wimmer, J.　韦默
Winch, P.　温奇
Windelband, W.　温德尔班
Wisdom, J. O.　威兹德姆
Wold, H.　沃尔德
Woldenberg, M. J.　沃尔登贝格
Wolman, M. G.　沃尔曼
Wolpert, J.　沃尔珀特
Woodger, J. H.　伍杰
Wooldridge, S. W.　伍尔德里奇
Woolfe, T.　伍尔夫
Workman, R. W.　沃克曼
Wright, J. K.　赖特
Wrigley, E. A.　里格利

Y

Yates, F.　亚特斯

Z

Zeno　齐诺
Zetterberg, H.　泽特贝格
Zipf, G. K.　齐普夫

图书在版编目(CIP)数据

地理学中的解释/(英)大卫·哈维著;高泳源,刘立华,蔡运龙译.—北京:商务印书馆,2017
(汉译世界学术名著丛书:120年纪念版:珍藏本)
ISBN 978-7-100-14425-4

Ⅰ.①地… Ⅱ.①大… ②高… ③刘… ④蔡… Ⅲ.①地理学—研究 Ⅳ.①K90

中国版本图书馆CIP数据核字(2017)第151662号

汉译世界学术名著丛书
(120年纪念版·珍藏本)
地理学中的解释
〔英〕大卫·哈维 著
高泳源 刘立华 蔡运龙 译
高泳源 校

商务印书馆出版
(北京王府井大街36号 邮政编码100710)
商务印书馆发行
北京通州皇家印刷厂印刷
ISBN 978-7-100-14425-4

2017年12月第1版 开本710×1000 1/16
2017年12月北京第1次印刷 印张40
定价:200.00元